职业本科教育计算机类专业基础课
MOOC+SPOC系列教材

软件测试与质量保证

郭　雷　贾利娟　蒋美云　主编

中国教育出版传媒集团
高等教育出版社·北京

内容简介

本书为职业本科教育计算机类专业基础课 MOOC+SPOC 系列教材之一。

本书按照职业本科软件工程技术专业人才培养方案的要求，以培养软件测试和质量保证能力为目标，注重职业能力相关核心技术的掌握与应用，在多年校企合作实践的基础上，总结近几年职业本科教学改革经验编写而成。本书以国家专业教学标准、行业规范为落脚点，分析归纳典型工作任务的工作过程、工作方法、工作标准及职业能力要求等要素，根据教学逻辑进行模块化设计，共分为 7 个单元。内容包括了解软件测试、黑盒测试、白盒测试、单元测试、测试过程与管理、自动化测试、软件质量保证。

本书按软件测试与质量保证的工作要求设计学习过程，通过典型工作的任务分析、相关知识、任务实施、任务拓展等递进方式，使学习者掌握基本职业能力，通过企业项目实战和技能大赛任务等拓展资源，强化学生分析问题和解决问题的能力，激发学生的创新实践能力，通过技能证书考试真题的掌握程度，全面检验学习者所学知识的掌握程度与运用能力。

本书配套有微课视频、授课用 PPT、电子教案、课后习题答案、知识拓展等数字化资源。与本书配套的数字课程在“智慧职教”平台（www.icve.com.cn）上线，学习者可以登录平台进行在线学习，授课教师可以调用本课程构建符合自身教学特色的 SPOC 课程，详见“智慧职教”服务指南。教师可发邮件至编辑邮箱 1548103297@qq.com 获取相关资源。

本书可以作为职业本科院校电子信息大类专业软件测试与质量保证类课程的教材，也可以作为软件测试人员的参考书。

图书在版编目（CIP）数据

软件测试与质量保证 / 郭雷，贾利娟，蒋美云主编
-- 北京：高等教育出版社，2023.11
ISBN 978-7-04-060411-5

Ⅰ. ①软… Ⅱ. ①郭… ②贾… ③蒋… Ⅲ. ①软件-测试②软件质量-质量管理 Ⅳ. ①TP311.5

中国国家版本馆 CIP 数据核字（2023）第 064549 号

Ruanjian Ceshi yu Zhiliang Baozheng

策划编辑 傅 波　责任编辑 傅 波　封面设计 张 志　版式设计 杨 树
责任绘图 黄云燕　责任校对 张 然　责任印制 刁 毅

出版发行 高等教育出版社
社　　址 北京市西城区德外大街 4 号
邮政编码 100120
印　　刷 天津嘉恒印务有限公司
开　　本 787 mm× 1092 mm 1/16
印　　张 21
字　　数 480 千字
购书热线 010-58581118
咨询电话 400-810-0598

网　　址 http://www.hep.edu.cn
　　　　 http://www.hep.com.cn
网上订购 http://www.hepmall.com.cn
　　　　 http://www.hepmall.com
　　　　 http://www.hepmall.cn
版　　次 2023 年 11 月第 1 版
印　　次 2023 年 11 月第 1 次印刷
定　　价 55.00 元

物 料 号 60411-00

“智慧职教”服务指南

“智慧职教”(www. icve. com. cn) 是由高等教育出版社建设和运营的职业教育数字教学资源共建共享平台和在线课程教学服务平台，与教材配套课程相关的部分包括资源库平台、职教云平台和App 等。 用户通过平台注册，登录即可使用该平台。

- 资源库平台：为学习者提供本教材配套课程及资源的浏览服务。

登录“智慧职教”平台，在首页搜索框中搜索 “软件测试与质量保证”，找到对应作者主持的课程，加入课程参加学习，即可浏览课程资源。

- 职教云平台：帮助任课教师对本教材配套课程进行引用、修改，再发布为个性化课程(SPOC)。

1. 登录职教云平台，在首页单击“新增课程”按钮，根据提示设置要构建的个性化课程的基本信息。

2. 进入课程编辑页面设置教学班级后，在“教学管理”的“教学设计”中“导入”教材配套课程，可根据教学需要进行修改，再发布为个性化课程。

- App：帮助任课教师和学生基于新构建的个性化课程开展线上线下混合式、智能化教与学。

1. 在应用市场搜索“智慧职教 icve”App，下载安装。

2. 登录 App，任课教师指导学生加入个性化课程，并利用 App 提供的各类功能，开展课前、课中、课后的教学互动，构建智慧课堂。

“智慧职教”使用帮助及常见问题解答请访问 help. icve. com. cn。

前言

一、缘起

2019年，我国启动首批职业本科院校试点，职业教育“三教”改革开启构建高质量职业教育体系。作为专科职业教育层次的升级，职业本科教育具有职业性和高等性的本质特征，要求职业本科教材不仅要体现专业理论知识的完整性和系统性，还应与职业岗位、工作过程的技术应用相结合，满足职业能力的培养需要。

为加快推进党的二十大精神进教材、进课堂、进头脑，本书结合《全国职业技能大赛“软件测试”赛项规程》等文件的内容，根据岗位新要求将典型案例及时纳入教学内容，如B/S类型的讲解案例“搜索引擎首页”，强化学生分析问题和解决问题的能力，激发学生的创新实践能力，贯彻“产教融合、科教融汇”的精神；在自动化测试部分，引入了开源和可移植的Web测试框架Selenium WebDriver，引导学生学习开源技术，逐步了解开源技术路线，提高对关键核心技术国产化、自主创新发展的重要性和紧迫性的认识，深刻领悟“科技创新是高质量发展的核心驱动力”内涵。

本书通过对软件测试原理、技术、方法、过程管理、自动化测试、软件质量标准和全面质量管理知识的讲授，使读者了解并掌握完整的软件测试的工作过程，能够对项目进行系统、完整的测试，初步具备软件质量保证中需要的基本职业能力，为读者从事软件测试和质量保证工作打下坚实的理论基础和实践基础。

二、结构

本书以软件测试与质量保证所需技能的学习路线为主线进行编写，具体内容见下表。

技能学习路线

基础知识	单元1讲述软件开发与软件测试各阶段的联系、软件测试模型、软件缺陷、软件可靠性和软件质量、软件测试的分类、原则和流程
测试技术	单元2讲述等价类、边界值、决策表、因果图、正交表等黑盒测试方法，并针对具体的案例来讲解测试用例的编写 单元3讲述语句覆盖、判定覆盖、条件覆盖、条件/判定覆盖、组合覆盖等白盒测试方法，并用一段图形识别系统的代码片段作为测试对象 单元4讲述单元测试的基本概念以及如何使用JUnit进行单元测试的过程，并结合自动售货机的源代码进行单元测试
测试进阶	单元5主要讲述测试过程与管理，包括撰写测试计划、测试用例的组织和管理、测试环境、测试缺陷管理、测试报告，并以ECShop在线商城系统测试管理作为实例进行讲解 单元6主要讲述自动化测试的基本概念、自动化测试工具（Selenium）的使用、性能测试的概念、性能测试工具Loadrunner的使用，并以豆瓣网和飞机订票系统作为实例讲解 单元7主要讲述软件质量概念和软件能力成熟度模型、软件质量保证概念、作用、主要组织活动、软件质量度量、软件评审规范。并以ECShop在线商城系统为实例讲解

本书的每个单元设有学习目标、引例描述、任务陈述、知识准备、任务实施、任务拓展、项目实训、单元小结、专业能力测评、单元练习题等教学模块。

- 学习目标：包括知识目标、技能目标和素质目标。
- 引例描述：引导读者带着问题思考，与实际问题紧密联系。
- 任务陈述：对每个子任务进行简要的讲解和分析，让读者明确任务需要完成的工作，带着明确的任务意识去学习。
- 知识准备：对每个任务所涉及的主要知识进行梳理和学习，让读者能明白要想完成这个任务，需要掌握哪些知识。
- 任务实施：每个单元中所分解的各个任务实施的过程，使读者掌握如何完成每个任务，每个任务的实施，都有配套的教学视频和微课。
- 任务拓展：对每个单元所学知识的拓展和延伸。
- 项目实训：通过源于企业、职业技能大赛、证书考试项目实训，学生可深入掌握每个单元所学的知识，全面检验读者分析问题、解决问题的能力。
- 单元小结：用简短的文字描述每个单元的任务所涉及的知识。
- 专业能力测评：考查读者对本单元专业知识与技能的掌握情况。
- 单元练习题：主要是检验读者对本单元知识的掌握程度和分析问题的能力，主要包括单选题、填空题、简答题等。

三、特点

1. 注重理论与实践一体化和实效性

本书以培养读者软件测试能力为目标，以真实生产项目、典型工作任务、案例等为载体组织教学单元，每个任务有相关的支撑知识，并有任务的实施过程，每一个教学单元结束都有一个项目实训，将知识融于实际应用中。应用案例的编写尽可能地接近实际，对知识点进行精心编排，使学生通过项目的学习，加深对所学知识的理解和提升，强化分析问题和解决问题的能力，培养创新实践能力。

2. “岗课赛证”融通

本书是按照职业本科软件工程技术专业人才培养方案的要求，注重职业能力相关的核心技术的掌握与应用，在多年校企合作的实践基础上，以国家专业教学标准、行业规范为落脚点，分析归纳典型工作任务的工作过程、工作方法、工作标准及职业能力要求等要素，根据教学逻辑进行模块化设计，将岗位技能要求、职业技能竞赛、职业技能等级证书标准有关内容有机融入教材。

3. 丰富的配套资源

在每个教学单元的后面都配有一定数量的习题，供学生自我测验，以加深对知识的理解及提高分析问题、解决问题的能力。书中很多内容，都有配套的文字、图片、视频等教学资源，为学生的学习提供了充足的资源保障。

四、使用

建议采用基于工作过程的教学模式，每个单元首先介绍单元教学目录、任务陈述，然后讲解相关知识，最后分析任务实施。

将本课程的教学内容分解为7个单元，共48学时，具体见下表。

教学内容

序号	单元	预期目标	建议学时
1	了解软件测试	理解软件工程和软件测试的联系及软件测试模型；了解软件缺陷、软件可靠性和软件质量；理解软件测试的分类、原则和流程	2
2	黑盒测试	理解黑盒测试的基本概念；掌握用等价类、边界值等黑盒测试方法编写测试用例；掌握用决策表、因果图等黑盒测试方法编写测试用例；掌握用正交表来编写测试用例	10
3	白盒测试	理解白盒测试的基本概念；掌握语句覆盖、判定覆盖、条件覆盖、条件/判定覆盖等白盒测试方法；掌握基路径测试以及循环测试方法；掌握白盒测试的应用策略	8
4	单元测试	理解单元测试的基本概念；掌握JUnit的简单实用方法；了解JUnit基本框架；掌握使用JUnit测试应用程序的方法	8
5	测试过程与管理	理解测试过程与管理的相关概念；了解测试计划、测试环境准备、测试报告；掌握测试用例管理的方法；掌握测试缺陷跟踪和管理的方法	6
6	自动化测试	理解自动化测试的概念；掌握用Selenium对应用系统进行功能测试的方法；理解性能测试的概念，掌握基本的Loadrunner性能测试流程	8
7	软件质量保证	理解软件质量概念和软件能力成熟度模型；理解软件质量保证概念、作用、主要组织活动；理解软件评审规范，对被测代码进行评审	6

本书开发了丰富的数字化教学资源，具体见下表。

教学资源

序号	资源名称	表现形式与内涵
1	课程简介	Word电子文档，包括对课程内容的简单介绍和对课时数、适用对象等的介绍，让学习者对软件测试有个简单的认识
2	学习指南	Word电子文档，包括学前要求、学习目标、学习路径和考核标准要求，让学习者知道如何使用资源完成学习
3	课程标准	Word电子文档，包括课程定位、课程目标要求和课程内容与要求，可供教师备课时使用
4	整体设计	Word电子文档，包括课程设计思路、课程的具体目标要求、课程内容设计、能力训练设计和考核方案设计，让教师理解课程的设计理念，有助于教学实施
5	单元设计	Word电子文档，分任务给出课程教案，帮助教师完成一堂课的教学细节分析
6	微课	MP4视频文件，为学习者提供更加直观的学习方式，帮助他们更好地学习知识
7	课程PPT	PPT演示文稿，可以直接使用，也可供教师根据具体需要加以修改后使用
8	实训任务单	Word电子文档，分为学生使用和教师使用两个文档，为每个任务设计实训来加深课堂知识的学习，并给出了实训的详细完成步骤

五、致谢

本书由郭雷、贾利娟、蒋美云担任主编，郭雷负责教材的总体设计及统稿。在本书的编写过程中，得到了曹栋、吴婧妤、唐铭、王霞等老师的支持和帮助，他们提出了许多宝贵意见和建议。在此，感谢参加教材编写的所有教师，感谢书后所有参考文献的作者，感谢他们的资料给予本书的引导作用。

由于作者水平有限，难免出现错误和不妥之处，敬请广大读者批评指正。

编　者

2023年8月

目　　录

单元1　了解软件测试 …………… 1
学习目标 ………………………… 1
引例描述 ………………………… 2
任务1.1　理解软件工程和软件测试的联系及软件测试模型 ………………… 2
任务陈述 ……………………… 2
知识准备 ……………………… 3
1. 软件测试 …………………… 3
2. 软件工程 …………………… 3
任务实施 ……………………… 4
任务拓展 ……………………… 12
项目实训1.1　了解软件测试的演变 … 13
任务1.2　了解软件缺陷、软件可靠性和软件质量 …… 13
任务陈述 ……………………… 13
知识准备 ……………………… 13
1. 软件缺陷 …………………… 13
2. 软件可靠性 ………………… 16
任务实施 ……………………… 17
任务拓展 ……………………… 18
项目实训1.2　深入理解软件可靠性 … 19
任务1.3　理解软件测试的分类、原则和流程 ………… 19
任务陈述 ……………………… 19
知识准备 ……………………… 19
1. 测试用例 …………………… 19
2. 测试环境 …………………… 21
3. 软件测试的分类 …………… 24
4. 软件测试的流程 …………… 26
任务实施 ……………………… 28
任务拓展 ……………………… 30
项目实训1.3　对NextDate进行探索性测试 ………… 33
项目实训1.4　技能大赛任务—环境搭建及系统部署 … 33
单元小结 ………………………… 33
专业能力测评 …………………… 34
单元练习题 ……………………… 34
单元2　黑盒测试 ……………… 39
学习目标 ………………………… 39
引例描述 ………………………… 40
任务2.1　认识等价类方法 ……… 40
任务陈述 ……………………… 40
知识准备 ……………………… 41
1. 黑盒测试 …………………… 41
2. 等价类方法 ………………… 41
任务实施 ……………………… 46
任务拓展 ……………………… 49
项目实训2.1　NextDate函数等价类测试 ………………… 49
任务2.2　认识边界值方法 ……… 49
任务陈述 ……………………… 49
知识准备 ……………………… 50
1. 边界条件 …………………… 50
2. 次边界条件 ………………… 51
3. 边界值设计测试用例的方法 …… 53
4. 案例：佣金问题的边界值测试 ………………………… 54
任务实施 ……………………… 56
任务拓展 ……………………… 57
项目实训2.2　三角形问题边界值测试 ………………… 58
任务2.3　认识决策表方法 ……… 58
任务陈述 ……………………… 58
知识准备 ……………………… 58

1. 决策表的构成 …………………… 58
2. 决策表的简化 …………………… 59
3. 决策表设计测试用例的方法 …… 60
任务实施 …………………………… 61
任务拓展 …………………………… 63
项目实训 2.3 NextDate 问题决策表测试 …………………… 64
任务 2.4 认识因果图方法 ……… 64
任务陈述 …………………………… 64
知识准备 …………………………… 64
1. 4 种符号 ………………………… 65
2. 4 种约束 ………………………… 65
3. 因果图设计测试用例的方法 …………………………… 66
任务实施 …………………………… 67
任务拓展 …………………………… 68
项目实训 2.4 中国象棋中走马问题因果图测试 ………… 68
任务 2.5 认识正交表方法 ……… 69
任务陈述 …………………………… 69
知识准备 …………………………… 69
1. 正交表的概念和特性 ………… 70
2. 正交试验法设计测试用例的方法 …………………………… 70
任务实施 …………………………… 75
任务拓展 …………………………… 77
项目实训 2.5 公司内部邮件系统正交法测试 ………… 77
任务 2.6 黑盒测试方法综合策略 …………………… 78
任务陈述 …………………………… 78
知识准备 …………………………… 78
1. 其他黑盒测试方法 …………… 78
2. 黑盒测试方法选择的综合策略 …………………………… 80
任务实施 …………………………… 81
任务拓展 …………………………… 83
项目实训 2.6 网上订餐管理系统的测试 …………………… 84
项目实训 2.7 技能大赛任务—黑盒测试用例设计 ……… 84
项目实训 2.8 技能证书试题演练 …………………… 88
单元小结 ………………………………… 90
专业能力测评 …………………………… 90
单元练习题 ……………………………… 91
单元 3 白盒测试 ………………… 97
学习目标 ………………………………… 97
引例描述 ………………………………… 98
任务 3.1 对图形识别系统的程序片段按照逻辑覆盖方法编写测试用例 ………… 98
任务陈述 …………………………… 98
知识准备 …………………………… 100
1. 白盒测试 ……………………… 100
2. 逻辑覆盖 ……………………… 101
任务实施 …………………………… 102
任务拓展 …………………………… 107
项目实训 3.1 判断闰年程序逻辑覆盖测试 ………… 109
项目实训 3.2 技能证书试题演练 … 110
任务 3.2 对图形识别系统的程序片段按照路径测试方法编写测试用例 ………… 111
任务陈述 …………………………… 111
知识准备 …………………………… 112
1. 基本路径测试 ………………… 112
2. 循环测试 ……………………… 116
任务实施 …………………………… 117
任务拓展 …………………………… 118
项目实训 3.3 使用选择排序程序进行基本路径测试和循环测试 ……… 118
任务 3.3 综合案例分析 ………… 119
任务陈述 …………………………… 119
知识准备 …………………………… 119
1. 白盒测试方法总结 …………… 119
2. 白盒测试的应用策略 ………… 120

任务实施 …… 121
任务拓展 …… 122
项目实训 3.4 技能大赛任务—白盒测试 …… 123
项目实训 3.5 使用白盒测试方法测试程序段 …… 123
单元小结 …… 124
专业能力测评 …… 125
单元练习题 …… 125
单元 4 单元测试 …… 133
学习目标 …… 133
引例描述 …… 134
任务 4.1 使用 JUnit 测试简单 Java 程序 …… 134
任务陈述 …… 134
知识准备 …… 135
1. 单元测试的基本概念 …… 135
2. JUnit 的基本应用 …… 136
3. JUnit 的简单应用 …… 138
任务实施 …… 139
任务拓展 …… 143
项目实训 4.1 字符串合法性判断程序 JUnit 测试 …… 144
任务 4.2 使用 JUnit 测试自动售货机程序 …… 145
任务陈述 …… 145
知识准备 …… 145
1. JUnit 核心类与接口 …… 145
2. JUnit 断言 …… 148
3. JUnit 测试套件 …… 149
4. 探究 JUnit 4 …… 150
任务实施 …… 154
任务拓展 …… 164
项目实训 4.2 堆栈类的单元测试 …… 164
项目实训 4.3 技能大赛任务—三角函数计算程序单元测试 …… 164
单元小结 …… 164
专业能力测评 …… 165
单元练习题 …… 165
单元 5 测试过程与管理 …… 169
学习目标 …… 169
引例描述 …… 170
任务 5.1 撰写测试计划 …… 170
任务陈述 …… 170
知识准备 …… 171
1. 测试流程 …… 171
2. 测试计划 …… 172
任务实施 …… 175
任务拓展 …… 178
项目实训 5.1 编写 Discuz! X3.4 系统的测试计划书 …… 178
任务 5.2 测试用例的组织和管理 …… 179
任务陈述 …… 179
知识准备 …… 179
1. 测试资源准备 …… 179
2. 测试用例 …… 181
3. 测试用例的组织与管理 …… 184
任务实施 …… 184
任务拓展 …… 190
项目实训 5.2 Discuz! X3.4 系统测试用例的组织与管理 …… 190
任务 5.3 搭建测试环境 …… 190
任务陈述 …… 190
知识准备 …… 190
1. 搭建测试环境 …… 190
2. 冒烟测试 …… 190
3. 回归测试 …… 191
4. 测试准入条件 …… 192
任务实施 …… 192
任务拓展 …… 192
项目实训 5.3 ECShop 在线商城系统测试环境搭建和测试准入条件检查 …… 193
任务 5.4 缺陷组织和管理 …… 194
任务陈述 …… 194

知识准备 …… 194
1. 缺陷定义 …… 194
2. 缺陷属性 …… 194
3. 缺陷处理流程 …… 197
4. 缺陷管理 …… 199
任务实施 …… 200
任务拓展 …… 202
项目实训 5.4 ECShop 在线商城系统的缺陷管理 …… 202
任务 5.5 完成测试报告 …… 203
任务陈述 …… 203
知识准备 …… 204
1. 测试总结 …… 204
2. 测试与验收管理 …… 206
任务实施 …… 207
任务拓展 …… 211
项目实训 5.5 ECShop 在线商城的缺陷管理 …… 211
项目实训 5.6 技能大赛任务—资产管理系统测试 …… 211
单元小结 …… 212
专业能力测评 …… 213
单元练习题 …… 213
单元 6 自动化测试 …… 217
学习目标 …… 217
引例描述 …… 218
任务 6.1 自动化功能测试入门 …… 218
任务陈述 …… 218
知识准备 …… 219
1. 软件测试自动化 …… 219
2. 自动化测试工具 …… 221
3. Selenium …… 221
4. Selenium IDE 的安装 …… 222
5. Selenium IDE 的主界面 …… 222
任务实施 …… 226
任务拓展 …… 234
项目实训 6.1 “豆瓣读书”自动化测试 …… 236
任务 6.2 Selenium WebDriver 开发自动化测试脚本 …… 238
任务陈述 …… 238
知识准备 …… 238
1. WebDriver 简介及安装 …… 238
2. WebDriver 自动化测试脚本创建流程 …… 241
3. WebDriver 常用命令 …… 245
4. WebDriver 定位策略 …… 248
任务实施 …… 253
任务拓展 …… 254
项目实训 6.2 “豆瓣电影”自动化测试 …… 260
项目实训 6.3 技能大赛任务—自动化测试 …… 260
任务 6.3 性能测试入门 …… 260
任务陈述 …… 260
知识准备 …… 261
1. 性能测试的概念 …… 261
2. 开展性能测试的方法和策略 …… 262
3. 负载测试 …… 264
4. 压力测试 …… 264
5. 负载压力测试 …… 264
任务实施 …… 266
项目实训 6.4 网上购物系统性能测试 …… 273
项目实训 6.5 技能大赛任务—性能测试 …… 274
单元小结 …… 275
专业能力测评 …… 275
单元练习题 …… 275
单元 7 软件质量保证 …… 281
学习目标 …… 281
引例描述 …… 282
任务 7.1 理解软件质量概念和软件能力成熟度模型 …… 282
任务陈述 …… 282
知识准备 …… 282
1. 质量的概念 …… 282
2. 软件质量的概念 …… 283

3. 软件能力成熟度集成模型 …… 283
任务实施 …… 285
任务拓展 …… 285
项目实训 7.1 了解软件质量概念 … 285
任务 7.2 理解软件质量保证的概念、作用及其主要组织活动 …… 286
任务陈述 …… 286
知识准备 …… 286
1. 软件质量保证的基本概念 …… 286
2. 软件质量保证的作用和意义 … 287
3. 组织活动 …… 287
任务实施 …… 291
任务拓展 …… 293
项目实训 7.2 编写《质量手册》、检查和审计项以及评审内容 …… 293
任务 7.3 利用软件质量度量模型对 ECShop 软件系统进行质量分析 …… 294
任务陈述 …… 294
知识准备 …… 294
1. 软件质量度量 …… 294
2. 软件质量度量模型 …… 295
3. 软件质量度量分类 …… 298
4. 软件质量保证工具 …… 299
任务实施 …… 301
任务拓展 …… 302
项目实训 7.3 利用软件质量模型对软件系统进行质量分析 …… 302
任务 7.4 理解软件评审规范，对被测代码进行评审 … 303
任务陈述 …… 303
知识准备 …… 305
1. 软件评审的基本概念 …… 305
2. 软件开发生命周期评审的主要内容 …… 307
3. 评审的过程 …… 307
4. 评审的方法 …… 308
5. 评审的注意事项 …… 311
6. 评审的度量 …… 312
7. 软件测试的评审工作 …… 313
任务实施 …… 315
任务拓展 …… 318
项目实训 7.4 ECShop 测试评审 … 318
单元小结 …… 318
专业能力测评 …… 318
单元练习题 …… 319
参考文献 …… 321

单元 1

了解软件测试

学习目标

【知识目标】

- 理解软件开发与软件测试各阶段的联系、测试与开发的并行特征、软件测试模型。
- 理解软件缺陷、软件可靠性和软件质量。
- 理解软件测试的分类、原则、策略和流程。

【技能目标】

- 能够初步编写测试用例。

【素质目标】

- 培养良好的人文社科素养、心理素质及社会责任感强。
- 遵守行业基本道德规范和职业规范。
- 遵纪守法、自觉服从纪律、诚实守信。

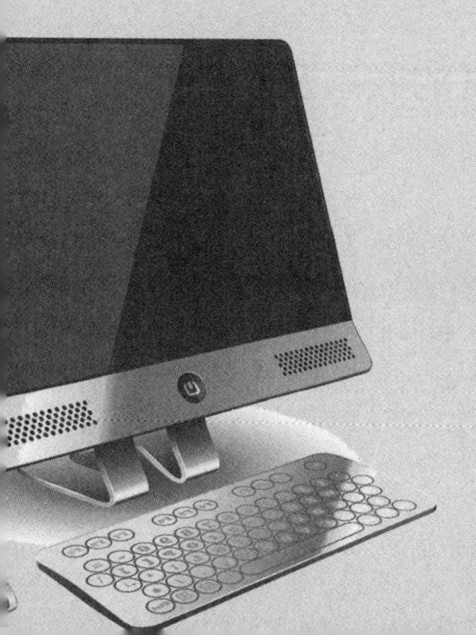

笔 记

引例描述

小李同学学会了编程语言，可以编制简单的软件，可是经常有人问他：“你写的软件能用吗？质量有保证吗？如何证明它的质量呢？”对此问题小李不能很好地回答，于是去请教有项目实践经验的王老师。王老师告诉他，软件测试可以帮助人们发现软件缺陷，提高软件质量，如图 1-1 所示。

图 1-1 小李向王老师请教如何保证软件质量

软件测试可以帮助人们发现软件缺陷、验证并确认软件的功能特性，评估软件质量。软件测试是一门新的学科，王老师要小李首先从 3 方面来了解它。

第一，理解软件工程和软件测试的联系及软件测试模型。

第二，理解和认识软件缺陷、软件可靠性和软件质量。

第三，理解软件测试的分类、原则和流程。

任务 1.1 理解软件工程和软件测试的联系及软件测试模型

任务陈述

作为第 1 个单元的第 1 个任务，首先要了解软件测试的含义和概念，这需要从软件测试的历史发展阶段来把握，也要从软件工程的角度来把握。需要了解软件测试的历史和现状、背景和意义，也要了解软件测试和软件工程的联系，了解常见的软件测试模型。

知识准备

微课 1-1
软件测试及软件工程定义

1. 软件测试

（1）早期定义

多年来，众多专家对软件测试给出了各种各样的定义。

有人认为，软件测试是证明软件中不存在错误的过程；是确保程序做了它应该做的事情；是为找出错误而运行程序或系统的过程；保证程序和相应的规格说明一致；是为了发现软件中的缺陷；确保软件不做不必要的事情；确保系统合理地执行；确定系统失败前可以让系统运行到何种程度；确定发布给用户的系统中有哪些风险。

ISO9000 定义：测试是一种基于机器的，对代码执行测试，确认测试的活动。

也有人认为，软件测试是对软件质量的度量，验证系统满足需求，或确定实际结果与预期结果之间的区别；确认程序正确实现了所要求的功能。

以上定义说法不一，包含了人们对软件测试不同方面和不同程度的理解，各有侧重。有些定义强调测试过程中所做的事情，有些定义更侧重于测试的一般的目标，如评估质量、用户满意，还有一些定义将重点放在预期结果上。

从这些定义可以看出，对软件测试的认识是一个由以单纯发现错误为目的到验证并确认软件的功能特性、评估软件质量为目的的过程。

拓展阅读
软件测试的解释说明

（2）标准定义

电气和电子工程师协会（IEEE）中软件工程（1983）的定义为：使用人工或者自动手段来运行或测试某个系统的过程，其目的在于检验它是否满足规定的需求或弄清预期结果与实际结果之间的差别。它是帮助识别开发完成（中间或最终的版本）的计算机软件（整体或部分）的正确度（Correctness）、完全度（Completeness）和质量（Quality）的软件过程；是软件质量保证（Software Quality Assurance，SQA）的重要子域。

笔记

该定义基本反映了软件测试的重点与难点，表明软件测试需要进行过程管理，包含动态测试和静态测试，分为人工测试和自动化测试。软件测试的主要工作是设计测试用例、执行测试用例和分析测试用例结果，也就是发现缺陷、记录缺陷和关闭缺陷的过程。

但是该定义没有说明测试的流程是怎样的，也没有说明如何选取合适的测试数据，而这正是软件测试的难点，此外它也没有体现测试的有限性。

而在《软件工程知识体系指南（2004 版）》（蒋遂平译）中给出的定义则弥补了上面定义的缺点。其定义如下。

测试是为评价与改进产品质量、标识产品的缺陷和问题而进行的活动。软件测试由一个程序的行为在有限测试用例集合上，针对期望的行为的动态验证组成，测试用例通常是从无限执行域中适当选取的。

2. 软件工程

（1）软件工程的由来

20 世纪 60 年代，随着软件系统的规模越来越大，复杂程度越来越高，软件可靠性问题也越来越突出，迫切需要改变软件生产方式，提高软件生产效率，软件危机开始爆发。

鉴于软件开发时所遭遇的困境，在 1968 年举办的首次软件工程学术会议中提出用

“软件工程”来界定软件开发所需相关知识，并建议“软件开发应该是类似工程的活动”。软件工程自1968年正式提出至今，累积了大量的研究成果，广泛地进行大量的技术实践，由于学术界和产业界的共同努力，软件工程正逐渐发展成为一门专业学科。

拓展阅读 软件工程的相关定义

(2) 定义

软件工程一直以来都缺乏一个统一的定义，很多学者、组织机构都分别给出了自己的定义，下面3种定义则相对较为全面，接受度也较广。

1) IEEE

在软件工程术语汇编中的定义：软件工程是将系统化的、严格约束的、可量化的方法应用于软件的开发、运行和维护，即将工程化应用于软件的研究。

2) Fritz Bauer

这位德国科学家在国际会议上给出的软件工程定义：软件工程是建立并使用完善的工程化原则，以较经济的手段获得能在实际机器上有效运行的可靠软件的一系列方法。

拓展阅读 软件工程的活动

3) 计算机科学技术百科全书

软件工程是应用计算机科学、数学及管理科学等原理，开发软件的工程。软件工程借鉴传统工程的原则、方法，以提高质量、降低成本。其中，计算机科学、数学用于构建模型与算法，工程科学用于制定规范、设计范型（Paradigm）、评估成本及确定权衡，管理科学用于计划、资源、质量、成本等管理。

目前比较认可的一种定义认为：**软件工程是研究和应用如何以系统性的、规范化的、可定量的过程化方法去开发和维护软件，以及如何把经过时间考验而证明正确的管理技术和当前能够得到的最好的技术方法结合起来。**

笔记

任务实施

1. 了解软件测试的历史发展过程和软件测试的现状

软件测试是伴随着软件的产生而产生的，它大致经历了5个重要的发展阶段，以下将介绍软件测试的5个阶段及其发展趋势。

(1) 软件调试

在早期的软件开发过程中，软件规模都很小、复杂程度低，开发的过程混乱无序、相当随意，测试的含义比较狭窄，开发人员将测试等同于“调试”，目的是纠正软件中已经知道的错误，常常由开发人员自己完成这部分工作。对测试的投入极少，测试介入也晚，常常是等到形成代码，产品已经基本完成时才进行测试。

(2) 独立的软件测试

直到1957年，软件测试才开始与调试区别开来，作为一种发现软件缺陷的活动。由于一直存在着“为了让我们看到产品在工作，就得将测试工作往后推一点”的思想，潜意识里对测试的目的理解为“使自己确信产品能工作”，测试活动始终后于开发的活动，测试通常被作为软件生命周期中的最后一项活动而进行。当时也缺乏有效的测试方法，主要依靠“错误推测（Error Guessing）”来寻找软件中的缺陷。因此，大量软件交付后，仍存在很多问题，软件产品的质量无法保证。

(3) 定义软件测试

到了20世纪70年代，开发的软件仍然不复杂，但人们已开始思考软件开发流程的问题，尽管对“软件测试”的真正含义还缺乏共识，但这一词条已经频繁出现，一些软件测试的探索者建议在软件生命周期的开始阶段就根据需求制订测试计划，这时也涌现出了一批软件测试的先驱。

拓展阅读
软件测试第一类方法

1972 年，软件测试领域的先驱 Bill Hetzel 博士（代表作 *The Complete Guide to Software Testing*），在美国的北卡罗来纳大学组织了历史上第一次正式的关于软件测试的会议。在 1973 年，他首先给软件测试一个这样的定义：“就是建立一种信心，认为程序能够按预期的设想运行（Establish confidence that a program does what it is supposed to do）”。

尽管如此，这一方法还是受到很多业界权威的质疑和挑战，代表人物是 Glenford J. Myers（代表论著 *The Art of Software Testing*）。他认为，测试不应该着眼于验证软件能正常工作，相反应该首先认定软件是有错误的，然后用逆向思维去发现尽可能多的错误。他于 1979 年提出了他对软件测试的定义：“测试是为发现错误而执行的一个程序或者系统的过程（The process of executing a program or system with the intent of finding errors）”。这个定义，也被业界所认可，经常被引用。除此之外，Myers 还给出了与测试相关的 3 个重要观点：

拓展阅读
软件测试第二类方法

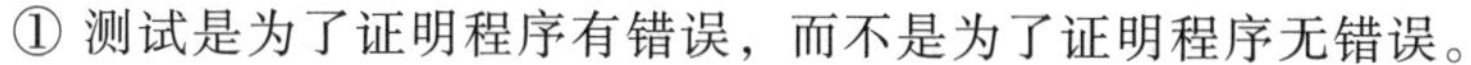

① 测试是为了证明程序有错误，而不是为了证明程序无错误。

② 一个好的测试用例在于它能发现至今未发现的错误。

③ 一个成功的测试是发现了至今未发现的错误的测试。

（4）软件测试成为专门学科

到了 20 世纪 80 年代初期，软件和 IT 行业进入了大发展时期，软件趋向大型化、高复杂度，软件的质量越来越重要。这个时期，一些软件测试的基础理论和实用技术开始形成，并且人们开始为软件开发设计了各种流程和管理方法，软件开发的方式也逐渐由混乱无序的开发过程过渡到结构化的开发过程，以结构化分析与设计、结构化评审、结构化程序设计以及结构化测试为特征。

笔 记

人们还将“质量”的概念融入其中，软件测试定义发生了改变，测试不单纯是一个发现错误的过程，而且将测试作为软件质量保证（Software Quality Assurance，SQA）的主要职能，包含软件质量评价的内容，Bill Hetzel 在《软件测试完全指南》一书中指出：**“测试是以评价一个程序或者系统属性为目标的任何一种活动。测试是对软件质量的度量。”**这个定义至今仍被引用。软件开发人员和测试人员开始坐在一起探讨软件工程和测试问题。

软件测试已有了行业标准（IEEE/ANSI）。1983 年 IEEE 提出的软件工程术语中给软件测试下的定义是：**“使用人工或自动的手段来运行或测定某个软件系统的过程，其目的在于检验它是否满足规定的需求或弄清预期结果与实际结果之间的差别。”**这个定义明确指出：软件测试的目的是检验软件系统是否满足需求。它再也不是一个一次性的，而且只是开发后期的活动，而是与整个开发流程融合为一体。软件测试已成为一个专业，需要运用专门的方法和手段，需要专门人才和专家来承担。

（5）开发与测试的融合

20 世纪 90 年代后，软件工程发展迅速，形成了各种各样的软件开发模式，同时关于软件质量的研究和实践技术不断理论化和工程化，软件开发得到规范性的要求和约束。软件开发模式的多样化也使软件开发与测试出现了融合。

以敏捷开发模式为代表的新一代软件开发模式在国际一流软件企业开始探索和实施，融入了软件产品开发的新思想、新模式，如极限编程、测试驱动、角色互换、团队模式等，并赢得很多软件开发团队的青睐，获得了成功。

由此带来的是对软件测试的重新思考。软件测试与软件开发由相对的独立特性逐渐开始进行融合。开发人员将承担起软件测试的责任，测试人员将更多地参与到测试代码的开发中去，软件的开发与测试界限变得模糊起来，如测试驱动开发（Test-Driven Development，TDD）是极限编程中倡导的程序开发方法，主要是先写测试程序，然后再编码使其通过测试，测试驱动开发并不只是单纯的测试工作，而是一个把需求分析、设计、质量控制量化的过程，此方法就把测试作为起点和首要任务。

（6）软件测试的发展趋势

1）软件测试技术进入快速发展轨道

软件测试领域从建立到现在，经过了30多年的发展，得到了长足的进步，但与软件开发技术相比，仍处于落后的状态。特别是在软件产业相对落后的国家和地区，其发展速度更赶不上软件开发技术的前进步伐。

近30年来，软件开发得益于计算机硬件的迅速发展、计算机运算速度的提高、开发语言发展、编译器及工具平台的发展等因素，相比早期软件的开发，无论开发速度还是开发效率都有很大的提高。而软件测试，虽然测试工具不断涌现，自动化测试运用程度在不断提高，但并没有出现革命性的变革。软件测试中相当一部分工作仍然需要依赖手工完成。软件测试方法和理论基本还在沿用20世纪的研究成果。最近几十年来，软件测试技术得到了快速发展，主要表现在出现了众多新的软件测试方法和测试工具；软件测试工具的自动化程度更高软件测试不仅仅只包含基础的功能测试，还包括很多其他的测试领域，从图1-2中可以看出，接口自动化测试的需求已经超过功能业务测试，还有一些新兴的领域，如大数据测试等。

笔记

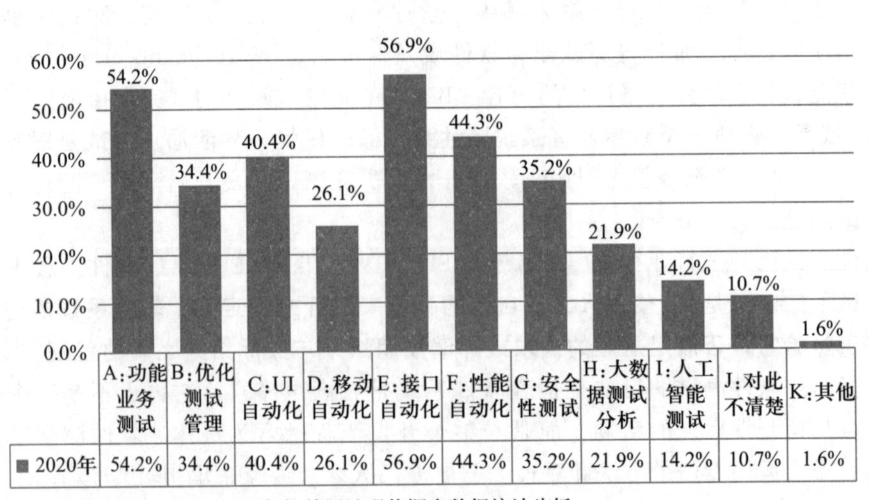

	A:功能业务测试	B:优化测试管理	C:UI自动化	D:移动自动化	E:接口自动化	F:性能自动化	G:安全性测试	H:大数据测试分析	I:人工智能测试	J:对此不清楚	K:其他
■ 2020年	54.2%	34.4%	40.4%	26.1%	56.9%	44.3%	35.2%	21.9%	14.2%	10.7%	1.6%

注：数据来源51Testing2020年软件测试现状调查数据统计分析

图1-2 2020年公司在未来计划更多地投入测试领域

2）自动化软件测试技术应用越来越普遍

由于软件测试很大程度上是一种重复性工作，这种重复性表现在同样的一个功能点或是业务流程需要借助不同类型的数据驱动而运行很多遍。同时，由于某一个功能模块的修改而有可能影响其他模块需要进行回归测试，也需要测试人员重复执行以前用过的测试用例。另外，自动化测试工具可以实现人们用手工无法实现的工作，如负载测试工具可以同时模拟成千上万的用户并发操作，弥补了人工测试的不足。正是基于以上原因，人们想出了自动化测试的方法，同时计算机技术的发展也为自动化测试的实现提供了条件。目前比较常见的自动化测试技术的应用体现为功能测试工具、负载压力测试工具和自动化测试工具。但就自动化技术的使用情况来看，大多数公司是使用负载测试工具进行性能测试。功能自动化测试工具大规模的应用还需要一定的时间。

3）测试技术不断细分

纵观近 10 年来测试技术在我国的发展历程可以看到，软件测试技术正在经历不断细分的过程，这种现象符合事物的发展规律。因为人们对事物的认识总是由浅入深，由最初的粗浅认识到越来越系统化。最初大家只是关注于功能测试，引进了功能技术理论，如等价类划分法、边界值法等，最近几年，随着人们对质量重视程度的提高，不再满足于软件功能的实现，更看重于软件产品或系统的性能，加上测试工作者及测试厂商的努力，性能测试工具得到了较为广泛的应用，在性能测试方面的实践不断得到积累，测试工作者们总结出在性能测试方面的一些理论与方法，如负载测试、压力测试、大数据量测试等。相信在不久的将来，在性能测试方面，还会有新的理论、方法补充进来。除此之外，根据软件应用领域及软件类型的不同，出现了一些更加专业的测试技术类型，如 Web 应用测试、手机软件测试、嵌入式软件测试、安全测试、可靠性测试等。

笔记

2. 了解软件测试与软件工程各阶段的联系

软件开发过程是一个自顶向下逐步细化的过程，而测试过程则是依相反的顺序安排的、自底向上逐步集成的过程，低一级测试为上一级测试准备条件。首先对每一个程序模块进行单元测试，消除程序模块内部在逻辑上和功能上的错误和缺陷；再对照软件设计进行集成测试，检测和排除子系统（或系统）结构上的错误；随后再对照需求，进行确认测试；最后从系统整体出发运行系统，看是否满足要求。

一般来说，软件测试与软件开发各阶段的关系如图 1-3 所示。

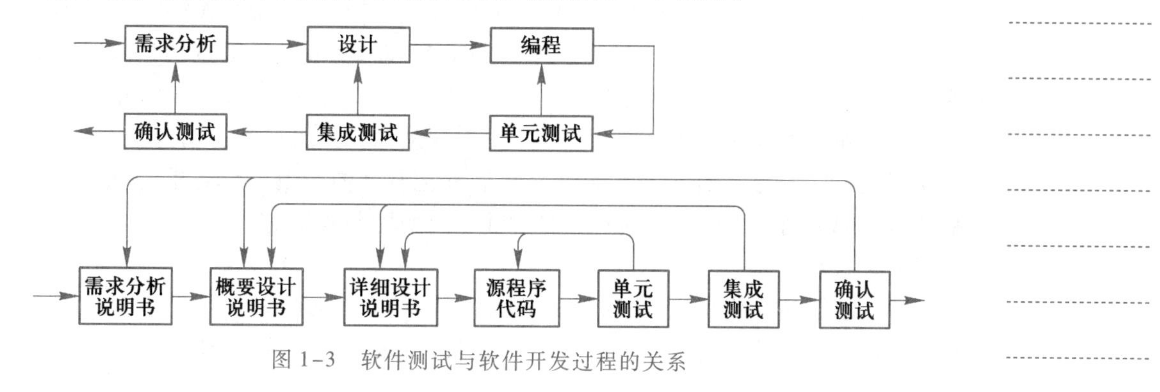

图 1-3　软件测试与软件开发过程的关系

① 项目规划阶段。项目规划阶段负责从单元测试到系统测试的整个测试阶段的监控。

② 需求分析阶段。需求分析阶段确定测试需求分析、制订系统测试计划，评审后成为管理项目。其中，测试需求分析是对产品生命周期中测试所需求的资源、配置、每阶段评判通过的规约；系统测试计划则是依据软件的需求规格说明书，制订测试计划和设计相应的测试用例。

③ 详细设计和概要设计阶段。详细设计和概要设计阶段确保集成测试计划和单元测试计划的完成。

④ 编码阶段。编码阶段由开发人员对自己负责部分的代码进行测试。在项目较大时，由专人进行编码阶段的测试任务。

⑤ 测试阶段（单元、集成、系统测试等）。测试阶段依据测试代码进行测试，并提交测试状态报告和测试结果报告。在软件的需求得到确认并通过评审后，概要设计工作和测试计划制订设计工作就要并行开展。如果系统模块已经建立，对各个模块的详细设计、编码、单元测试等工作又可并行。待每个模块完成后，可以进行集成测试、系统测试等。

微课 1-2
软件测试模型

笔记

3. 了解软件测试模型

(1) V 模型

在软件测试方面，V 模型是最广为人知的模型，如图 1-4 所示。尽管 V 模型已存在了很长时间，和瀑布开发模型有着一些共同的特性，但也由此和瀑布模型一样地受到了批评和质疑。V 模型中的过程从左到右，描述了基本的开发过程和测试行为。V 模型的价值在于它非常明确地标明了测试过程中存在的不同级别，并且清楚地描述了这些测试阶段和开发过程期间各阶段的对应关系。

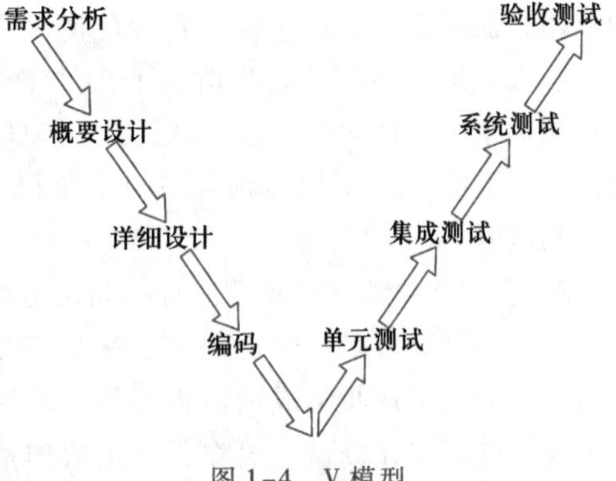

图 1-4 V 模型

(2) W 模型

V 模型的局限性在于没有明确说明早期的测试，无法体现“尽早地和不断地进行软件测试”的原则。在 V 模型中增加软件各开发阶段应同步进行的测试，演化为 W 模型。从模型中不难看出，开发是“V”，测试是与此并行的“V”。基于“尽早地和不断地进行软件测试”的原则，在软件的需求和设计阶段的测试活动应遵循 IEEE 1012—1998《软件验证与确认（V&V）》的原则。

相对于 V 模型，W 模型更科学。W 模型是 V 模型的发展，强调的是测试伴随着整个软件开发周期，而且测试的对象不仅仅是程序，需求、功能和设计同样要测试，测试与开发是同步进行的，从而有利于尽早地发现问题，如图 1-5 所示为 W 模型。

W 模型和 V 模型一样也有局限性，它们都把软件的开发视为需求、设计、编码等一系列串行的活动，无法支持迭代、自发性以及变更调整。

(3) X 模型

X 模型也是对 V 模型的改进，X 模型提出针对单独的程序片段进行相互分离的编码和测试，此后通过频繁的交接，通过集成最终合成为可执行的程序。

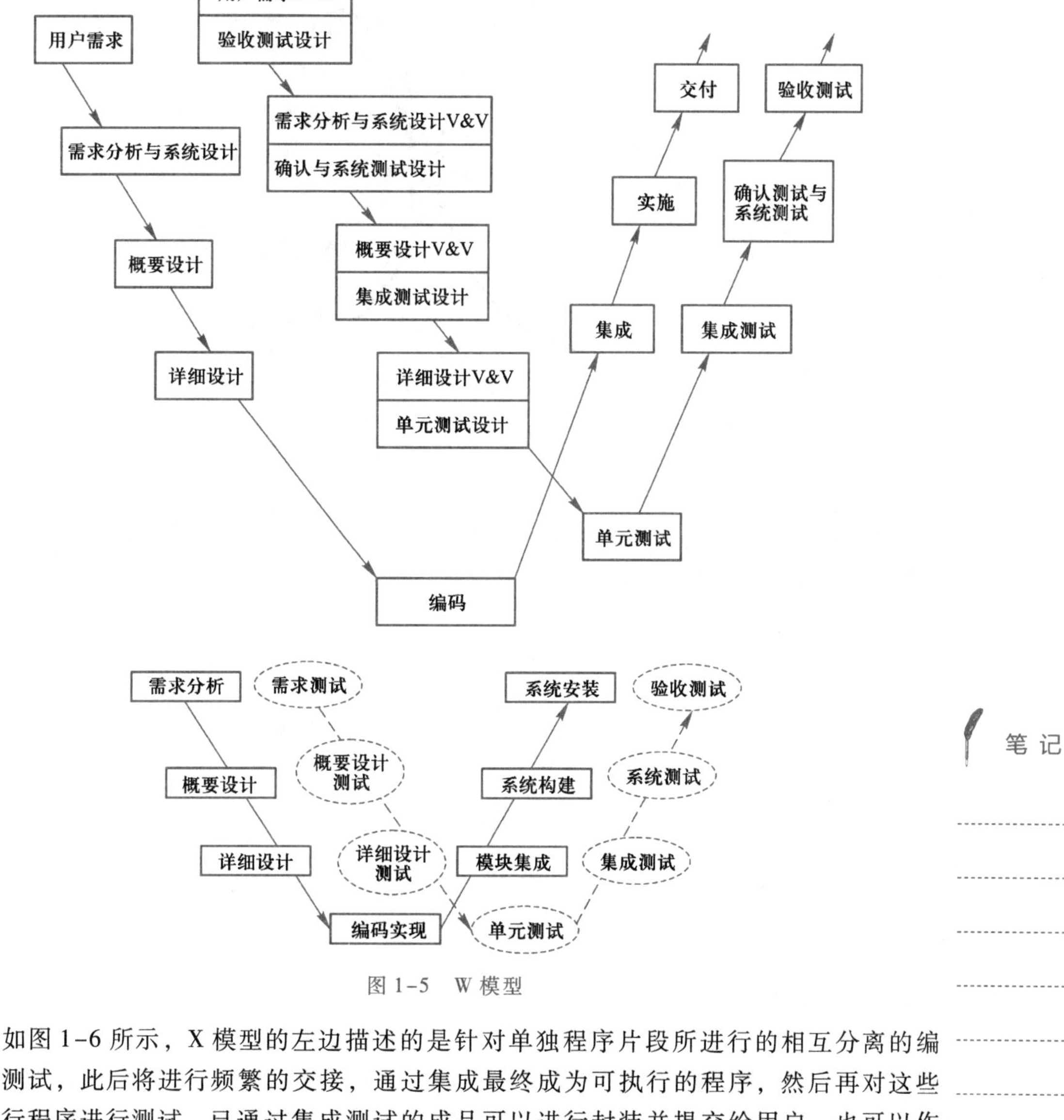

图 1-5　W 模型

笔记

如图 1-6 所示，X 模型的左边描述的是针对单独程序片段所进行的相互分离的编码和测试，此后将进行频繁的交接，通过集成最终成为可执行的程序，然后再对这些可执行程序进行测试。已通过集成测试的成品可以进行封装并提交给用户，也可以作为更大规模和范围内集成的一部分。多根并行的曲线表示变更可以在各个部分发生。由图 1-6 可见，X 模型还定位了探索性测试，这是不进行事先计划的特殊类型的测试，这一方式往往能帮助有经验的测试人员在测试计划之外发现更多的软件错误。但这样可能对测试造成人力、物力和财力的浪费，对测试员的熟练程度要求也比较高。

(4) H 模型

H 模型中，软件测试过程活动完全独立，贯穿于整个产品的周期，与其他流程并发进行。某个测试点准备就绪时，就可以从测试准备阶段进入到测试执行阶段。软件测试可以尽早进行，并且可以根据被测物的不同而分层次进行。

如图 1-7 所示，H 模型演示了在整个生产周期中某个层次上的一次测试“微循环”。图中标注的其他流程可以是任意的开发流程，如设计流程或者编码流程。也就是

笔 记

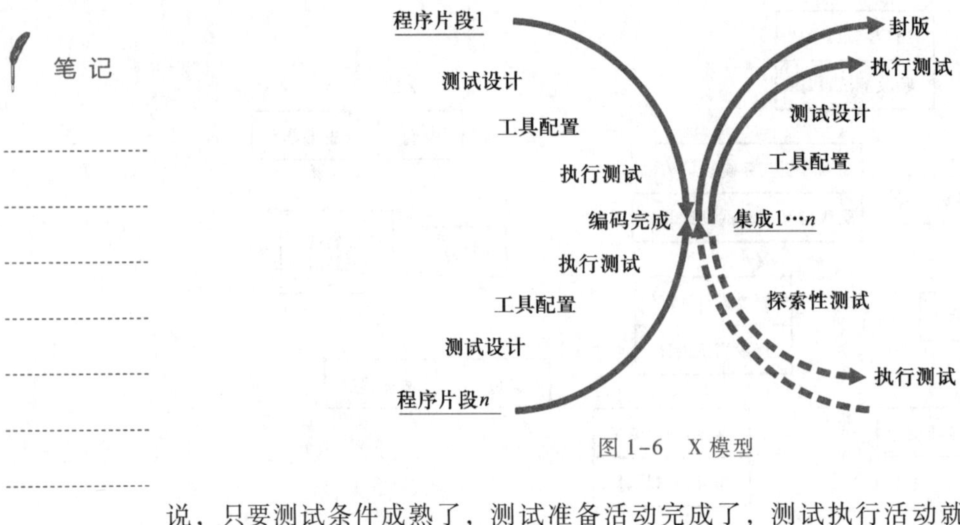

图 1-6 X 模型

说，只要测试条件成熟了，测试准备活动完成了，测试执行活动就可以开展。H 模型揭示了一个原理：**软件测试是一个独立的流程，贯穿于产品的整个生命周期，与其他流程并发进行。H 模型指出软件测试要尽早准备，尽早执行**。不同的测试活动可以是按照某个次序先后进行的，但也可能是反复的，只要某个测试达到准备就绪点，测试执行活动就可以开展。

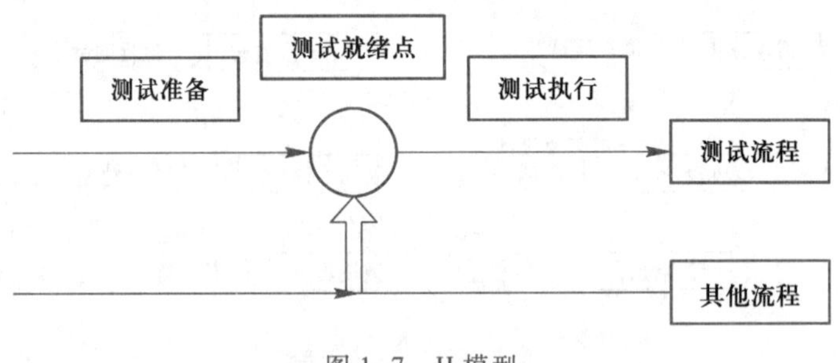

图 1-7 H 模型

（5）前置模型

如图 1-8 所示，前置模型是一个将测试和开发紧密结合的模型，体现了开发与测试的结合，要求对每个交付内容进行测试。此模型将开发和测试的生命周期整合在一起，从项目开发生命周期的开始到结束，涉及每个关键行为。

拓展阅读
前置模型的
两项技术

前置模型体现了以下要点。

① 开发和测试相结合。前置模型将开发和测试的生命周期整合在一起，标识了项目生命周期从开始到结束之间的关键行为，并且表示了这些行为在项目周期中的价值所在。如果其中有些行为没有得到很好的执行，那么项目成功的可能性就会因此而有所降低。如果有业务需求，则系统开发过程将更有效率。在没有业务需求的情况下进行开发和测试是不可能的，而且业务需求最好在设计和开发之前就被正确定义。

② 对每一个交付内容进行测试。每一个交付的开发结果都必须通过一定的方式进行测试。源程序代码并不是唯一需要测试的内容。在图 1-8 中的椭圆形框表示了其他一些要测试的对象，包括可行性报告、业务需求说明，以及系统设计文档等。这同 V 模型中开发和测试的对应关系是相一致的，并且在其基础上有所扩展，变得更为明确。

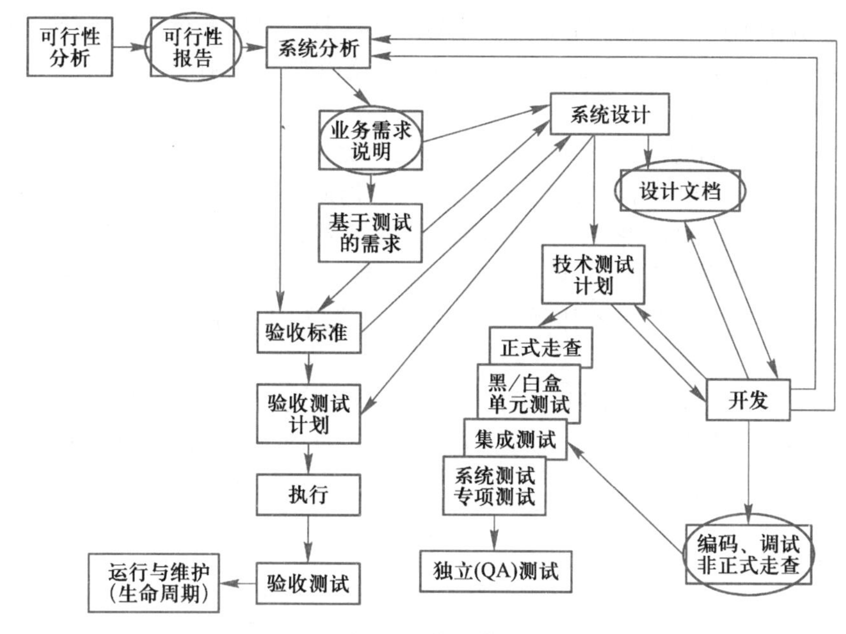

图 1-8　前置模型

③ 在设计阶段进行测试计划和测试设计。设计阶段是做测试计划和测试设计的最好时机。很多组织要么根本不做测试计划和测试设计，要么在即将开始执行测试之前才飞快地完成测试计划和设计。在这种情况下，测试只是验证了程序的正确性，而不是验证整个系统本该实现的东西。

笔 记

④ 测试和开发结合在一起。前置测试将测试执行和开发结合在一起，并在开发阶段以“编码→测试→编码→测试”的方式来体现。也就是说，程序片段一旦编写完成，就会立即进行测试。普通情况下，先进行的测试是单元测试，因为开发人员认为通过测试来发现错误是最经济的方式。但也可参考 X 模型，即一个程序片段也需要相关的集成测试，甚至有时还需要一些特殊测试。对于一个特定的程序片段，其测试的顺序可以按照 V 模型的规定，但其中还会交织一些程序片段的开发，而不是按阶段完全地隔离。

在技术测试计划中必须定义好这样的结合：测试的主体方法和结构应在设计阶段定义完成，并在开发阶段进行补充和升级。这尤其会对基于代码的测试产生影响，这种测试主要包括针对单元的测试和集成测试。不管在哪种情况下，如果在执行测试之前做好计划和设计，都会提高测试效率，改善测试结果，而且对测试重用也更加有利。

⑤ 让验收测试和技术测试保持相互独立。验收测试应该独立于技术测试，这样可以提供双重的保险，以保证设计及程序编码能够符合最终用户的需求。验收测试既可以在实施阶段的第一步来执行，也可以在开发阶段的最后一步执行。

前置模型提倡验收测试和技术测试沿着两条不同的路线来进行，每条路线分别验证系统是否能够如预期的设想进行正常工作。这样，当单独设计好的验收测试完成了系统的验证，即可确信这是一个正确的系统。

⑥ 反复交替的开发和测试。在项目中，从很多方面可以看到变更的发生，例如需要重新访问前一阶段的内容，或者跟踪并纠正以前提交的内容，修复错误，排除多余

的成分，以及增加新发现的功能等。开发和测试需要一起反复交替地执行。模型并没有明确指出参与系统部分的大小。这一点和V模型中所提供的内容相似，但不同的是，前置模型对反复和交替进行了非常明确的描述。

拓展阅读
测试先行

⑦ 发现内在的价值。前置测试能给需要使用测试技术的开发人员、测试人员、项目经理和用户等带来很多不同于传统方法的内在价值。与以前的方法中很少划分优先级所不同的是，前置测试用较低的成本来及早发现错误，并且充分强调了测试对确保系统高质量的重要意义。前置测试代表了整个系统对测试的新的不同的观念。在整个开发过程中，反复使用了各种测试技术以使开发人员、经理和用户节省时间，简化工作。

前置测试定义了如何在编码之前对程序进行测试设计，开发人员一旦体会到其中的价值，就会对其表现出特别的欣赏。前置方法不仅能节省时间，而且可以减少那些重复工作。

任务拓展

了解掌握新出现的专业测试技术类型。

（1）Web应用测试

B/S架构催生了对Web应用测试的研究。Web应用测试继承了传统测试方法，同时结合Web应用的特点。与任何其他类型的应用相比，Web应用运行在更多的硬件和软件平台上，这些平台的性质可在任何时间改变，完全不在Web应用开发人员的知识或控制之内。随着Web应用的不断发展，也同样衍生出一些新的研究方向，如最近的云计算测试、针对SASS应用的测试等。

笔记

（2）手机软件测试

出现手机软件测试这个研究分支，主要是因为手机在我国应用特别普遍，使用范围很广，围绕手机所出现的软件种类越来越丰富，有很多专门从事手机软件的开发公司，于是自然而然地出现了一批手机软件测试工程师。同时，由于手机软件的特殊性，如使用一些专门的操作系统，加上手机内存及CPU相对较小等特点，手机软件的测试有其部分特殊技术方法。

（3）嵌入式软件测试

随着信息技术和工业领域的不断融合，嵌入式系统的应用越来越广泛，可以预言，嵌入式软件将有更为广泛的发展空间。对于嵌入式软件的测试也将有着很大的市场需求。

由于嵌入式系统的自身特点，如实时性（Real-Timing）、内存不丰富、I/O通道少、开发工具昂贵、与硬件紧密相关、CPU种类繁多等，嵌入式软件的开发和测试与一般商用软件的开发和测试策略有很大的不同。可以说，嵌入式软件是最难测试的一类软件。

（4）安全测试

近些年来，随着计算机网络的迅速发展和软件的广泛应用，软件的安全性已经成为备受关注的一个方面，渐渐融入人们的生活，成为关系到金融、电力、交通、医疗、政府以及军事等各个领域的关键问题。尤其在当前，越来越多的软件因为自身存在的

笔 记

安全漏洞，成为黑客以及病毒攻击的对象，给用户带来严重的安全隐患。软件安全漏洞造成的重大损失以及还在不断增长的漏洞数量使人们已经开始深刻认识到软件安全的重要性。20 世纪 90 年代，信息安全学者、计算机安全研究人员就开始对计算机安全问题进行研究，使之成为软件测试技术的一个重要分支。

（5）可靠性测试

软件可靠性是指"在规定的时间内、规定的条件下，软件不引起系统失效的能力，其概率度量称为软件可靠度"。软件可靠性测试是指为了保证和验证软件的可靠性要求而对软件进行的测试。其采用的是按照软件运行剖面（对软件实际使用情况的统计规律的描述）对软件进行随机测试的测试方法。

项目实训 1.1　了解软件测试的演变

【实训目的】

更深入地理解软件测试的历史演变及其与软件开发之间的关系。

【实训内容】

① 进一步了解并简述软件测试定义的演变过程和测试意义的演变。

② 进一步了解并简述软件开发的各种模式，并说明每种模式对软件测试的影响。

任务 1.2　了解软件缺陷、软件可靠性和软件质量

任务陈述

软件测试是使用人工或自动的手段，来运行或测试软件系统的过程，目的是检验软件系统是否满足规定的需求，并找出与预期结果之间的差异。这些差异往往成为测试人员发现软件缺陷的重要来源。软件可靠性是关于软件能够满足需求功能的性质，此外影响可靠性的另一个重要因素是健壮性，即对非法输入的容错能力。提高可靠性从原理上看就是要减少错误和提高健壮性。

本任务在于使读者了解软件缺陷产生的原因和修复成本，掌握软件可靠性的基本概念以及软件质量特性。

知识准备

微课 1-3
软件缺陷及可靠性概述

1. 软件缺陷

（1）定义

软件缺陷（Defect）常常又被叫作 Bug（漏洞），即为计算机软件或程序中存在的某种破坏正常运行能力的问题、错误，或者隐藏的功能缺陷。缺陷的存在会导致软件产品在某种程度上不能满足用户的需要。IEEE-729—1983 对缺陷有一个标准的定义：**从产品内部看，缺陷是软件产品开发或维护过程中存在的错误、毛病等各种问题；从产品外部看，缺陷是系统所需要实现的某种功能的失效或违背。**

缺陷的表现形式不仅体现在功能的失效方面，还体现在以下方面：

① 软件没有实现产品规格说明所要求的功能模块。

② 软件中出现了产品规格说明指明不应该出现的错误。

③ 软件实现了产品规格说明没有提到的功能模块。

④ 软件没有实现产品规格说明中没有明确提及但应该实现的目标。

⑤ 软件难以理解，不容易使用，运行缓慢，或从测试员的角度看，最终用户会认为不好用。

以计算器开发为例，计算器的产品规格说明应能准确无误地进行加、减、乘、除运算。如果按下加法键，没什么反应，就是第①种类型的缺陷；若计算结果出错，也是第①种类型的缺陷。

产品规格说明还可能规定计算器不会死机，或者停止反应。如果随意敲键盘导致计算器停止接受输入，这就是第②种类型的缺陷。

如果使用计算器进行测试，发现除了加、减、乘、除之外还可以求平方根，但是产品规格说明没有提及这一功能模块。这是第③种类型的缺陷——软件实现了产品规格说明书中未提及的功能模块。

在测试计算器时，若发现电池没电会导致计算不正确，而产品说明书是假定电池一直都有电的，从而发现第④种类型的错误。

软件测试员如果发现某些地方不对，如测试员觉得按键太小，“=”键布置的位置不好按，在亮光下看不清显示屏等，无论什么原因，都要认定为缺陷。而这正是第⑤种类型的缺陷。

笔记

（2）软件缺陷产生的原因

在软件开发的过程中，软件缺陷的产生是不可避免的。软件缺陷的产生主要是由软件产品的特点和开发过程决定的。

从软件本身、团队工作和技术问题等角度分析，就可以了解造成软件缺陷的主要因素。

1）软件本身

① 需求不清晰，导致设计目标偏离客户的需求，从而引起产品功能或特征上的缺陷。

② 系统结构非常复杂，而又无法设计成一个很好的层次结构或组件结构，结果导致意想不到的问题发生或系统维护、扩充上的困难；即使设计成良好的面向对象的系统，由于对象、类太多，很难完成对各种对象、类相互作用的组合测试，而隐藏着一些参数传递、方法调用、对象状态变化等方面的问题。

③ 对程序逻辑路径或数据范围的边界考虑不够周全，漏掉某些边界条件，造成容量或边界错误。

④ 对一些实时应用，要进行精心设计和技术处理，保证精确的时间同步，否则容易因为时间上的不一致性引发问题。

⑤ 没有考虑系统崩溃后的自我恢复或数据的异地备份、灾难性恢复等问题，从而存在系统安全性、可靠性的隐患。

⑥ 系统运行环境的复杂，不仅用户使用计算机的环境千变万化，包括用户的各种

操作方式或各种不同的输入数据，容易引起一些特定用户环境下的问题；在系统实际应用中，数据量很大，从而会引起强度或负载问题。

⑦ 由于通信端口多、存取和加密手段的矛盾性等，会造成系统的安全性或适用性等问题。

⑧ 新技术的采用，可能涉及技术或系统兼容的问题，事先没有考虑到。

2）团队工作

① 系统需求分析时对客户的需求理解不清楚，或者和用户的沟通存在一些困难。

② 不同阶段的开发人员相互理解不一致。例如，软件设计人员对需求分析的理解有偏差；编程人员对系统设计规格说明书中的某些内容重视不够，或存在误解；对于设计或编程上的一些假定或依赖性，相关人员没有充分沟通。

③ 项目组成员技术水平参差不齐，新员工较多，或培训不够等原因也容易引起问题。

3）技术问题

① 算法错误：在给定条件下没能给出正确或准确的结果。

② 语法错误：对于编译性语言程序，编译器可以发现这类问题；但对于解释性语言程序，只能在测试运行时发现。

③ 计算和精度问题：计算的结果没有满足所需要的精度。

④ 系统结构不合理、算法选择不科学，造成系统性能低下。

⑤ 接口参数传递不匹配，导致模块集成出现问题。

4）项目管理的问题

① 缺乏质量文化，不重视质量计划，对质量、资源、任务、成本等的平衡性把握不好，容易挤掉需求分析、评审、测试等时间，遗留的缺陷会比较多。

② 系统分析时对客户的需求不是十分清楚，或者和用户的沟通存在一些困难。

③ 开发周期短，需求分析、设计、编程、测试等各项工作不能完全按照定义好的流程来进行，工作不够充分，结果也就不完整、不准确，错误较多；周期短，还给各类开发人员造成太大的压力，引起一些人为的错误。

④ 开发流程不够完善，存在太多的随机性和缺乏严谨的内审或评审机制，容易产生问题。

⑤ 文档不完善，风险估计不足等。

（3）软件缺陷的修复成本

在讨论软件测试原则时，一开始就强调测试人员要在软件开发的早期，如需求分析阶段就应介入，问题发现得越早越好。发现缺陷后，要尽快修复。其原因在于，错误并不只是在编程阶段产生，需求和设计阶段同样会产生错误。也许一开始，只是一个很小范围内的错误，但随着产品开发工作的进行，小错误会扩散成大错误，后期修改错误所做的工作量也就越大。如果错误不能及早发现，只可能造成越来越严重的后果。缺陷发现或解决得越迟，成本就越高。

平均而言，如果在需求阶段修正一个错误的代价是 1，那么在设计阶段就是它的 3 ~ 6 倍，在编程阶段是它的 10 倍，在内部测试阶段是它的 20 ~ 40 倍，在外部测试阶段是它的 30 ~ 70 倍，而到了产品发布出去时，这个数字就是 40 ~ 1 000 倍。可见，修

笔记

正错误的代价不是随时间线性增长，而几乎是呈指数增长的。

有国外的质量工程经理指出，早在1996年，在设计阶段解决一个缺陷的平均花费是25美元，而在产品部署之后是16000美元，如图1-9所示。

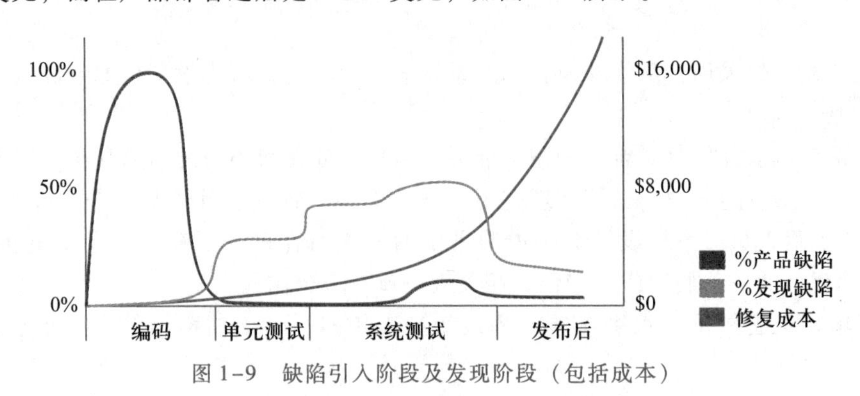

图1-9 缺陷引入阶段及发现阶段（包括成本）

2. 软件可靠性

软件可靠性（Software Reliability）是指软件产品在规定的条件下和规定的时间区间完成规定功能的能力。规定的条件是指直接与软件运行相关的使用该软件的计算机系统的状态和软件的输入条件，或统称为软件运行时的外部输入条件；规定的时间区间是指软件的实际运行时间区间；规定功能是指为提供给定的服务，软件产品所必须具备的功能。软件可靠性不但与软件存在的缺陷和差错有关，而且与系统输入和系统使用有关。

笔记

软件系统规模越大越复杂，其可靠性越难保证。应用本身对系统运行的可靠性要求越来越高，如航空、航天、银行等一些关键的应用领域。在许多项目的开发过程中，对可靠性没有提出明确的要求，开发商（部门）也不在可靠性方面花更多的精力，往往只注重速度、结果的正确性和用户界面的友好性等，而忽略了可靠性。在投入使用后才发现大量可靠性问题，增加了维护难度和工作量，严重时只有将软件束之高阁，无法投入实际使用。

（1）软件可靠性与硬件可靠性的区别

软件可靠性与硬件可靠性主要存在以下区别。

① 最明显的区别是硬件有老化损耗现象，硬件失效是物理故障，是器件物理变化的必然结果，有浴盆曲线现象；软件不发生变化，没有磨损现象，有陈旧落后的问题，没有浴盆曲线现象。

② 影响硬件可靠性的决定因素是时间，受设计、生产、运用的所有过程影响；软件可靠性的决定因素是与输入数据有关的软件差错，是输入数据和程序内部状态的函数，更多地取决于人。

③ 硬件的纠错维护可通过修复或更换失效的系统重新恢复功能；软件纠错只能通过重新设计。

④ 对硬件可采用预防性维护技术预防故障，采用断开失效部件的办法诊断故障；而软件则不能采用这些技术。

⑤ 事先估计可靠性测试和可靠性的逐步增长等技术对软件和硬件有不同的意义。

⑥ 为提高硬件可靠性可采用冗余技术，而同一软件的冗余不能提高可靠性。

⑦ 硬件可靠性检验方法已建立，并已标准化且有一整套完整的理论；而软件可靠性验证方法仍未建立，更没有完整的理论体系。

⑧ 硬件可靠性已有成熟的产品市场；而软件产品市场还很新。

⑨ 软件错误是永恒的、可重现的；而一些瞬间的硬件错误可能会被误认为是软件错误。

总的说来，软件可靠性比硬件可靠性更难保证，即使是一些专业的软件系统，其可靠性仍比硬件可靠性低一个数量级。

（2）影响软件可靠性的因素

软件可靠性是关于软件能够满足需求功能的性质，软件不能满足需求是因为软件中的差错引起了软件故障。软件差错是指软件开发各阶段潜在的人为错误，具体如下。

① 需求分析定义错误：如用户提出的需求不完整、用户需求的变更未及时消化、软件开发者和用户对需求的理解不同等。

② 设计错误：如处理的结构和算法错误、缺乏对特殊情况和错误处理的考虑等。

③ 编码错误：如语法错误、变量初始化错误等。

④ 测试错误：如数据准备错误、测试用例错误等。

⑤ 文档错误：如文档不齐全、文档相关内容不一致、文档版本不一致、缺乏完整性等。

从上游到下游，错误的影响是发散的，所以要尽量把错误消除在开发前期阶段。错误引入软件的方式可归纳为程序代码特性和开发过程特性两种。程序代码最直观的特性是长度，另外还有算法和语句结构等，程序代码越长，结构越复杂，其可靠性越难保证。

开发过程特性包括采用的工程技术和使用的工具，也包括开发者个人的业务经历水平等。

除了软件可靠性外，影响可靠性的另一个重要因素是健壮性，对非法输入的容错能力。因此，提高可靠性从原理上看就是要减少错误和提高健壮性。

笔 记

任务实施

1. 软件质量

微课 1-4
软件质量

软件产品与其他产品一样都有质量要求，高质量的软件更受用户欢迎。软件质量是指软件产品满足基本需求及隐式需求的程度。软件产品满足基本需求是指其能满足软件开发时所规定需求的特性，这是软件产品最基本的质量要求。其次是软件产品满足隐式需求的程度，例如，产品界面美观、用户操作简单等。

概括地说，**软件质量就是“软件与明确的和隐含的定义的需求相一致的程度”。具体地说，软件质量是软件符合明确叙述的功能和性能需求、文档中明确描述的开发标准以及所有专业开发的软件都应具有的隐含特征的程度**。可以从以下 3 个方面来理解。

① 软件需求是度量软件质量的基础，与需求不一致就是质量不高。

② 制订的标准定义了一组指导软件开发的准则，如果没有遵守这些准则，几乎肯定会导致质量不高。

③ 通常，有一组没有显式描述的隐含需求（如期望软件是易维护的）。如果软件满足明确描述的需求，但却不满足隐含的需求，那么软件的质量仍然是值得怀疑的。

2. 影响软件质量的主要因素

以下这些因素是从管理角度对软件质量的度量，主要包括：

① 正确性（Correctness）：系统满足规格说明和用户目标的程度，即在预定环境下能正确地完成预期功能的程度。

② 健壮性（Robustness）：在硬件发生故障、输入的数据无效或操作错误等意外环境下，系统能做出适当响应的程度。

③ 效率（Efficiency）：为了完成预定的功能，系统需要的计算资源的多少。

④ 完整性（Efficiency）或安全性（Security）：对未经授权的人使用软件或数据的企图，系统能够控制（禁止）的程度。

⑤ 可用性（Usability）：系统在完成预定应该完成的功能时令人满意的程度。

⑥ 风险（Risk）：按预定的成本和进度把系统开发出来，并且为用户所满意的概率。

⑦ 可理解性（Comprehensibility）：理解和使用该系统的容易程度。

⑧ 可维修性（Maintainability）：诊断和改正在运行现场发现的错误所需要的工作量的大小。

⑨ 灵活性（Flexibility）或适应性（Adaptability）：修改或改进正在运行的系统需要的工作量的多少。

笔记

⑩可测试性（Testability）：软件容易测试的程度。

⑪ 可移植性（Portability）：把软件从一种硬件配置和（或）软件系统环境转移到另一种配置和环境时，需要的工作量多少。有一种定量度量的方法是：用原来程序设计和调试的成本除以移植时需用的费用。

⑫ 可再用性（Reusability）：在其他应用中该程序可以被再次使用的程度（或范围）。

⑬ 互运行性（Interoperability）：把该系统和另一个系统结合起来需要的工作量的多少。

任务拓展

软件失效机理。

在软件开发过程中的疏忽、失误或者错误，导致软件中存在了缺陷；在软件运行过程中，当缺陷被激活（软件运行于某一特定条件，俗称“踩雷”），使软件产生错误状态即出现了故障；而若无适当的处理措施（容错）对故障加以处理，最终使软件无法向用户提供其所期望的服务，即产生了失效。

错误是一种从外部输入的行为；缺陷和故障都属于软件内部不希望或不可接受的偏差，区别在于前者是静态的而后者是动态的；失效是一种向外部输出的状态。

因此，软件可靠性设计的实质就是减少缺陷和避免暴露，不让错误进来造成缺陷，也不让故障出去导致失效。

项目实训 1.2　深入理解软件可靠性

笔 记

【实训目的】

更深入地理解软件可靠性。

【实训内容】

① 进一步了解并简述软件可靠性设计。

② 进一步了解并简述软件可靠性参数。

任务 1.3　理解软件测试的分类、原则和流程

任务陈述

软件测试有很多种分类方法，人们也总结出了许多软件测试的原则。

本任务读者可以真正了解软件测试的整个流程，即了解软件测试的全过程，并真正实施一次软件测试。

微课 1-5
测试用例

知识准备

1. 测试用例

(1) 定义

测试用例（Test Case）是为某个特殊目标而编制的一组测试输入、执行条件以及预期结果，以便测试某个程序路径或核实是否满足某个特定需求。

统一软件开发过程（Rational Unified Process，RUP）中认为测试用例是用来验证系统实际做了什么的方式，因此测试用例必须可以按照要求来跟踪和维护。

IEEE 1990 给出了如下定义：测试用例是一组测试输入、执行条件和预期结果，目的是要满足一个特定的目标，如执行一条特定的程序路径或检验是否符合一个特定的需求。

从以上定义来看，测试用例设计的核心有两方面：一是要测试的内容，即与测试用例相对应的测试需求；二是输入信息，即按照怎样的操作步骤，对系统输入哪些必要的数据，测试用例设计的难点在于如何通过少量测试数据来有效揭示软件缺陷。

测试用例可以用一个简单的公式来表示：

测试用例=输入+输出+测试环境

其中，输入是指测试数据和操作步骤；输出是指系统的预期执行结果；测试环境是指系统环境设置，包括软件环境、硬件环境和数据，有时还包括网络环境。

(2) 测试用例的重要性

测试用例的重要性主要体现在技术和管理两个层面。就技术层面而言，测试用例有利于以下各个方面。

1）指导测试的实施

测试用例主要适用于集成测试、系统测试和回归测试。在开始实施测试之前设计好测试用例，可避免盲目测试，使测试的实施做到重点突出。作为测试的标准，实施测试时测试人员必须严格按照用例规定的测试思想和测试步骤逐一实施测试，记录并检查每个测试结果。

2）规划测试数据的准备

测试实践中，测试数据通常是与测试用例分离的。按照测试用例配套准备一组或若干组测试原始数据及标准测试结果，尤其像测试报表之类的数据集是十分必要的。

3）编写测试脚本的《设计规格说明书》

自动化测试可以提高测试效率，其中心任务是编写测试脚本。软件编程必须有设计规格说明书，测试脚本的《设计规格说明书》就是测试用例。

4）降低工作强度

将测试用例通用化和复用化便于开展测试，节省时间，提高测试效率。软件版本更新后仅需修正少量测试用例就可展开测试工作，有利于降低工作强度，缩短项目周期。

从管理的层面来看，使用测试用例的好处有以下几方面。

① 团队交流。通过测试用例，同一测试团队中的不同测试员之间将遵循统一的用例规范来展开测试，从而降低测试的歧义，提高测试效率。

笔 记

② 重复测试。软件版本更新后，通过测试用例可将不同版本间的重复测试记录在案，少量修正或新增的测试用例能区分各版本间测试的差异。

③ 检验测试员进度。测试用例可作为衡量测试员的进度、工作量及跟踪、管理测试人员工作效率的标准。

④ 质量评估。完成测试后需要对测试结果进行评估，并编制测试报告。判断软件测试是否完成、衡量软件质量都需要哪些量化的结果，如测试覆盖率、测试合格率、重要测试合格率等。用软件模块或功能点来统计过于粗糙，以测试用例作为测试结果度量基准则更加准确、有效。

⑤ 分析缺陷的标准。通过收集缺陷、对比测试用例和缺陷数据库，可分析证实是漏测还是缺陷复现。漏测反映了测试用例的不完善，应立即补充相应测试用例，逐步完善软件质量。已有相应测试用例，则反映实施测试或变更处理存在问题。

（3）测试用例的评价标准

有专家指出，一个好的测试用例在于它能发现至今未发现的错误。时至今日，这样的评价标准显然太低。在发现更多、更严重的缺陷的前提下，做到省时、省力、省钱，这才是好的测试。具体来讲，良好的测试用例应满足以下特性。

1）有效性

由于不可能做到穷尽测试，因此测试用例的设计应按照“程序最有可能会怎样失效、哪些失效最不可容忍”这样的思路来寻找线索，如针对主要业务设计测试用例、针对重要数据设计测试用例等。

2）经济性

通过测试用例来展开测试是动态测试的过程，其执行过程对软硬件环境、数据、操作人员及执行过程的要求应满足经济可行的原则。

3）可仿效性

面对越来越复杂的软件，需要测试的内容也越来越多，测试用例应具有良好的可仿效性，这样可以在一定程度上降低对测试员的素质要求，减轻测试工程师的设计工作量，加快文档撰写速度。

4）可修改性

软件版本更新后部分测试用例需要修正，因此测试用例应具有良好的可修改性，使之经过简单修正后即可入库。

5）独立性

测试用例应与具体的应用程序实现完全独立，这样可以不受应用程序具体实现的变动的影响，也有利于测试的复用。测试用例还应完全独立于测试人员，不同的测试人员执行同一个测试用例，应得到相同的结果。

6）可跟踪性

测试用例应与用户需求相对应，这样便于评估测试对功能需求的覆盖率。

（4）测试用例设计的基本原则

对于不同类别的软件，测试用例的设计重点是不同的。例如，企业管理软件的测试通常需要将测试数据和测试脚本从测试用例中划分出来。一般情况下，测试用例设计的基本原则有以下3条。

1）测试用例的代表性

笔记

测试用例应能够代表并覆盖各种合理的和不合理的、合法的和非法的、边界的和越界的以及极限的输入数据、操作和环境设置等。

2）测试结果的可判定性

测试结果的可判定性即测试执行结果的正确性是可判定的，每一个测试用例都应有相应明确的预期结果，而不应存在二义性，否则将难以判断系统是否运行正常。

3）测试结果的可再现性

测试结果的可再现性即对同样的测试用例，系统的执行结果应当相同。测试结果可再现有利于在出现缺陷时能够确保缺陷的重现，为缺陷的快速修复打下基础。

而以上3条原则中，最难保证的就是测试用例的代表性，这也是设计测试用例时最应关注的内容。一般地，针对每个核心的输入条件，其数据大致可分为正常数据、边界数据和错误数据3类。测试数据就是从以上3类中产生的。

2. 测试环境

（1）测试环境的定义

简单地说，测试环境就是软件运行的平台，即进行软件测试所必需的工作平台和前提条件，可用如下公式来表示。

测试环境=硬件+软件+网络+历史数据

（2）测试环境的重要性

测试环境的重要性体现在如下几方面。

1）加快测试进度

稳定、可控的测试环境可以使测试人员花费较少的时间就能完成测试用例的执行，也无须为测试用例、测试过程的维护花费额外的时间。

2）准确重现缺陷

稳定而可控的测试环境可以保证每一个被提交的缺陷都可在任何时候准确地重现。

3）提高工作效率和软件质量

经过良好规划和管理的测试环境，可以尽可能地减少环境变动对测试工作的不利影响，并可积极推动测试工作效率和质量的提高。

(3) 良好测试环境的要素

良好的测试环境应具备以下 3 个要素。

1）好的测试模型

良好的测试模型有助于高效地发现缺陷，它并不仅仅包含一系列测试方法，更重要的是，它是在长期实践中积累下来的一些历史数据，包括有关某类软件的缺陷分布规律、有关项目小组历次测试的过程数据等。

2）多样化的系统配置

测试环境在很大程度上应该是用户的真实使用环境，或至少应搭建模拟的使用环境，使之尽量逼近软件的真实使用环境。

3）熟练使用工具的测试员

在系统测试尤其是性能测试环节，通常需要有自动化测试工具的支持。只有能熟练使用各种工具的测试员，才能发挥自动化测试工具的巨大优势。

(4) 测试环境的规划

笔 记

通常来说，所需要搭建的环境主要是用于被测应用的系统测试。单元测试和集成测试由开发人员在开发环境中进行，而验收测试则在用户的最终应用环境中进行，因此都可以暂不考虑。

为了确定测试环境的组成，需要明确以下问题：

① 所需要的计算机数量，以及对每台计算机的硬件配置要求，包括 CPU 的速度、内存和硬盘的容量、网卡所支持的速率、打印机的型号等。

② 部署被测应用的服务器所必需的操作系统、数据库管理系统、中间件、Web 服务器及其他必需组件的名称、版本，以及所要用到的相关补丁的版本。

③ 用来保存各种测试工作中生成的文档和数据的服务器所必需的操作系统、数据库管理系统、中间件、Web 服务器及其他必需组件的名称、版本，以及所要用到的相关补丁的版本。

④ 用来执行测试工作的计算机所必需的操作系统、数据库管理系统、中间件、Web 服务器及其他必需组件的名称、版本，以及所要用到的相关补丁的版本。

⑤ 是否需要专门的计算机用于被测应用的服务器环境和测试管理服务器的环境的备份。

⑥ 测试中所需要使用的网络环境。例如，如果测试结果同接入 Internet 的线路的稳定性有关，那么应该考虑为测试环境租用单独的线路；如果测试结果与局域网内的网速有关，那么应该保证计算机的网卡、网线以及用到的集线器、交换机都不会成为网络传输瓶颈。

⑦ 执行测试工作所需要使用的文档编写工具、测试管理系统、性能测试工具、缺

陷跟踪管理系统等软件的名称、版本、许可证（License）数量，以及所要用到的相关补丁的版本。对于性能测试工具，则还应当特别关注所选择的工具是否支持被测应用所使用的协议。

⑧ 为了执行测试用例，所需要初始化的各项数据，如登录被测应用所需的用户名和访问权限，或其他基础资料、业务资料；对于性能测试，还应当特别考虑执行测试场景前应当满足的历史数据量。当然，还有另外一个非常关键的问题：在测试过程中受到影响的数据如何恢复。

明确了上面的问题后，明确哪些条件是可以满足的，哪些是需要其他部门协助调配、采购或者支援的。建议在搭建测试环境之前，把上面的问题制作成一张检查表，并为每一项指定一个责任人，完成一项就填写一项，最终形成的文档则作为测试环境的配置说明文档使用。当然，如果时间或其他条件允许，应当做好应急预案，尽量保证在环境失效时不会对正常工作产生太大的影响。

（5）测试环境的维护和管理

测试环境搭建好以后不太可能永远不发生变化，至少被测应用的每次版本发布都会对测试环境产生或多或少的影响。为此，应考虑如下问题。

1）设置专门的测试环境管理员角色

每个测试项目或测试小组都应当配备一名专门的测试环境管理员，其职责包括搭建测试环境，如操作系统、数据库、中间件、Web 服务器等必需软件的安装和配置，并做好各项安装、配置手册的编写；记录组成测试环境的各台机器的硬件配置、IP 地址、端口配置、机器的具体用途，以及当前网络环境的情况；完成被测应用的部署，并做好发布文档的编写；测试环境各项变更的执行及记录；测试环境的备份及恢复；管理操作系统、数据库、中间件、Web 服务器以及被测应用中所需的各用户名、密码以及权限。

笔记

当测试组内多名成员需要占用服务器并且相互之间存在冲突时（如在执行性能测试时，在同一时刻应当只有一个场景在运行），负责对服务器时间进行分配和管理。

2）明确测试环境管理所需的各种文档

一般来说，下面的几个文档是必需的，当然也可以根据需要增加新的文档，例如，组成测试环境的各台计算机上各项软件的安装配置手册，记录各项软件的名称、版本、安装过程、相关参数的配置方法等，并记录好历次软件环境的变更情况；组成测试环境的各台机器的硬件环境文档，记录各台机器的硬件配置（CPU、内存、硬盘、网卡）、IP 地址、具体用途以及历次的变更情况；被测应用的发布手册，记录被测应用的发布/安装方法，包括数据库表的创建、数据的导入、应用层的安装等。另外，还需要记录历次被测应用的发布情况，对版本差异进行描述；测试环境的备份和恢复方法手册，并记录每次备份的时间、备份人、备份原因（与上次备份相比发生的变化）以及所形成的备份文件的文件名和获取方式；用户权限管理文档，记录访问操作系统、数据库、中间件、Web 服务器以及被测应用时所需的各种用户名、密码以及各用户的权限，并对每次变更进行记录。

3）测试环境访问权限的管理

应当为每个访问测试环境的测试人员和开发人员设置单独的用户名，并根据不同

笔记

的工作需要设置不同的访问权限，以避免误操作对测试环境产生不利的影响。下面的要求可以作为建立测试环境访问权限管理规范的基础：访问操作系统、数据库、中间件、Web服务器以及被测应用等所需的各种用户名、密码、权限，由测试环境管理员统一管理；测试环境管理员拥有全部的权限；除对被测应用的访问权限外，一般不授予开发人员对测试环境其他部分的访问权限。如果的确有必要（如查看系统日志），则只授予只读权限；除测试环境管理员外，其他测试组成员不授予删除权限；用户及权限的各项维护、变更，需要记录到相应的用户权限管理文档中。

4）测试环境的变更管理

对测试环境的变更应当形成一个标准的流程，并保证每次变更都是可追溯的和可控的。下面的几项要点并不是一个完整的流程，但是可以帮助实现这个目标。测试环境的变更申请由开发人员或测试人员提出书面申请，由测试环境管理员负责执行。测试环境管理员不应接受非正式的变更申请（如口头申请）。

对测试环境的任何变更均应记入相应的文档；同每次变更相关的变更申请文档、软件、脚本等均应保留原始备份，作为配置项进行管理；对于被测应用的发布，开发人员应将整个系统（包括数据库、应用层、客户端等）打包为可直接发布的格式，由测试环境管理员负责实施。测试环境管理员不接受不完整的版本发布申请；对测试环境做出的变更，应该可以通过一个明确的方法返回到之前的状态。

5）测试环境的备份和恢复

对于测试人员来说，测试环境必须是可恢复的，否则将导致原有的测试用例无法执行，或者发现的缺陷无法重现，最终使测试人员已经完成的工作失去价值。因此，应当在测试环境（特别是软件环境）发生重大变动（如安装操作系统、中间件或数据库，为操作系统、中间件或数据库打补丁等对系统产生重大影响并难以通过卸载恢复）时进行完整的备份。例如，使用Ghost对硬盘或某个分区进行镜像备份，并由测试环境管理员在相应的备份记录文档中记录每次备份的时间、备份人以及备份原因（与上次备份相比发生的变化），以便于在需要时将系统重新恢复到安全可用的状态。

另外，每次发布新的被测应用版本时，应当做好当前版本的数据库备份。而在执行测试用例或性能测试场景之前，也应当做好数据备份或准备数据恢复方案。例如，通过运行SQL脚本来将数据恢复到测试执行之前的状态，以便于重复使用原有的数据，减少因数据准备和维护而占用的工作量，并保证测试用例的有效性和缺陷记录可重现。

微课1-6 软件测试的分类、原则和流程

3. 软件测试的分类

软件测试是一项复杂的系统工程，从不同的角度考虑可以有不同的划分方法，对测试进行分类是为了更好地明确测试的过程，了解测试究竟要完成哪些工作，尽量做到全面测试。

（1）按是否需要执行被测软件的角度

按是否需要执行被测软件的角度，可分为静态测试和动态测试。前者不利用计算机运行待测程序而应用其他手段实现测试目的，如代码审核（主要是让测试人员对编译器发现不了的潜在错误进行分析，如无效的死循环、多余的变量等）；而动态测试则通过运行被测试软件来达到目的。

（2）按阶段划分

1）单元测试

单元测试是对软件中的基本组成单位进行的测试，如一个模块、一个过程等。它是软件动态测试的最基本的部分，也是最重要的部分之一，其目的是检验软件基本组成单位的正确性。因为单元测试需要知道内部程序设计和编码的细节知识，一般应由程序员而非测试员来完成，往往需要开发测试驱动模块和桩模块来辅助完成。因此应用系统有一个设计良好的体系结构就显得尤为重要。

一个软件单元的正确性是相对于该单元的规约而言的。因此，单元测试以被测试单位的规约为基准。单元测试的主要方法有控制流测试、数据流测试、排错测试、分域测试等。

2）集成测试

集成测试是在软件系统集成过程中所进行的测试，其主要目的是检查软件单位之间的接口是否正确。它根据集成测试计划，一边将模块或其他软件单位组合成越来越大的系统，一边运行该系统，以分析所组成的系统是否正确，各组成部分是否合拍。集成测试的策略主要有自顶向下和自底向上两种。

3）系统测试

系统测试是对已经集成好的软件系统进行彻底的测试，以验证软件系统的正确性和性能等满足其规约所指定的要求。检查软件的行为和输出是否正确并非一项简单的任务，它被称为测试的“先知者问题”。因此，系统测试应该按照测试计划进行，其输入、输出和其他动态运行行为应该与软件规约进行对比。软件系统测试方法很多，主要有功能测试、性能测试、随机测试等。

笔 记

4）验收测试

验收测试指向软件的购买者展示该软件系统满足其用户的需求。它的测试数据通常是系统测试的测试数据的子集。所不同的是，验收测试常常有软件系统的购买者代表在现场，甚至是在软件安装使用的现场。这是软件在投入使用之前的最后测试。

5）回归测试

回归测试是在软件维护阶段对软件进行修改之后进行的测试。其目的是检验对软件进行的修改是否正确。这里，修改的正确性有两重含义：一是所做的修改达到了预定目的，如错误得到改正，能够适应新的运行环境等；二是不影响软件其他功能的正确性。

6）确认测试

确认测试又称有效性测试，是指在模拟的环境下，运用黑盒测试的方法，验证被测软件是否满足需求规格说明书列出的需求。任务是验证软件的功能和性能及其他特性是否与用户的要求一致。对软件的功能和性能要求在软件需求规格说明书中已经明确规定，它包含的信息就是软件确认测试的基础。

目前广泛使用的两种确认测试方式是 α 测试和 β 测试。

① α 测试是指软件开发公司组织内部人员模拟各类用户对即将面市的软件产品（称为 α 版本）进行测试，试图发现错误并修正。它是在开发现场执行，开发者在客户使用系统时检查是否存在错误。

② β 测试是指软件开发公司组织各方面的典型用户在日常工作中实际使用的版本，

并要求用户报告异常情况、提出批评意见。它是一种现场测试，一般由多个客户在软件真实运行环境下实施，因此开发人员无法对其进行控制。

(3) 按测试方法划分

1) 白盒测试

白盒测试也称结构测试或逻辑驱动测试，是指基于一个应用代码的内部逻辑知识，即基于覆盖全部代码、分支、路径、条件的测试。它知道产品内部工作过程，可通过测试来检测产品内部动作是否按照规格说明书的规定正常进行，按照程序内部的结构测试程序，检验程序中的每条通路是否都能按预定要求正确工作，而不顾它的功能。白盒测试的主要方法有逻辑驱动、基路测试等，主要用于软件验证。

“白盒”法全面了解程序内部的逻辑结构，对所有逻辑路径进行测试。“白盒”法是穷举路径测试。在使用这一方案时，测试者必须检查程序的内部结构，从检查程序的逻辑结构着手，得出测试数据，而贯穿程序的独立路径数可能是天文数字，即使每条路径都测试了仍然可能存在错误。

2) 黑盒测试

黑盒测试是指不基于内部设计和代码的任何知识，而基于需求和功能性的测试。黑盒测试也称功能测试或数据驱动测试，它是在已知产品所应具有的功能情况下，通过测试来检测每个功能是否都能正常使用。在测试时，把程序看作一个不能打开的黑盒子，在完全不考虑程序内部结构和内部特性的情况下，测试者在程序接口进行测试，它只检查程序功能是否按照需求规格说明书的规定正常使用，程序是否能适当地接收输入数据而产生正确的输出信息，并且保持外部信息（如数据库或文件）的完整性。黑盒测试方法主要有等价类划分、边界值分析、因果图、错误推测等，主要用于软件确认测试。

笔记

“黑盒”法着眼于程序外部结构、不考虑内部逻辑结构、针对软件界面和软件功能进行测试。“黑盒”法是穷举输入测试，只有把所有可能的输入都作为测试情况使用，才能以这种方法查出程序中所有的错误。实际上，测试情况有无穷多种，人们不仅要测试所有合法的输入，而且还要对那些不合法但是可能的输入进行测试。

3) 灰盒测试

灰盒测试是介于白盒测试和黑盒测试之间的测试。灰盒测试关注输出对于输入的正确性；同时也关注内部表现，但这种关注不像白盒测试那样详细、完整，只是通过一些表征性的现象、事件、标志来判断内部的运行状态。

灰盒测试结合了白盒测试和黑盒测试的要素。它考虑了用户端、特定的系统知识和操作环境。它在系统组件的协同性环境中评价应用软件的设计。

软件测试方法和技术的分类与软件开发过程相关联，它贯穿了整个软件生命周期。走查、单元测试、集成测试、系统测试用于整个开发过程中的不同阶段。开发文档和源程序可以应用单元测试、走查的方法；单元测试可应用白盒测试方法；集成测试应用近似灰盒测试方法；而系统测试和确认测试应用黑盒测试方法。

4. 软件测试的流程

一般而言，软件测试从项目确立时就开始了，前后要经历需求分析→测试计划→测试设计→执行测试→分析结果（缺陷跟踪）等主要环节。

（1）需求分析

在需求分析阶段，测试员开始介入，与开发人员一起了解项目的需求，站在用户角度确定重点测试方向，包括分析测试需求文档以及要用到的黑盒测试方法。

一般而言，需求分析包括软件功能需求分析、测试环境需求分析、测试资源需求分析等。其中，最基本的是软件功能需求分析。测试一款软件首先要知道软件能实现哪些功能以及是怎样实现的。例如，一款智能通话软件包括 VoIP、Wi-Fi 以及蓝牙等功能，那就应该知道软件是怎样来实现这些功能的，为了实现这些功能需要哪些测试设备以及如何搭建相应测试环境等，否则测试就无从谈起。其依据是软件需求文档、软件规格书以及开发人员的设计文档等。

（2）制订测试计划

测试人员首先对需求进行分析，最终定义一个测试集合，通过刻画和定义测试发现需求中的问题，然后根据软件需求同测试主管制订并确认“测试计划”。

测试计划是一个关键的管理功能，它定义了各个级别的测试所使用的策略、方法、测试环境、测试通过或失败准则等内容。制订测试计划的目的是要为有组织地完成测试提供一个基础。

（3）测试设计

按测试计划划分需要测试的子系统，设计测试用例及开发必要的测试驱动程序。同时准备测试工具，可使用购买的商业工具或者自己部门设计的工具，准备测试数据及期望的输出结果。

笔记

其中最主要的工作是测试用例编写和测试场景设计两方面。一份好的测试用例对测试有很好的指导作用，能够发现很多软件问题。

测试场景设计主要是测试环境问题。不同软件产品对测试环境有着不同的要求，如 C/S 及 B/S 架构相关的软件产品，那么对不同操作系统，如 Windows、UNIX、Linux，甚至 mac OS 等，这些测试环境都是必需的。而对于一些嵌入式软件，如手机软件，如果想测试有关功能模块的耗电情况、手机待机时间等，那么可能就需要搭建相应的电流测试环境了。当然，测试中对于如手机网络等环境都有所要求。

测试环境很重要，符合要求的测试环境能够帮助人们准确地测出软件所存在的问题，并且作出正确的判断。

（4）执行测试

执行测试需要做的工作包括搭建测试环境、运行测试、记录测试结果、报告软件缺陷、跟踪软件缺陷、分析测试结果，必要时进行回归测试。

测试执行过程又可以分为单元测试→集成测试→系统测试→验收测试等阶段。其中每个阶段还有回归测试等。

从测试的角度而言，测试执行包括一个量和度的问题，也就是测试范围和测试程度的问题，例如一个版本需要测试哪些方面，每个方面要测试到什么程度。

从管理的角度而言，在有限的时间内，在人员有限甚至短缺的情况下，要考虑如何分工，如何合理地利用资源来开展测试。

（5）分析结果

每个版本有每个版本的测试总结，每个阶段有每个阶段的测试总结，当项目完成提交给用户后，一般要对整个项目做个回顾总结，看有哪些做得不足的地方，有哪些经验可以供今后的测试工作借鉴使用等。

以上流程各环节并未包含软件测试过程的全部，如根据实际情况还可以实施一些测试计划评审、用例评审，测试培训等。在软件正式发行后，当遇到一些严重问题时，还需要进行一些后续维护测试等。

以上各环节并不是独立的，实际工作千变万化，各环节一些交织、重叠在所难免，如编写测试用例的同时就可以进行测试环境的搭建工作，当然也可能由于一些需求不清楚而重新进行需求分析等。所以在实际测试过程中也要做到具体问题具体分析，具体解决。

任务实施

1. 待测程序说明

本任务要尝试进行第一次测试。

待测程序名为 NextDate，界面如图 1-10 所示。

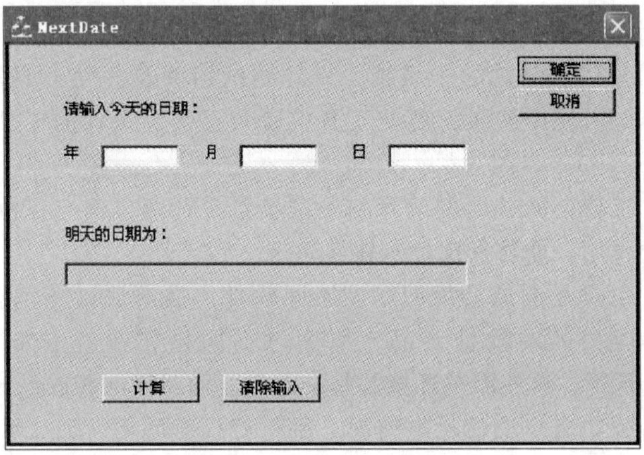

图 1-10 NextDate 效果图

功能说明：用户输入有效的年份、月份和日期，单击“计算”按钮，系统将自动计算并输出下一天的日期，输出文本框中的文字形式为“Tomorrow's date is：×-×-×.”。其中有效日期为 1800 年 1 月 1 日到 2050 年 12 月 31 日之间的所有日期。年份、月份和日期这 3 个输入条件中只要任意一个输入条件无效，则系统不执行日期的计算，清除输出文本框的文字，并弹出消息提示输入无效。

在任何时候单击“清除输入”按钮，系统所有编辑框中的文字都将清除，即显示为空白。在任何时候单击“确定”按钮，系统窗口将关闭。在任何时候单击“取消”按钮，系统窗口也将关闭。

2. 功能分析

根据上面的描述，可以将该程序的功能分解为如下几个方面。

（1）有效日期的正确计算

功能名称：有效日期的正确计算

笔 记

功能编号：F01

功能说明：用户输入有效的年份、月份和日期，单击“计算”按钮，系统将自动计算并输出下一天的日期，输出文本框中的文字形式为“Tomorrow’s date is：×-×-×.”。其中有效日期为 1800 年 1 月 1 日到 2050 年 12 月 31 日之间的所有日期。

（2）无效日期的合理提示

功能名称：无效日期的合理提示

功能编号：F02

功能说明：年份、月份和日期这 3 个输入条件中只要任意一个输入条件无效，则系统不执行日期的计算，清除输出文本框的文字，并弹出消息提示输入无效。

（3）无条件文本清除

功能名称：无条件文本清除

功能编号：F03

功能说明：在任何时候单击“清除输入”按钮，系统所有编辑框中的文字都将清除，即显示为空白。

（4）无条件确定

功能名称：无条件系统确定

功能编号：F04

功能说明：在任何时候单击“确定”按钮，系统窗口将关闭。

（5）无条件取消

功能名称：无条件取消

功能编号：F05

功能说明：在任何时候单击“取消”按钮，系统窗口将关闭。

3. 测试用例的设计

从上面的功能分解来设计测试用例，最简单的方式是为每个功能点对应设计一个测试用例，见表 1-1。

表 1-1　NextDate 的测试用例及其结果

测试的功能点	输入数据（年-月-日）	操作步骤	预期输出	实际输出	执行结果
F01	1950-6-15	输入年月日，单击“计算”按钮	1950-6-16	1950-6-16	通过
F02	1700-6-15	输入年月日，单击“计算”按钮	提示“请输入一个在 1800 和 2050 之间的整数”	提示“请输入一个在 1800 和 2050 之间的整数”，并输出 1700-6-16	不通过
F03	N/A	单击“清除输入”按钮	所有文本框中无任何文字	所有文本框中无任何文字	通过
F04	N/A	单击“确定”按钮	窗口被关闭	提示“请输入一个整数”	不通过

续表

测试的功能点	输入数据（年-月-日）	操作步骤	预期输出	实际输出	执行结果
F05	N/A	单击“取消”按钮	窗口被关闭	窗口被关闭	通过

4. 测试分析

（1）测试的完整性和有效性

有效输入：1800-1-1～2050-12-31。需要测试所有可能的日期吗？如何选择有代表性测试数据，其最能揭示系统潜在缺陷？仅用少量日期测试对软件交付造成的风险有多大？

无效输入：是否要考虑以下的情况，满足数据类型，但超出值范围；部分输入不满足数据类型要求；缺少输入条件；无效输入的范围大得多，几乎不可能彻底测试；在设计测试用例时，分别应该采用什么样的策略。

（2）测试用例的管理

大量测试用例的管理：如何记录用例和功能的对应关系；哪些执行了，哪些遗漏了，哪些通过了，哪些没有通过？

描述测试环境：相同的测试环境下可能运行多个测试用例，如何记录？

（3）测试用例的屏蔽性

笔记

如果将第4个用例放到第1个用例后执行，结果将会是通过；多个测试用例在同一个测试环境下执行时，其结果可能会受到执行顺序的影响，即前面测试的结果可能影响后面的测试执行效果；如何在设计执行测试用例时加以避免？

（4）测试用例的效率和关联性

第3个用例放到第1个用例前执行，结果能否反映真实情况？在设计用例时，应尽量避免耦合性，如果无法避免，则应当记录这些导致耦合的因素，如何处理这些因素？

（5）缺陷管理

缺陷是重要的测试成果，如何记录缺陷？如何报告缺陷？如何确保缺陷在交付前已经全部得到良好修复？

这些都将是本课程需要探讨的重点。

任务拓展

软件测试的原则。

软件测试经过几十年的发展，业界提出了很多软件测试的基本原则，为测试管理人员和测试人员提供了测试指南。软件测试原则非常重要，测试人员应该在测试原则指导下进行测试活动。

软件测试的基本原则有助于测试人员进行高质量的测试，尽早尽可能多地发现缺陷，并负责跟踪和分析软件中的问题，对存在的问题和不足提出质疑和改进，从而持续改进测试过程。

（1）测试显示缺陷的存在

测试可以显示缺陷的存在，但不能证明系统不存在缺陷。测试可以减少软件中存在缺陷的可能性，但即使测试没有发现任何缺陷，也不能证明软件或系统是完全正确的，或者说是不存在缺陷的。

（2）穷尽测试是不可能的

穷尽测试是不可能的，当满足一定的测试出口准则时测试就应当终止。考虑到所有可能输入值和它们的组合，以及结合所有不同的测试前置条件，这是一个天文数字，没有可能进行穷尽测试。在实际测试过程中，测试人员无法执行“天文”数量的测试用例。所以说，每个测试都只是抽样测试。因此，必须根据测试的风险和优先级控制测试工作量，在测试成本、收益和风险之间求得平衡。

（3）测试应尽早介入

根据统计表明，在软件开发生命周期早期引入的错误占软件过程中出现的所有错误（包括最终的缺陷）数量的50%～60%。此外，一份专业研究结果表明，缺陷存在放大趋势，如需求阶段的一个错误可能会导致 n 个设计错误，越是在测试后期，为修复缺陷所付出的代价就会越大。因此，软件测试人员要尽早且不断地进行软件测试，以提高软件质量，降低软件开发成本。

（4）缺陷的集群性

有研究表明“80%的错误集中在20%的程序模块中”，实际经验也证明了这一点。通常情况下，大多数的缺陷只是存在于测试对象的极小部分，缺陷并不是平均而是集群分布的。因此，如果在一个地方发现了很多缺陷，那么通常在这个模块中可以发现更多的缺陷。因此，测试过程中要充分注意错误集群现象，对发现错误较多的程序段或者软件模块，应进行反复深入的测试。

笔记

（5）杀虫剂悖论

杀虫剂用得多了，害虫就有免疫力，杀虫剂就发挥不了效力。在测试中，同样的测试用例被一遍遍反复使用时，发现缺陷的能力就会越来越差。产生这种现象的主要原因在于测试人员没有及时更新测试用例，同时对测试用例及测试对象过于熟悉，形成思维定式。

为克服这种现象，测试用例需要经常进行评审和修改，用不断增加新的不同的测试用例来测试软件或系统的不同部分，以保证测试用例永远是最新的，即包含着最后一次程序代码或说明文档的更新信息。这样软件中未被测试过的部分或者先前没有被使用过的输入组合就会重新执行，从而发现更多的缺陷。同时，作为专业的测试人员，要具有探索性思维和逆向思维，而不仅仅是做输出与期望结果的比较。

（6）测试活动依赖于测试内容

与项目测试相关的活动依赖于测试对象的内容。对于每个软件系统，测试策略、测试技术、测试工具、测试阶段以及测试出口准则等的选择都是不一样的。同时，测试活动必须与应用程序的运行环境和使用中可能存在的风险相关联。因此，没有两个系统可以以完全相同的方式进行测试。例如，对关注安全的电子商务系统进行测试，与一般的商业软件测试的重点是不一样的，它更多关注的是安全测试和性能测试。

(7) 没有失效不代表系统是可用的

系统的质量特征不仅仅是功能性要求，还包括了很多其他方面的要求，如稳定性、可用性、兼容性等。假如系统无法使用，或者系统不能完成客户的需求和期望，那么这个系统的研发是失败的。此时，在系统中发现和修改缺陷也是没有任何意义的。

在开发过程中用户的早期介入和接触原型系统就是为了避免这类问题的预防性措施。有时候，可能产品的测试结果非常完美，可最终客户并不认可。因为，这个开发角度完美的产品可能并不是客户真正想要的产品。

(8) 测试的标准是用户的需求

提供软件的目的是帮助用户完成预定的任务，并满足用户的需求。这里的用户并不特指最终软件测试使用者。例如，可以认为系统测试人员是系统需求分析和设计的客户。软件测试的最重要的目的之一是发现缺陷，因此测试人员应该在不同的测试阶段站在不同用户的角度去看问题，系统中最严重的问题是那些无法满足用户需求的错误。

(9) 尽早定义产品的质量标准

只有建立了质量标准，才能根据测试的结果，对产品的质量进行分析和评估。同样，测试用例应该确定期望输出结果。如果无法确定测试期望结果，则无法进行检验。必须用预先精确对应的输入数据和输出结果来对照检查当前的输出结果是否正确，做到有的放矢。

(10) 测试贯穿于整个生命周期

笔记

由于软件的复杂性和抽象性，在软件生命周期的各个阶段都可能产生错误，测试的准备和设计必须在编码之前就开始，同时为了保证软件最终的质量，必须在开发过程的每个阶段都保证其过程产品的质量。因此，不应当把软件测试仅仅看作是软件开发完成后的一个独立阶段的工作，应当将测试贯穿于软件整个生命周期始末。

软件项目一启动，软件测试就应该介入，而不应等到软件开发完成。在项目启动后，测试人员在每个阶段都应该参与相应的活动。或者说每个开发阶段，测试都应该对本阶段的输出进行检查和验证，如在需求阶段，测试人员需要参与需求文档的评审。

(11) 第三方或独立的测试团队

由于心理原因，人们潜意识中都不希望找到自己的错误。基于这种思维定式，人们难于发现自己的错误。因此，由严格的第三方测试机构或者独立测试部门进行软件测试将更客观、公正，测试活动也会达到更好效果。

软件开发者应尽量避免测试自己的产品，应由第三方来进行测试，当然开发者需要在交付之前进行相关的自测。测试是带有破坏性的活动，开发人员的心理状态会影响测试的效果。同时对于需求规格说明的理解不当产生的错误，开发人员自己很难发现。

但是，并不是所有的测试都是由第三方或者独立的测试团队来完成的。一定程度的独立测试（可以避免开发人员对自己代码的偏爱），可以更加高效地发现软件缺陷和软件存在的失效。但独立测试不应完全代替自测，因为开发人员也可以高效地在他们的代码中找出很多缺陷。在软件开发的早期，开发人员对自己的工作产品进行认真的测试，这也是开发人员的一个职责之一。

项目实训 1.3　对 NextDate 进行探索性测试

【实训目的】

了解软件测试的大致过程。

【实训内容】

① 对 NextDate 进行探索性测试。

② 记录测试用例和测试出来的缺陷。

③ 尝试分析你的测试。

项目实训 1.4　技能大赛任务—环境搭建及系统部署

【任务描述】

2022 年全国职业院校技能大赛高职组“软件测试”赛项—竞赛任务书中，任务一为“环境搭建及系统部署”，其占总分权重 5%。内容是根据《A1-环境搭建及系统部署要求》文档，完成 JDK、MySQL、Tomcat 等测试环境搭建与配置，并安装与部署应用系统，并最终能通过浏览器成功访问系统。

【任务要求】

① 在 VirtualBox 中创建 CentOS 虚拟机。

② 在虚拟机中完成 JDK、MySQL、Tomcat 的安装与配置。

③ 部署一个 Web 应用系统。将数据库还原到 MySQL，应用系统部署到 Tomcat，并最终能通过浏览器成功访问应用系统。

过程与结果须截图。按照《A2-环境搭建及系统部署报告模板》完成环境搭建及系统部署报告文档。

笔记

单元小结

软件测试的发展经历了从最初的软件调试→独立的软件测试→软件测试定义的讨论→软件测试成为专门的学科→与软件开发融合的发展历程，目前软件测试进入了快速发展的轨道，自动化测试应用广泛，测试技术不断细分。

软件测试与软件开发的各阶段是一一对应的，且具有和软件开发并行的特性。

软件测试模型主要有 V 模型、W 模型、X 模型、H 模型和前置模型，其主要特点如下：

- **V 模型**：反映了测试活动与分析设计的关系，清楚地描述了测试阶段和开发过程期间各阶段的对应关系，但没有明确指出应对软件的需求、设计进行测试。
- **W 模型**：强调了测试计划等工作的先行和对系统需求和设计的测试，但无独立的操作流程，受开发进度的制约。
- **X 模型**：提出针对单独的程序片段进行相互分离的编码和测试，此后通过频繁

笔记

的交接，通过集成最终合成为可执行的程序。

- **H 模型**：体现了软件测试模型是一个独立的流程，贯穿于整个产品周期，与其他流程并发进行。
- **前置模型**：是“测试驱动开发”的映射。前置测试模型结合了传统的 V 模型和 X 测试模型特点，把软件测试的工作提早至对需求获取阶段，提高了软件测试的效率。在前置测试模型的核心概念中还借鉴了 XP 开发方法和 RUP 的实践结论，测试工作的可行性得到提高。

20 世纪 90 年代中期以后，随着人们对软件开发过程认识的加深，人们对软件测试的认识也不断得到发展。人们开始认识到，软件过程能力的不断改进才是增进软件开发机构的开发能力和提高软件质量的第一要素。

软件测试涉及技术和管理两个层面的工作，看似头绪纷繁，实际只要了解测试的主线，就能清楚了解每个阶段不同角色的职责。任务 1.3 主要从宏观上介绍软件测试的各个角度的分类，软件测试的原则和软件测试的流程。并给大家展示了一次简单的测试过程。

专业能力测评

专业核心能力	评价指标	自测结果
理解软件开发与软件测试各阶段的联系、测试与开发的并行特征、软件测试模型	1. 能够描述软件测试的基本概念 2. 能够描述软件开发与软件测试各阶段的联系 3. 能够描述常见的软件测试模型及其优缺点	□A □B □C □A □B □C □A □B □C
理解软件缺陷、软件可靠性，以及软件测试的概念	1. 能描述软件缺陷的含义 2. 能描述软件可靠性的含义 3. 能描述软件质量的含义	□A □B □C □A □B □C □A □B □C
理解软件测试的分类、原则、策略和流程	1. 能够理解软件测试的分类 2. 能理解软件测试的原则、策略 3. 能掌握软件测试的一般过程	□A □B □C □A □B □C □A □B □C
学生签字：	教师签字：	年 月 日

注：在□中打√，A 理解，B 基本理解，C 未理解

单元练习题

一、单项选择题

1. 软件测试的目的是（　　）。

A. 避免软件开发中出现错误

B. 发现软件开发中出现的错误

C. 尽可能发现并排除软件中潜藏的错误，提高软件的可靠性

D. 修改软件中出现的错误

2. 对软件的性能测试、(　　) 测试、攻击测试都属于黑盒测试。

A. 语句　　B. 功能　　C. 单元　　D. 路径

3. 在软件测试阶段，测试步骤按次序可以划分为以下几步 (　　)。

A. 单元测试、集成测试、系统测试、验收测试

B. 验收测试、单元测试、系统测试、集成测试

C. 单元测试、集成测试、验收测试、系统测试

D. 系统测试、单元测试、集成测试、验收测试

4. 下面说法正确的是 (　　)。

A. 经过测试没有发现错误说明程序正确

B. 测试的目标是为了证明程序没有错误

C. 成功的测试是发现了迄今尚未发现的错误的测试

D. 成功的测试是没有发现错误的测试

5. 软件测试是软件开发过程的重要阶段，是软件质量保证的重要手段，下列 (　　) 是软件测试的任务。

Ⅰ. 预防软件发生错误　　Ⅱ. 发现改正程序错误　　Ⅲ. 提供诊断错误信息

A. 只有Ⅰ　　B. 只有Ⅱ　　C. 只有Ⅲ　　D. 以上选项都是

笔记

6. 软件测试计划是一些文档，它们描述了 (　　)。

A. 软件的性质

B. 软件的功能和测试用例

C. 软件的规定动作

D. 对于预定的测试活动将要采取的手段

7. 统计资料表明，软件测试的工作量占整个软件开发工作量的 (　　)。

A. 30%　　B. 70%　　C. 40% ~50%　　D. 95%

8. (2019 软件测评师) 以下对软件测试对象的叙述中，正确的是 (　　)。

A. 只包括代码

B. 包括代码、文档、相关数据和开发软件

C. 只包括代码和文档

D. 包括代码、文档和相关数据

9. (2019 软件测评师) 以下关于确认测试的叙述中，不正确的是 (　　)。

A. 确认测试需要验证软件的功能和性能是否与用户要求一致

B. 确认测试是以用户为主的测试

C. 确认测试需要进行有效性测试

D. 确认测试需要进行软件配置复查

10. (2019 软件测评师) 以下关于软件测试原则的叙述中，不正确的是 (　　)。

A. 所有的软件测试都应追溯到用户需求

B. 应当尽早和不断地进行测试

C. 人力充足时应进行完全测试

D. 非单元测试阶段，程序员应避免检查自己的程序

11. （2019 软件测评师）以下关于软件失效术语的叙述中，不正确的是（ ）。

A. 软件错误是指人为犯错给软件留下的不良的痕迹

B. 软件缺陷是指存在于软件中的那些不希望或者不可接受的偏差

C. 软件失效指软件运行过程中出现的一种不希望或不可接受的内部状态

D. 一个软件错误会产生一个或多个软件缺陷

12. （2019 软件测评师）以下关于可靠性测试意义的叙述中，不正确的是（ ）。

A. 软件失效可能导致灾难性后果

B. 软件失效在整个计算机系统失效中占比较少

C. 相比硬件可靠性技术，软件可靠性技术不成熟

D. 随着计算机应用系统中软件成分的增加，软件可靠性问题越来越重要

13. （2018 软件测评师）以下关于软件测试目的的叙述中，不正确的是（ ）。

A. 测试是程序的执行过程，目的在于发现错误

B. 一个好的测试用例在于能发现至今未发现的错误

C. 分析错误产生原因不便于软件过程改进

D. 通过对测试结果分析整理，可以修正软件开发规则

14. （2018 软件测评师）以下关于软件测试分类的叙述中，不正确的是（ ）。

A. 按照软件开发阶段可分为单元测试、集成测试、系统测试等

B. 按照测试实施组织可分为开发方测试、用户测试和第三方测试等

C. 按照测试技术可分为白盒测试、黑盒测试等

D. 按照测试持续时长可分为确认测试、验收测试等

笔记

15. （2017 软件测评师）软件测试的对象不包括（ ）。

A. 程序 B. 需求规格说明书

C. 数据库中的数据 D. 质量改进措施

16. （2017 软件测评师）以下关于软件测试原则的叙述中，正确的是（ ）。

①所有软件测试都应追溯到用户需求②尽早和不断地进行软件测试③完全测试是不可能的④测试无法发现软件潜在的缺陷⑤需要充分注意测试中的集群现象

A. ①②③④⑤ B. ②③④⑤ C. ①②③⑤ D. ①②④⑤

17. （2017 软件测评师）按照开发阶段划分，软件测试可以分为（ ）。

①单元测试 ②集成测试 ③系统测试 ④确认测试 ⑤用户测试 ⑥验收测试 ⑦第三方测试

A. ①②③④⑤ B. ①②③④⑥ C. ①②③④⑤⑦ D. ①②③④⑥⑦

18. （2017 软件测评师）以下关于确认测试的叙述中，不正确的是（ ）。

A. 确认测试的任务是验证软件的功能和性能是否与用户要求一致

B. 确认测试一般由开发方进行

C. 确认测试需要进行有效性测试

D. 确认测试需要进行软件配置复查

19. （2017 软件测评师）以下关于测试方法的叙述中，不正确的是（ ）。

A. 根据是否需要执行被测代码可分为静态测试和动态测试

B. 黑盒测试也叫作结构测试，针对代码本身进行测试

C. 动态测试主要是对软件的逻辑、功能等方面进行评估

D. 白盒测试把被测代码当成透明的盒子，完全可见

20. （2017 软件测评师）以下关于软件可靠性管理的叙述中，不正确的是（　　）。

A. 在需求分析阶段确定软件的可靠性目标

B. 在设计阶段进行可靠性评价

C. 在测试阶段进行可靠性测试

D. 在实施阶段收集可靠性数据

二、填空题

1. 面向对象集成测试的常见方法包括____________、____________。

2. 软件测试的主要工作内容是____________和____________，前者是保证软件正确实现一些特定功能的一系列活动；后者是一系列的活动和过程，目的是证实在一个给定的外部环境中软件的逻辑正确性。

3. 软件的预防性维护是为了提高软件____________和____________而对程序进行的修改。

4. 按照测试组织划分，软件测试可以分为开发方测试、__________和__________。

5. 软件测试一般经过 4 个阶段测试，依次分别为____________、____________、____________以及系统测试。

6. 白盒测试又称为____________，黑盒测试又称为____________。

7. 在测试设计过程中，应先做出____________，再进行____________设计，并要经过评审。

8. 软件测试是为发现程序中的____________而执行程序的____________。

9. 人工审查程序偏重____________的检验，而软件审查除了审查____________还要对各阶段____________进行检验。

10. 软件测试的目的是尽可能多地发现软件中存在的____________，将测试____________作为纠错的依据。

三、简答题

1. 什么是软件测试？

2. 简述常见的软件测试模型。

3. 软件缺陷等级应如何划分？

4. 测试环境的规划应当明确的问题是什么？

5. 按软件的开发过程划分，测试的方法有哪些？

6. 简述软件测试的基本流程。

7. 简述软件测试的分类。

8. 简述回归测试、α 测试和 β 测试。

9. 软件测试应当遵循什么原则？为什么要遵循这些原则？

10. 简述测试用例设计的基本原则。

笔记

单元 2

黑盒测试

学习目标

【知识目标】

- 理解黑盒测试的概念和流程。
- 掌握等价类、边界值、决策表、因果图、正交实验法。
- 理解黑盒测试方法运用的综合策略。

【技能目标】

- 学会针对具体问题，选择合适的黑盒测试方法。
- 学会对给定的系统，运用黑盒测试技术设计测试用例。

【素质目标】

- 激发勇于怀疑和探索的精神，形成追求完美的品质。
- 培养工作中的专心、耐心、细心、责任心、自信心。

笔记

引例描述

小李同学有一个疑问，在软件工程的初期，在源代码还没开始编写时，能否进行软件测试的相关工作。于是他请教了王老师，王老师告诉他，可以进行黑盒测试的测试用例的编写，并给他了一份某系统的功能设计文档，要求小李学习黑盒测试方法，并进行测试用例设计，如图 2-1 所示。

图 2-1 小李同学进行黑盒测试

小李同学首先学习了黑盒测试，了解到黑盒测试方法种类很多，针对不同的系统、不同的功能，应当选用合适的方法。通过仔细分析该功能的设计文档，决定综合利用等价类和边界值的方法完成此次测试用例的设计任务。

任务 2.1 认识等价类方法

任务陈述

微课 2-1
等价类方法概述

黑盒测试也称功能测试。在测试中，把程序视为一个不能打开的黑盒子，在完全不考虑程序内部结构和内部特性的情况下，在程序接口进行测试。它只检查程序功能是否能按照需求规格说明书的规定正常使用，程序是否能适当地接收输入数据而产生正确的输出信息。

等价类方法是一种典型的黑盒测试方法，该方法完全不考虑程序的内部结构，只根据对软件的要求和说明，即需求规格说明，把程序输入域划分成若干个部分，然后从每个部分中选取少数有代表性的数据作为测试输入。

本任务通过解决三角形问题，介绍如何使用等价类方法设计测试用例，包括等价类的划分方法、有效等价类与无效等价类、等价类测试的分类、等价类测试的指导方针等。

三角形问题描述：输入3个整数a、b和c分别作为三角形的3条边，要求a、b和c必须满足以下条件：

Con1：$1 \leqslant a \leqslant 100$
Con2：$1 \leqslant b \leqslant 100$
Con3：$1 \leqslant c \leqslant 100$
Con4：$a<b+c$
Con5：$b<a+c$
Con6：$c<a+b$

程序输出是由这3条边构成的三角形类型：等边三角形、等腰三角形、一般三角形或非三角形。如果输入值不满足这些条件中的任何一个，程序给出相应的信息。例如，“边c的取值不在允许取值的范围内”等。如果a、b和c满足Con1、Con2和Con3，则输出下列4种情况之一。

- 如果不满足条件Con4、Con5和Con6中的一个，则程序输出为“非三角形”。
- 如果3条边相等，则程序输出为“等边三角形”。
- 如果恰好有两条边相等，则程序输出为“等腰三角形”。
- 如果3条边都不相等，则程序输出为“一般三角形”。

笔记

知识准备

1. 黑盒测试

黑盒测试也称功能测试，它是通过测试来检测每个功能是否都能正常使用。其流程如图2-2所示。

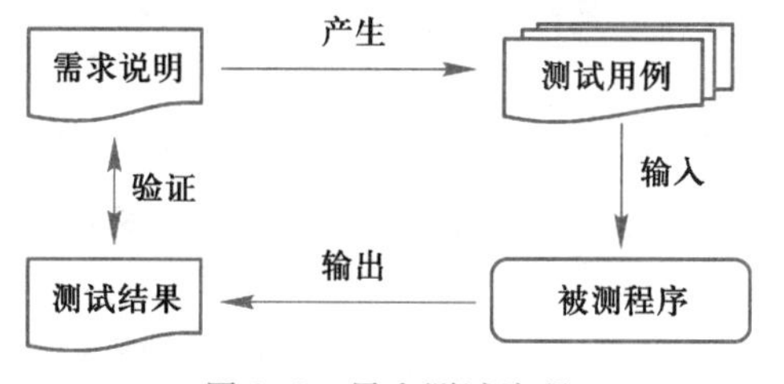

图2-2 黑盒测试流程

在测试中，黑盒测试把程序看作一个不能打开的黑盒子，在完全不考虑程序内部结构和内部特性的情况下，检查程序功能是否能按照需求规格说明书的规定正常使用，主要针对软件界面和软件功能进行测试。

2. 等价类方法

设计测试用例，实现对实数x（$0 \leqslant x \leqslant 100$）进行平方根运算（$y=\mathrm{sqrt}(x)$）的程序的测试。

为了保证测试无遗漏，即达到完备性，从理论上讲，黑盒测试只有采用穷举输入测试，即把所有可能的输入都作为测试情况考虑，才能查出程序中所有的错误。实际上，测试情况有无穷多种，人们不仅要测试所有合法的输入（$0 \leqslant x \leqslant 100$ 的实数），而且还要对那些不合法但可能的输入进行测试。这样看来，完全测试是不可能的。此外，从经济的角度来说，希望测试没有冗余，因此需要进行有针对性的测试，在大量的输入数据中选取一部分作为测试输入，使得采用的这些测试数据能够有效地把隐藏的错误揭露出来。

由于平方根运算只对非负实数有效，这时需要对所有的实数（输入域 x）进行划分，可以分成正实数、0 和负实数。假设选定+1.444 4 代表正实数，-2.345 代表负实数，则为该程序设计的测试用例的输入为+1.444 4、0 和-2.345。

微课 2-2
等价类划分

(1) 等价类划分

等价类划分把程序的输入域划分成若干互不相交的子集，称之为等价类。所谓等价类，是指输入域的某个子集合，所有等价类的并集便是整个输入域。

这对于测试有两个非常重要的意义，即**完备性和无冗余性**。表示整个输入域提供了一种形式的完备性，而互不相交则可保证一种形式的无冗余性。由于等价类由等价关系决定，因此等价类中的元素有一些共同的特点：如果用等价类中的一个元素作为测试数据进行测试不能发现软件中的故障，那么使用等价类中的其他元素进行测试也不可能发现故障。也就是说，对揭露软件中的故障来说，等价类中的每个元素是等效的。如果测试数据全都从同一个等价类中选取，除去其中一个测试数据对发现软件故障有意义外，使用其余的测试数据进行测试都是徒劳的，它们对测试工作的进展没有任何益处，不如把测试时间花在其他等价类元素的测试中。

笔记

例如，在平方根运算问题中，如果选择 $x=2.5$ 作为测试输入，可以得到 $y=0.5$。若再以 $x=2.6$ 或 $x=3.6$ 作为测试输入，直觉告诉人们，这些测试用例会以与测试用例 $x=2.5$ 一样的方式进行，它们具有等价的测试效果，即如果 $x=2.5$ 作为测试数据，能暴露某个软件故障，那么以 $x=2.6$ 或 $x=3.6$ 作为测试数据也能发现这个故障。因此，这些测试用例是冗余的。

使用等价类划分测试的目的是既希望进行完备的测试，同时又希望避免冗余。

1) 等价类的两种情况

软件不能只接收有效的、合理的数据，还应经受意外的考验，即接受无效的或不合理的数据，这样获得的软件才能具有较高的可靠性。因此，在考虑等价类时，应注意区别两种不同的情况。

① **有效等价类，是指对软件规格说明而言，是有意义的、合理的输入数据所构成的集合**。利用有效等价类，可以检验程序是否实现了规格说明预先规定的功能和性能。在具体问题中，有效等价类可以是一个，也可以是多个。

② **无效等价类，是指对软件规格说明而言，是不合理或无意义的输入数据所构成的集合**。利用无效等价类，可以检查软件功能和性能的实现是否有不符合规格说明要求的地方。对于具体的问题，无效等价类至少应有一个，也可能有多个。

2) 等价类的划分原则

如何确定等价类，是使用等价类划分方法的一个重要问题。以下给出几条确定等价类的原则：

① 按区间划分：如果规格说明规定了输入条件的取值范围或值的数量，则可以确

笔记

定一个有效等价类和两个无效等价类。例如，如果软件规格说明要求输入条件为小于100 大于 10 的整数 x，则有效等价类为 $10<x<100$，两个无效等价类为 $x\leqslant 10$ 和 $x\geqslant 100$。又例如，软件规格说明“学生允许选修 5 到 8 门课”，则一个有效等价类可取“选课 5 到 8 门”，无效等价类可取“选课不足 5 门”和“选课超过 8 门”。

② 按数值划分：如果规格说明规定了输入数据的一组值，而且软件要对每个输入值分别进行处理，则可为每一个输入值确立一个有效等价类。此外，针对这组值确立一个无效等价类，它是所有不允许的输入值的集合。程序输入条件说明学历可为专科、本科、硕士、博士 4 种，且程序中对这 4 种数值分别进行了处理，则有效等价类为专科、本科、硕士、博士，无效等价类为非这 4 个值的集合。

③ 按数值集合划分：如果规格说明规定了输入值的集合，则可确定一个有效等价类和一个无效等价类（该集合有效值之外）。例如，某软件涉及标识符，要求“标识符应以字母开头”，则“以字母开头者”作为一个有效等价类，“以非字母开头”作为一个无效等价类。再如，如果输入要求为“）* +、，-. /”或数字，那么可以视为定义了一个有效等价类（采用有效输入之一）和一个无效等价类（如采用 4 * 5）。

④ 按限制条件或规则划分：如果规格说明规定了输入数据必须遵守的规则或限制条件，则可以确立一个有效等价类（符合规则）和若干个无效等价类（从不同角度违反规则）。程序输入条件为以字符“a”开头、长度为 8 的字符串，并且字符串不包含“a”～“z”之外的其他字符。则有效等价类为：满足了上述所有条件的字符串。无效等价类为：不以“a”开头的字符串、长度不为 8 的字符串和包含了“a”～“z”之外其他字符的字符串。

⑤ 细分等价类：等价类中的各个元素在程序中的处理各不相同，则可将此等价类进一步划分成更小的等价类。

在确立了等价类之后，可按表 2-1 的形式列出所有划分出的等价类。

表 2-1 等价类表

输入条件	有效等价类	编号	无效等价类	编号

同样，也可按照输出条件，将输出域划分成若干个等价类。

（2）等价类测试的分类

在有多个输入的情形时，根据对等价类的覆盖程度可分为以下两种。

- 弱组合形式：测试用例仅需满足对有效等价类的完全覆盖。
- 强组合形式：测试用例不仅应满足对有效等价类的完全覆盖，而且应覆盖所有的等价类组合。

根据是否对无效数据进行检测，可以将等价类测试分为以下两种。

- 一般等价类测试：只考虑有效等价类。
- 健壮等价类测试：考虑有效、无效等价类。

将以上两种加以组合，可以得到以下几种测试类。

- 弱一般等价类测试
- 强一般等价类测试

- 弱健壮等价类测试
- 强健壮等价类测试

为了便于理解，这里以一个有两个输入变量 x_1 和 x_2 的程序 F 为例，说明上述 4 种等价类测试。

假设，F 实现为一个程序，且输入变量 x_1 和 x_2 的边界以及边界内的区间

a≤x_1≤d，区间为 [a，b)，[b，c)，[c，d]

e≤x_2≤g，区间为 [e，f)，[f，g]

其中，方括号和圆括号分别表示闭区间和开区间的端点。因此，变量 x_1 和 x_2 的等价类分别为：

x_1 的有效等价类：[a，b)，[b，c)，[c，d]

x_1 的无效等价类：(-∞，a)，(d，+∞)

x_2 的有效等价类：[e，f)，[f，g]

x_2 的无效等价类：(-∞，e)，(g，+∞)

以上划分可以用图 2-3 表示，其中深色矩形内部为有效输入区，外部为无效输入区。每一个小格子表示一种 x_1、x_2 的组合情形。

1）弱一般等价类测试

“一般”表示只考虑有效等价类，“弱”表示测试用例只需覆盖两个输入的所有的有效等价类即可，无须考虑它们之间的组合情况。因此，最少只需 3 个测试用例即可以满足弱一般等价类测试的要求。如图 2-4 所示，选取 3 个（P1，P2，P3）即可，其中 P1 覆盖了 [a，b)、[e，f)，P2 覆盖了 [b，c)、[f，g]，P3 覆盖了 [c，d]、[e，f)。当然，选取方式可以有多种。

笔记

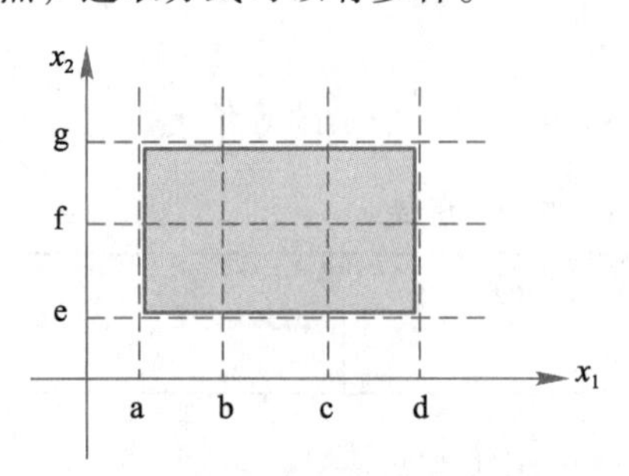

图 2-3　F 的等价类划分

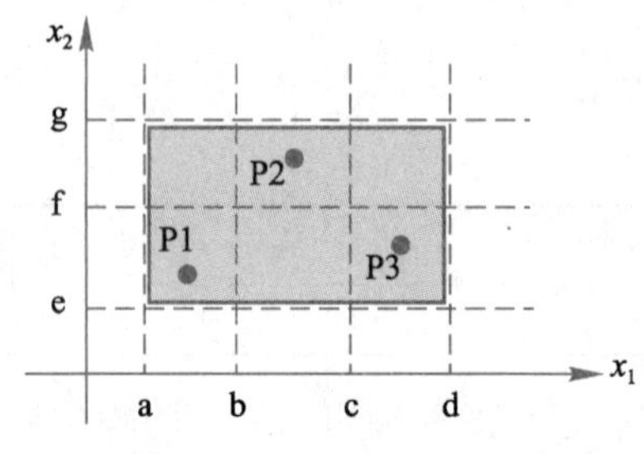

图 2-4　F 的弱一般等价类测试

2）强一般等价类测试

“一般”表示只考虑有效等价类，“强”表示测试用例需覆盖两个输入的所有有效等价类的可能组合。x_1 有 3 个有效等价类，x_2 有 2 个有效等价类，因此，最少需要 6 个测试用例即可以满足强一般等价类测试的要求。如图 2-5 所示。

3）弱健壮等价类测试

“健壮”表示不仅考虑有效等价类还要考虑无效等价类，“弱”表示测试用例只需覆盖两个输入的所有等价类即可，无须考虑它们之间的组合情况。因此，在弱一般等价类测试用例的基础上，增加 4 个针对无效等价类的测试用例，方能满足弱健壮等价类测试的要求，如图 2-6 所示。注意，在编写测试用例时，一个测试用例只能覆盖一个无效等价类。

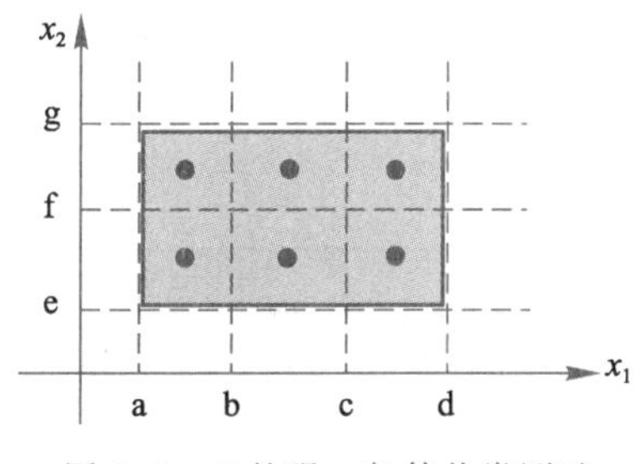

图 2-5 *F* 的强一般等价类测试

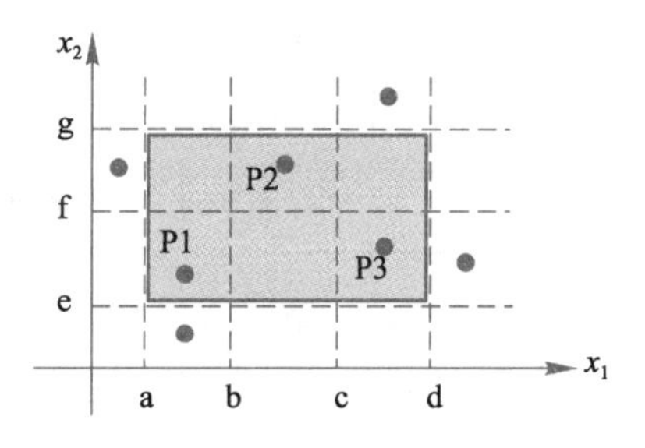

图 2-6 *F* 的弱健壮等价类测试

4）强健壮等价类测试

“健壮”表示不仅考虑有效等价类还要考虑无效等价类，“强”表示测试用例需覆盖两个输入的所有等价类的可能组合。x_1 有 5 个有效等价类，x_2 有 4 个有效等价类，因此，最少需要 20 个测试用例即可以满足强健壮等价类测试的要求，如图 2-7 所示。

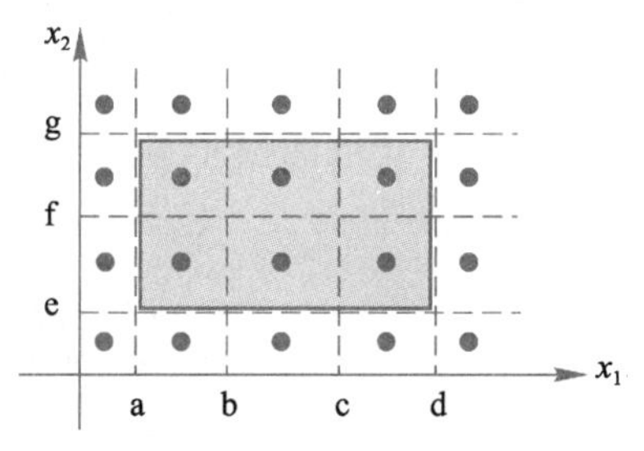

图 2-7 *F* 的强健壮等价类测试

通常情况下，在测试过程中，只要采用弱健壮测试即可。但是在实际测试中，应当分析待测程序的具体情况，选用合适的测试种类。

（3）等价类设计测试用例的方法

1）等价类设计测试用例的步骤

在设计测试用例时，应同时考虑有效等价类和无效等价类测试用例的设计，希望用最少的测试用例，覆盖所有的有效等价类。但对每一个无效等价类，设计一个测试用例来覆盖它即可。

微课 2-3
等价类设计测试用例案例

具体来说，按以下步骤确定测试用例：

① 划分等价类，形成等价类表，为每一个等价类规定一个唯一的编号。

② 设计一个新的测试用例，使它能够尽量覆盖尚未覆盖的有效等价类。重复该步骤，直到所有的有效等价类均被测试用例所覆盖。

③ 设计一个新的测试用例，使它仅覆盖一个尚未覆盖的无效等价类。重复这一步骤，直到所有的无效等价类均被测试用例所覆盖。

这里规定每次只覆盖一个无效等价类，是因为若用一个测试用例检测多个无效等价类，那么某些无效等价类可能永远不会被检测到，因为第一个无效等价类的测试可能会屏蔽或终止其他无效等价类的测试执行。例如，软件规格说明规定“每类科技参考书 50～100 册”，若一个测试用例为“文艺书籍 10 册”，在测试中，很可能检测出书的类型错误，而忽略了书的册数错误。

此外，在设计测试用例时，应意识到：预期结果也是测试用例的一个必要组成部分，对采用无效输入的测试也是如此。

等价类划分通过识别许多相等的条件极大地降低了要测试的输入条件的数量。但是，它不测试输入条件组合。

2）保费计算问题的等价类测试

某保险公司的人寿保险的保费计算方式为：投保额×保险费率。

其中，保险费率依点数不同而有别，10 点及 10 点以上保险费率为 0.6%，10 点以下保险费率为 0.1%；而点数又是由投保人的年龄、性别、婚姻状况和抚养人数来决定，具体规则见表 2-2。

表 2-2 保险费率点数

年龄			性别		婚姻		抚养人数
20~39 岁	40~59 岁	其他	M	F	已婚	未婚	1 人扣 0.5 点最多扣 3 点 （四舍五入取整）
6 点	4 点	2 点	5 点	3 点	3 点	5 点	

① 分析程序规格说明中给出和隐含的对输入条件的要求。

年龄：一位或两位非零整数，值的有效范围为 1~99。

性别：一位英文字符，只能取值“M”或“F”。

婚姻：字符，只能取值“已婚”或“未婚”。

抚养人数：空白或一位非零整数（1~9）。

点数：一位或两位非零整数，值的范围为 1~99。

② 列出等价类表（包括有效等价类和无效等价类），见表 2-3。

表 2-3 保险费率问题等价类表

输入条件	有效等价类	编号	无效等价类	编号
年龄	20~39 岁	1	—	—
	40~59 岁	2	—	—
	1~19 岁 60~99 岁	3	小于 1	11
			大于 99	12
性别	—	—	非英文字符	13
			非单个英文字符	14
	“M”	4	除“M”和“F”之外的其他单个字符	15 16
	“F”	5		
婚姻	已婚	6	除“已婚”和“未婚”之外的其他字符	17
	未婚	7		
抚养人数	空白	8	除空白和数字之外的其他字符	
	1~6 人	9	小于 1	18
	6~9 人	10	大于 9	19

③ 根据等价类表 2-3，设计能覆盖所有等价类的测试用例，见表 2-4。

任务实施

1. 等价类划分测试用例设计

使用等价类划分方法必须仔细分析程序规范说明。在三角形问题中，输入条件须满足 3 个要求，即整数、3 个数、取值在 1～100 之间。

表 2-4 保险费率问题测试用例

测试用例编号	输入数据				预期输出	对应等价类
	年龄	性别	婚姻	抚养人数	保险费率	
Test 1	27 岁	F	未婚	空白	0.6%	1，5，7，8
Test 2	50 岁	M	已婚	2	0.6%	2，4，6，9
Test 3	70 岁	F	已婚	7	0.1%	3，5，6，10
Test 4	0 岁	M	未婚	空白	无法推算	11，4，7，8
Test 5	100 岁	F	已婚	3	无法推算	12，5，6，9
Test 6	99 岁	男	已婚	4	无法推算	13…
Test 7	1 岁	Child	未婚	空白	无法推算	14…
Test 8	45 岁	N	已婚	5	无法推算	15…
Test 9	38 岁	F	离婚	1	无法推算	16…
Test 10	62 岁	M	已婚	没有	无法推算	17…
Test 11	18 岁	F	未婚	0	无法推算	18…
Test 12	40 岁	M	未婚	10	无法推算	19…

仔细分析三角形问题，其无效输入就是分别不满足以上 3 个方面。因此，可以将这 3 个要求作为 3 个有效等价类，从而得出其等价类表，见表 2-5。

表 2-5 三角形问题的等价类

	有效等价类	编号	无效等价类	编号
输入 3 个整数	整数	1	一边为非整数	4
			二边为非整数	5
			三边为非整数	6
	3 个数	2	只有一条边	7
			只有二条边	8
			超过三条边	9
	1≤a≤100 1≤b≤100 1≤c≤100	3	一边为 0	10
			二边为 0	11
			三边为 0	12
			一边<0	13
			二边<0	14
			三边<0	15
			一边>100	16
			二边>100	17
			三边>100	18

根据等价类表，采用弱健壮的等价类测试，可设计以下测试用例：

测试用例 Test1 = （3，4，5）便可覆盖有效等价类 1 ~ 3。

覆盖无效等价类的测试用例见表 2-6。

表 2-6 三角形问题的等价类测试用例

a	b	c		覆盖的等价类	a	b	c	覆盖的等价类
3.5	4	5		4	0	0	0	12
3.5	4.5	5		5	-3	4	5	13
3.5	4.5	3.5		6	-3	-4	5	14
3				7	-3	-4	-5	15
3	4			8	101	55	65	16
3	4	5	6	9	101	101	65	17
0	4	5		10	101	101	101	18
0	0	5		11				

2. 输入域等价类划分测试用例设计

在大多数情况下，从输入域划分等价类，但有时可以从被测程序的输出域定义等价类，事实上，这对于三角形问题是最简单的方法。

三角形问题有等边三角形、等腰三角形、一般三角形和非三角形 4 种可能输出。利用这些信息可确定下列输出（值域）等价类。

- R1 = {边为 a，b，c 的等边三角形}
- R2 = {边为 a，b，c 的等腰三角形}
- R3 = {边为 a，b，c 的一般三角形}
- R4 = {边为 a，b，c 不能组成三角形}

4 个标准等价类测试用例见表 2-7。

表 2-7 三角形问题的一般等价类测试用例

测试用例	a	b	c	预期输出
Test1	10	10	10	等边三角形
Test2	10	10	5	等腰三角形
Test3	3	4	5	一般三角形
Test4	4	1	2	非三角形

考虑 a、b、c 的无效值产生了下面 7 个健壮等价类测试用例，见表 2-8。

表 2-8 三角形问题的健壮等价类测试用例

测试用例	a	b	c	预期输出
Test1	5	6	7	一般三角形
Test2	-1	5	5	a 值超出输入值定义域
Test3	5	-1	5	b 值超出输入值定义域
Test4	5	5	-1	c 值超出输入值定义域

续表

测试用例	a	b	c	预期输出
Test5	101	5	5	a 值超出输入值定义域
Test6	5	101	5	b 值超出输入值定义域
Test7	5	5	101	c 值超出输入值定义域

任务拓展

使用等价类划分测试时，应注意以下几点：

① 如果实现的语言是强类型语言（无效值会引起运行时出错），则没有必要使用健壮等价类测试。

② 如果错误输入检查非常重要，则应进行健壮等价类测试。

③ 如果输入数据以离散值区间或集合的形式定义，则等价类测试是合适的，当然也适用于变量值越界会造成故障的系统。

项目实训 2.1　NextDate 函数等价类测试

【实训目的】

① 掌握等价类的划分原则。

② 掌握根据等价类表设计测试用例的方法。

【实训内容】

NextDate 函数是一个有 month（月份）、day（日期）和 year（年）3 个变量的函数。输出为输入日期后一天的日期。例如，如果输入为 1998 年 6 月 18 日，则 NextDate 函数的输出为 1998 年 6 月 19 日。要求输入变量 month，day 和 year 都是整数值，并且满足以下条件：

- Con1：$1 \leqslant month \leqslant 12$
- Con2：$1 \leqslant day \leqslant 31$
- Con3：$1800 \leqslant year \leqslant 2050$

如果 month、day 和 year 中任何一个条件失效，则 NextDate 都会产生一个输出，提示相应的变量超出了取值范围，例如，提示“无效输入日期。”

笔记

任务 2.2　认识边界值方法

任务陈述

边界值分析不是从某等价类中随便挑一个作为代表，而是使这个等价类的每个边界都要作为测试条件。应当选取正好等于，刚刚大于或刚刚小于边界的值作为测试数据，而不是选取等价类中的典型值或任意值作为测试数据。读者应当理解和体会边界值测试的思想，了解常用数据类型的边界值特征描述。

本任务介绍了边界值测试的相关概念，并通过 NextDate 函数问题（具体描述见任务 2.1 的项目实训）介绍了如何使用边界值方法设计测试用例，包括边界条件、次边界条件、边界值健壮性测试、边界值分析的局限性。

微课 2-4
边界值概述

知识准备

长期的测试工作经验告诉我们，大量的错误是发生在输入或输出范围的边界上，而不是发生在输入或输出范围的内部。因此，针对各种边界情况设计测试用例，可以查出更多的错误。但是，在软件设计和程序编写中，常常对规格说明中的输入域边界或输出域边界重视不够，以致形成一些差错。实践表明，在设计测试用例时，对边界附近的处理必须给予足够的重视。为检验边界附近的处理设计专门的测试用例，常常可以取得良好的测试效果。

使用边界值分析方法设计测试用例，首先应确定边界情况。通常输入和输出等价类的边界，就是应着重测试的边界情况。

1. 边界条件

笔记

边界条件是一些特殊情况。程序在处理大量中间数值时都是对的，但是可能在边界处出现错误。例如，当循环条件本应判断“<”时，却错写成了“≤”；计数器常常少记一次等。又如，对数组中［0］元素的处理，想要在 Basic 语言中定义一个有 10 个元素的数组，如果使用 Dim data（10）As Integer，则定义的是一个有 11 个元素的数组，在赋初值时再使用 For i=1 to 10 来赋值，就会产生缺陷，因为程序忘记了处理 i=0 时的 0 号元素。

再如，在三角形问题中，在做三角形判断时，要输入三角形的 3 条边长 a、b 和 c。可以知道：当满足 a+b>c、a+c>b 及 b+c>a 时才能构成三角形。但如果把 3 个不等式中的任何一个大于号“>”错写成大于或等于号“≥”，那么就无法构成三角形了。可见，问题恰恰出现在那些容易被忽视的边界上。

刚开始时，可能意识不到一组给定数据包含了多少边界，但是仔细分析总可以找到一些不明显的、有趣的或可能产生软件故障的边界。实际上，边界条件就是软件操作界限所在的边缘条件。

提出边界条件时，一定要测试临近边界的合法数据，即测试最后一个可能合法的数据，以及刚超过边界的非法数据。以下例子说明了如何考虑所有可能的边界。

（1）如果文本输入域允许输入 1～255 个字符

尝试：

- 输入 1 个字符和 255 个字符（合法区间），也可以加入 254 个字符作为合法测试。
- 输入 0 个字符和 256 个字符作为非法区间。

（2）如果程序读写软盘

尝试：

- 保存一个尺寸极小，甚至只有一项的文件。
- 然后保存一个很大的且刚好在软盘容量限制之内的文件。

笔记

- 保存空文件。
- 保存尺寸大于软盘容量的文件。

（3）如果程序允许在一张纸上打印多个页面

尝试：

- 只打印一页。
- 打印允许的最多页面。
- 打印0页。
- 多于所允许的页面（如果可能的话）。

一些可能与边界有关的数据类型有数值、速度、字符、地址、位置、尺寸、数量等。同时，考虑这些数据类型的下述特征：第一个/最后一个、最小值/最大值、开始/完成、超过/在内、空/满、最短/最长、最慢/最快、最早/最迟、最高/最低、相邻/最远等。

这是一些可能出现的边界条件。每一个软件测试问题都不相同，可能包含各式各样的边界条件，应视具体情况而定。例如：

- 对16-bit的整数而言32 767和-32 768是边界。
- 屏幕上光标在最左上、最右下位置。
- 报表的第一行和最后一行。
- 数组元素的第一个和最后一个。
- 循环的第0次、第1次和倒数第2次、最后一次。

2. 次边界条件

在多数情况下，边界值条件是基于应用程序的功能设计而需要考虑的因素，可以从软件的规格说明或常识中得到，也是最终用户可以很容易发现问题的。然而，在测试用例设计过程中，某些边界值条件是不需要呈现给用户的，或者说用户是很难注意到的，但同时确实属于检验范畴内的边界条件，但软件测试仍有必要对这些边界条件进行检查，这样的边界条件称为内部边界值条件或子边界值条件。

寻找次边界条件比较困难，虽然不要求软件测试人员成为程序员或者具有阅读源代码的能力，但要求软件测试员能大体了解软件的工作方式。

（1）2的幂次方

计算机中的数是用二进制数“0”和“1”来表示的，8位二进制数组成1个字节，4个字节组成1个字。表2-9列出了常用的2的幂次方及对应十进制数的表示范围或值。

表2-9 2的幂次方所表示的范围

术语	范围
位（bit）	0或1
半字节	0～15
字节（byte）	0～255
字（word）	0～65 535（单字）或0～4 294 967 295（双字）
千（K）	1 024
兆（M）	1 048 576

表2-9所列的范围是作为边界条件的重要数据，但它们通常在软件内部使用，外部是看不见的，除非用户提出这些范围，否则在软件需求规格说明中不会明确指出。

进行软件测试时，要考虑是否需要对这些边界条件进行测试。例如，假设某种通信协议支持256条命令，为了提高数据传输效率，通信软件总是将常用的信息压缩到一个很小的单元中，必要时再扩展为大一些的单元。例如将常用的15条命令压缩为一个半字节数据，在遇到第16～256条之间的命令时，软件转而发送一个一字节的命令。用户只知道可以执行256条命令，并不知道软件根据半字节/字节边界执行了不同的计算和操作。为了覆盖所有可能的2的幂次方次边界，还要考虑临近半字节边界的14、15和16，以及临近字节边界的254、255和256。

（2）ASCII码表

另一个常见的次边界条件是ASCII码字符表。表2-10给出了部分ASCII码字符。

表2-10 部分ASCII值

字符	ASCII值	字符	ASCII值	字符	ASCII值	字符	ASCII值
Null	0	2	50	B	66	a	97
Space	32	9	57	Y	89	b	98
/	47	:	58	Z	90	y	121
0	48	@	64	[	91	z	122
1	49	A	65	'	96	{	123

笔记

表2-10中，数字0～9的ASCII值是48～57。斜杠字符（/）在数字0的前面，而冒号字符（:）在数字9的后面。大写字母A～Z对应的ASCII码值是65～90。小写字母对应的ASCII码值是97～122。这些情况都表示次边界条件。

如果对文本输入或文本转换软件进行测试，在考虑数据区间包含哪些值时，需要参考ASCII码表。例如，如果测试的文本框只接受用户输入字符A～Z和a～z，就应该在非法区间中，检测ASCII表中位于这些字符前后的值—@、[、‘和{。

在实际的测试用例设计中，需要将基本的软件设计要求和程序定义的要求结合起来，即结合基本边界值条件和内部边界值条件来设计有效的测试用例。

对边界值设计测试用例，应当遵循以下几条原则：

原则1：如果输入条件规定了值的范围，则应取刚达到这个范围的边界值以及刚刚超过这个范围边界的值作为测试输入数据。

原则2：如果输入条件规定了值的个数，则用最大个数、最小个数和比最大个数多1个、比最小个数少1个的数作为测试数据。

原则3：根据程序规格说明的每个输出条件，使用原则1。

原则4：根据程序规格说明的每个输出条件，使用原则2。

原则5：如果程序的规格说明给出的输入域或输出域是有序集合（如有序表、顺序文件等），则应选取集合中的第一个和最后一个元素作为测试用例。

原则6：如果程序中使用了一个内部数据结构，则应当选择这个内部数据结构的边界上的值作为测试用例。

原则7：分析程序规格说明，找出其他可能的边界条件。

3. 边界值设计测试用例的方法

(1) 边界值分析测试方法

微课 2-5
边界值方法设计测试用例

为了便于理解，这里讨论一个有两个变量 x_1 和 x_2 的程序 F，其中 $x_1 \in$ [a, b] 和 $x_2 \in$ [c, d]。强类型语言允许显式地定义这种变量值域。事实上，边界值测试更适用于采用非强类型语言编写的程序。程序 F 的输入空间（定义域）如图 2-8 所示。其中，带阴影矩形中的任何点都是程序 F 的有效输入。

边界值分析利用输入变量的最小值（min）、稍大于最小值（min+）、域内任意值（nom）、稍小于最大值（max-）和最大值（max）来设计测试用例。

两个变量的取值如何进行组合得到测试用例呢？边界值分析基于一种在可靠性理论中称为“单故障”的假设，即由两个（或两个以上）故障同时出现而导致软件失效的情况很少，也就是说，软件失效是由单故障引起的。即通过使所有变量取正常值，只使一个变量分别取最小值、略高于最小值、略低于最大值和最大值。有两个输入变量的程序 F 的边界值分析测试用例是<x1nom, x2min>、<x1nom, x2min+>、<x1nom, x2nom>、<x1nom, x2max->、<x1nom, x2max>、<x1min, x2nom>、<x1min+, x2nom>、<x1max-, x2nom>、<x1max, x2nom>，如图 2-9 所示。

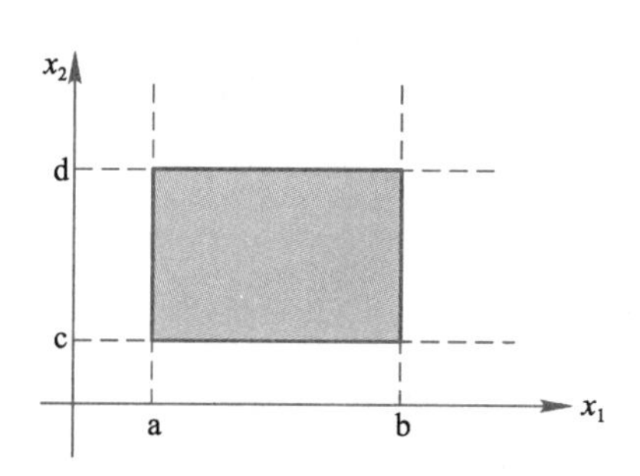

图 2-8 两个变量程序的输入域

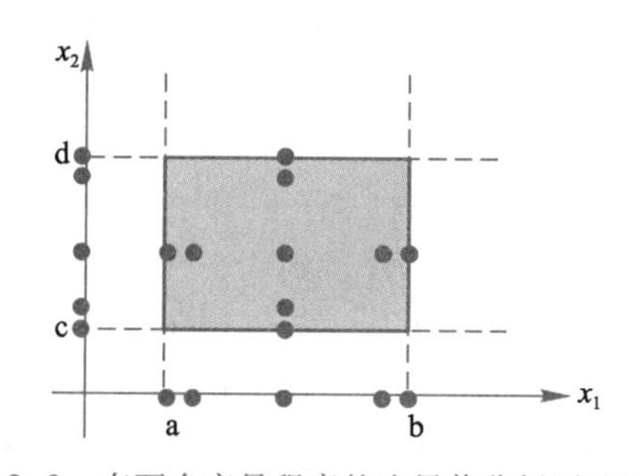

图 2-9 有两个变量程序的边界值分析测试用例

笔记

对于一个含有 n 个变量的程序，保留其中一个变量，让其余变量取正常值，这个被保留的变量依次取值 min、min+、nom、max-和 max，对每个变量重复进行。这样，对于一个 n 变量的程序，边界值分析测试会产生 $4n+1$ 个测试用例。

不管采用什么语言，变量的 min、min+、nom、max-和 max 值根据语境可以清楚地确定。例如 NextDate 问题中的变量，其 min、min+、nom、max-和 max 值很容易确定。如果没有显式地给出边界，例如三角形问题，可以人为地设定一个边界。显然，边长的下界是 1（边长为负没有什么意义），在默认情况下，上界可以取最大可表示的整型值（某些语言里称为 MAXINT），或者规定一个数作为上界，如 100 或 1000。

(2) 边界值健壮性测试

健壮性是指在异常情况下，软件还能正常运行的能力。健壮性测试是边界值分析的一种简单扩展，如图 2-10 所示，除了使用 5 个边界值分析取值，还采用：

- 一个略超过最大值（max+）的取值。
- 一个略小于最小值（min-）的取值。

健壮性测试的主要价值是观察异常情况的处理，从而考察：

- 软件质量要素的衡量标准：软件的容错性。

笔记

- 软件容错性的度量：从非法输入中恢复。

通过观察超过极限值时系统会出现什么情况，边界值分析的大部分讨论都可直接用于健壮性测试。健壮性测试最有意义的部分不是输入，而是预期的输出。

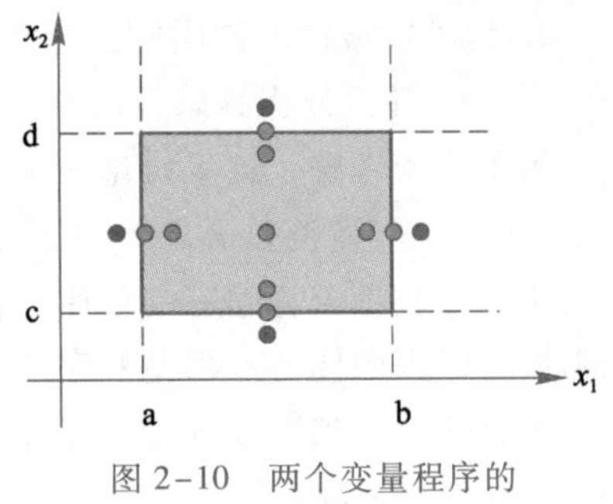

图 2-10　两个变量程序的健壮性测试用例

观察例外情况如何处理，如当物理量超过其最大值时会出现什么情况。如果是汽车的速度超过其最大值，则可能失控；如果是公共电梯的负荷力超过其最大值，就会报警。对于强类型语言，健壮性测试可能比较困难。例如，在 C 语言中，如果变量被定义在特定的范围内，则超过这个范围的取值都会产生导致正常执行中断的故障。

4. 案例：佣金问题的边界值测试

某酒水销售公司指派销售员销售各种酒水，其中白酒卖 168 元/瓶，红酒卖 120 元/瓶，啤酒卖 5 元/瓶。对于每个销售员，白酒每月的最高供应量为 5 000 瓶，红酒为 3 000 瓶，啤酒为 30 000 瓶，各销售员每月至少须售出白酒 50 瓶，红酒 30 瓶，啤酒 300 瓶。每到月末的时候，各销售员向酒水销售公司上报他所在区域的销售业绩，以供酒水销售公司根据其销售额计算该销售员的佣金（提成），并作为奖金发放，计算方法如下：

- 2 万元以下（含）：4%。
- 2 万元（不含）到 4.5 万（含）：1%。
- 4.5 万元以上（不含）：0.5%。

最终将由佣金计算系统生成月销售报告，对当月总共售出的白酒、红酒和啤酒总数进行汇总，并计算销售公司的总销售额和个销售员的佣金。

首先，从输入角度分析该问题。该问题的输入变量有 3 个，其对应的等价类划分为：

- 白酒瓶数，有效等价类 [50，5 000]。
- 红酒瓶数，有效等价类 [30，3 000]。
- 啤酒瓶数，有效等价类 [300，30 000]。

按照边界值取值方法，对每个输入分别取 7 个值 min-、min、min+、nom、max-、max 和 max+。

- 白酒瓶数，取值 {49，50，51，2 500，4 999，5 000，5 001}。
- 红酒瓶数，取值 {29，30，31，1 500，2 999，3 000，3 001}。
- 啤酒瓶数，取值 {299，300，301，150 00，299 99，300 00，300 01}。

根据边界值组合测试用例规则，保留其中一个变量，让其余变量取正常值，共可以得到 6×3+1 = 19 个测试用例，见表 2-11。

表 2-11　佣金问题输入边界值测试用例

测试用例	白酒	红酒	啤酒	销售额	预期输出
Test1	49	1 500	15 000	263 232	输入非法

续表

测试用例	白酒	红酒	啤酒	销售额	预期输出
Test2	50	1 500	15 000	263 400	佣金：2 142
Test3	51	1 500	15 000	263 568	佣金：2 142.84
Test4	2 500	1 500	15 000	675 000	佣金：4 200
Test5	4 999	1 500	15 000	109 483 2	佣金：6 299.16
Test6	5 000	1 500	15 000	109 500 0	佣金：6 300
Test7	5 001	1 500	15 000	109 516 8	输入非法
Test8	2 500	29	15 000	498 480	输入非法
Test9	2 500	30	15 000	498 600	佣金：3 318
Test10	2 500	31	15 000	498 720	佣金：3 318.6
Test11	2 500	2 999	15 000	854 880	佣金：5 099.4
Test12	2 500	3 000	15 000	855 000	佣金：5 100
Test13	2 500	3 001	15 000	855 120	输入非法
Test14	2 500	1 500	299	601 495	输入非法
Test15	2 500	1 500	300	601 500	佣金：3 832.5
Test16	2 500	1 500	301	601 505	佣金：3 832.525
Test17	2 500	1 500	29 999	749 995	佣金：4 574.975
Test18	2 500	1 500	30 000	750 000	佣金：4 575
Test19	2 500	1 500	30 001	750 005	输入非法

从表 2-11 测试用例中可以发现，Test1、Test7、Test8、Test13、Test14、Test19 分别验证了程序的健壮性。但是其余的测试用例中，销售额都大于 4.5 万元，测试用例存在冗余。测试用例没有对小于 4.5 万元的销售额进行验证，因此测试存在遗漏。

这时应当从输出角度对该程序进行测试。因为销售员每月至少需售出白酒 50 瓶、红酒 30 瓶、啤酒 300 瓶，此时销售额为 1.35 万元。至多售出白酒 5 000 瓶、红酒 3 000 瓶、啤酒 30 000 瓶、此时销售额为 135 万元。销售额等价类划分为 [1.35，2]、(2，4.5]、(4.5，135]。

对此等价类分别取边界值为：

{

略小于 1.35，1.35，略大于 1.35，1.7，

略小于 2，2，略大于 2，3.5

略小于 4.5，4.5，略大于 4.5，70

略小于 135，135，略大于 135，

}

测试用例见表 2-12。

表 2-12 佣金问题输出边界值测试用例

测试用例	白酒	红酒	啤酒	销售额	预期输出
Test1	50	30	299	13 495	输入非法
Test2	50	30	300	13 500	佣金：540

续表

测试用例	白酒	红酒	啤酒	销售额	预期输出
Test3	50	30	301	13 505	佣金：540.2
Test4	50	50	520	17 000	佣金：680
Test5	60	60	543	19 995	佣金：799.8
Test6	60	60	544	20 000	佣金：800
Test7	60	60	545	20 005	佣金：800.05
Test8	100	90	1 480	35 000	佣金：950
Test9	150	120	1 079	44 995	佣金：1 049.95
Test10	150	120	1 080	45 000	佣金：1 050
Test11	150	120	1 081	45 005	佣金：1 050.025
Test12	2 500	2 100	15 600	750 000	佣金：4 575
Test13	5 000	3 000	29 999	134 999 5	佣金：7 574.975
Test14	5 000	3 000	30 000	135 000 0	佣金：7 575
Test15	5 000	3 000	30 001	135 000 5	输入非法

考虑到测试用例的无冗余和完备性，从边界值分析角度，应当选择表 2-11 中的 Test1、Test7、Test8、Test13、Test14、Test19 测试用例和表 2-12 中的 Test2 ~ Test14 测试用例。

任务实施

在 NextDate 函数中，规定了变量 month、day、year 相应的取值范围，即 1≤month≤12、1≤day≤31、1 800≤year≤2 050。

首先，从输入角度分析该问题。该问题的输入有 3 个，其对应的等价类划分为：

- month，有效等价类 [1，12]。
- day，有效等价类 [1，31]。
- year，有效等价类 [1 800，2 050]。

按照边界值取值方法，对每个输入分别取 7 个值，即 min-、min、min+、nom、max-、max 和 max+。

- month，取值 {0，1，2，6，11，12，13}。
- day，取值 {0，1，2，15，30，31，32}。
- year，取值 {1 799，1 800，1 801，1 975，2 049，2 050，2 051}。

根据边界值组合测试用例规则，保留其中一个变量，让其余变量取正常值，共可以得到 19 个测试用例，见表 2-13。

表 2-13 NextDate 函数边界值测试用例

测试用例	Month	Day	Year	预期输出
Test1	6	15	1799	无效输入日期
Test2	6	15	1800	1800 年 6 月 16 日

续表

测试用例	Month	Day	Year	预期输出
Test3	6	15	1913	1801 年 6 月 16 日
Test4	6	15	1975	1975 年 6 月 16 日
Test5	6	15	2049	2049 年 6 月 16 日
Test6	6	15	2050	2050 年 6 月 16 日
Test7	6	15	2051	无效输入日期
Test8	6	0	1975	无效输入日期
Test9	6	1	1975	1975 年 6 月 2 日
Test10	6	2	1975	1975 年 6 月 3 日
Test11	6	30	1975	1975 年 7 月 1 日
Test12	6	31	1975	无效输入日期
Test13	6	32	1975	无效输入日期
Test14	0	15	1975	无效输入日期
Test15	1	15	1975	1975 年 1 月 16 日
Test16	2	15	1975	1975 年 2 月 16 日
Test17	11	15	1975	1975 年 11 月 16 日
Test18	12	15	1975	1975 年 12 月 16 日
Test19	13	15	1975	无效输入日期

从表 2-13 测试用例中可以看出，就会发现这些测试用例是不充分的，例如，没有强调对 2 月和闰年的测试。问题的根源是边界值分析假设变量是独立的，而 month、day 和 year 变量之间存在某些依赖关系。

笔 记

任务拓展

边界值分析的局限性。

当被测程序含有多个独立变量，且这些变量又受物理量的制约时，使用边界值分析测试方法比较合适，关键是“独立”和“物理量”。边界值分析测试用例通过使用物理量的边界导出变量极值，不考虑函数的性质，也不考虑变量的语法含义。即便如此，边界值分析测试也能捕获到一些月末和年末的缺陷。因此，边界值分析测试用例可以被看作是初步的，这些测试用例的获得基本上不需要理解和想象。

分析三角形问题和 NextDate 函数的边界值分析测试用例，就会发现这些测试用例是不充分的。问题的根源是，边界值分析假设变量是独立的，而三角形边长 a、b、c 或者 month、day 和 year 变量之间存在某些依赖关系。

物理量准则也很重要，如果变量引用了某个物理量，如温度、压力、空气温度、负载等，物理边界就变得极为重要。例如，某国际机场在 1992 年 6 月 26 日被迫关闭，因为空气温度达到 48 ℃，以至于飞行员在起飞之前无法设置某一设备。该设备能够接受的最大空气温度是 48 ℃。另一个例子是，医疗分析系统使用步进电动机确定要分析的样本在传送带上的位置，结果发现将传送带回送开始单元格的过程，常常使机械手

笔记

错过第一个单元格。

边界值分析不适用于逻辑变量和布尔型变量。例如，作为逻辑（相对于物理）变量的一个例子，很难想象0000、00001、5000、9998和9999这样的数字或电话号码会发生什么故障。尽管边界值分析测试很有用，但在实际运用中，并不如测试人员预想的那样令人满意。

基于函数（程序）输入定义域的测试方法，是所有测试方法中最基本的。这类测试方法都有一种假设，即输入变量是真正独立的，如果不能保证这种假设，则这类方法不能产生令人满意的测试用例（如在NextDate函数中生成1912年2月31日）。这些方法都可以应用于程序的输出值域，就像在佣金问题中所做的一样。

边界值测试具有简便易行，生成测试数据的成本很低等优点；但也有测试用例不充分，不能发现测试变量之间的依赖关系，不考虑含义和性质等局限性，因此只能作为初步测试用例使用。

项目实训2.2　三角形问题边界值测试

【实训目的】

① 学会边界条件的分析。

② 掌握边界值设计测试用例的方法。

【实训内容】

三角形问题描述见任务2.1的任务陈述。

任务2.3　认识决策表方法

任务陈述

微课2-6
决策表方法

在所有的黑盒测试方法中，基于决策表的测试是最严格、最具有逻辑性的测试方法。本任务介绍了决策表测试的相关概念，并通过“三角形”问题（具体描述见任务2.1的任务陈述）介绍了如何使用决策表方法设计测试用例，包括决策表的构成、化简和决策表测试的指导方针。

知识准备

在一些数据处理问题中，某些操作的实施依赖于多个逻辑条件的组合，即针对不同逻辑条件的组合值，分别执行不同的操作，决策表很适合处理这类问题。在程序设计发展的初期，决策表就已被作为编写程序的辅助工具了。它可以把复杂的逻辑关系和多种条件组合的情况表述得较明确。

1. 决策表的构成

表2-14是一张名为“阅读指南”的表单，表中列举了读者读书时可能遇到的5个问题，若读者的回答是肯定的（判定取真值），标以字母“Y”；若回答是否定的（判

定取假值)，标以字母“N”。3 个判定条件，共有 8 种取值情况。该表还为读者提供了 4 条建议，但不需要每种情况都实施。要实施的建议在相应栏内标以“√”，其他建议栏内则什么也不标。例如，表中的第 5 种情况，当读者已经疲劳，对内容又不感兴趣，并且还没读懂，这时建议读者去休息。这就是一张决策表。

表 2-14 阅读指南

		1	2	3	4	5	6	7	8
问题	C1：你觉得疲倦吗？	Y	Y	Y	Y	N	N	N	N
	C2：感兴趣吗？	Y	Y	N	N	Y	Y	N	N
	C3：糊涂吗？	Y	N	Y	N	Y	N	Y	N
建议	A1：重读					√			
	A2：继续						√		
	A3：跳到下一章							√	√
	A4：休息	√	√	√	√				

决策表通常由 4 部分组成（如图 2-11 所示），它们分别是：

- 条件桩：列出了问题的所有条件，除了某些问题对条件的先后次序有特定的要求外，通常在这里列出的条件其先后次序无关紧要。
- 条件项：针对条件桩给出的条件列出所有可能的取值。
- 动作桩：给出了问题规定的可能采取的操作，这些操作的排列顺序一般没有什么约束，但为了便于阅读也可令其按适当的顺序排列。

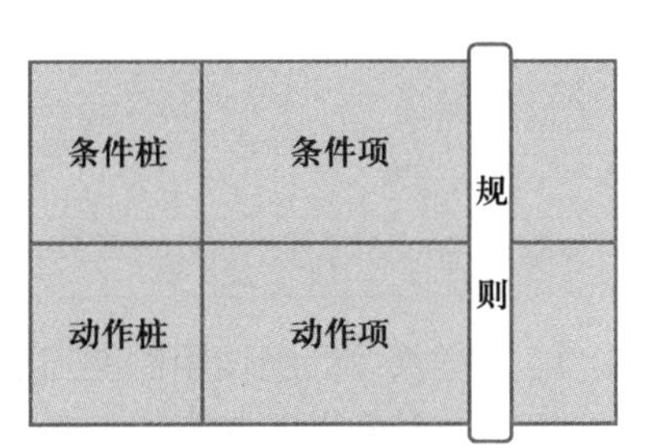

图 2-11 决策表组成

笔 记

- 动作项：和条件项紧密相关，指出在条件项的各组取值情况下应采取的动作。

在决策表 2-14 中，如果 C1、C2 和 C3 都为真，则采取动作 A4。如果 C1 为真而 C2 和 C3 都为假，则采取动作 A4。把任何一个条件组合的特定取值及相应要执行的动作称为一条规则，在决策表中贯穿条件项和动作项的一列就是一条规则。显然，决策表中列出多少组条件取值，就有多少条规则。

2. 决策表的简化

实际使用决策表时，常常先将它简化，简化是以合并相似规则为目标的。若表中有两条或多条规则具有相同的动作，并且在条件项之间存在着极为相似的关系，便可以设法将其合并。例如，在决策表 2-14 中第 1 条和第 2 条规则其动作项一致，条件项中前 2 个条件取值一致，只是第 3 个条件取值不同，这一情况表明，前 2 个条件分别取真值和假值时，无论第 3 个条件取什么值，都要执行同一操作，即要执行的动作与第 3 个条件的取值无关。于是，便将这两个规则合并。合并后的第 3 条件项用符号“-”表示与取值无关，称为“无关条件”或“不关心条件”。以此类推，具有相同动作的规则还可进一步合并，如图 2-12 所示。

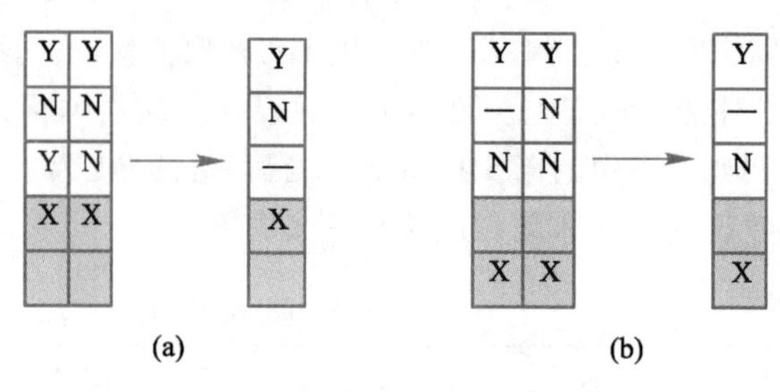

图 2-12 两条规则合并成一条

按上述合并规则，可将“读书指南”决策表加以简化，简化后的决策表见表 2-15 所示。

表 2-15 简化后的阅读指南决策表

		3-4	5	6	7-8
问题	C1：你觉得疲倦吗？	Y	N	N	N
	C2：感兴趣吗？	—	Y	Y	N
	C3：糊涂吗？	—	Y	N	Y
建议	A1：重读		√		
	A2：继续			√	
	A3：跳到下一章				√
	A4：休息	√			

3. 决策表设计测试用例的方法

微课 2-7
决策表方法设计测试用例

（1）决策表测试方法

根据软件规格说明，构造决策表的 5 个步骤如下：

步骤 1：列出所有的条件桩和动作桩。

- 分析输入域，对输入域进行等价类划分。
- 分析输出域，对输出进行细化，以指导具体的输出动作。

步骤 2：确定规则的个数；假如有 n 个条件，每个条件有两个取值（0，1），则有 2^n 种规则。

步骤 3：填入条件项。

步骤 4：填入动作项，得到初始决策表。

步骤 5：简化，合并相似规则（相同动作）。

（2）维修机器问题的决策表测试

维修机器问题描述：“……对于功率大于 50 kW 的机器，并且维修记录不全或已运行 10 年以上的机器，应给予优先的维修处理……”。

1）列出所有的条件桩和动作桩

- 条件桩

C1：功率大于 50 kW 吗？

C2：维修记录不全吗？

C3：运行超过 10 年吗？

- 动作桩

A1：进行优先处理。

A2：做其他处理。

2）确定规则个数

输入条件个数：3。

每个条件的取值："是"或"否"。

规则个数：2×2×2=8。

3）填入条件项、动作项，得到初始决策表，见表 2-16

表 2-16　维修机器问题初始决策表

		1	2	3	4	5	6	7	8
条件	C1：功率大于 50 kW 吗？	Y	Y	Y	Y	N	N	N	N
	C2：维修记录不全吗？	Y	Y	N	N	Y	Y	N	N
	C3：运行超过 10 年吗？	Y	N	Y	N	Y	N	Y	N
动作	A1：进行优先处理	√	√	√		√		√	
	A2：做其他处理				√		√		√

4）简化后，见表 2-17

表 2-17　维修机器问题简化后决策表

		1	2	3	4	5
条件	C1：功率大于 50 kW 吗？	Y	Y	Y	N	N
	C2：维修记录不全吗？	Y	N	N	—	—
	C3：运行超过 10 年吗？	—	Y	N	Y	N
动作	A1：进行优先处理	√	√		√	
	A2：做其他处理			√		√

任务实施

（1）列出所有的条件桩和动作桩

- 条件桩

C1：a，b，c 构成三角形？

C2：a=b？

C3：a=c？

C4：b=c？

- 动作桩

A1：非三角形。

A2：不等边三角形。

A3：等腰三角形。

A4：等边三角形。

A5：不可能。

（2）确定规则的个数。三角形问题的决策表有 4 个条件，每个条件可以取两个值，故应有 $2^4=16$ 种规则

（3）列出所有的条件桩和动作桩

（4）填入条件项

（5）填入动作项，这样便可得到初始决策表

（6）化简。合并相似规则后得到三角形问题的决策表，见表 2-18

表 2-18　三角形问题的决策表

		1	2	3	4	5	6	7	8	9
条件	C1：a、b、c 构成三角形?	N	Y	Y	Y	Y	Y	Y	Y	Y
	C2：a=b?	—	Y	Y	Y	Y	N	N	N	N
	C3：a=c?	—	Y	Y	N	N	Y	Y	N	N
	C4：b=c?	—	Y	N	Y	N	Y	N	Y	N
动作	A1：非三角形	√								
	A2：不等边三角形									√
	A3：等腰三角形					√		√	√	
	A4：等边三角形		√							
	A5：不可能			√	√		√			

还可以将条件（C1：a、b、c 构成三角形?）扩展为三角形特性的 3 个不等式，C1：a<b+c?、C2：b<a+c?、C3：c<a+b?。如果有一个不等式不成立，则 3 个整数就不能构成三角形，这样扩展后的决策表见表 2-19。还可以进一步扩展，因为不等式不成立有两种方式：一条边等于另外两条边的和或严格大于另外两条边的和。

表 2-19　扩展后的三角形问题的决策表

		1	2	3	4	5	6	7	8	9	10	11
条件	C1：a<b+c?	N	Y	Y	Y	Y	Y	Y	Y	Y	Y	Y
	C2：b<a+c?	—	N	Y	Y	Y	Y	Y	Y	Y	Y	Y
	C3：c<a+b?	—	—	N	Y	Y	Y	Y	Y	Y	Y	Y
	C4：a=b?	—	—	—	Y	Y	Y	Y	N	N	N	N
	C5：a=c?	—	—	—	Y	Y	N	N	Y	Y	N	N
	C6：b=c?	—	—	—	Y	N	Y	N	Y	N	Y	N

续表

		1	2	3	4	5	6	7	8	9	10	11
动作	A1：非三角形	√	√	√								
	A2：不等边三角形											√
	A3：等腰三角形							√		√	√	
	A4：等边三角形				√							
	A5：不可能					√	√		√			

使用决策，可以得到 11 个测试用例，见表 2-20，其中 3 个测试用例检测不可能的情况，3 个测试用例检测非三角形的情况，1 个测试用例检测等边三角形的情况，1 个测试用例检测一般三角形的情况，3 个测试用例检测等腰三角形。如果扩展决策表显示两种违反三角形性质的方式时，可以再设计一些测试用例（一条边正好等于另外两条边的和）。要做到这一点需要做一定的判断，否则规则数量会呈指数级增长，可能还会得到许多不可能的规则。

表 2-20　三角形问题的决策表测试用例

测试用例	a	b	c	预期输出
Test1	4	1	2	非三角形
Test2	1	4	2	非三角形
Test3	1	2	4	非三角形
Test4	5	5	5	等边三角形
Test5	?	?	?	不可能
Test6	?	?	?	不可能
Test7	2	2	3	等腰三角形
Test8	?	?	?	不可能
Test9	2	3	2	等腰三角形
Test10	3	2	2	等腰三角形
Test11	3	4	5	不等边三角形

任务拓展

决策表测试的指导方针。

决策表最突出的优点是，它能把复杂的问题按各种可能的情况一一列举出来，简明而易于理解，同时可以避免遗漏。因此利用决策表可以设计出完整的测试用例集合。

与其他测试方法一样，基于决策表的测试可能对于某些应用程序（如 NextDate 函数）很有效，但对另外一些应用程序（如佣金问题）就不值得费这么大的精力。基于决策表测试适用于要产生大量决策的情况（如三角形问题），或在输入变量之间存在重要的逻辑关系的情况（如 NextDate 函数）。适合于使用决策表设计测试用例的情况如下：

- 规格说明以决策表形式给出，或是很容易转换成决策表。

笔记

- 条件的排列顺序不会也不应影响执行的操作。
- 当某一规则的条件已经满足，并确定要执行的操作后，不必检验别的规则。
- 如果某一规则要执行多个操作，这些操作的执行顺序无关紧要。

给出这些情况的目的是为了说明操作的执行应完全依赖条件的组合。其实对于某些不满足这几条的决策表，同样可以用来设计测试用例，只不过须增加一些其他的测试用例。

决策表规模较大，有 n 个条件的有限条目决策表（每个条件取真、假值）有 2^n 条规则。现在已有多种方法可以解决这个问题——扩展条目决策表（条件使用等价类）、代数简化表，将大表“分解”为小表等方法。

与其他方法一样，迭代也比较有效。第一次识别的条件或动作可能不那么令人满意，把第一次得到的结果作为铺路石，逐渐改进，直到得到满意的决策表为止。

项目实训 2.3　NextDate 问题决策表测试

【实训目的】

① 掌握决策表的设计。

② 掌握根据决策表设计测试用例的方法。

【实训内容】

NextDate 函数问题描述见任务 2.1 的项目实训。

任务 2.4　认识因果图方法

任务陈述

微课 2-8
因果图法概述

如果在测试时必须考虑输入条件的各种组合，则可能的组合数目将是天文数字，因此必须考虑采用一种适合于描述多种条件的组合、相应产生多个动作的形式来进行测试用例的设计，这就需要利用因果图（逻辑模型）。

本任务将介绍因果图的相关概念，通过“自动饮料机”问题，介绍如何使用因果图方法设计测试用例，包括因果图的 4 种符号和 5 种约束，以及使用因果图设计测试用例的步骤。

“自动饮料机”问题描述：某自动饮料机销售罐装饮料，销售的饮料包括可乐、雪碧、芬达。每罐饮料的单价为 1 元 5 角，且仅接受硬币。若投入 1 元 5 角的硬币，按下“可乐”“雪碧”或“芬达”按钮，相应的饮料就送出来。若投入的是 2 元硬币，在送出饮料的同时退出 5 角硬币。

知识准备

等价类划分法和边界值分析方法都是着重考虑输入条件，但没有考虑输入条件的各种组合、输入条件之间的相互制约关系。这样虽然各种输入条件可能出错的情况已经测试到了，但多个输入条件组合起来可能出错的情况却被忽视。接下来介绍因果图。

1. 4 种符号

因果图中使用了简单的逻辑符号，以直线连接左右节点。左节点表示输入状态（或称原因），右节点表示输出状态（或称结果）。因果图中用 4 种符号分别表示规格说明中的 4 种因果关系。图 2-13 给出了因果图中常用的 4 种符号所代表的因果关系。

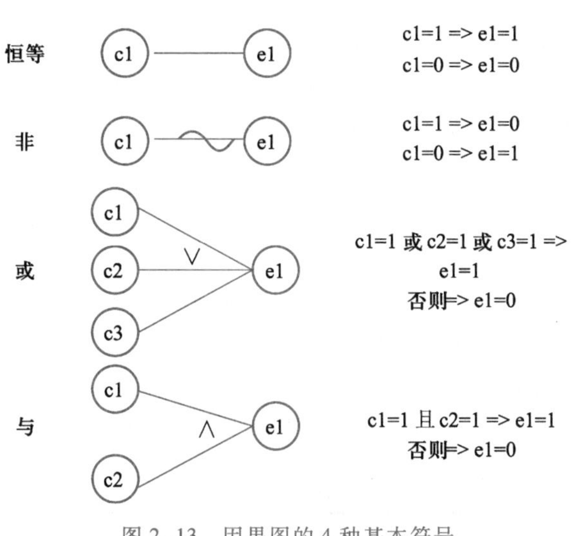

图 2-13　因果图的 4 种基本符号

笔记

图中 c_i 表示原因，通常位于图的左部；e_i 表示结果，位于图的右部。c_i 和 e_i 都可以取值 0 或 1，0 表示某状态不出现，1 表示某状态出现。

2. 4 种约束

在实际问题中，输入状态相互之间还可能存在某些依赖关系，称之为“约束”。例如，某些输入条件本身不可能同时出现。输出状态之间也往往存在约束。在因果图中，用特定的符号标明这些约束，如图 2-14 所示。

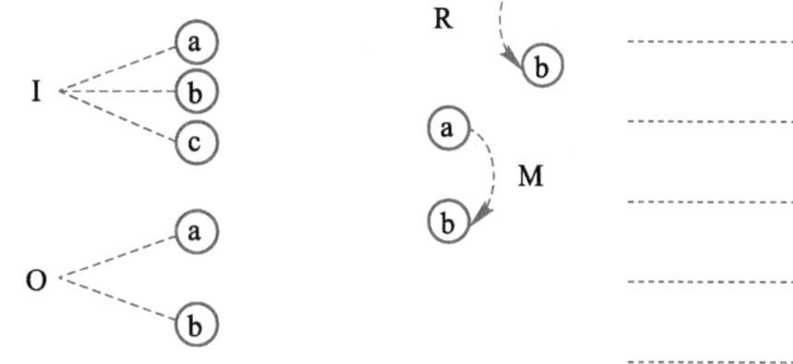

图 2-14　约束符号

对于输入条件的约束有以下 4 种。

- E 约束（异）：原因 a 和原因 b 不会同时成立，两个中最多有一个可能成立。
- I 约束（或）：a、b、c 这 3 个原因中至少有一个必须成立。
- O 约束（唯一）：原因 a 和 b 中必须有一个，且仅有一个成立。
- R 约束（要求）：原因 a 出现时，原因 b 也必须出现，a 出现时，不可能 b 不出现。

输出条件的约束只有 M 约束，结果 a 为 1，则结果 b 必为 0。当 a 为 0，b 的值不确定。

微课 2-9
因果图法设计测试用例

3. 因果图设计测试用例的方法

(1) 因果图设计测试用例的步骤

使用因果图方法最终生成决策表，利用因果图导出测试用例需要经过以下几个步骤：

① 通过分析输入域来寻找规格说明书中的原因，通过分析输出域来获得规格说明书中的结果。

② 分析程序规格说明中语义的内容，找出原因与结果之间、原因与原因之间的对应关系，并将其表示成连接各个原因与各个结果的“因果图”。

③ 由于语法或环境的限制，有些原因与原因之间、原因与结果之间的组合情况不可能出现。为表明这些特定的情况，在因果图上使用一些记号标明约束或限制条件。

④ 把因果图转换成决策表。

⑤ 根据决策表中每一列设计测试用例。

(2) 软件规格说明问题的因果图测试

某软件规格说明要求：第 1 个字符必须是#或 *，第 2 个字符必须是一个数字，在此情况下进行文件的修改。如果第 1 个字符不是#或 *，则给出信息 N；如果第 2 个字符不是数字，则给出信息 M。

在分析以上的要求以后，可以明确地把原因和结果分开，见表 2-21。

表 2-21　软件规格说明的原因和结果

原因	结果
c1：第 1 个字符是#	e1：给出信息 N
c2：第 1 个字符是 *	e2：修改文件
c3：第 2 个字符是一个数字	e3：给出信息 M

将原因和结果用上述的逻辑符号连接起来，可以得到如图 2-15 所示的因果图。图中左边表示原因，右边表示结果，编号为 10 的中间节点是导出结果的进一步原因。

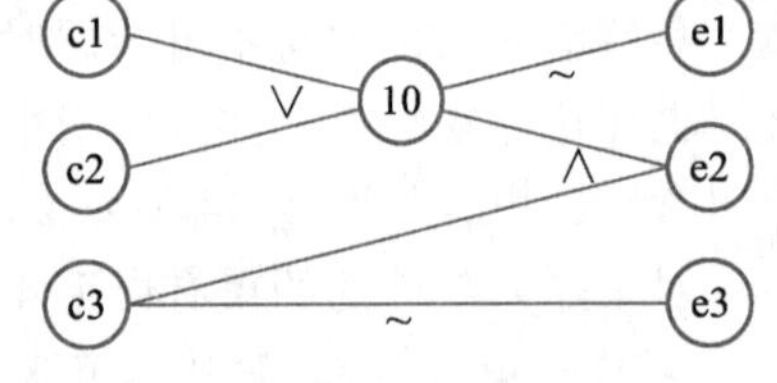

图 2-15　软件规格说明的因果图

考虑到原因 c1 和 c2 不可能同时为 1，即第 1 个字符不可能既是#又是 *，在因果图上可对其施加 E 约束，这样便得到了具有约束的因果图，如图 2-16 所示。根据因果图可以建立表 2-22 的决策表。

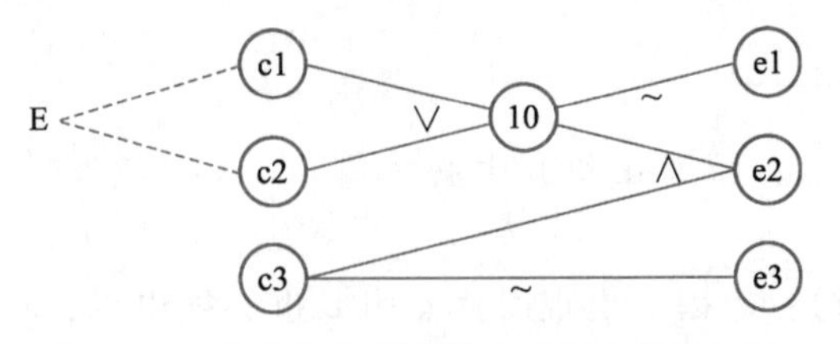

图 2-16　软件规格说明具有 E 约束的因果图

注意，表中 8 种情况的最左面两列，原因 c1 和 c2 同时为 1，这是不可能的，故应排除这两种情况。根据该表，可设计出 6 个测试用例，见表 2-23。

表 2-22　根据因果图建立的决策表

		1	2	3	4	5	6	7	8
条件	c1	1	1	1	1	0	0	0	0
	c2	1	1	0	0	1	1	0	0
	c3	1	0	1	0	1	0	1	0
	10	0	0	1	1	1	1	0	0
动作	e1							√	√
	e2			√		√			
	e3				√		√		√
	不可能	√	√						
	测试数据			#3	#A	* 6	* B	A1	GT

表 2-23　软件规格说明的测试用例

测试用例编号	输入数据	预期输出
1	#3	修改文件
2	#A	给出信息 M
3	* 6	修改文件
4	* B	给出信息 M
5	A1	给出信息 N
6	GT	给出信息 N 和信息 M

任务实施

笔记

根据案例描述，可以确定的原因有 5 个，分别如下：

- c1：投入 1 元 5 角的硬币。
- c2：投入 2 元的硬币。
- c3：按下“可乐”按钮。
- c4：按下“雪碧”按钮。
- c5：按下“芬达”按钮。

且条件 c1 和 c2 之间是唯一关系，条件 c3、c4 和 c5 之间也是唯一关系。

结果共有 4 个，分别如下：

- e1：退还 5 角硬币。
- e2：送出“可乐”饮料。
- e3：送出“雪碧”饮料。
- e4：送出“芬达”饮料。

根据原因和结果可以绘制因果图，如图 2-17 所示。其中 m1（表示已投币）、m2（表示已按下按钮）为中间状态。

根据因果图建立的决策表，见表 2-24 所示。

读者可以根据该决策表自行写出测试用例。

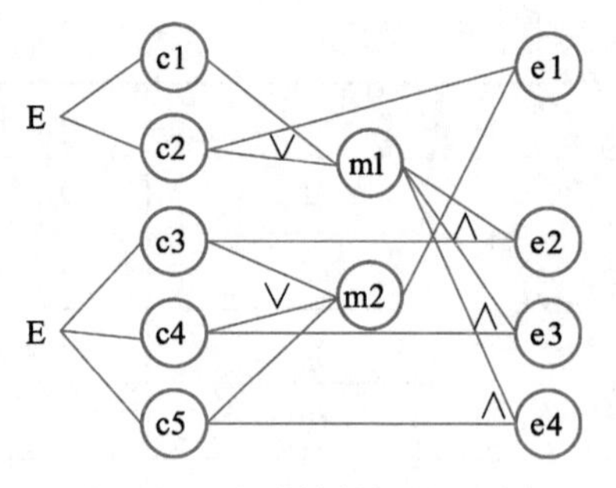

图 2-17 自动饮料机的因果图

任务拓展

使用因果图方法能够帮助测试人员按照一定的步骤，高效率地开发测试用例，以检测程序输入条件的各种组合情况。它是将自然语言规格说明转化成形式语言规格说明的一种严格的方法，可以指出规格说明中存在的不完整性和二义性。

表 2-24 自动饮料机的决策表

		1	2	3	4	5	6	7	8	9	10	11
输入	c1：投入1元5角的硬币	Y	Y	Y	Y	N	N	N	N	N	N	N
	c2：投入2元的硬币	N	N	N	N	Y	Y	Y	Y	N	N	N
	c3：按下“可乐”按钮	Y	N	N	N	Y	N	N	N	Y	N	N
	c4：按下“雪碧”按钮	N	Y	N	N	N	Y	N	N	N	Y	N
	c5：按下“芬达”按钮	N	N	Y	N	N	N	Y	N	N	N	Y
中间节点	m1：已投币	Y	Y	Y	Y	Y	Y	Y	Y	N	N	N
	m2：已按钮	Y	Y	Y	N	Y	Y	Y	N	Y	Y	Y
输出	e1：退还5角硬币	N	N	N	N	Y	Y	Y	N	N	N	N
	e2：送出“可乐”饮料	Y	N	N	N	Y	N	N	N	N	N	N
	e3：送出“雪碧”饮料	N	Y	N	N	N	Y	N	N	N	N	N
	e4：送出“芬达”饮料	N	N	Y	N	N	N	Y	N	N	N	N

在较为复杂的问题中，因果图方法常常十分有效，它能有效地帮助人们检查输入条件组合，设计出非冗余、高效的测试用例。当然，如果开发项目在设计阶段就采用了决策表，就不必再画因果图，可以直接利用决策表设计测试用例。

项目实训2.4 中国象棋中走马问题因果图测试

【实训目的】

① 掌握因果图的设计。

② 掌握根据因果图设计测试用例的方法。

【实训内容】

“中国象棋中走马”问题描述（下面未注明的均指的是对马的说明）

① 如果落点在棋盘外，则不移动棋子。

② 如果落点与起点不构成日字形，则不移动棋子。

③ 如果落点处有己方棋子，则不移动棋子。

④ 如果在落点方向的邻近交叉点有棋子（绊马腿），则不移动棋子。

⑤ 如果不属于①-④条，且落点处无棋子，则移动棋子。

⑥ 如果不属于①-④条，且落点处为对方棋子（非老将），则移动棋子并除去对方棋子。

⑦ 如果不属于①-④条，且落点处为对方老将，则移动棋子，并提示战胜对方，游戏结束。

请绘制出因果图和决策表，并给出相应的测试用例。

任务 2.5 认识正交表方法

任务陈述

微课 2-10
正交表方法概述

从理论上讲，黑盒测试只有采用穷举输入测试，把所有可能的输入组合都作为测试情况考虑，才能做到全覆盖。但是在实际运用中，这样的全组合方式是不现实的。如果仅凭个人经验进行组合，无法保证测试用例的覆盖性和均匀性，此外不同测试人员的组合方式一致性很差，这样不利于保证测试用例质量的稳定性。正交表具有“均衡分散”和“整齐可比”的特性。利用正交实验设计法进行测试用例设计，从大量的实验数据中挑选适量的、有代表性的点，从而合理地安排测试的一种科学的实验设计方法。

本任务介绍正交实验法的基本概念，通过“Web 站点测试”问题，介绍如何使用正交实验法设计测试用例，包括正交表的特性、选择正交表的方法、正交表映射测试用例的方法等。

“Web 站点测试”问题描述：假设一个 Web 站点，考虑到不同的客户端机器软件配置有所不同，因而对其进行测试分析。

- Web 浏览器：Netscape、IE、Opera，FireFox。
- 插件：无、RealPlayer、MediaPlayer。
- 应用服务器：IIS、Apche、Netscape Enterprise。
- 操作系统：Windows、Vista、Linux。

知识准备

案例：当用户打 114 查询某公司的电话时，电信局的坐席人员会输入该公司相关信息，如图 2-18 所示，并进行查询，最后把查询的结果告知用户。那么，测试人员如何对该查询功能点进行测试呢？如何设计测试用例呢？

单位基本信息查询	查询参数：音形码[;类别码附属名] 拼音码[;类别码附属名] 路名码 行业类别 特征码		
音形码[;类别码附属名][F7]		拼音码[;类别码附属名][F11]	
路名码[F9]		行业类别[F12]	
特征码[F8]			

图 2-18　114 查询界面

笔 记

假设每个输入项只考虑填、不填两种情况，以下设计测试用例。

① 采用全组合的方式，共计 $2^5=32$ 个测试用例。测试用例太多，测试时投入和回报不相符。

② 由测试人员选取部分组合方式测试。该方法依赖测试人员的个人经验，一致性无法保证。

从理论上讲，黑盒测试只有采用穷举输入测试，把所有可能的输入组合都作为测试情况考虑，才能做到全覆盖。但是在实际运用中，这样的全组合方式是不现实的。如果仅凭个人经验进行组合，无法保证测试用例的覆盖性和均匀性。此外不同测试人员的组合方式一致性很差，这样不利于保证测试用例质量的稳定性。接下来介绍正交试验法。

1. 正交表的概念和特性

正交表是一个二维数字表格。其形式为：

$$L_{\text{行数}}(\text{水平数}^{\text{因子数}})$$

式中 L 表示正交表，其余术语如下：

行数：即正交表行数，它直接对应到用正交表测试策略设计成的测试的个数。

因子数：正交表最多可安排的因子个数，即正交表列数，它直接对应到用这种技术设计测试用例时的变量的最大个数。

水平数：每个因子的水平数，任何单个因素能够取得的值的最大个数。它直接对应到用这种技术设计测试用例时，每个变量可能取值的个数。正交表中的包含的值为从 0 到数“水平数-1”。

例如，3 因素 2 水平，4 行的正交表 $L_4(2^3)$，如图 2-19 所示。

正交表具有“均衡分散”和“整齐可比”的特性。“均衡分散”是指在同一张正交表中，任意两列（两个因素）的水平搭配（横向形成的数字对）是完全相同的。这样就保证了测试用例均衡地分散在因素水平的完全组合之中，因而具有很强的代表性，容易得到好的测试。“整齐可比”是指在同一张正交表中，每个因素的每个水平出现的次数是完全相同的。从而保证在测试中每个因素的每个水平与其他因素的每个水平参与测试的概率是完全相同的。图 2-20 显示了 3 因素 3 水平的正交表所选择的组合方式（△标记）的分布情形，可见其具有的“均衡分散”和“整齐可比”特性。

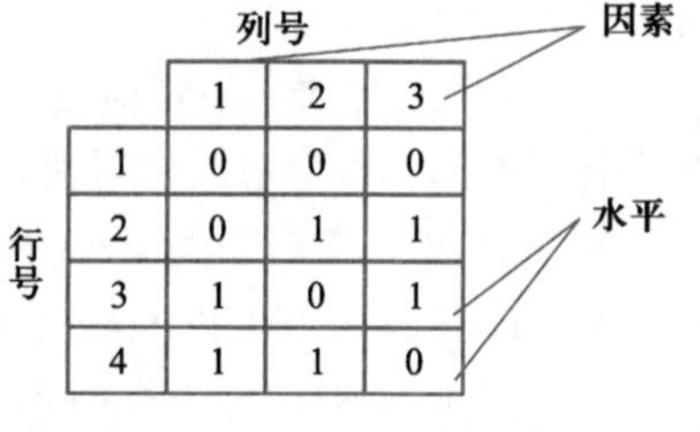

行号	1	2	3
1	0	0	0
2	0	1	1
3	1	0	1
4	1	1	0

图 2-19 正交表 $L_4(2^3)$

正交表可以通过数理统计、试验设计等方面的书及附录中获得。

2. 正交试验法设计测试用例的方法

微课 2-11
正交表方法设计测试用例

（1）正交试验法设计测试用例的步骤

用正交表设计测试用例按照以下 4 个步骤进行：

① 构造要因表。

首先，给要因表一个精确的定义：与一个特定功能相关，由对该功能的结果有影响的所有因素及其状态值构造而成的一个表格。

这里要特别明确以下几点：

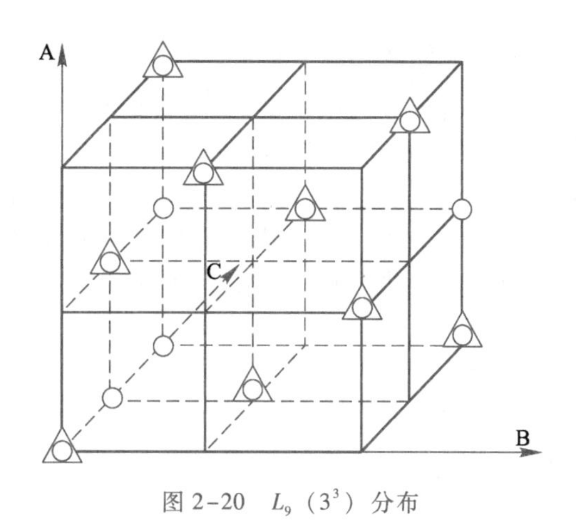

图 2-20 $L_9(3^3)$ 分布

- 一个要因表只与一个功能相关，多个功能拆分成不同的要因表。

这是因为，“要因”与“功能”密切相关。不同功能具有不同的要因，某个因素对功能 F1 而言是要因，对于功能 F2 而言可能就不是要因。例如，在网银系统中，对于“登录”功能而言，“密码”是一个要因，但是对于“查询”功能而言，“密码”不是要因，因为在使用查询功能时，已经处于登录状态。此外，要因的状态也是和功能密切相关的，即同一因素是不同功能的要因，其相应的状态可能也是不同的。例如，对于“登录”功能而言，“密码”要因的状态可以为正确密码、错误密码；例如，对于“重置”功能而言，“密码”要因的状态可以为非空、空。因此在设计要因表时，应当一个功能设计一个要因表。

笔记

- 要因是指对功能输出有影响的所有因素。

一个因素 C 是否为某一功能 F 的充分必要条件是：如果 C 发生变化，则 F 的结果也发生变化。这个规则可以指导人们分析判断某个功能的因子。因子通常从功能所对应的输入、前提条件等中提取。

- 要因的状态值是指要因的可能取值。

其划分采用等价类和边界值等方法，其中等价类包含有效等价类和无效等价类。

在对因子的状态进行了划分后，应当将每个因子的状态分为两类：第一类状态，该类状态之间属于等价类关系，即每个状态代表了因子的一类取值，之间无重复。这类状态和其他因子之间一般存在较紧密关联；第二类状态，是所有第一类状态以外的状态，它们一般是因子的无效等价类状或者边界值状态。一般来说，其要么是第一类中已经有了可以代表的，如边界值状态，或者是与其他因子之间没有组合情况的状态，如无效等价类状态。在对状态进行分类时，如果不清楚某一状态究竟该如何分类，可以将其归入第一类，这样做会导致用例数量增加，但不会造成用例遗漏。

对于第二类状态值，因为其为无效等价类或者是边界值类型，因而不考虑其组合的情形，只需要在测试用例对其形成覆盖即可，主要用以验证功能模块的健壮性。具体方法为：设计一个新的测试用例，使它仅覆盖一个尚未覆盖的第二类状态值，其余的因子选择第一类状态值。重复这一步骤，直到所有的第二类状态值均被测试用例所覆盖。

② 选择一个合适的正交表。

对于第一类状态值，利用正交实验法设计测试用例。

对于第一类状态值，因其全部是有效等价类，这类状态和其他因子之间一般存在紧密关联，不同组合间可能对应于不同的业务逻辑，因而测试用例最好能够覆盖各种组合形式，为了减少测试用例数量，同时保证覆盖度，采用正交实验法进行组合。这里要注意的是，要因表中第一类的状态只有一个因子的在选择正交表时不考虑在内。根据其余的因子状态，选定合适的正交表，映射正交表得到有效测试用例；在选择正交表时，应当保证要因表因子数和状态数分别小于或等于所选正交表的因子数和水平数，同时正交表的行数最少。

③ 把变量的值映射到表中。

要因表和待选正交表之间有以下几种可能：

- 要因表因子数和状态数与待选正交表的因子数和水平数正好相等，这种情形下直接映射。

例如，要因表中有 3 个因素，每个因素 2 个状态，选择正交表并映射，如图 2-21 所示。

要因表

	要因			
		A	B	C
状态	1	a1	b1	c1
	2	a2	b2	c2

选择正交表

正交表 $L_4(2^3)$

0	0	0
0	1	1
1	0	1
1	1	0

映射得到

用例

1:	a1	b1	c1
2:	a1	b2	c2
3:	a2	b1	c2
4:	a2	b2	c1

图 2-21 正交表映射过程 1

笔 记

- 要因表因子数小于待选正交表的因子数，这种情形下将待选正交表进行裁减，即去掉部分因子后再映射。

例如，要因表中有 5 个因素，每个因素 2 个状态，选择正交表并映射如图 2-22 所示。

要因表

	要因					
		A	B	C	D	E
状态	1	a1	b1	c1	d1	e1
	2	a2	b2	c2	d2	e2

选择正交表

正交表 $L_8(2^7)$

1	1	1	1	1	1	1
1	1	1	0	0	0	0
1	0	0	1	1	0	0
1	0	0	0	0	1	1
0	1	0	1	0	1	0
0	1	0	0	1	0	1
0	0	1	1	0	0	1
0	0	1	0	1	1	0

映射得到

用例

1:	a1	b1	c1	d1	e1
2:	a1	b1	c1	d2	e2
3:	a1	b2	c2	d1	e1
4:	a1	b2	c2	d2	e2
5:	a2	b1	c2	d1	e2
6:	a2	b1	c2	d2	e1
7:	a2	b2	c1	d1	e2
8:	a2	b2	c1	d2	e1

图 2-22 正交表映射过程 2

因为没有完全匹配的正交表，故将所选正交表中最后两列（椭圆标识）裁减掉。

- 要因表状态数小于待选正交表的水平数，这种情形下将待选正交表的多出来的水平的位置用对应因子的水平值均匀分布。

例如，要因表中有 5 个因素，其中 2 个因素有 2 个状态，2 个因素有 3 个状态，1 个因素有 6 个状态，选择正交表并映射如图 2-23 所示。

其中，裁减掉两列（椭圆标识）。此外，因为所选正交表因子的状态数与要因表不完全匹配，故状态映射时做了调整，如图 2-23 所示中圆角方框标识。

笔记

要因表

状态	要因				
	A	B	C	D	E
1	a1	b1	c1	d1	e1
2	a2	b2	c2	d2	e2
3			c3	d3	e3
4					e4
5					e5
6					e6

选择正交表

正交表$L1_8(3^6 6^1)$

0	0	0	0	0	0	0
0	0	1	1	2	2	1
0	1	0	2	2	1	2
0	1	2	0	1	2	3
0	2	1	2	1	0	4
0	2	2	1	0	1	5
1	0	0	2	1	2	5
1	0	2	0	2	1	4
1	1	1	1	1	1	0
1	1	2	2	0	0	1
1	2	0	1	2	0	3
1	2	1	0	0	2	2
2	0	1	2	0	1	3
2	0	2	1	1	0	2
2	1	0	1	0	2	4
2	1	1	0	2	0	5
2	2	0	0	1	1	1
2	2	2	2	2	2	0

映射

a1	b1	c1	d1	0	0	e1
a1	b1	c2	d2	2	2	e2
a1	b2	c1	d3	2	1	e3
a1	b2	c3	d1	1	2	e4
a1	2	c2	d3	1	0	e5
a1	2	c3	d2	0	1	e6
a2	b1	c1	d3	1	2	e6
a2	b1	c3	d1	2	1	e5
a2	b2	c2	d2	1	1	e1
a2	b2	c3	d3	0	0	e2
a2	2	c1	d2	2	0	e4
a2	2	c2	d1	0	2	e3
2	b1	c2	d3	0	1	e4
2	b1	c3	d2	1	0	e3
2	b2	c1	d2	0	2	e5
2	b2	c2	d1	2	0	e6
2	2	c1	d1	1	1	e2
2	2	c3	d3	2	2	e1

调整

用例

1:	a1	b1	c1	d1	0	0	e1
2:	a1	b1	c2	d2	2	2	e2
3:	a1	b2	c1	d3	2	1	e3
4:	a1	b2	c3	d1	1	2	e4
5:	a1	b1	c2	d3	1	0	e5
6:	a1	b2	c3	d2	0	1	e6
7:	a2	b1	c1	d3	1	2	e6
8:	a2	b1	c3	d1	2	1	e5
9:	a2	b2	c2	d2	1	1	e1
10:	a2	b2	c3	d3	0	0	e2
11:	a2	b1	c1	d2	2	0	e4
12:	a2	b2	c2	d1	0	2	e3
13:	a1	b1	c2	d3	0	1	e4
14:	a2	b1	c3	d2	1	0	e3
15:	a1	b2	c1	d2	0	2	e5
16:	a2	b2	c2	d1	2	0	e6
17:	a1	b1	c1	d1	1	1	e2
18:	a2	b2	c3	d3	2	2	e1

图 2-23 正交表映射过程 3

为了选择到合适的正交表，有时也采用如下策略，即要因表中的某个因素不参与正交组合，而是做全组合，剩余的因素正交组合。通常选做全组合的因子，状态值较少，或者对应的逻辑重要性较高。

微课2-12
正交表方法
项目实施

④ 编写测试用例，并补充测试用例。

把每一行的各因素水平的组合作为一个测试用例，并补充你认为可疑且没有在正交表中出现的组合所形成的测试用例。

（2）网银转账问题的正交试验法测试

以网银系统的“转账”功能为例，在要因分析法的基础上，根据上文描述的方法进行测试用例设计，其各个步骤得到的结果如下。

① 设计要因表，见表2-25。

表2-25 “转账”功能要因表

功能：转账		要因			
		己方卡号	对方账号	转账金额/元	账户余额/元
状态	1	信用卡	本行账号	5 000	大于转账金额
	2	借记卡	外行账号	255.5	等于转账金额
	3		错误账号	1	小于转账金额
	4		非法输入	0	
	5			5 001	

其中，要因“对方账号”中：“错误账号”是指满足19位的数字串，但不是一个真实有效账号，这属于有效等价类状态值；“非法输入”是指不是19位的数字串，为无效等价类状态值。“转账金额”中，“5 000”和“255.5”是两个有效等价类，其余的为无效等价类或者边界值。无效状态值与有效状态值建议用不同颜色加以区分。

要因“账户余额”的状态值，考虑到其对输出的影响与“转账金额”相关，因而采用上述划分方式。

② 根据第二类状态值设计测试用例，见表2-26。

表2-26 第二类状态值测试用例表

序号	输入				预期输出
	己方卡号	对方账号	转账金额/元	账户余额/元	
1	信用卡	本行账号	0	大于转账金额	…
2	借记卡	本行账号	5 001	等于转账金额	…
3	信用卡	非法输入	5 000	小于转账金额	…

③ 利用正交组合技术，设计有效测试用例。

考虑到4个关键因素都对结果产生直接影响，且每个因素的有效状态值都超过一个，因此确定4个因素都参加组合。在选择正交表时，所选正交表的因素的个数，和因素水平的个数应当满足至少有2个因素的水平大于等于2，2个因素的水平大于等于3。同时考虑正交表的行数取行数最少的1个。

根据以上讨论，选取正交表 L_9（4^3）映射得到的测试用例表，见表2-27。

通过要因表的使用，测试人员能够对从软件的详细设计说明书中提取的影响功能的关键因素进行汇总，不容易发生遗漏，且有利于提升评审测试用例设计的质量。此外，借助于测试组合技术中的正交实验计划方法，使得有效测试用例的数量由全组合的 2×3×2×3＝36 个减少为 9 个，同时保证了覆盖度，从而极大地提高了测试效率。

表 2-27 正交组合测试用例表

序号	输入				预期输出
	己方卡号	对方账号	转账金额/元	账户余额/元	
1	信用卡	本行账号	5 000	大于转账金额	…
2	信用卡	外行账号	1	等于转账金额	…
3	信用卡	错误账号	255.5	小于转账金额	…
4	借记卡	本行账号	1	小于转账金额	…
5	借记卡	外行账号	255.5	大于转账金额	…
6	借记卡	错误账号	5 000	等于转账金额	…
7	信用卡	本行账号	255.5	等于转账金额	…
8	借记卡	外行账号	5 000	小于转账金额	…
9	信用卡	错误账号	1	大于转账金额	…

任务实施

1. 设计要因表

见表 2-28。

表 2-28 Web 站点测试要因表

功能：Web 站点测试		要因			
		Web 浏览器	插件	应用服务器	操作系统
状态	1	Netscape	无	IIS	Windows
	2	IE	RealPlayer	Apache	Vista
	3	Opera	MediaPlayer	Netscape Enterprise	Linux
	4	FireFox			

2. 选择正交表

根据要因表，选择 5 因素 4 水平，16 行的正交表 L_{16}（4^5），见表 2-29。

表 2-29 正交表 L_{16}（4^5）

0	0	0	0	0
0	1	1	1	1
0	2	2	2	2
0	3	3	3	3
1	0	1	2	3
1	1	0	3	2

续表

1	2	3	0	1
1	3	2	1	0
2	0	2	3	1
2	1	3	2	0
2	2	0	1	3
2	3	1	0	2
3	0	3	1	2
3	1	2	0	3
3	2	1	3	0
3	3	0	2	1

3. 把变量的值映射到表中

得到测试用例，见表2-30。

表2-30 Web站点测试测试用例

用例编号	Web浏览器	插件	应用服务器	操作系统
1	Netscape	无	IIS	Windows
2	Netscape	RealPlayer	Apche	Vista
3	Netscape	MediaPlayer	Netscape Enterprise	Linux
4	Netscape	无	IIS	Windows
5	IE	无	Apche	Linux
6	IE	RealPlayer	IIS	Vista
7	IE	MediaPlayer	Apche	Windows
8	IE	RealPlayer	Netscape	Vista
9	Opera	无	Netscape	Linux
10	Opera	RealPlayer	Netscape Enterprise	Linux
11	Opera	MediaPlayer	IIS	Vista
12	Opera	MediaPlayer	Apche	Windows
13	FireFox	无	IIS	Vista
14	FireFox	RealPlayer	Netscape Enterprise	Windows
15	FireFox	MediaPlayer	Apche	Windows
16	FireFox	无	IIS	Linux

4. 补充测试用例

考虑到常用客户端配置，增加2条测试用例，见表2-31。

表2-31 补充测试用例

用例编号	Web浏览器	插件	应用服务器	操作系统
1	IE 6.0	MediaPlayer	IIS	Windows XP
2	FireFox	RealPlayer	Apache	Linux

任务拓展

软件系统的规模越来越庞大，全面测试的工作量巨大甚至无法完成。大量实验证明，组合测试能够在保障错误发现率的前提下，使用较少的测试用例检测软件系统中各个因素以及它们之间的相互作用对系统产生的影响。组合测试用例的生成技术是组合测试研究的热点，即如何针对具体待测系统，在满足给定覆盖要求的前提下，生成规模尽可能小的测试用例集。正交设计法只是组合测试用例生成技术中的一种，其他的技术还有 AETG（Automatic Efficient Testcase Generator）算法、DDA（Digital Differential Analyzer）算法、IPO（In Parameter Order）算法等。

此外，目前市场已经有了一些测试用例组合工具，如 PICT（Pairwise Independent Combinatorial Testing）工具就是一款成对组合的命令行生成工具，可以在互联网上下载。PICT 可以有效地按照两两测试的原理，进行测试用例设计。在使用 PICT 时，需要输入与测试用例相关的所有参数，以达到全面覆盖的效果。

项目实训 2.5　公司内部邮件系统正交法测试

【实训目的】

① 掌握要因分析方法。

② 掌握正交表设计测试用例的方法。

【实训内容】

笔记

对企业或公司内部邮件系统（图 2-24）进行正交实验法测试与分析。

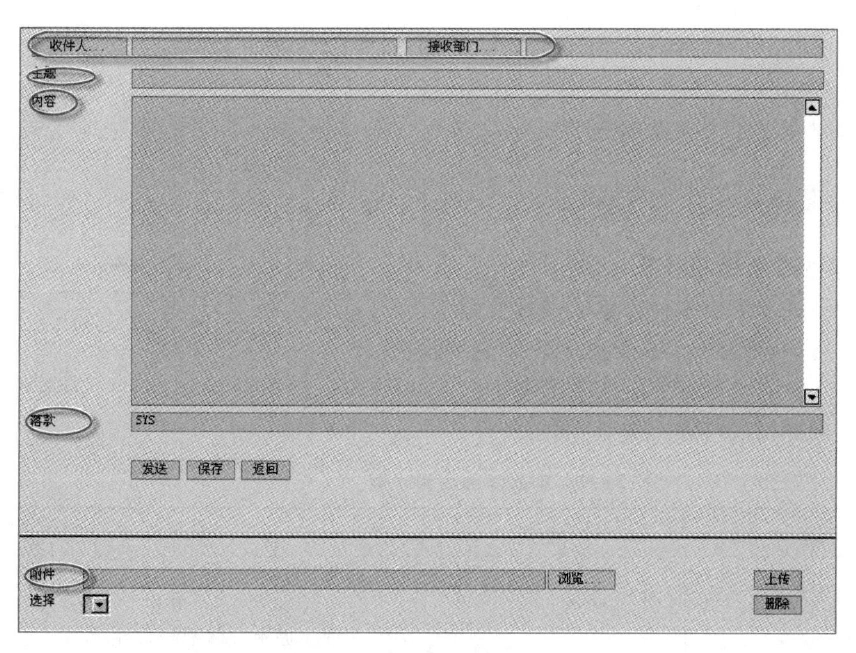

图 2-24　内部邮件系统

当在测试写邮件的一些功能时情况如下：

- 收件人（可以填写，也可以不填写）。

- 收件部门（可以填写，也可以不填写）。
- 内容标题（可以填写，也可以不填写）。
- 邮件内容（可以填写，也可以不填写）。
- 落款人（可以填写，也可以不填写）。
- 附件（可以添加附件，也可以不添加）。

任务2.6 黑盒测试方法综合策略

任务陈述

微课2-13 黑盒测试综合策略（1）

每种测试用例设计的方法有各自的特点，在实际测试中，往往是综合使用各种方法才能有效地提高测试效率和覆盖度。

本任务介绍了其他黑盒测试方法，通过网上订餐系统，介绍如何综合运用黑盒测试方法设计测试用例，包括特殊值测试、故障猜测法、黑盒测试方法运用策略等。

网上订餐管理系统“菜品添加页面”的功能设计描述如下：

主要功能：添加新的菜品，输入新菜品的详细信息，其中包括菜名、单价、单位、图片、简介等。当没有上传图片时，则使用默认的图片。其界面样式如图2-25所示。

具体控件设计，见表2-32。

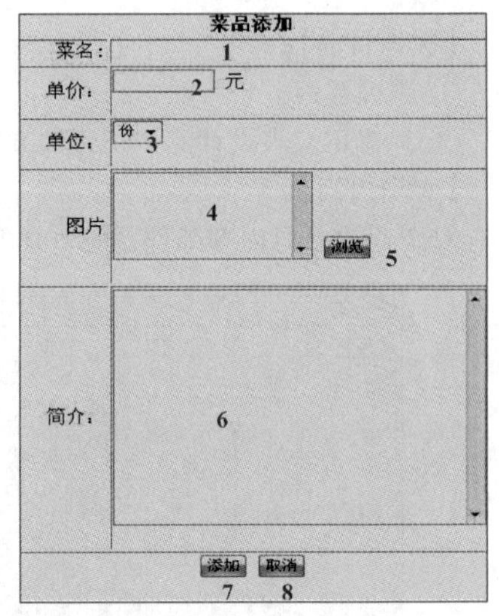

图2-25 菜品添加界面

知识准备

1. 其他黑盒测试方法

黑盒测试方法很多种，除了前面介绍的方法外，还包括功能图法、场景法、特殊值测试法、故障猜测法，随机测试等。这里简要介绍特殊值测试法和故障猜测法。对其余方法感兴趣的读者可以自行查阅相关资料。

表2-32 菜品添加页面功能

控件	说明	功能	异常处理
Text1	菜名（3～10个字符，由汉字或者字母组成）	检验菜名并向数据库提交菜名	1. 不是汉字或字母 2. 大小超过10个字符 处理：提示菜名不符合要求 3. 菜名为空 处理：提示菜名不能为空 4. 菜名重复 处理：提示菜名已存在

续表

控件	说明	功能	异常处理
Text2	单价（3～1 000 之间整数）	检验单价并向数据库提交单价	1. 不是数字 2. 不在 0～1 000 之间 处理：提示单价不符合要求 3. 单价为空 处理：提示单价不能为空
Select3	单位（份、个、两，默认份）	向数据库库中提交单价	—
Picture4	显示所选图片（默认为系统图片，仅支持 JPG 格式，大小不超过 1 MB）	向数据库中提交数据信息	1. 不是 JPG 格式 2. 超过 1 MB 处理：提示图片不符合要求
Button 5	选择照片	查找路径，选择照片	—
Text6	简介	检验并提交简介	1. 超过 200 字符 处理：提示简介不符合要求 2. 简介为空。 处理：提示简介不能为空
Button7	添加动作按钮	提交和验证信息的触发动作，成功后返回	—
Button8	返回动作按钮	结束添加，返回	—

（1）特殊值测试

特殊值测试是最直观、运用得最广泛的一种测试方法。当测试人员应用其领域知识使用类似程序的测试经验等信息开发测试用例时，常常使用特殊值测试。这种方法不使用测试策略，只根据“最佳工程判断”来设计测试用例。因此，特殊值测试特别依赖测试人员的能力。

特殊值测试非常有用。如果为 NextDate 函数定义特殊值测试用例，多个测试用例可能会涉及 2 月 28 日、2 月 29 日和闰年。尽管特殊值测试具有高度的主观性，但是所产生的测试用例集合常常比用其他方法生成的测试集合具有更高的测试效率，更能有效地发现软件故障。

（2）故障猜测法

人们也可以靠经验和直觉猜测程序中可能存在的各种软件故障，从而有针对性地编写检查这些故障的测试用例。这就是故障猜测法，它是一种很特别的方法。

故障猜测法的基本思路是列出程序中所有可能出现的故障或容易发生故障的情况，然后根据它们开发测试用例。例如，通过了解以前遇到的最容易出错的情况，是什么？故障的历史可能提供一些答案，因为过去出错的地方很可能以后还会出错。

例如，输入数据为 0 或输出数据为 0 是容易发生故障的情形，因此可选择使输入数据为 0 或使输出数据为 0 的测试用例。又如，输入表格为空或输入表格只有一行，也是容易发生故障的情况，可选择表示这种情况的例子作为测试用例。再如，针对一个排序程序可以输入空值（没有数据）、输入一个数据、让所有的输入数据都相等、让所有

笔 记

输入数据有序排列、让所有输入数据逆序排列等，进行故障推测。

有研究表明，程序中剩余故障的概率与已经发现的故障成比例。仅仅这一条，就为高效率的故障猜测提供了空间。

2. 黑盒测试方法选择的综合策略

黑盒测试方法的共同特点是将被测程序看作一个打不开的黑盒，只根据软件规格说明设计测试用例。常用的黑盒测试方法有等价类划分、边界值分析、决策表法等。

图 2-26 给出了这 3 种测试方法的测试用例数量的曲线和每种方法设计测试用例的工作量曲线。

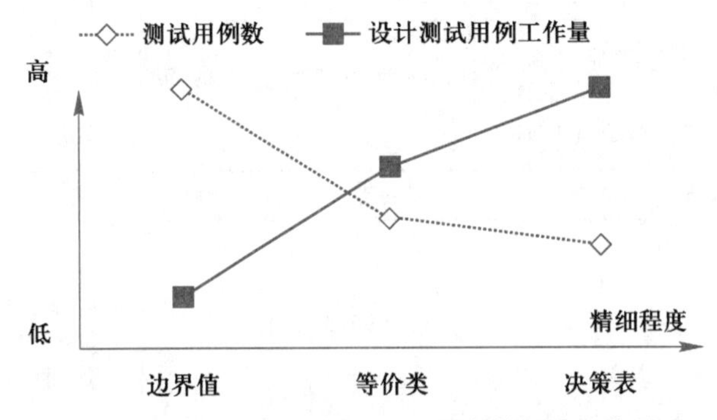

图 2-26　3 种测试方法的测试用例数量和工作量

笔记

边界值分析测试方法不考虑数据或逻辑依赖关系，它机械地根据各边界生成测试用例生成的测试用例最多。等价类划分测试方法则关注数据依赖关系和函数本身，需要借助判断和技巧，考虑如何划分等价类，随后也是机械地从等价类中选取测试输入，生成测试用例。决策表技术最精细，它要求测试人员既要考虑数据，又要考虑逻辑依赖关系。

边界值分析测试方法使用简单，但会生成大量测试用例，机器执行时间很长。如果将精力投入到更精细的测试方法，如决策表方法，则测试用例生成花费了大量的时间，但生成的测试用例数少，机器执行时间短。这一点很重要，因为一般测试用例都要执行多次。测试方法研究的目的就是在开发测试用例工作量和测试用例执行工作量之间做一个令人满意的折中。

测试用例的设计方法不是单独存在的，具体到每个测试项目都会用到多种方法，每种类型的软件有各自的特点，每种测试用例设计的方法也有各自的特点，针对不同软件如何利用这些黑盒方法是非常重要的，在实际测试中，往往是综合使用各种方法才能有效地提高测试效率和测试覆盖度，这就需要认真掌握这些方法的原理，积累更多的测试经验，以有效地提高测试水平。

以下是各种测试方法选择的综合策略，可供读者在实际应用过程中参考。

① 首先进行等价类划分，包括输入条件和输出条件的等价类划分，将无限测试变成有限测试，这是减少工作量和提高测试效率的最有效的方法。

② 在任何情况下都必须使用边界值分析方法。经验表明，用这种方法设计出的测试用例发现程序错误的能力最强。

③ 可以用故障猜测法追加一些测试用例，这需要测试工程师的智慧和经验。

④ 对照程序逻辑，检查已经设计出的测试用例的逻辑覆盖程度，如果没有达到要求的覆盖标准，应当再补充足够的测试用例。

⑤ 如果程序的功能说明中含有输入条件的组合情况，则一开始就可以选用因果图法和决策表法。

⑥ 对于参数配置类的软件，要用正交试验法选择较少的组合方式达到最佳效果。

任务实施

微课 2-14
黑盒测试综合策略(2)

根据上述描述，该页面有 3 个动作按钮，其中 Button5、Button8 对应的功能简单，直接设计测试用例即可。Button7 对应“添加菜品”功能，其牵涉的输入项比较多，但是各输入之间不存在相互依赖，逻辑简单，因此无须使用决策表或者因果图方法。可以先写出其要因表，然后再考虑组合测试用例的方法。

“添加菜品”输入项分析：

- 菜名：有效输入是 3～10 个字符，由汉字或者字母组成。利用等价类分析可以设计无效等价类：空，大于 10 个字符，非汉字或者字母组成。此外“已存在菜名”应当也是一种无效输入。有效等价类是 3～10 个由汉字或者字母组成的字符，再针对有效等价类进行边界值分析，按边界值取值法可以选择（1，2，5，9，10）个字符，但考虑到此处只是表示输入长度，系统对其处理的逻辑简单，因此只选取（1，10）个字符，以减少测试用例数量。
- 单价：分析过程与“菜名”类似。
- 单位：因为是从下拉列表中选择，因此只有 3 种有效输入。
- 图片：按等价类分析，有效等价类有默认图片、非默认图片、按照边界值分析、取 1 MB 的非默认图片、1 KB 的非默认图片、1.01 MB 的非默认图片。无效等价类是指非 JPG 格式。
- 简介：分析过程同“菜名”类似。

经过分析得到其要因表，如表 2-33 所示。

表 2-33　菜品添加功能要因表

功能：添加菜品		因素				
		菜名	单价/元	单位	图片	简介
状态	1	1 个字符	1 000	份	默认图片	1 个字符
	2	10 个字符	0	个	1 KB 非默认图片	200 个字符
	3	填写已存在菜名	空	两	1 MB 非默认图片	空
	4	非汉字和字母	非数字和小数点		非 JPG 格式	201 个字符
	5	空	1 001		1.01 MB 图片	
	6	11 个字符	-1			

表 2-33 中，深色背景表示非法输入，属于健壮性测试。按照等价类测试中对于非法输入编写测试用例的方法“新建一个测试用例，使之仅覆盖一个尚未覆盖的无效等价类，直到所有的无效等价类被覆盖为止”编写测试用例。

其余的为有效输入，以下是几种测试用例组合方法，

① 全组合：共产生测试用例 2×2×3×3×2＝72 个测试用例。

② 等价类覆盖法：共产生测试用例 3 个。

③ 正交表法，选择正交表 L_{16}（4^5），共 16 个测试用例。

第①种方法测试用例太多，冗余大，效率低。因为多个输入项之间并不存在组合关系，只是简单且逻辑，因此无须采用正交试验法。选用第②种方法，并尝试用故障猜测法补充测试用例。

根据以上分析，测试用例见表 2-34。

表 2-34　菜品添加功能测试用例

<table>
<tr><th rowspan="2">测试用例编号</th><th colspan="5">输入</th><th rowspan="2">操作</th><th rowspan="2">预期输出</th></tr>
<tr><th>菜名</th><th>单价/元</th><th>单位</th><th>图片</th><th>简介</th></tr>
<tr><td>Test1</td><td>1 个字符</td><td>1 000</td><td>份</td><td>默认图片</td><td>1 个字符</td><td rowspan="10">单击“添加”按钮</td><td rowspan="3">添加成功</td></tr>
<tr><td>Test2</td><td>10 个字符</td><td>0</td><td>个</td><td>1 KB 非默认图片</td><td>200 个字符</td></tr>
<tr><td>Test3</td><td>1 个字符</td><td>1 000</td><td>两</td><td>1 MB 非默认图片</td><td>200 个字符</td></tr>
<tr><td>Test4</td><td>填写已存在菜名</td><td>0</td><td>份</td><td>默认图片</td><td>1 个字符</td><td>添加失败，弹出对话框，提示菜名已存在</td></tr>
<tr><td>Test5</td><td>非汉字和字母</td><td>1 000</td><td>个</td><td>1 KB 非默认图片</td><td>200 个字符</td><td>添加失败，弹出对话框，提示菜名不符合要求</td></tr>
<tr><td>Test6</td><td>空</td><td>0</td><td>两</td><td>1 MB 非默认图片</td><td>1 个字符</td><td>添加失败，弹出对话框，提示菜名不能为空</td></tr>
<tr><td>Test7</td><td>11 个字符</td><td>1 000</td><td>份</td><td>默认图片</td><td>200 个字符</td><td>添加失败，弹出对话框，提示菜名不符合要求</td></tr>
<tr><td>Test8</td><td>1 个字符</td><td>空</td><td>个</td><td>1 KB 非默认图片</td><td>1 个字符</td><td>添加失败，弹出对话框，提示单价不能为空</td></tr>
<tr><td>Test9</td><td>10 个字符</td><td>非数字和小数点</td><td>两</td><td>1 MB 非默认图片</td><td>200 个字符</td><td>添加失败，弹出对话框，提示单价不符合要求</td></tr>
<tr><td>Test10</td><td>1 个字符</td><td>1 001</td><td>份</td><td>默认图片</td><td>1 个字符</td><td>添加失败，弹出对话框，提示单价不符合要求</td></tr>
</table>

续表

测试用例编号	输入					操作	预期输出
	菜名	单价/元	单位	图片	简介		
Test11	10 个字符	-1	个	1 KB 非默认图片	200 个字符	单击“添加”按钮	添加失败，弹出对话框，提示单价不符合要求
Test12	1 个字符	0	两	非 JPG 格式	1 个字符		添加失败，弹出对话框，提示图片不符合要求
Test13	10 个字符	1 000	份	1.01 MB 图片	200 个字符		添加失败，弹出对话框，提示图片不符合要求
Test14	1 个字符	0	个	1 KB 非默认图片	空		添加失败，弹出对话框，提示简介不符合要求
Test15	10 个字符	1 000	两	1 MB 非默认图片	201 个字符		添加失败，弹出对话框，提示简介不能为空

此页面上的其余测试用例设计见表 2-35。

表 2-35 菜品添加页面测试用例

测试用例编号	输入	操作	预期输出
Test16		进入“添加菜品”页面	1. 页面样式如图 2-23 所示 2. 单位默认为“份” 3. 图片为“默认图片”
Test17		单击“浏览”按钮，选择一个 JPG 图片	该图片显示在图片控件中
Test18		单击“取消”	返回到上一个页面

任务拓展

场景法测试通过运用场景来对系统的功能点或业务流程进行描述，从而提高测试效果。场景法一般包含基本流和备选流，从一个流程开始，通过描述经过的路径来确定的过程，经过遍历所有的基本流和备选流来完成整个场景。

微课 2-15
黑盒测试综合策略(3)

场景法能清晰地描述整个事件是因为现在的系统基本上都是由事件来触发控制流程的。例如，申请一个项目，需先提交审批单据，再由部门经理审批，审核通过后由总经理来最终审批，如果部门经理审核不通过，就直接退回。每个事件触发时的情景便形成了场景。而同一事件不同的触发顺序和处理结果形成事件流。这一系列的过程可以利用场景法清晰地描述清楚。

图2-27展示最常见的场景法基本情况的一个实例图。

在图2-27中，有①个基本流和④个备选流。每个经过用例的可能路径，可以确定不同的用例场景。从基本流开始，再将基本流和备选流结合起来，可以确定以下用例场景：

场景1：基本流

场景2：基本流备选流1

场景3：基本流备选流1备选流2

场景4：基本流备选流3

场景5：基本流备选流3备选流1

场景6：基本流备选流3备选流1备选流2

场景7：基本流备选流4

场景8：基本流备选流3备选流4

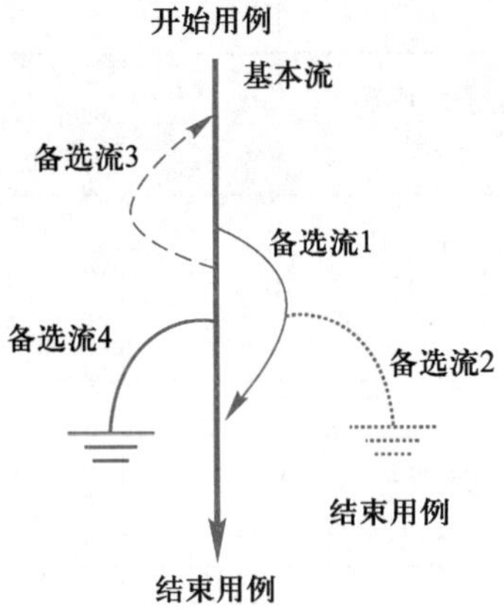

图2-27 最常见的场景法基本情况的一个实例图

从上面的实例就可以了解场景是如何利用基本流和备选流来确定的。

- 基本流：采用直黑线表示，是经过用例的最简单的路径（无任何差错，程序从开始直接执行到结束）。
- 备选流：采用不同颜色表示，一个备选流可能从基本流开始，在某个特定条件下执行，然后重新加入基本流中；也可以起源于另一个备选流，或终止用例，不在加入基本流中（各种错误情况）。

笔记

以下是场景法的基本设计步骤：

① 根据说明，描述出程序的基本流及各项备选流。

② 根据基本流和各项备选流生成不同的场景。

③ 对每一个场景生成相应的测试用例。

④ 对生成的所有测试用例重新复审，去掉多余的测试用例，测试用例确定后，对每一个测试用例确定测试数据值。

项目实训2.6 网上订餐管理系统的测试

【实训目的】

① 掌握其他黑盒测试方法

② 掌握黑盒测试方法选择的综合策略。

【实训内容】

对网上订餐管理系统的注册功能（图2-28，表2-36）进行黑盒测试与分析。

项目实训2.7 技能大赛任务—黑盒测试用例设计

【任务描述】

2022年全国职业院校技能大赛高职组“软件测试”赛项，竞赛任务书中任务三包含“设计测试用例”“执行测试用例”和“编写测试总结报告”等部分，其中占总分权重分别为 15%、15%、5%。

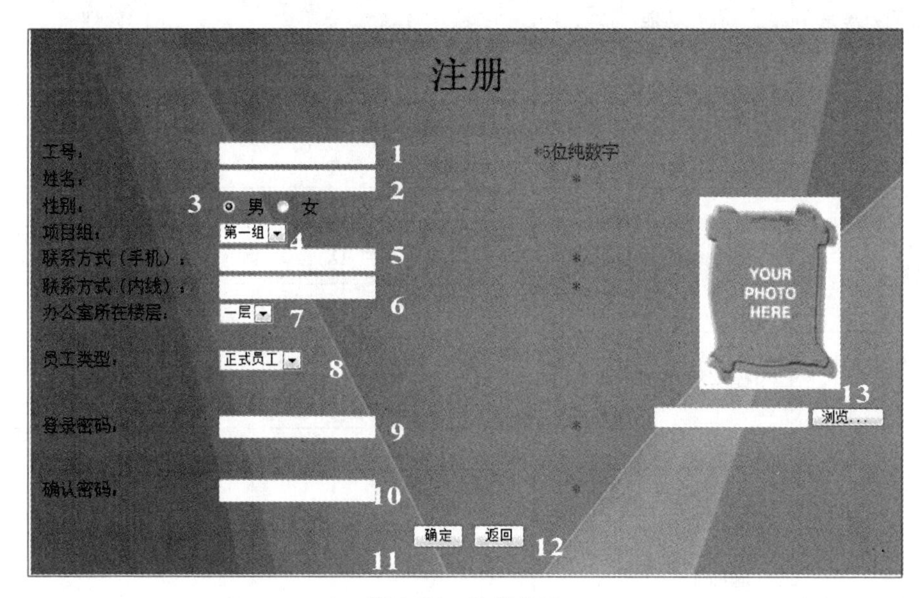

图 2-28 注册界面

表 2-36 注册界面说明

	说明	功能	异常	处理
Text1	填写用户工号（5位）	验证并把数据提交到数据库中	1. 不是 5 位数字	提示工号不符合要求
			2. 用户已存在	提示用户已存在
			3. 工号为空	提示工号不能为空
Text2	填写姓名	验证并把数据提交到数据库中	1. 非汉字或字母组成 2. 长度超出范围	提示姓名不符合要求
			3. 姓名为空	提示姓名不能为空
Radior3	选择用户性别	并把数据提交到数据库中（男、女）	—	
Select4	选择项目组	有开发组，测试组（默认开发）	—	
Text5	联系方式（11位）	验证并把数据提交到数据库中	1. 不是 11 位数字 2. 含有非数字	提示电话不符合要求
			3. 联系方式为空	提示联系方式不能为空
Text6	内线号码（5 位）	验证并把数据提交到数据库中	1. 不是 5 位数字 2. 含有非数字	提示电话不符合要求
			3. 内线号码为空	提示联系方式不能为空
Select7	选择楼层	把数据提交到数据库中（默认为 1 楼）	—	

续表

	说明	功能	异常	处理
Select8	选择员工类型	并把数据提交到数据库中（默认为普通用户）	—	
Text9	填写密码（6位数字）密码框	提交密码如数据库	1. 不是6位数字 2. 含有非法字符	提示密码不符合要求
			3. 密码为空	提示密码不能为空
Text10	填写密码（6位）密码框	提交密码如数据库	两次填写不同	提示两次填写不同
Button11	确定注册用户	进行数据的检验和提交的触发按钮，并提示注册成功	—	
Button12	超链接	返回上一个界面	—	
File13	添加图片（默认为系统图片，仅支持JPG格式，大小不超过1 MB）	没有选择，选用默认图片	1. 格式不符 2. 图片过大	提示图片不符合要求

笔记

"设计测试用例"是根据《A5-BS资产管理系统需求说明书》和功能测试计划进行需求分析，理解业务功能，设计功能测试用例。按照《A7-功能测试用例模板》完成功能测试用例文档。

【任务要求】

完成功能测试用例文档，应包括按模块汇总功能测试用例数量。功能测试用例应包含测试用例编号、功能点、用例说明、前置条件、输入、执行步骤、预期输出、重要程度、执行用例测试结果等项目。

资产管理系统需求说明中关于"资产入库登记"的相关描述如下，界面如图2-29所示。

- 在资产列表页，单击"入库登记"按钮，弹出"资产入库登记"窗口，窗口下方显示注意事项"注意：提交后，"资产编码"不允许修改，请认真填写。"。
- 资产名称：必填项，与系统内的资产名称不能重复，字符长度不超过30位。
- 资产编码：必填项，与系统内的资产编码不能重复，字符格式及长度要求：字母或数字，不超过6位字符。
- 资产类别：必填项，从下拉菜单中选择资产类别（来自资产类别字典中"已启用"状态的记录），默认为"请选择"。
- 供应商：必填项，从下拉菜单中选择供应商（来自供应商字典中"已启用"状态的记录），默认为"请选择"。
- 品牌：必填项，从下拉菜单中选择品牌（来自品牌字典中"已启用"状态的记录），默认为"请选择"。

资产入库登记 ×

* 资产名称：不超过30字　* 资产编码：字母或数字，不超过6位字符

* 资产类别：请选择　* 供应商：请选择

* 品牌：请选择　* 取得方式：请选择

* 入库日期：2018-01-03　* 存放地点：请选择

资产图片：请添加一张3M(含)以内的图片

选择图片并上传

注意：提交后，"资产编码"不允许修改，请认真填写。

提交　取消

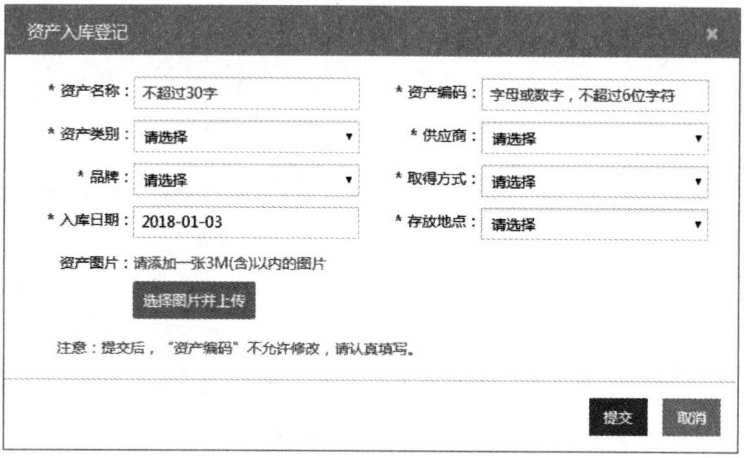

图 2-29 "资产入库登记"界面

笔 记

- 取得方式：必填项，从下拉菜单中选择取得方式（来自取得方式字典中"已启用"状态的记录），默认为"请选择"。
- 入库日期：必填项，默认为"当天日期"。
- 存放地点：必填项，从下拉菜单中选择存放地点（来自存放地点字典中"已启用"状态的记录），默认为"请选择"。
- 资产图片：非必填；格式为常见图片格式，文件大小限制为≤3 MB；最多只能上传一张图片，允许删除图片后重新上传。
- 单击"提交"按钮，保存当前新增内容，返回至列表页，在列表页新增一条记录，状态默认为"正常"。
- 单击"取消"按钮，不保存当前新增内容，返回至列表页。

根据需求说明书描述，需要对资产名称、资产编码、资产类别、供应商、品牌、取得方式、入库日期、存放地点、资产图片、"提交"按钮"取消"按钮等功能点进行测试用例的编写。部分测试用例见表 2-37。请利用黑盒测试技术补全测试用例。

表 2-37 "资产入库登记"部分测试用例

测试用例编号	功能点	用例说明	前置条件	输入	执行步骤	预期结果	重要程度
角色：资产管理员							
001	资产入库列表	列表表头文字正确性验证	用户登录成功，打开资产入库页面	查看列表表头名称、表格样式	查看列表表头名称、表格样式	1. 面包屑：当前位置：首页>资产入库 2. 左侧菜单：资产入库高亮显示 3. 表头名称显示：序号、资产编码、资产名称、资产类别、供应商、品牌、入库日期、存放地点、操作，样式正确 4. 页面 title 显示"资产入库"	中

续表

测试用例编号	功能点	用例说明	前置条件	输入	执行步骤	预期结果	重要程度
002	资产入库登记	资产入库登记	资产入库弹框有“入库登记”按钮	单击“入库登记”按钮	单击“入库登记”按钮	1. 弹出资产入库登记弹窗，弹窗 title：资产入库登记，弹窗有 X 按钮 2. 显示资产名称、资产编码、资产类别、供应商、品牌、取得方式、入库日期、存放地点、“提交”按钮、“取消”按钮 3. 所有字段前均显示红色 * 4. 资产名称输入框提示文字：不超过 30 字 5. 资产编码输入框提示文字：字母或数字，不超过 6 位字符 6. 入库日期默认显示当天 7. 弹窗文字：“注意：提交后，‘资产编码’不允许修改，请认真填写。”	高
003	资产入库登记	资产类别下拉框值验证	1. 资产类别管理中有类别名称为“类别1”“类别2”。 2. “类别1”状态为“已禁用” 3. “类别2”状态为“已启用”	打开“资产入库登记”	查看资产类别下拉框值	1. 下拉框显示资产类别字典已启用状态的值，下拉框值显示：请选择、类别 2，不显示“类别1” 2. 默认：请选择	高

项目实训2.8 技能证书试题演练

【2019 年软件测评师试题】

某航空公司进行促销活动，会员在指定日期范围内搭乘航班将获得一定奖励，奖励分为 4 个档次，由乘机次数和点数共同决定，见表 2-38。其中点数跟票面价格和购票渠道有关，规则见表 2-39。

表 2-38 促销奖励

乘机次数	点数	奖励档次	奖励
≥20	≥200 点	1	国内任意航段免票 2 张
≥15	≥150 点	2	国内任意航段免票 1 张

续表

乘机次数	点数	奖励档次	奖励
≥10	≥100 点	3	280 元国内机票代金券 2 张
≥7	≥70 点	4	180 元国内机票代金券 2 张

表 2-39　点数计算规则

票面价	官网购票	手机客户端购票
每满 100 元	1 点	1.2 点

航空公司开发了一个程序来计算会员在该促销活动后的奖励，程序的输入包括会员在活动期间的乘机次数 C、官网购票金额 A（单位：元）和手机客户端购票金额 B（单位：元）；程序的输出为本次活动奖励档次 L。其中，C、A、B 为非负整数，L 为 0 ~ 5 之间的整数（0 表示无奖励）。

① 采用等价类划分法对该程序进行测试（同时对输入输出进行等价类划分），等价类表见表 2-40，请补充表 2-40 中的空（1）~（4）。

表 2-40　等 价 类 1

输入/输出	有效等价类	编号	无效等价类	编号
乘机次数 C	（1）	1	非整数	9
			负整数	10
官网购票金额 A	非负整数	2	非整数	11
			负整数	12
手机客户端购票金额 B	非负整数	3	非整数	13
			（4）	14
奖励档次	1	4		
	2	5		
	3	6		
	（2）	7		
	（3）	8		

② 根据以上等价类表设计的测试用例见表 2-41，请补充表 2-41 中的空（1）~（9）。

表 2-41　测试用例 1

编号	输入			覆盖等价类（编号）	预期输出
	C	A	B		
1	0	0	0	（1）	（2）
2	（3）	20 000	0	1，2，3，4	1
3	15	（4）	0	1，2，3，5	2

续表

编号	输入			覆盖等价类（编号）	预期输出
	C	A	B		
4	(5)	10 000	0	1，2，3，6	3
5	7	(6)	0	(7)	4
6	(8)	0	0	9，2，3	N/A
7	-1	0	0	10，2，3	(9)
8	0	A	0	11，2，3	N/A
9	0	-1	0	12，2，3	N/A
10	0	0	A	13，2，3	N/A
11	0	0	-1	14，2，3	N/A

③ 对于本案例的黑盒测试来说，思考以上测试方法有哪些不足？

单元小结

黑盒测试也称功能测试，着眼于程序外部结构，不考虑内部逻辑结构，主要针对软件界面和软件功能进行测试。本单元介绍了几种常用的黑盒测试方法，其中以等价类、边界值方法最为基础，应当重点加以学习，此外，应当注意每种方法各有所长，应针对软件开发项目的具体特点，选择合适的测试方法，有效地解决软件开发中的测试问题。

专业能力测评

专业核心能力	评价指标	自测结果
运用等价类、边界值进行黑盒测试的能力	1. 能够理解黑盒测试的基本概念和流程 2. 能够使用等价类方法进行黑盒测试 3. 能够使用边界值方法进行黑盒测试	□A □B □C □A □B □C □A □B □C
运用决策表、因果图、正交表方法进行黑盒测试的能力	1. 能够使用决策表方法进行黑盒测试 2. 能够使用因果图方法进行黑盒测试 3. 能够使用正交表方法进行黑盒测试	□A □B □C □A □B □C □A □B □C
针对待测问题综合运用黑盒测试技术的能力	1. 能够了解其他的黑盒测试的方法 2. 能理解黑盒测试方法选取的策略 3. 能针对待测问题综合运用黑盒测试技术	□A □B □C □A □B □C □A □B □C
学生签字：	教师签字：	年 月 日

注：在□中打√，A 理解，B 基本理解，C 未理解

单元练习题

一、单项选择题

1. 针对是否对无效数据进行测试，可以将等价类测试分为（　　）。

① 标准（一般）等价类测试

② 健壮等价类测试

③ 弱等价类测试

④ 强等价类测试

A. ③④　　B. ①②　　C. ①③　　D. ②④

2. 常用的黑盒测试方法有边界值分析、等价类划分、错误猜测、因果图等。其中（　　）经常与其他方法结合起来使用。

A. 边界值分析　　B. 等价类划分　　C. 错误猜测　　D. 因果图

3. 下列属于黑盒测试方法的是（　　）。

A. 基于基本路径　　B. 控制流

C. 逻辑覆盖　　D. 基于用户需求测试

4. 关于白盒测试与黑盒测试的最主要区别，正确的是（　　）。

A. 白盒测试侧重于程序结构，黑盒测试侧重于功能

B. 白盒测试可以使用测试工具，黑盒测试不能使用工具

C. 白盒测试需要程序参与，黑盒测试不需要

D. 黑盒测试比白盒测试应用更广泛

5. 不属于功能测试的方法是（　　）。

A. 等价划分法　　B. 边界值分析法

C. 基于决策表的测试　　D. 路径测试

6. 由因果图转换出来的（　　）是确定测试用例的基础。

A. 决策表　　B. 约束条件表　　C. 输入状态表　　D. 输出状态表

7. 在设计测试用例时，（　　）是用得最多的一种黑盒测试方法。

A. 等价类划分　　B. 边界值分析　　C. 因果图　　D. 功能图

8. 关于等价类划分方法设计测试用例，下列描述错误的是（　　）。

A. 如果等价类中的一个测试用例能够捕获一个缺陷，那么选择该等价类中的其他测试用例也能捕获该缺陷

B. 正确地划分等价类，可以大大减少测试用例的数量，测试会更加准确有效

C. 若某个输入条件是一个布尔量，则无法确定有效等价类和无效等价类

D. 等价类划分方法常常需要和边界值分析方法结合使用

9. 用边界值分析法，假定 X 为整数，$10 \leqslant X \leqslant 100$，那么 X 在测试中应该取（　　）边界值。

A. $X=10$，$X=100$

笔记

B. X=9，X=10，X=100，X=101

C. X=10，X=11，X=99，X=100

D. X=9，X=10，X=50，X=100

10. 用等价类划分法设计 8 位长数字类型用户名登录操作的测试用例，应该分成（　　）个等价区间。

A. 2　　B. 3　　C. 4　　D. 6

11. 下面为 C 语言程序，边界值问题不应当定位在（　　）。

```
int data[5];
int i;
for(i=0;i<5;i++)
    data[i]=i;
```

A. data［0］　　B. data［1］　　C. data［2］　　D. data［4］

12. （2018 年软件设计师）黑盒测试法是通过分析程序的（　　）来设计测试用例的方法。

A. 应用范围　　B. 内部逻辑　　C. 功能　　D. 输入数据

13. （2017 年软件设计师）除了测试程序外，黑盒测试还适用于对（　　）阶段的软件文档进行测试。

A. 编码　　B. 软件详细设计

C. 软件总体设计　　D. 需求分析应用范围

笔记

14. （2017 年软件设计师）大多数实际情况下，性能测试的实现方法是（　　）。

A. 黑盒测试　　B. 白盒测试　　C. 静态分析　　D. 可靠性测试

15. （2017 年软件设计师）在划分了等价类后，首先需要设计一个案例覆盖（　　）有效等价类。

A. 等价类数量-1 个　　B. 尽可能多的

C. 2 个　　D. 1 个

16. （2016 年软件设计师）关于黑盒测试错误的是（　　）。

A. 黑盒测试可以检测出不正确或漏掉的功能

B. 黑盒测试可以检测出接口错误

C. 黑盒测试可以检测出布尔算子错误

D. 数据结构或外部数据库存取中的错误

17. （2018 年软件测评师）通过遍历用例的路径上基本流和备选流的黑盒测试方法是（　　）。

A. 等价类划分法　　B. 因果图法

C. 边界值分析法　　D. 场景法

18. （2017 年软件测评师）根据输入输出等价类边界上的取值来设计用例的黑盒测试方法是（　　）。

A. 等价类划分法　　B. 因果图法

C. 边界值分析法　　D. 场景法

19. （2017 年软件测评师）以下关于黑盒测试的测试方法选择策略的叙述中，不正确的是（　　）。

A. 首先进行等价类划分，因为这是提高测试效率最有效的方法

B. 任何情况下都必须使用边界值分析，因为这种方法发现错误能力最强

C. 如果程序功能说明含有输入条件组合，则一开始就需要故障猜测法

D. 如果没有达到要求的覆盖准则，则应该补充一些用例

20. （2016 年软件测评师）根据输出对输入的依赖关系设计测试用例的黑盒测试方法是（　　）。

A. 等价类划分法　　B. 因果图法

C. 边界值分析法　　D. 场景法

21. （2015 年软件测评师）以下关于黑盒测试的测试方法选择的叙述中，不正确的是（　　）。

A. 在任何情况下都要采用边界值分析法

B. 必要时用等价类划分法补充测试用例

C. 可以用错误推测法追加测试用例

D. 如果输入条件之间不存在组合情况，则采用因果图法

22. （2019 软件测评师）以下关于边界值分析法的叙述中，不正确的是（　　）。

A. 大量错误发生在输入或输出的边界取值上

B. 边界值分析法是在决策表法基础上进行的

C. 需要考虑程序的内部边界条件

D. 需要同时考虑输入条件和输出条件

笔记

二、填空题

1. 黑盒测试用例设计方法包括__________、__________以及__________、错误推测法等。

2. 为了使用决策表标识测试用例，可以把条件解释成__________，把行动解释为__________。

3. 黑盒测试方法的缺点是__________和__________。

4. 等价类划分有__________和__________两种不同的情况。

5. 等价类划分是一种典型的__________测试方法，也是一种非常实用的重要的测试方法。

6. 用等价类划分法设计测试用例时，如果被测程序的某个输入条件规定了取值范围，则依此确定一个__________和两个__________。

7. 对于一个 n 变量函数，健壮性边界值测试会产生测试用例个数为__________。

8. 使用等价类测试的基础动机是进行完备测试，同时避免__________。

9. 在某大学学籍管理信息系统中，假定学生的年龄输入范围为 15 ~ 30，则根据黑盒测试中的等价类划分技术，可以划分为__________个有效等价类，__________个无效等价类。

10. 因果图的基本原理是通过画__________图，把用自然描述的__________转换为__________，最后为转换后的每列设计一个测试用例。

三、简答题

1. 如何划分等价类测试用例？

2. 健壮等价类测试与标准等价类测试的主要区别是什么？

3. 简述等价类测试的思想及其分类。

4. 有二元函数 $f(x, y)$，其中 $x \in [1, 12]$，$y \in [1, 31]$；请写出该函数采用基本边界值分析法设计的测试用例。

5. 简述正交表测试用例设计方法的特点。

6. 某公司人事软件的工资计算模块的需求规格说明书描述：

① 年薪制员工：严重过失，扣当月薪资的4%；过失，扣年终奖的2%。

② 非年薪制员工：严重过失，扣当月薪资的8%；过失，扣当月薪资的4%。根据题目内容列出条件和结果，给出决策表。

7. 电力收费。某电力公司有 A、B、C、D 这4类收费标准，并规定：

居民用电<100 度/月，按 A 类收费；

≥100 度/月，按 B 类收费。

动力用电<10 000 度/月，非高峰，按 B 类收费；

≥10 000 度/月，非高峰，按 C 类收费；

<10 000 度/月，高峰，按 C 类收费；

≥10 000 度/月，高峰，按 D 类收费；

请用因果图法设计测试用例。

笔记

8. 假设有一个把数字串转换为整数的函数。其中，数字串要求长度为6个字符（1位符号位，1~6个数字）构成，机器字长为16位，分析程序中出现的边界情况，采用边界值法为该程序设计测试用例。

9. 以下是某应用程序的输入条件限制，请按要求回答问题。

某应用程序的输入条件组合为：

姓名：填或不填

性别：男或女

状态：激活或未激活

① 对该应用采用正交试验设计法设计测试用例。

② 写出正交试验设计法设计测试用例的优点。

10. 一个系统的登录操作规格说明如下：

登录对话框有用户名和密码两个数据输入。登录操作对两个输入数据进行检查，要求用户名中只能包含字母和数字（字母不区分大小写），密码可以包含任何字符。用户名和密码都不能为空且长度不限。当用户名或密码为空时，则登录失败并提示对应的出错信息；当用户名不正确或用户名不存在或密码错误时，则登录失败并提示以下3种相应的出错信息：用户名不合法（即包含有非法字母、非数字字符），或用户名不存在，或密码错误；当用户名和密码都正确时，则显示登录成功信息，完成登录。

假设正确的用户名为 abcd123，密码是 123456。试用等价类方法为上述规格说明设计等价类表和测试用例。

11. 【2018年软件测评师试题】阅读下列说明，回答问题，将解答填入答题纸的对应栏内。

某连锁酒店集团实行积分奖励计划，会员每次入住集团旗下酒店均可以获得一定积分，积分由欢迎积分加消费积分构成。其中欢迎积分跟酒店等级有关，具体标准见表2-42；消费积分跟每次入住消费金额有关，具体标准为每消费 1 元人民币获得 2 积分（不足 1 元的部分不给分）。此外，集团会员分为优先会员、金会员、白金会员 3 个级别，金会员和白金会员在入住酒店时可获得消费积分的额外奖励，奖励规则见表 2-43。

表 2-42　集团不同登记酒店的欢迎积分标准

酒店等级	每次入住可获得的欢迎积分
1	100
2，3	250
4，5	500
6	800

表 2-43　额外积分奖励标准

会员级别	优先会员	金会员	白金会员
级别代码	M	G	P
额外积分奖励	0	50%	100%

该酒店集团开发了一个程序来计算会员每次入住后所累积的积分，程序的输入包括会员级别 L、酒店等级 C 和消费金额 A（单位：元），程序的输出为本次积分 S。其中，L 为单个字母且大小写不敏感，C 为取值 1 到 6 的整数，A 为正浮点数（最多保留两位小数），S 为整数。

① 采用等价类划分法对该程序进行测试，等价类表见表 2-44，请补充表 2-44 中空（1）~（7）。

表 2-44　等 价 类 2

输入条件	有效等价类	编号	无效等价类	编号
会员等级 L	M	1	非字母	9
	G	2	非单个字母	10
	（1）	3	（5）	11
酒店等级 C	（2）	4	非整数	12
	2，3	5	（6）	13
	（3）	6	大于 6 的整数	14
	6	7		
消费金额 A	（4）	8	非浮点数	15
			（7）	16
			多于两位小数的正浮点数	17

② 根据以上等价类表设计的测试用例见下表2-45，请补充表2-45中空（1）~（13）。

表2-45 测试用例2

编号	输入			覆盖等价类（编号）	预期输出
	L	C	A		
1	M	1	100	1，4，8	（1）
2	G	2	（2）	2，5，8	500
3	P	5	100	（3）	900
4	M	（4）	100	1，7，8	1 000
5	（5）	1	100	4，8，9	N/A
6	（6）	1	100	4，8，10	N/A
7	A	1	100	4，8，11	（7）
8	M	（8）	100	1，8，12	N/A
9	M	0	100	（9）	N/A
10	M	10	100	1，8，14	N/A
11	M	1	（11）	1，4，15	N/A
12	M	1	（12）	1，4，16	N/A
13	M	1	（13）	1，4，17	N/A

单元 3 白盒测试

学习目标

【知识目标】

- 掌握常见的白盒测试技术。
- 了解白盒测试的优缺点。

【技能目标】

- 能够根据程序的具体结构和要求的测试技术编写测试用例。

【素质目标】

- 培养不畏困难、吃苦耐劳的品质。
- 培养认真负责、精益求精的工匠精神。

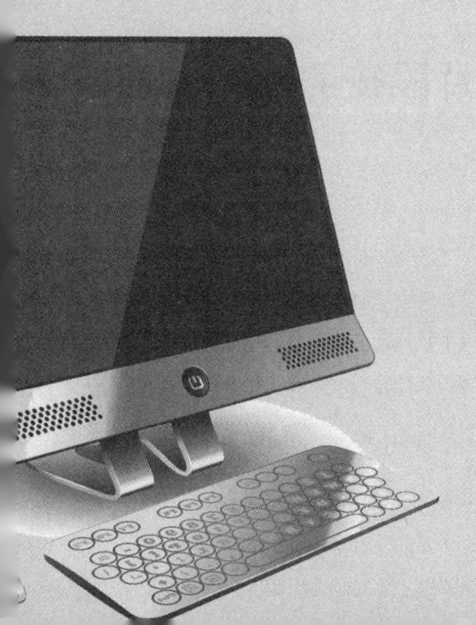

引例描述

小李同学通过前面的学习，已经大致了解了软件测试的重要作用。作为一名程序员他非常想立刻就对自己的一段代码进行测试，那么究竟如何开始测试，又按照什么方法来编写测试用例呢？小李又去请教王老师，王老师告诉他，对于代码的测试可以首先考虑白盒测试的方法，如图 3-1 所示。

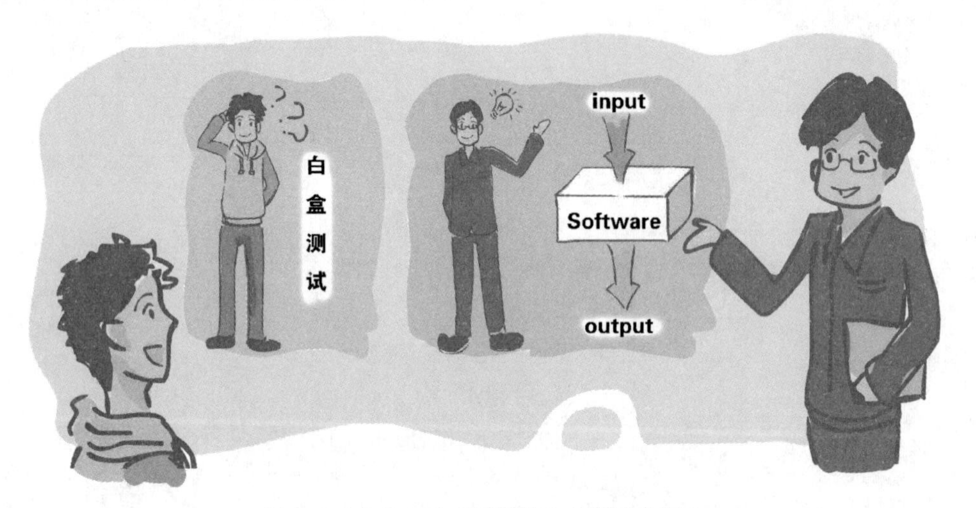

图 3-1 小李向王老师请教白盒测试的概念

笔记

白盒测试是测试者针对可见代码进行的一种测试，它需要分析代码的控制结构、执行路径和判断条件，并据此来写出测试用例。王老师给小李制订了学习白盒测试的计划，分为以下 3 步来学习。

第 1 步：学习用逻辑覆盖方法来编写测试用例。

第 2 步：学习按照路径测试方法来编写测试用例。

第 3 步：学习根据程序的不同特点来选择不同的白盒测试方法。

任务 3.1 对图形识别系统的程序片段按照逻辑覆盖方法编写测试用例

任务陈述

用逻辑覆盖的测试方法对下面的 C 语言代码进行测试。代码的功能是：输入 3 个整数 a、b、c，分别作为三角形的 3 条边，通过程序判断这 3 条边是否能构成三角形。如果能构成三角形，则判断三角形的类型（等边三角形、等腰三角形、一般三角形）。要求输入 3 个整数 a、b、c，必须满足以下条件：1≤a≤200；1≤b≤200；1≤c≤200。

```
void IsTri(int a,int b,int c){
1  if((a+b<=c) || (a+c<=b) || (b+c<=a)){
2     printf("不能构成三角形");
3  }else{
4     if((a==b) || (b==c) || (a==c)){
5        if((a==b)&&(b==c)){
6           printf("等边三角形");
7        }else{
8              printf("等腰三角形");
9        }
10     }else{
11        printf("一般三角形");
      }
   }
}
```

1. 理解白盒测试和逻辑覆盖测试的特点

白盒测试的核心是针对被测软件的内部是如何进行工作的测试。逻辑覆盖测试的关注点在于条件判定表达式本身的复杂度，它通过对程序逻辑结构的遍历来实现程序的覆盖。该方法所遵循的基本测试原则是，对程序代码中所有的逻辑值均需要测试真值和假值的情况。

笔记

各种逻辑覆盖指标各有不同要求，需要理解每种逻辑覆盖测试方法的要求和它们之间的差异。此外还需要深入了解程序片段的结构。

2. 分析程序的逻辑结构

程序的逻辑结构直接影响了测试用例的设计，因此需要根据程序片段画出程序的流程图，再根据不同的覆盖指标，进行测试用例的设计。

（1）流程图

案例流程图如图 3-2 所示。

（2）判断条件

代码共包含 6 个基本的逻辑判定条件。

```
T1:a+b<=c
T2:a+c<=b
T3:b+c<=a
T4:a==b
T5:b==c
T6:a==c
```

笔 记

(3) 执行路径

代码共包含 4 条执行路径。

```
路径 1:p1→p3
路径 2:p1→p4→p5
路径 3:p1→p4→p6
路径 4:p2
```

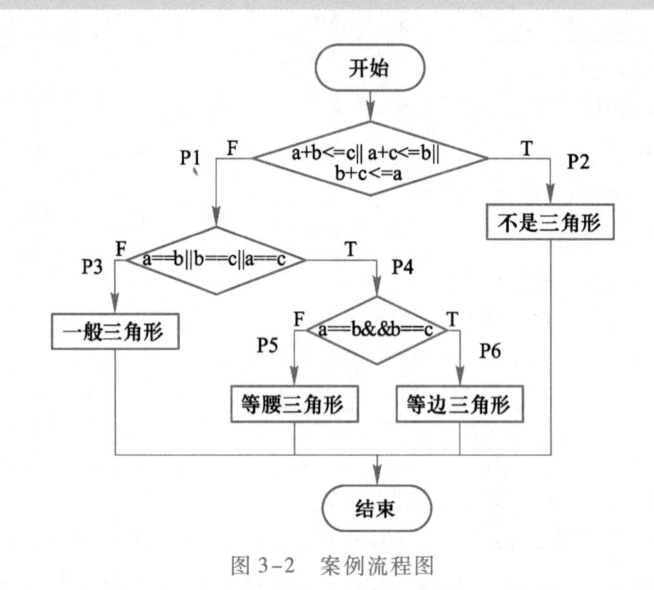

图 3-2 案例流程图

知识准备

1. 白盒测试

微课 3-1
白盒测试概述

(1) 定义

白盒测试（White-box Testing，又称逻辑驱动测试、结构测试）是把测试对象看作一个打开的盒子。利用白盒测试法进行动态测试时，需要测试软件产品的内部结构和处理过程，不需测试软件产品的功能。白盒测试又称为结构测试或逻辑驱动测试。

(2) 穷举路径测试的问题

在使用这一方法时，测试者必须检查程序的内部结构，从检查程序的逻辑结构着手，得出测试数据。而贯穿程序的独立路径数可能是天文数字，即使每条路径都测试了仍然可能有错误：第一，穷举路径测试绝不能查出程序违反了设计规范，即程序本身是个错误的程序；第二，穷举路径测试不可能查出程序中因遗漏路径而出错；第三，穷举路径测试可能发现不了一些与数据相关的错误。

(3) 白盒测试的特点

① 保证一个模块中的所有独立路径至少被使用一次。

② 对所有逻辑值均需测试 True 和 False。

③ 在上下边界及可操作范围内运行所有循环。

④ 检查内部数据结构以确保其有效性。

2. 逻辑覆盖

逻辑覆盖是**以程序内部的逻辑结构为基础**的设计测试用例的技术，它属于白盒测试。白盒测试的测试方法有代码检查法、静态结构分析法、静态质量度量法、逻辑覆盖法、基本路径测试法、域测试、符号测试、Z 路径覆盖、程序变异等。白盒测试法的覆盖标准有逻辑覆盖、循环覆盖和基本路径测试。

根据覆盖目标的不同和覆盖源程序语句的详尽程度，逻辑覆盖又可分为

- 语句覆盖（Statement Coverage，SC）
- 判定覆盖（Decision Coverage，DC）
- 条件覆盖（Condition Coverage，CC）
- 条件/判定覆盖（Condition/Decision Coverage，C/DC）
- 条件组合覆盖（Condition Combination Coverage，CCC）
- 修正条件/判定覆盖（Modified Condition/Decision Coverage，MD/CC）

以上几种逻辑覆盖标准发现错误的能力呈由弱至强的变化。

（1）语句覆盖

语句覆盖（Statement Coverage，SC），就是设计若干个测试用例，运行被测程序，使得程序中每一条可执行语句至少执行一次。这里的“若干个”，意味着使用测试用例越少越好。语句覆盖在测试中主要目的是发现缺陷或错误语句。

语句覆盖率公式：

语句覆盖率=被评价到的语句数量/可执行的语句总数×100%

语句覆盖的缺点：对程序执行逻辑的覆盖率很低。

笔记

（2）判定覆盖

判定覆盖（Decision coverage，DC），有时也称分支覆盖，是指设计若干测试用例，运行被测程序，使得每个判定的取真分支和取假分支至少评价一次。

判定路径覆盖率（DDP）=被评价到的判定路径数量/判定路径的总数×100%

判定覆盖的缺点：判定覆盖虽然把程序所有分支均覆盖到了，但其主要是对整个表达式最终取值进行度量，忽略了表达式内部取值。

（3）条件覆盖

条件覆盖（Condition Coverage，CC），设计足够多的测试用例，运行被测程序，使得每一判定语句中每个逻辑条件的可能取值至少满足一次。

条件覆盖率的公式：

条件覆盖率=被评价到的条件取值的数量/条件取值的总数×100%

条件覆盖的缺点：只考虑每个判定语句中的每个表达式，没有考虑各个条件分支（或者涉及不到全部分支），即不能够满足判定覆盖。

（4）条件判定覆盖

判定条件覆盖（Condition/Decision Coverage，CDC），设计足够多的测试用例，使得判定中的每个条件的所有可能（真/假）至少出现一次，并且每个判定本身的判定结果也至少出现一次。

判定条件覆盖率的公式：

条件判定覆盖率=被评价到的条件取值和判定分支的数量/（条件取值总数+判定

分支总数）×100%

判定条件覆盖的缺点：没有考虑单个判定对整体结果的影响，无法发现逻辑错误。

（5）条件组合覆盖

条件组合覆盖，也称多条件覆盖（Multiple Condition Coverage，MCC），设计足够多的测试用例，使得每个判定中条件的各种可能组合都至少出现一次（以数轴形式划分区域，提取交集，建立最少的测试用例）。这种方法包含了“分支覆盖”和“条件覆盖”的各种要求。满足条件覆盖一定满足判定覆盖、条件覆盖、条件判定组合覆盖。

条件组合覆盖率的公式：

条件组合覆盖率=被评价到的条件取值组合的数量/条件取值组合的总数×100%

条件组合覆盖的缺点：判定语句较多时，条件组合值比较多。

（6）修正条件判定覆盖

修正判定条件覆盖单元的入口与出口必须至少被调用一次，程序中判断的每一个分支必须至少被执行一次。对于程序中通过逻辑运算（AND、OR 等）组成判断的基本布尔条件，每个条件必须取遍所有可能的值且每一个条件对判断的结果具有独立的作用。

微课 3-2
语句覆盖

任务实施

1. 实现语句覆盖测试用例编写

（1）测试用例设计

从本例来看，要满足语句覆盖，每个路径均需执行，设计得到的测试用例见表 3-1。

表 3-1　语句覆盖测试用例

ID	输入			预期输出	通过路径	语句覆盖率
	a	b	c			
LC-001	3	2	4	一般三角形	路径 1	100%
LC-002	2	2	3	等腰三角形	路径 2	
LC-003	2	2	2	等边三角形	路径 3	
LC-004	1	2	4	不是三角形	路径 4	

（2）测试分析

① **语句覆盖的优点：**可以直观地从源代码得到测试用例，无须仔细分析每个判定节点。

② **语句覆盖的缺点。**

- 关注语句而非判定节点

语句覆盖关注的是所有语句，其最大的作用在于能够识别未执行的代码块，然而导致程序结构复杂、缺陷数量增多的主要原因是判定节点（包括循环节点），语句覆盖并未将测试重点放在判定节点上，这使得语句覆盖偏离了控制流分析的重点。语句覆盖无法识别源代码中因控制流结构而导致的缺陷。

- 逻辑判定条件存在屏蔽作用

对于复合的逻辑判定条件“与”关系而言，当第 1 个逻辑判定条件取假值时，它将屏蔽第 2 个判定条件的取值，整个判定节点取假值；对于“或”关系而言，当第 1 个逻辑判定条件取真值时，整个判定节点将取真值。

对于本例，如果对于第 1 行语句的第 2 个条件 a+c<b 错写成 a+c>b，LC-004 仍然满足语句覆盖，却必定发现不了这个缺陷。

导致这一现象的原因可能是语句覆盖这个指标自身的局限性，或者逻辑判定“与”“或”关系本身的特殊性。

- 对隐式分支无效

语句覆盖无法测试隐藏条件和可能到达的隐式逻辑分支。而隐式分支中往往可能包含内存控件的分配和释放，语句覆盖也无法发现这类缺陷。

2. 实现判定覆盖测试用例编写

微课 3-3
判定覆盖

判定覆盖要求保证程序中每个判定节点的取真和取假分支至少执行一次。

（1）测试用例设计

从本例来看，由于每种判定取真和取假分支都有独立的语句，因此，其判定覆盖和语句覆盖的要求一致，即测试用例见表 3-2。

表 3-2　判定覆盖测试用例

ID	输入			预期输出	通过路径	判定覆盖率
	a	b	c			
LC-001	3	2	4	一般三角形	路径 1	100%
LC-002	2	2	3	等腰三角形	路径 2	
LC-003	2	2	2	等边三角形	路径 3	
LC-004	1	2	4	不是三角形	路径 4	

（2）测试分析

对于单分支的条件结构来说，判定覆盖比语句覆盖会增加几乎一倍的测试路径，因此具有更强的测试能力。对于类似本例的双分支或多分支条件结构来说，判定覆盖和语句覆盖测试路径类似或相同。

判定覆盖也较为简单，不需要仔细分析每个判定节点。但是，判定覆盖虽然满足了边覆盖，但条件判定节点往往是复合判定表达式（由“与”“或”关系组合而成的表达式）。判定覆盖并未深入到测试符合判定表达式的细节，且未测试到每个简单逻辑判定条件的正确性。

判定覆盖能够避免语句覆盖的第 3 个缺点（对隐式分支无效），但仍然不能避免其余的两个缺点。

3. 实现条件覆盖测试用例编写

微课 3-4
白盒测试-条件覆盖

条件覆盖要求保证程序中每个复合判定表达式的每个简单判定条件的取真和取假情况至少执行一次。

（1）测试用例设计

从本例来看，要满足条件覆盖，就是要使得基本逻辑判定条件 T1 ~ T6 的取真和取假分支至少执行一次，而条件 T1 ~ T3 是互斥的，一个为真其他两个必然为假，后面的

T4～T6又取决于前3个条件均为假时才能执行到，因此，得出表3-3的5种组合。这5种组合可以满足条件覆盖的要求。但是却漏掉了一条通过路径——路径2。

表3-3 逻辑判定条件的取值以及对整个判定节点的影响1

组合	T1	T2	T3	T1 ‖ T2 ‖ T3	T4	T5	T6	T4 ‖ T5 ‖ T6	T4&&T5	通过路径
1	T	F	F	T						路径4
2	F	T	F	T						路径4
3	F	F	T	T						路径4
4	F	F	F	F	T	T	T	T	T	路径3
5	F	F	F	F	F	F	F	F	F	路径1

根据表3-3可以设计出表3-4的测试用例，这里使用了语句覆盖和判定覆盖的3个用例，又补充了LC-005和LC-006两个测试用例。

表3-4 条件覆盖测试用例

ID	输入			预期输出	通过路径	条件覆盖率
	a	b	c			
LC-001	3	2	4	一般三角形	路径1	100%
LC-003	2	2	2	等边三角形	路径3	
LC-004	1	2	4	不是三角形	路径4	
LC-005	1	4	2	不是三角形	路径4	
LC-006	4	1	2	不是三角形	路径4	

（2）测试分析

条件覆盖通过仔细分析每个判定节点，增加了测试路径，一定程度上解决了语句覆盖和判定覆盖的第1个和第3个缺点，但是对于第2个缺点仍然无法解决。

条件覆盖所用的测试用例一般而言会多于语句覆盖和判定覆盖，但是满足了条件覆盖，不一定能满足判定覆盖，甚至也不能满足语句覆盖，正如本例所示。

微课3-5
条件/判定覆盖

4. 实现条件/判定覆盖测试用例编写

条件/判定覆盖要求保证程序的每一个判定节点取真和取假分支至少执行一次，且每个简单判定条件的取真和取假也至少执行一次。

（1）测试用例设计

从本例来看，要满足条件/判定覆盖，只需要结合表3-2和表3-4即可，设计得到的测试用例，见表3-5。

（2）测试分析

从理论上看，判定/条件覆盖有较为完善的覆盖指标，它弥补了判定覆盖和条件覆盖的不足，但该指标包含的设计工作量较大，且需要较好的设计技巧。为了降低设计难度，可以采取折中的方式，即把复合判定表达式拆分为简单逻辑判定条件，即一个if语句变成多个if语句的嵌套。例如原来的第1行代码if（a+b<c）‖（a+c<b）‖（b+c<a）{...}，可以变成如下形式：

表 3-5　条件/判定覆盖测试用例

ID	输入			预期输出	通过路径	条件/判定覆盖率
	a	b	c			
LC-001	3	2	4	一般三角形	路径 1	100%
LC-002	2	2	3	等腰三角形	路径 2	
LC-003	2	2	2	等边三角形	路径 3	
LC-004	1	2	4	不是三角形	路径 4	
LC-005	1	4	2	不是三角形	路径 4	
LC-006	4	1	2	不是三角形	路径 4	

```
void IsTri(int a,int b,int c){
1    1 if(a+b<c){
2        if(a+c<b){
3          if(b+c<a){
4              ...
```

但是，代码的改动对程序结构会带来更大的负面影响，由此导致语句数目、路径数目等变化很大，且这种人为的改动反而更容易引入新的缺陷。

5. 实现条件组合覆盖测试用例编写

微课 3-6
条件组合覆盖

条件组合覆盖要求程序的每个判定节点中所有简单判定条件的各种可能取值的组合应至少执行一次。

(1) 测试用例设计

从本例来看，一共有 3 个判定节点，其中第 2 个判定节点包含了第 3 个判定节点的简单判定条件。因此只需考虑前两个判定节点的简单判定条件的组合，意味着 T1 ~ T3 的全组合 8 种和 T4 ~ T6 的全组合 8 种。这些条件之间又有很强的互斥关系，T1 ~ T3 不可能仅有 2 个为真，T4 ~ T6 也不可能出现 2 个为真 1 个为假的情况，剔除其中不可能出现的情况，最终得出表 3-6 中的 8 种组合。

表 3-6　条 件 组 合

组合	T1	T2	T3	T1 ‖ T2 ‖ T3	T4	T5	T6	T4 ‖ T5 ‖ T6	T4&&T5	通过路径
1	T	F	F	T						路径 4
2	F	T	F	T						路径 4
3	F	F	T	T						路径 4
4	F	F	F	F	T	T	T	T	T	路径 3
5	F	F	F	F	F	F	F	F	F	路径 1
6	F	F	F	F	T	F	F	T	F	路径 2
7	F	F	F	F	F	T	F	T	F	路径 2
8	F	F	F	F	F	F	T	T	F	路径 2

根据表 3-6 中的组合，设计得到的测试用例见表 3-7。

表 3-7 组合覆盖测试用例

ID	输入			预期输出	通过路径	组合覆盖率
	a	b	c			
LC-001	3	2	4	一般三角形	路径 1	100%
LC-002	2	2	3	等腰三角形	路径 2	
LC-003	2	2	2	等边三角形	路径 3	
LC-004	1	2	4	不是三角形	路径 4	
LC-005	1	4	2	不是三角形	路径 4	
LC-006	4	1	2	不是三角形	路径 4	
LC-007	3	2	2	等腰三角形	路径 2	
LC-008	2	3	2	等腰三角形	路径 2	

（2）测试分析

从理论上看，条件组合覆盖有较好的覆盖指标，因为它一定满足判定覆盖、条件覆盖和判定/条件覆盖。然而当判定表达式较为复杂的时候，条件组合覆盖的测试用例规模是相当大的。

微课 3-7 修正条件判定覆盖

6. 实现修正条件/判定覆盖测试用例编写

修正条件/判定覆盖要求在满足判定条件覆盖的基础上，每个简单逻辑判定条件都应能够独立影响整个判定表达式。

通俗地说，MC/DC 首先要求实现条件覆盖、判定覆盖，在此基础上，对于每一个条件 C，要求存在符合以下条件的一对用例：

① 条件 C 所在判定内的所有条件，除条件 C 外，其他条件的取值完全相同。

② 条件 C 的取值相反。

③ 判定的计算结果相反。

（1）测试用例设计

从以上定义可以看出，MC/DC 首先要实现条件覆盖和判定覆盖，可以在表 3-3 的基础上进行进一步的扩充，见表 3-8。首先增加组合 6，使之满足判定覆盖。此时组合 1 ~ 4 使得 T1 ~ T3 满足 MC/DC 的条件。但是对于 T4 ~ T6 来说，当前仅 T4 满足了条件。可以类似地加上组合 7 和组合 8。此时 T1 ~ T6 全部都能满足上面所说的测试用例的要求。可以看出，对于本例，和组合覆盖的判定组合表 3-6 一致。因此可以使用表 3-7 的测试用例作为测试用例。

表 3-8 逻辑判定条件的取值以及对整个判定节点的影响 2

组合	T1	T2	T3	T1 ‖ T2 ‖ T3	T4	T5	T6	T4 ‖ T5 ‖ T6	T4&&T5	通过路径
1	T	F	F	T						路径 4
2	F	T	F	T						路径 4
3	F	F	T	T						路径 4

续表

组合	T1	T2	T3	T1 ‖ T2 ‖ T3	T4	T5	T6	T4 ‖ T5 ‖ T6	T4&&T5	通过路径
4	F	F	F	F	T	T	T	T	T	路径 3
5	F	F	F	F	F	F	F	F	F	路径 1
6	F	F	F	F	T	F	F	T	F	路径 2
7	F	F	F	F	F	T	F	T	F	路径 2
8	F	F	F	F	F	F	T	T	F	路径 2

值得注意的是，本例较特殊，组合覆盖和修正条件/判定覆盖测试用例一致，是因为各简单条件之间存在相互制约关系。对于正常的 3 个条件组合而成的判定，组合覆盖应该有 8 个测试用例，而本例因为自身的特殊性，只能包含 4 个。

（2）测试分析

修正判定/条件覆盖继承了条件组合覆盖的优点：

- 测试用例数量的增加是线性的。
- 对操作数及非等式条件变化反应敏感。
- 具有更高的目标码覆盖率。

修正判定/条件覆盖通过消除测试用例之间的冗余，达到降低测试用例规模的目的，但其分析过程仍然是较为烦琐的。

任务拓展

笔记

修正判定/条件覆盖设计测试用例的过程较复杂，目前主要有分解法和唯一原因法两种。

1. 分解法

其基本思想是通过将复合判定表达式逐步分解为简单的二元表达式，并利用二元表达式的独立影响性分析结果来寻找测试用例集合。

（1）分解法的基本步骤

① 将复合表达式分解为二元判定表达式。

② 按二元判定表达式的独立影响性分析结果来分析。

③ 若二元判定表达式中的某个条件为复合判定条件，则继续分解，不断重复直至无法分解。

④ 将二元判定表达式的分析结果依次代入到原始的复合判定表达式中，整理出所有可能的测试用例。

（2）分解法举例

对于（（A AND B）OR（C AND D））的情况使用分解法进行设计。

转换为 X OR Y，其中 X=A AND B，Y=C AND D，则分解法的设计过程见表 3-9 ~ 表 3-11，最终得出表 3-12 的结果。

2. 唯一原因法

（1）基本思想和步骤

① 列出所有条件的真值表。

表 3-9 X OR Y 真值表

ID	X	Y	X OR Y
1	T	F	T
2	F	T	T
3	F	F	F

表 3-10 A AND B 真值表

ID	A	B	A AND B
1.1	T	T	T
1.2	T	F	F
1.3	F	T	F

表 3-11 C AND D 真值表

ID	C	D	C AND D
2.1	T	T	T
2.2	T	F	F
2.3	F	T	F

表 3-12 最终的修正条件判定的取值

<table>
<tr><th>IDAB</th><th>A</th><th>B</th><th>A AND B</th><th>C AND D</th><th>IDCD</th><th>C</th><th>D</th><th>IDXY</th><th>整体表达式</th></tr>
<tr><td rowspan="2">1.1</td><td rowspan="2">T</td><td rowspan="2">T</td><td rowspan="2">T</td><td rowspan="2">F</td><td>2.2</td><td>T</td><td>F</td><td rowspan="2">1</td><td rowspan="2">T</td></tr>
<tr><td>2.3</td><td>F</td><td>T</td></tr>
<tr><td>1.2</td><td>T</td><td>F</td><td rowspan="2">F</td><td rowspan="2">T</td><td rowspan="2">2.1</td><td rowspan="2">T</td><td rowspan="2">T</td><td rowspan="2">2</td><td rowspan="2">T</td></tr>
<tr><td>1.3</td><td>F</td><td>T</td></tr>
<tr><td>1.2</td><td>T</td><td>F</td><td rowspan="4">F</td><td rowspan="4">F</td><td>2.2</td><td>T</td><td>F</td><td rowspan="4">3</td><td rowspan="4">F</td></tr>
<tr><td>1.3</td><td>F</td><td>T</td><td>2.3</td><td>F</td><td>T</td></tr>
<tr><td>1.2</td><td>T</td><td>F</td><td>2.3</td><td>F</td><td>T</td></tr>
<tr><td>1.3</td><td>F</td><td>T</td><td>2.2</td><td>T</td><td>F</td></tr>
</table>

② 寻找独立影响对：每次取一个条件，固定其他条件，改变所取条件的取值，如果判定结果产生变化，则这两个测试用例为独立影响对。

③ 在所有独立影响对中找出最小测试用例集合。

（2）唯一原因法举例

同样对于（（A AND B）OR（C AND D））的情况使用唯一原因法进行设计，设计过程见表 3-13，先列出全部的可能取值，然后分析独立影响对，见表 3-14，用颜色标出了部分独立影响对，在此基础上最终选定测试用例，即 002、005、006、007、010。

3. 分解法与唯一原因法对比

分解法和唯一原因法的设计过程各有利弊，分解法的测试用例数目较多，需要分析表达式的内部逻辑，但是它可以处理耦合情况。而唯一原因法正好相反，无须分析内部逻辑，测试用例数目很少，但是不能处理耦合情况，其比较见表 3-15。在没有耦合的情况下，用唯一原因法更好，否则采用分解法。

表 3-13　ABCD 的全部真值表

测试用例 ID	输入条件组合				判定表达式输出	测试用例 ID	输入条件组合				判定表达式输出
	A	B	C	D			A	B	C	D	
001	T	T	T	T	T	009	F	T	T	T	T
002	T	T	T	F	T	010	F	T	T	F	F
003	T	T	F	T	T	011	F	T	F	T	F
004	T	T	F	F	T	012	F	T	F	F	F
005	T	F	T	T	T	013	F	F	T	T	T
006	T	F	T	F	F	014	F	F	T	F	F
007	T	F	F	T	F	015	F	F	F	T	F
008	T	F	F	F	F	016	F	F	F	F	F

表 3-14　独立影响对

输入条件	独立影响对
A	(002，010)(003，011)(004，012)
B	(002，006)(003，007)(004，008)
C	(005，007)(009，011)(013，015)
D	(005，006)(009，010)(013，014)

表 3-15　分解法与唯一原因法比较

	测试用例的数目	是否需要分析表达式内部逻辑	能否处理耦合情况
分解法	多	是	能
唯一原因法	少	否	否

项目实训 3.1　判断闰年程序逻辑覆盖测试

【实训目的】

① 掌握逻辑覆盖的 6 大指标。

② 能够设计出满足 6 大逻辑覆盖指标的设计用例。

【实训内容】

请用逻辑覆盖法对下面的判断闰年的 Java 代码段进行测试。

```
public boolean isLeap(int year){
    boolean leap;
    if (year % 4 == 0){
        if(year % 100 == 0){
```

```
                    if(year % 400 == 0){
                    leap = true;
                    } else {
                    leap = false;
                    }
                }else{
                    leap = true;
                }
            }else{
                leap = false;
            }
            return leap;
        }
```

项目实训3.2 技能证书试题演练

【2019年软件测评师试题】

在某嵌入式智能服务机器人的软件设计中，为了更好地记录机器人的个体信息和机器人的工作信息，为智能服务机器人设计了信息数据库。数据库主要完成收集智能服务机器人反馈信息的作用，记录所有机器人的所有工作记录，以方便使用者对机器人的管理和对机器人状态的掌握，并且在机器人发生运行故障时，可以根据数据库存储的信息分析产生故障的原因。数据库收集智能服务机器人反馈信息的流程如下：

服务器端接收反馈信息。

(1) 第一次解析判断反馈信息类型是否正确，若正确执行(2)，否则执行(3)。

(2) 第二次解析判断反馈信息内容是否正确，若正确执行(4)，否则执行(3)。

(3) 调用错误信息处理函数后执行(4)。

(4) 将反馈信息存入数据库。

在实现题目说明中第(1)条和第(2)条功能时，设计人员采用了下列算法：

```
if((信息有效==TRUE)&&(信息类型正确==TRUE)){
    解包信息内容;
    if((信息内容正确==TRUE))  {
        信息存入数据库;}               //    1
    else{
        错误信息处理;             //    2
        信息存入数据库;}
}
else
{  错误信息处理;               //    3
```

笔记

```
信息存入数据库;
}
```

软件的结构覆盖率是度量测试完整性的一种手段，也是度量测试有效性的一种手段。在嵌入式软件白盒测试过程中，通常以语句覆盖率、分支覆盖率和 MC/DC 覆盖率作为度量指标。

① 请指出对上述算法达到 100% 语句覆盖、100% 分支覆盖和 100% MC/DC 覆盖所需的最少测试用例数目。

② 为了测试软件功能，测试人员设计了测试用例，请填写表 3-16 中的空(1) ~ (4)。

表 3-16　项目实训 3.2 测试用例

序号	输入	输出（预期结果）
1	反馈类型不同	（1）错误信息存入数据库
2	反馈类型和内容均不正确	
3	反馈类型正确，反馈内容不正确	（2）错误信息存入数据库
4	反馈类型不正确，反馈内容正确	信息存入数据库
5	内容正确的典型类型 1 信息	典型类型 1 信息存入数据库
6	内容（3）典型类型 2 信息	报告典型类型 2 信息内容错误，错误信息存入数据库
7	内容正确的典型类型 3 信息	（4）信息存入数据库

笔 记

任务 3.2　对图形识别系统的程序片段按照路径测试方法编写测试用例

任务陈述

本任务主要学习采用基本路径测试法和循环测试法来设计测试用例。

用路径测试方法（基本路径测试法和循环测试法）对下面的代码进行测试。代码的功能是：输入 n 个整数分别作为 n 边形状的边长。要求输入的整数必须满足介于 1 ~ 200。

```
    void input(int edge[], int n){
1       int a;
2       for(int i=0; i<n; i++){
3         do{
4             print("请输入一个 1 ~ 200 之间的整数:");
5             scanf("%d", &a);
6         }while(a<1 || a>200);
```

```
7            num[i] = a;
8        }
9    }
```

理解路径测试的特点

从广义的角度讲，任何有关路径分析的测试都可以称为路径测试。这里给出路径测试的最简单描述：路径测试就是从一个程序的入口开始，执行所经历的各个语句的完整过程。

路径测试是白盒测试最为典型的问题，完成路径测试的理想情况是做到路径覆盖。但从路径覆盖的讨论中已经得知，对于比较简单的程序实现路径测试是可能做到的，而对于程序中出现较多个判定和较多个循环，则路径数目将会急剧增加，不可能实现路径覆盖。

目前，路径测试比较常见的方法是基本路径测试方法和循环测试方法。读者需要了解两种路径测试的基本过程和方法：如何将程序代码或者流程图转变为便于分析路径的控制流图，如何来分析不同的循环结构，以及如何导出测试用例。

知识准备

1. 基本路径测试

微课 3-8
基本路径测试

基本路径测试法是在程序控制流图的基础上，通过分析控制构造的环路复杂性，导出基本可执行路径集合，从而设计测试用例的方法。

设计出的测试用例要保证在测试中程序的每个可执行语句至少执行一次。

基本路径测试方法包括以下 4 个步骤。

① 程序的控制流图：描述程序控制流的一种图示方法。

② 程序环复杂度：从程序的环路复杂性可导出程序基本路径集合中的独立路径条数，这是确定程序中每个可执行语句至少执行一次所必需的测试用例数目的上界。

③ 导出独立路径：根据环复杂度和程序结构设计获得独立路径。

④ 准备测试用例：确保基本路径集中的每一条路径的执行。

程序控制流图中只有两种图形符号：每一个圆圈称为流图的一个节点，代表一条或多条无分支的语句或源程序语句；箭头称为边或连接，代表控制流。任何过程设计都要被翻译成控制流图。常见控制结构的控制流图如图 3-3 所示。

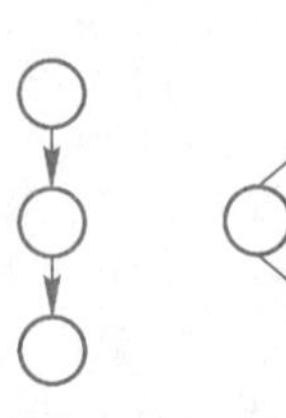

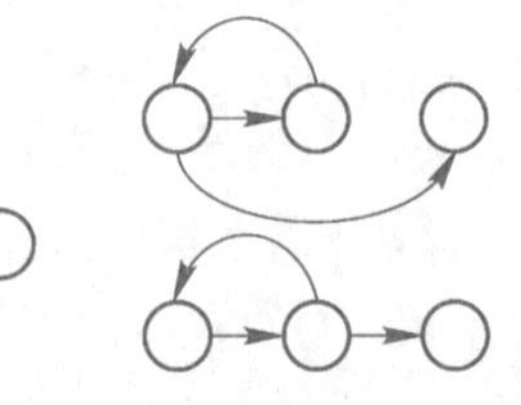

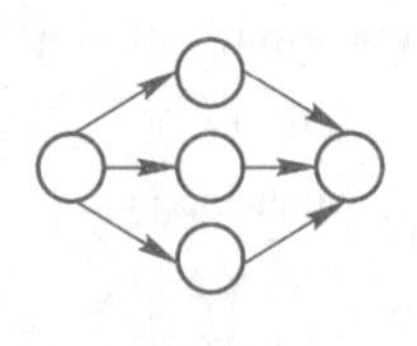

(a) 顺序结构　(b) If 选择结构　(c) While循环结构 Until循环结构　(d) Case多分支结构

图 3-3　程序控制流图示例

在将程序流程图简化成控制流图时，应注意：在选择或多分支结构中，分支的汇聚处应有一个汇聚节点。边和节点圈定的区域叫作区域，当对区域计数时，图形外的区域也应记为一个区域，如图 3-4 所示。

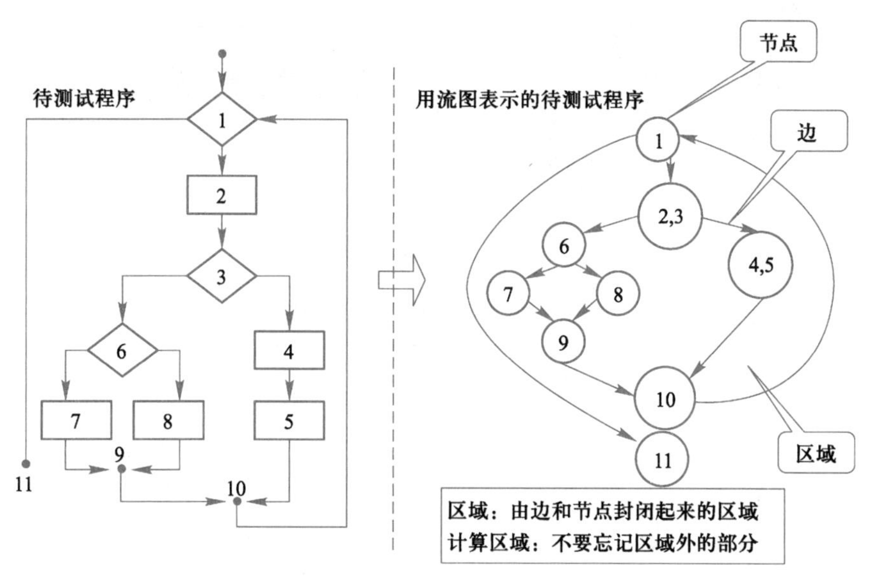

图 3-4　关于区域的计算

如果判断中的条件表达式是由一个或多个逻辑运算符（OR、AND、NAND、NOR）连接的复合条件表达式，则需要改为一系列只有单条件的嵌套的判断。

笔 记

例如：

```
1  if a or b
2        x
3  else
4        y
```

对应的控制流图如图 3-5 所示。

独立路径：至少沿一条新的边移动的路径，如图 3-6 所示。

基本路径测试法的步骤如下：

步骤 1：画出控制流图。

流程图用来描述程序控制结构。可将流程图映射到一个相应的流图（假设流程图的菱形决定框中不包含复合条件）。在流图中，每一个圆，称为流图的节点，代表一个或多个语句。一个处理框序列和一个菱形判定框可被映射为一个节点，流图中的箭头，称为边或连接，代表控制流，类似于流程图中的箭头。一条边必须终止于一个节点，即使该节点并不代表任何语句（如 if-else-then 结构）。由边和节点限定的范围称为区域。计算区域时应包括图外部的范围。

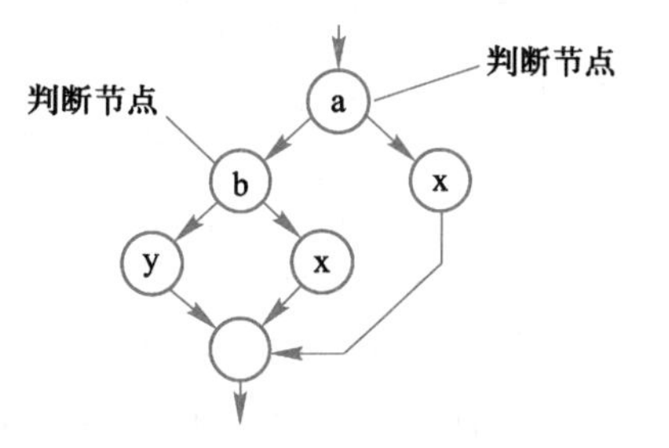

图 3-5　复合条件示例

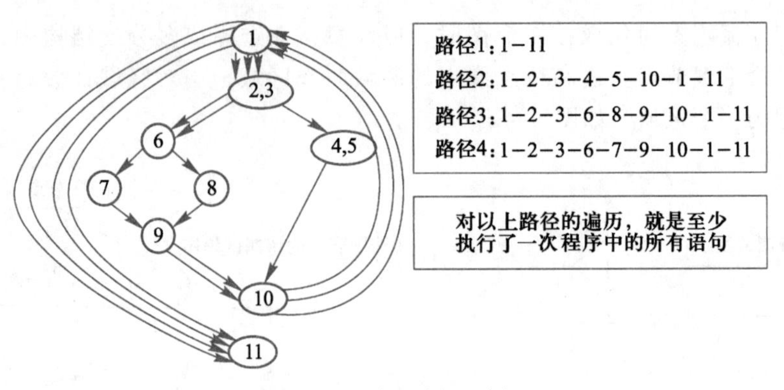

图 3-6 独立路径示例

例如，有下面的 C 语言函数，用基本路径测试法进行测试。

```
void Sort( int iRecordNum, int iType)
1 {
2  int x=0;
3  int y=0;
4  while( iRecordNum - - > 0)
5  {
6        if(0 = =iType)
7             {x=y+2;break;}
8        else
9             if(1 = =iType)
10                   x=y+10;
11           else
12              x=y+20;
13   }
14 }
```

笔记

画出其程序流程图和对应的控制流图，如图 3-7 所示。

步骤 2：计算环复杂度。

环复杂度是一种为程序逻辑复杂性提供定量测度的软件度量，将该度量用于计算程序的基本的独立路径数目。为确保所有语句至少执行一次的测试数量的上界，独立路径必须包含一条在定义之前不曾用到的边。

有以下 3 种方法计算环复杂度：

流图中封闭区域的数量+1 个开放区域=总的区域数=圈复杂度

给定流图 G 的环复杂度 $V(G)$，定义为 $V(G)=E-N+2$，E 是控制流图中边的数量，N 是控制流图中节点的数量。

给定控制流图 G 的环复杂度 $V(G)$，定义为 $V(G)=P+1$，P 是控制流图 G 中判定节点的数量。

对应图 3-7 中的控制流图，环复杂度计算如下：

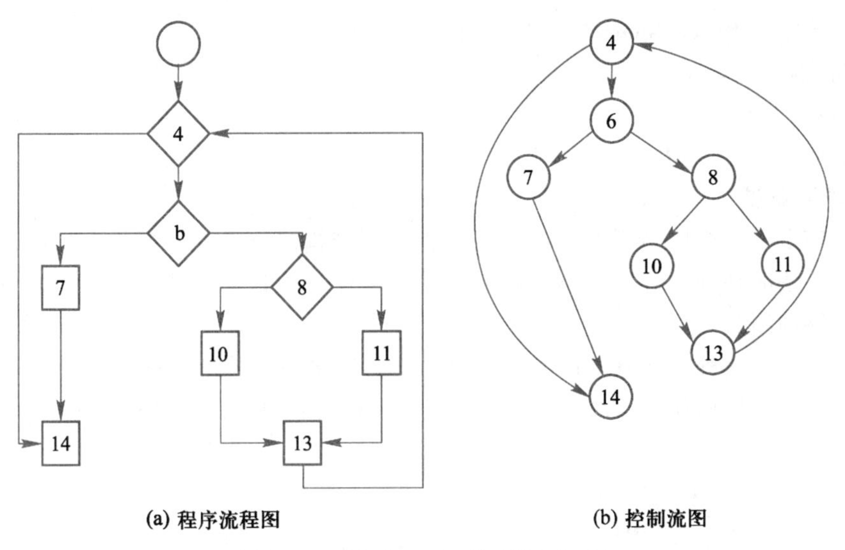

图 3-7　程序流程图和控制流图示例

方法 1：流图中有 4 个区域，故环复杂度为 4。4 个区域，如图 3-8 所示。

方法 2：环复杂度 $V(G)=10$(条边)-8(个节点)$+2=4$。

方法 3：环复杂度 $V(G)=3$(个判定节点)$+1=4$。

步骤 3：导出独立路径。

根据上面的计算方法，可得出 4 个独立的路径(一条独立路径是指和其他的独立路径相比，至少引入一个新处理语句或一个新判断的程序通路。$V(G)$值正好等于该程序的独立路径的条数)。

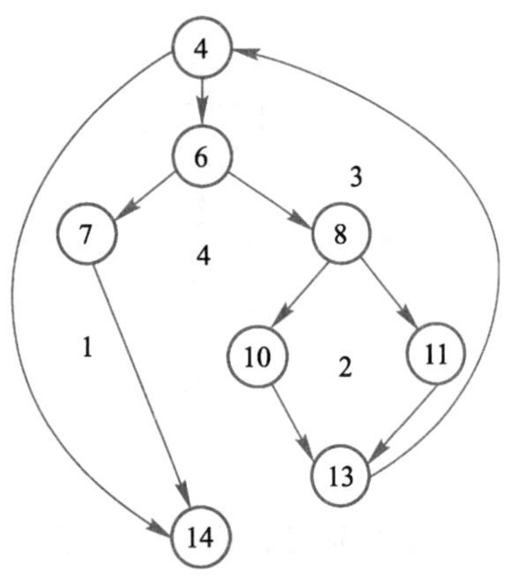

图 3-8　环复杂度示例

路径 1：4-14

路径 2：4-6-7-14

路径 3：4-6-8-10-13-4-14

路径 4：4-6-8-11-13-4-14

根据上面的独立路径，去设计输入数据，使程序分别执行上面 4 条路径。

步骤 4：准备测试用例。

为了确保基本路径集中的每一条路径的执行，根据判断节点给出的条件，选择适当的数据以保证某一条路径可以被测试到，满足上面例子基本路径集的测试用例如下。

路径 1：4-14

输入数据：iRecordNum=0，或者取 iRecordNum<0 的某一个值

预期结果：x=0

路径 2：4-6-7-14

输入数据：iRecordNum=1，iType=0

预期结果：x=2

路径 3：4-6-8-10-13-4-14

笔记

输入数据：iRecordNum = 1，iType = 1

预期结果：x = 10

路径 4：4-6-8-11-13-4-14

输入数据：iRecordNum = 1，iType = 2

微课 3-9
循环测试

2. 循环测试

从本质上说，循环测试的目的就是检查循环结构的有效性。事实上，循环是绝大多数软件算法的基础，但是，由于其测试的复杂性，在测试软件时却往往未对循环结构进行足够的测试。

循环测试是一种白盒测试技术，它专注于测试循环结构的有效性。在结构化的程序中通常只有 3 种循环，即简单循环、串接循环和嵌套循环，如图 3-9 所示。

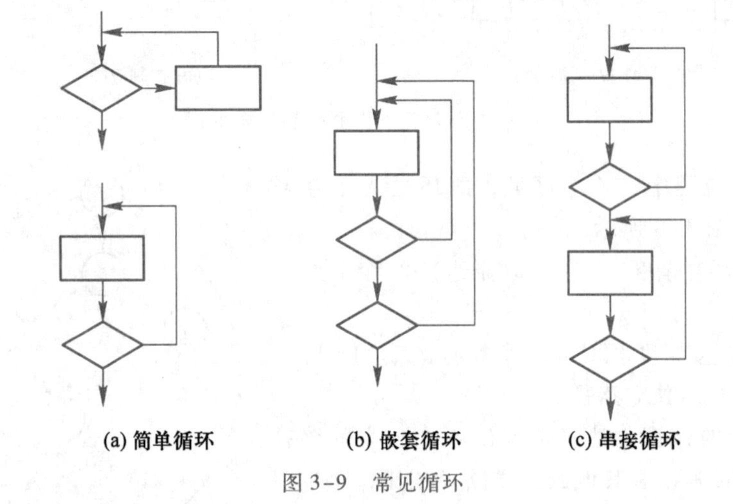

图 3-9 常见循环

笔记

下面分别讨论这 3 种循环的测试方法。

(1) 简单循环

应该使用下列测试集来测试简单循环，其中 n 是允许通过循环的最大次数。

- 跳过循环。
- 只通过循环一次。
- 通过循环两次。
- 通过循环 m 次，其中 $m<n-1$（通常取 $m=n/2$）。
- 通过循环 $n-1$、n、$n+1$ 次。

(2) 嵌套循环

如果把简单循环的测试方法直接应用到嵌套循环，可能的测试数就会随嵌套层数的增加且几何级数增长，这会导致不切实际的测试数目。有一种能减少测试数的方法：

- 从最内层循环开始测试，把所有其他循环都设置为最小值。
- 对最内层循环使用简单循环测试方法，而使外层循环的迭代参数（如循环计数器）取最小值，并为越界值或非法值增加一些额外的测试。
- 由内向外，对下一个循环进行测试，但保持所有其他外层循环为最小值，其他嵌套循环为“典型”。继续进行下去，直到测试完所有循环。

(3) 串接循环

如果串接循环的各个循环都彼此独立，则可以使用前述的测试简单循环的方法来测试串接循环。但是，如果两个循环串接，而且第①个循环的循环计数器值是第②个循环的初始值，则这两个循环并不是独立的。当循环不独立时，建议使用测试嵌套循环的方法来测试串接循环。

任务实施

1. 实现案例的基本路径测试用例编写

基本路径测试法的步骤如下所述。

(1) 画出控制流图

程序代码中 do while 循环的判定为 2 个逻辑值的组合，因此需要将它拆分成 2 部分，据此，可以得出如图 3-10 所示的控制流图，其中 4 和 5 节点即代表了 while 的两种判定。

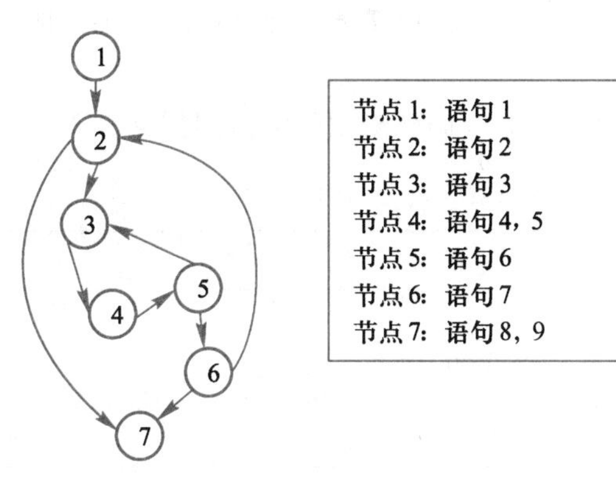

图 3-10　基本路径测试控制流图

笔记

(2) 计算环复杂度

用以下 3 种方法计算环复杂度：

方法①：直观观察，共有 3 个封闭区域，因此环复杂度为 3+1=4。

方法②：$V(G)=E-N+2=9-7+2=4$。

方法③：$V(G)=P+1=3+1=4$。

因此环复杂度为 4。

(3) 导出测试用例

从上面可以得出，本例的独立路径应该是 4 条。

- 路径 1：1-2-3-4-5-6-7
- 路径 2：1-2-3-4-3-4-5-6-7
- 路径 3：1-2-3-4-5-3-4-5-6-7
- 路径 4：1-2-3-4-5-6-2-3-4-5-6-7
- 测试用例见表 3-17。

2. 实现案例的循环测试用例编写

本段程序包含两个循环，且它们组成一个嵌套循环，因此需要采用嵌套循环的准则来设置测试用例，见表 3-17。

表 3-17 基本路径测试用例

路径	输入与操作	预期结果
1-2-3-4-5-6-7	数组 tri，n=1，输入 50	tri［0］=50
1-2-3-4-3-4-5-6-7	数组 tri，n=1，依次输入 0，50	tri［0］=50
1-2-3-4-5-3-4-5-6-7	数组 tri，n=1，依次输入 201，50	tri［0］=50
1-2-3-4-5-6-2-3-4-5-6-7	数组 tri，n=2，依次输入 50，30	tri［0］=50，tri［1］=30

首先观察内层循环，内层循环的循环次数必然大于等于 1，不可能测到内层循环等于 0 的情况。且内层循环的循环次数取决于输入的数是否符合规则，具有不确定性，因此内层循环的测试仅能取循环 1 次、循环 2 次和循环正常次数，这里取 5 次。

然后来观察外层循环，外层循环的循环次数取决于参数 n，n=0 时，不执行循环体，n>1 时，将进入循环体。考虑各种循环次数都能测试到，取 n=10，此时最大循环次数为 9。

根据以上分析，可得出针对该循环测试的测试用例见表 3-18。

表 3-18 循环测试用例

测试项		输入	预期结果
内层循环	循环 1 次	tri 数组，n=1，依次输入 0，201，-5，300，50	a=0
	循环 2 次		a=201
	循环 5 次		a=50，tri［0］=50
外层循环	循环 0 次	n=0	
	循环 1 次	tri 数组，n=10，依次输入 10，20，30，40，50，60，70，80，90，100	tri［0］=10
	循环 2 次		tri［1］=20
	循环 5 次		tri［4］=50
	循环 9 次		tri［9］=100

任务拓展

数据流测试：只关注变量接受值的点和使用（或引用）这些值的点的结构性测试形式，它可以做路径测试的真实性检查，它包含两种形式，一种提供一组基本定义和一种统一的测试覆盖指标结构，另一种基于叫作“程序片”的概念。

项目实训 3.3 使用选择排序程序进行基本路径测试和循环测试

【实训目的】

① 掌握基本路径测试的方法。

② 掌握循环测试的方法。

【实训内容】

请用基本路径测试法和循环测试法对下面的选择排序 Java 代码段进行测试。

```
public void select_sort (int a[ ]) {
        int  i, j, k, t, n;
        n = a. length;
        for (i = 0; i < n - 1; i++) {
          k = i;
          for (j = i + 1; j < n; j++) {
            if (a [j] < a [k]) {
               k = j;
            }
          }
          if (i ! = k) {
              t = a[k];
              a[k] = a[i];
              a[i] = t;
          }
      }
   }
```

笔 记

任务3.3 综合案例分析

任务陈述

如图3-11所示程序流程图描述了最多输入50个值（以-1作为输入结束标志），计算其中有效的学生分数的个数、总分数和平均值。

使用白盒测试方法对其进行分析测试。

对于该流程图而言，首先分析其结构，确定判定节点和条件的个数，再决定覆盖指标和具体采取的白盒测试方法。也可以用多种方法共同验证选取的测试用例是否充分，是否需要补充。

知识准备

1. 白盒测试方法总结

白盒测试是基于被测程序的源代码设计测试用例的测试方法。常见的白盒测试方法有逻辑覆盖测试和路径分析测试两大类。

在逻辑覆盖测试中，按照覆盖策略由弱到强的严格程度，介绍了语句覆盖、判断覆盖、条件覆盖、判断/条件覆盖、条件组合覆盖和修正条件/判定覆盖 6 种覆盖测策略。

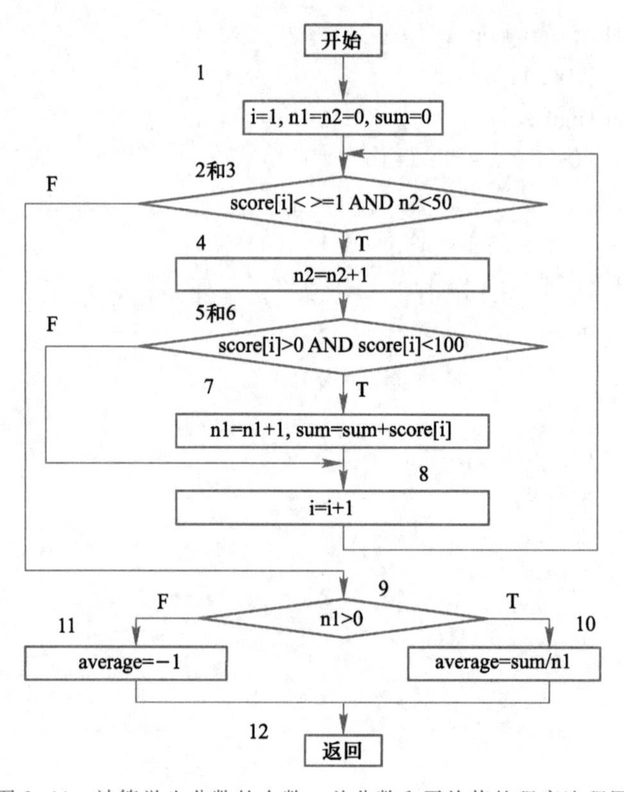

图 3-11 计算学生分数的个数、总分数和平均值的程序流程图

笔 记

- 语句覆盖：每个语句至少执行一次。
- 判定覆盖：在语句覆盖的基础上，每个判定的每个分支至少执行一次。
- 条件覆盖：在语句覆盖的基础上，使每个判定表达式的每个条件都取到各种可能的结果。
- 条件/判定覆盖：即判定覆盖和条件覆盖的交集。
- 条件组合覆盖：每个判定表达式中条件的各种可能组合都至少出现一次。
- 修正条件/判定覆盖：要求在满足判定/条件覆盖的基础上，每个简单逻辑判定条件都应能够独立影响整个判定表达式。
- 基本路径测试：是在程序控制流图的基础上，通过分析控制构造的环路复杂性，导出基本可执行路径集合，从而设计测试用例的方法。
- 循环测试：一种着重循环结构有效性测试的测试方法。

2. 白盒测试的应用策略

白盒测试是针对程序代码展开的测试，需要测试人员了解程序实现的细节。白盒测试方法主要运用在单元测试、集成测试等阶段，主要由开发小组内部来完成。白盒测试包括多种测试用例的设计方法，同样地，也不必将这些方法都用在测试中，而应根据被测系统的实际情况分别选取合适的白盒测试策略。

以下是对白盒测试方法的综合使用策略。

① 静态白盒测试有助于直接定位缺陷，所以应优先进行静态白盒测试，特别是重要的、核心的功能模块，应进行严格的评审。检查的内容包括对程序代码的结构进行分析、对代码质量进行度量。同时在静态测试的过程中，应不断总结经验，更新缺陷检查表等规范性文档。

② 应尽量采用现有的测试工具来帮助分析代码的结构和评估代码质量。

③ 针对黑盒测试检查不到或难以检查的地方（如内存泄露）使用特殊的白盒测试方法。

④ 根据代码的不同结构，选用合理的测试覆盖指标，评估黑盒测试方法是否存在漏洞和冗余，若有漏洞，应有针对性地补充更多必要的测试用例。

⑤ 对于系统测试，也可以借鉴白盒测试中的路径测试方法的思想，展开相应的测试工作。

任务实施

针对案例的程序片段分析该采用何种应用策略。

白盒测试主要针对被测软件的内部如何进行工作的测试。逻辑覆盖的关注点主要在于条件判定表达式本身的复杂度。而路径测试必然满足基本的逻辑覆盖指标，所以优先考虑路径测试。

从程序的结构来看，本段程序包含 3 个判定节点，5 个条件节点。其中有 2 个判定节点分别包含 2 个条件节点，需要进行分解。最终单一的判定节点数将达到 5 个，则意味着圈复杂度为 6。

按照这样的想法逐步完成路径测试：

步骤 1：导出过程的控制流图，如图 3-12 所示。

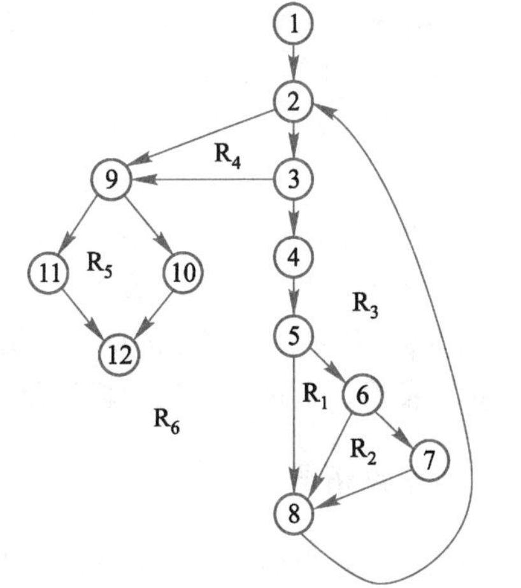

图 3-12　白盒测试控制流图

步骤 2：确定环形复杂性度量 $V(G)$：

（1） $V(G)=6$（个区域）

（2） $V(G)=E-N+2=16-12+2=6$

其中 E 为流图中的边数，N 为节点数。

（3） $V(G)=P+1=5+1=6$

其中 P 为谓词节点的个数。在流图中，节点 2、3、5、6、9 是谓词节点。

步骤 3：确定基本路径集合（即独立路径集合）。于是可确定 6 条独立的路径：

- 路径 1：1-2-9-10-12
- 路径 2：1-2-9-11-12
- 路径 3：1-2-3-9-10-12
- 路径 4：1-2-3-4-5-8-2…
- 路径 5：1-2-3-4-5-6-8-2…
- 路径 6：1-2-3-4-5-6-7-8-2…

步骤 4：为每一条独立路径各设计一组测试用例，以便强迫程序沿着该路径至少执行一次。

笔记

（1）路径1（1-2-9-10-12）的测试用例

score［k］=有效分数值，当 k<i ；

score［i］=-1，2≤i≤50；

期望结果：根据输入的有效分数算出正确的分数个数 n1、总分 sum 和平均分 average。

（2）路径2（1-2-9-11-12）的测试用例

score［1］=-1 ；

期望的结果：average = -1，其他量保持初值。

（3）路径3（1-2-3-9-10-12）的测试用例

输入多于50个有效分数，即试图处理51个分数，要求前51个为有效分数。

期望结果：n1=50 且算出正确的总分和平均分。

（4）路径4（1-2-3-4-5-8-2…）的测试用例

score［i］=有效分数，当 i<50 时；

score［k］<0，k< i ；

期望结果：根据输入的有效分数算出正确的分数个数 n1、总分 sum 和平均分 average。

（5）路径5（1-2-3-4-5-6-8-2…）的测试用例

score［i］=有效分数，当 i<50 时；

score［k］>100，k< i ；

笔记

期望结果：根据输入的有效分数算出正确的分数个数 n1、总分 sum 和平均分 average。

（6）路径6（1-2-3-4-5-6-7-8-2…）的测试用例

score［i］=有效分数，当 i<50 时；

期望结果：根据输入的有效分数算出正确的分数个数 n1、总分 sum 和平均分 average。显然，本路径测试一样满足100%的语句覆盖、条件覆盖和路径覆盖。

任务拓展

在工程实践中，白盒测试应做到什么程度才算合适呢？具体来说，白盒测试与黑盒测试应维持什么样的比例才算合适？

一般而言，白盒测试做多做少与产品形态有关，如果产品具备软件平台特性，白盒测试应占总测试的80%以上，甚至接近100%，而如果产品具备复杂的业务操作，有大量 GUI 界面，黑盒测试的分量应该更重些。根据经验，对于大多数嵌入式产品，白盒方式展开测试（包括代码走读）应占总测试投入的一半以上，白盒测试发现的问题数也应超过总问题数的一半。

由于产品的形态不一样，很难定一个标准说某产品必须做百分之多少白盒测试，但依据历史经验，还是可以进行定量分析的。例如，收集某产品的某历史版本在开发与维护中发生的所有问题，对这些问题进行正交缺陷分析（Orthogonal Defect Classification，ODC），把“问题根源对象”属于概要设计、详细设计与编码的问题整理出来，这些都是属于白盒测试应发现的问题，统计这些问题占总问题数的比例，大致就是白盒测试应投入的比例。

通过正交缺陷分析，还能推论历史版本各阶段测试的遗留缺陷率，根据“发现问题的活动”，能统计出与“问题根源对象”不相匹配的问题数，这些各阶段不匹配问题的比例就是该阶段的漏测率。

项目实训 3.4 技能大赛任务—白盒测试

【任务描述】

根据输入执行下列不同三角函数的计算并显示计算结果。编写程序，并设计最少的测试数据进行判定覆盖测试。其中变量 x、k 为整数。输入数据打印出“输入 x 值:”“输入 k 值:”。执行 sin（x^k）输出文字“算式一值:”和 y 的值，执行 cos（$\sqrt[k]{x}$）输出文字“算式二值:”和 y 的值；执行 tan（x/k）输出文字“算式三值:”和 y 的值。若不在有效范围之内，应提示“输入不符合要求。”

$$y=\begin{cases}\sin(x^k) & 0<x\leqslant 30\\ \cos(\sqrt[k]{x}) & 30<x\leqslant 60\\ \tan(x/k) & x>60\end{cases}$$

项目实训 3.5 使用白盒测试方法测试程序段

【实训目的】

① 理解白盒测试的各种方法的特点。

② 能够根据程序的特点选择相应的白盒测试方法。

【实训内容】

请综合考虑使用各白盒测试方法对下面的程序代码段进行测试。

```
void ReadPara( CString temp)
    {
      if ( temp == ">=")
          m_oper. SetCurSel(0);
      else
      {
          if (temp == ">")
            m_oper. SetCurSel(1);
          else
          {
            if ( temp == "==")
              m_oper. SetCurSel(2);
            else
            {
              if( temp == "<=")
```

笔 记

```
                m_oper. SetCurSel(3);
            else
            {
                if ( temp == "<")
                    m_oper. SetCurSel(4);
                else
                    m_oper. SetCurSel(5);
            }
        }
    }
    }
    return;
}
```

单元小结

笔记

逻辑覆盖主要针对逻辑判定表达式展开测试，考察程序代码中所有的逻辑值均需测试真值和假值的情况。

逻辑覆盖主要包括6个指标，按照由弱到强依次为语句覆盖、判定覆盖、条件覆盖、判定条件覆盖、条件组合覆盖和修正判定条件覆盖。但每个指标都无法保证100%的覆盖。

因受到“与”“或”关系的限制，判断条件之间存在屏蔽作用，设计测试用例时要充分注意这一点。

在实际项目中，由于程序内部的逻辑存在不确定性和无穷性，尤其对于大规模复杂软件，不必采用所有的覆盖指标，而应根据实际情况选择合适的覆盖指标，往往对测试人员设计的测试用例有如下要求：

语句覆盖率：100%　判定覆盖率：80%以上　路径覆盖率：100%

路径测试是最早被应用的测试方法之一，它有点类似于遍历。通常的过程是，首先选定一些路径，然后据此写出测试用例。

由于在实践中对程序的所有路径组合进行测试是不可能的，所以研究了许多策略来简化问题，降低选取出来的路径数。

基本路径测试方法着眼于独立路径的寻找，要求在测试中程序的每个可执行语句至少执行一次。

循环测试法主要解决的是对循环的测试方法。

由于路径测试一般来说会满足逻辑覆盖的指标，因此在实际中较多采用，但是路径测试会随着条件节点的增多而急剧增多，对于环形复杂度大于10的程序，一般会认为过于复杂而难以测试。

在采用了路径测试的基础上，可针对循环，进而采用循环测试，以验证循环结构的正确性。

专业能力测评

专业核心能力	评价指标	自测结果
运用逻辑覆盖方法设计测试用例	1. 能够理解6种常见的逻辑覆盖指标并了解它们的优缺点 2. 能够根据6种覆盖标准设计测试用例 3. 能够对不同指标设计的测试用例进行分析	□A □B □C □A □B □C □A □B □C
运用基本路径测试和循环测试的方法设计测试用例	1. 掌握基本路径测试的方法和步骤 2. 掌握循环测试的方法 3. 能根据不同的路径测试方法设计测试用例	□A □B □C □A □B □C □A □B □C
综合运用各种白盒测试方法	1. 了解各种白盒测试方法的优缺点和应用场合 2. 能根据代码的特点选择不同的白盒测试方法 3. 能对不同方法设计的测试用例进行分析	□A □B □C □A □B □C □A □B □C
学生签字：	教师签字：	年 月 日

注：在□中打√，A理解，B基本理解，C未理解

笔记

单元练习题

一、单项选择题

1. （　　）是设计足够多的测试用例，使得程序中每个判定包含的每个条件的所有情况（真/假）至少出现一次，并且每个判定本身的判定结果（真/假）也至少出现一次。

A. 条件判定覆盖　B. 组合覆盖　C. 判定覆盖　D. 条件覆盖

2. 如图3-13所示的N-S图，至少需要（　　）个测试用例完成逻辑覆盖。

A. 12　B. 48　C. 27　D. 18

3. 不属于逻辑覆盖方法的是（　　）。

A. 组合覆盖　B. 判定覆盖　C. 条件覆盖　D. 接口覆盖

4. 某次程序调试没有出现预计的结果，下列（　　）不可能是导致出错的原因。

A. 变量没有初始化　B. 编写的语句书写格式不规范

C. 循环控制出错　D. 代码输入有误

5. 下面是一段求最大值的程序，其中datalist是数据表，n是datalist的长度。

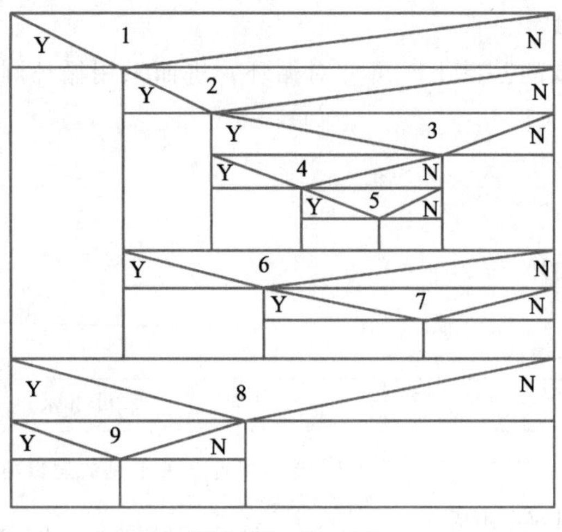

图 3-13 N-S 图

```
int GetMax(int n,int datalist[ ])
{
  int k=0;
  for(int j=1;j<n;j++)
    if(datalist[j]>datalist[k])   k=j;
  return k;
}
```

笔 记

该程序段的圈复杂度为（　　）。

A. 2　　B. 3　　C. 4　　D. 5

6. 在使用白盒测试中的逻辑覆盖法设计测试用例时，有语句覆盖、分支覆盖、条件覆盖、条件/判定覆盖、条件组合覆盖和路径覆盖等，在下列覆盖中，（　　）是最强的覆盖准则。

A. 语句覆盖　　B. 条件覆盖

C. 条件/判定覆盖　　D. 路径覆盖

7. 使用白盒测试方法时，确定测试数据应根据（　　）和指定的覆盖标准。

A. 程序内部逻辑　　B. 程序的复杂度

C. 使用说明书　　D. 程序的功能

8. 实际的逻辑覆盖测试中，一般以（　　）为主设计测试用例。

A. 条件覆盖　　B. 判定覆盖

C. 条件组合覆盖　　D. 路径覆盖

9. 下列不属于白盒测试的技术是（　　）。

A. 语句覆盖　　B. 判定覆盖

C. 边界值分析　　D. 基本路径测试

10. 软件测试中白盒法是通过分析程序的（　　）来设计测试用例的。

A. 应用范围　　B. 内部逻辑　　C. 功能　　D. 输入数据

11. （2019 软件测评师）一个程序的控制流图中有 5 个节点、8 条边，在测试用例数最少的情况，确保程序中每个可执行语句至少执行一次所需要的测试用例数的上限是（　　）。

A. 4　　B. 5　　C. 6　　D. 7

12. （2019 软件测评师）对于逻辑表达式（buf c [i] > 223 && buf c [i] < 240 && i+2 < total bytes），需要（　　）个测试用例才能完成条件组合覆盖。

A. 2　　B. 4　　C. 8　　D. 16

13. （2018 软件测评师）以下关于因果图法测试的叙述中，不正确的是（　　）

A. 因果图法是从自然语言书写的程序规格说明中找出因和果

B. 因果图法不一定需要把因果图转成判定表

C. 为了去掉不可能出现的因果组合，需要标明约束条件

D. 如果设计阶段就采用了判定表，则不必再画因果图

14. （2018 软件测评师）一个程序的控制流图中有 3 个节点、12 条边。在测试用例数最少的情况下，确保程序中每个可执行语句至少执行一次所需测试用例数的上限是（　　）。

A. 2　　B. 4　　C. 6　　D. 8

15. （2018 软件测评师）对于逻辑表达式（（（（a | b）l（c>2）&&d<0））），需要（　　）个测试用例才能完成条件组合覆盖。

A. 2　　B. 4　　C. 8　　D. 16

16. （2017 软件测评师）以下关于判定表测试法的叙述中，不正确的是（　　）。

A. 判定表由条件桩、动作桩、条件项和动作项组成

B. 判定表依据软件规格说明建立

C. 判定表需要合并相似规则

D. n 个条件可以得到最多 n^2 个规则的判定表

17. （2017 软件测评师）一个程序的控制流图中有 5 个节点、9 条边，在测试用例数最少的情况，确保程序中每个可执行语句至少执行一次所需测试用例数的上限是（　　）。

A. 2　　B. 4　　C. 6　　D. 8

18. （2017 软件测评师）对于逻辑表达式（（（a>0）&&（b>0））‖ c<5），需要（　　）个测试用例才能完成条件组合覆盖。

A. 2　　B. 4　　C. 8　　D. 16

二、填空题

1. 白盒测试中，控制流测试是面向程序的__________，数据流测试是面向程序__________的__________。

2. 在基本路径测试中，独立路径是指包括一组以前没有处理过的__________的一条路径。从程序控制流图来看，一条独立路径是至少包含有一条__________的边的路径。

3. 白盒测试的逻辑覆盖法有__________、__________、__________、条件/判定覆盖、条件组合覆盖以及__________。

4. 在单元测试时，测试者需要依据软件详细说明书和源程序清单，了解该模块的

笔记

I/O 条件和模块的逻辑结构，主要采用了__________测试技术，__________测试技术作为辅助。

5. 测试的主要评测方法包括__________和质量。

6. 对于多分支的判定，__________覆盖要使每一个判定表达式获得每一种可能的值来测试。

7. __________覆盖同时满足判定覆盖和条件覆盖。

8. 对软件产品进行动态测试时，用两种方法，分别称为__________和测试法。

9. 白盒测试方法的缺点是__________和__________。

10. 判定覆盖设计足够多的测试用例，使得被测试程序中的每个判断的“真”“假”分支测试的主要评测方法包括被执行一次。

三、问答题

1. 使用逻辑覆盖测试方法测试以下程序段。

```
public void work(int x,int y,int z) {
1  int k=0,j=0;
2  if((x>3)  &&(z<10)) {
3     k=x * y-1;
4     j=k-z;
5     }
6  if((x=4)|(|y>5)) {
7     j=x * y+10;
8  }
9  j=j%3;
}
```

说明：程序段中每行开头的数字（1～9）是对每条语句的编号。

2. 求最大值。

以下 Java 代码功能是找出数组中的最大值。请用循环测试方法对其进行测试。

```
public int maximum(int a[ ],int n)  {
  int i,j,k;
  i=0;
  k=i;
  for(j=i+1;j<n;j++)
    if  (a[j]>a[k])  {
      k=j;
  }
  return a[k];
}
```

3. 选择排序。

下面是选择排序的程序，将数组中的数据按从小到大的顺序进行排序。

笔记

```
public void select_sort(int a[ ])  {
    int  i,j. k,t. n;
    n=a. length;
    for(i=0;i<n-1;i++)  {
        k=i;
        for(j=i+1;j<n;j++)  {
            if(a[j]<a[k])  {
                k=j;
            }
        }
        if(i!  =k){
            t=a[k];
            a[k]=a[i];
            a[i]=t;
        }
    }
}
```

要求：

① 计算此程序段的圈复杂度。

② 用基本路径测试法给出测试路径。

③ 为各测试路径设计测试用例。

4. 代码程序。

```
   void  Sort(int  iRecordNum,int iType)
1  {
2     int  x=0;
3     int  y=0;
4     while(iRecordNum-->0)
5     {
6        If(iType==0)
7           x=y+2;
8        else
9           If(iType==1)
10             x=y+10;
11          else
12             x=y+20;
   }
   }
```

笔记

笔记

要求：

① 给以上代码画出控制流图。

② 计算控制流图的圈复杂度 V(G)，写出独立路径。

5. 为以下程序段设计一组测试用例，要求分别满足语句覆盖、判定覆盖、条件覆盖。

```
void  DoWork(int x,int y,int z)
{
  int  k=0,j=0;
  if((x>3)&&(z<10))
  {  k=x*y-1;
     j=sqrt(k);
  }  // 语句块 1
  if((x==4)|(|y>5))
  {  j=x*y+10;  }  // 语句块 2
  j=j%3;     // 语句块 3
}
```

6. 逻辑覆盖法是设计白盒测试用例的主要方法之一，它通过对程序逻辑结构的遍历实现程序的覆盖。针对以下 C 程序，回答问题。

```
IsPrime(int m)
{
  int i,k;
  k=sqrt(m);
  for(i=2;i<=k;i++)
if(m%i==0)  break;
  if(i>=k+1)
    printf("%d is a prime number\n",m);
   else
      printf("%d is not a prime number\n",m);
}
```

① 找出程序中所有的逻辑判断子语句。

② 画出上述程序的控制流图，并计算控制流图的圈复杂度 $V(G)$。设 IsPrime()的函数参数 m 取值为 $150<m<160$，使用基本路径测试法设计测试用例，将参数 m 的取值填入表 3-19，使之满足基本路径覆盖要求。

表 3-19 参数 m 取值

用例编号	m 取值
1	
2	

7. 某商场在“十一”期间，针对顾客购物时的收费有 4 种情况：普通顾客一次购物累计少于 100 元，按 A 类标准收费（不打折），一次购物累计多于或等于 100 元，按 B 类标准收费（打 9 折）；会员顾客一次购物累计少于 1 000 元，按 C 类标准首付（打 8 折），一次购物累计等于或多于 1 000 元，按 D 类标准收费（打 7 折）。测试对象是按以上要求计算顾客收费模块，按照路径覆盖法设计测试用例。

8. 邮箱注册需要填写邮箱地址和密码。其中要求邮箱格式“登录名@主机名．域名”，登录名为 5 个字母，主机名固定为 163 或 126，域名为 com 或 com. cn。密码为 6 个（含 6）以上数字组成。填写正确则提示“信息正确”，否则根据实际情况提示“* * 不符合要求”（* * 为邮箱地址或密码）。编写程序代码，使用 JUnit 框架编写测试类对编写的程序代码进行测试，测试类中设计最少的测试数据满足语句覆盖测试，每条测试数据需要在测试类中编写一个测试方法。使用 assertThat 中 equalTo 断言判断输出文字期望结果值和实际返回值是否一致。

9. 根据图 3-14 流程图编写程序实现相应分析处理并显示结果，并设计使用最少的测试数据进行判定条件覆盖测试。输入数据打印出“输入 x 值:”“输入 y 值:”。输出文字“a 的值:”和 a 的值；输出文字“b 的值:”和 b 的值；输出文字“c 的值:”和 c 的值；输出文字“d 的值:”和 d 的值；其中变量 x、y 均须为整型。

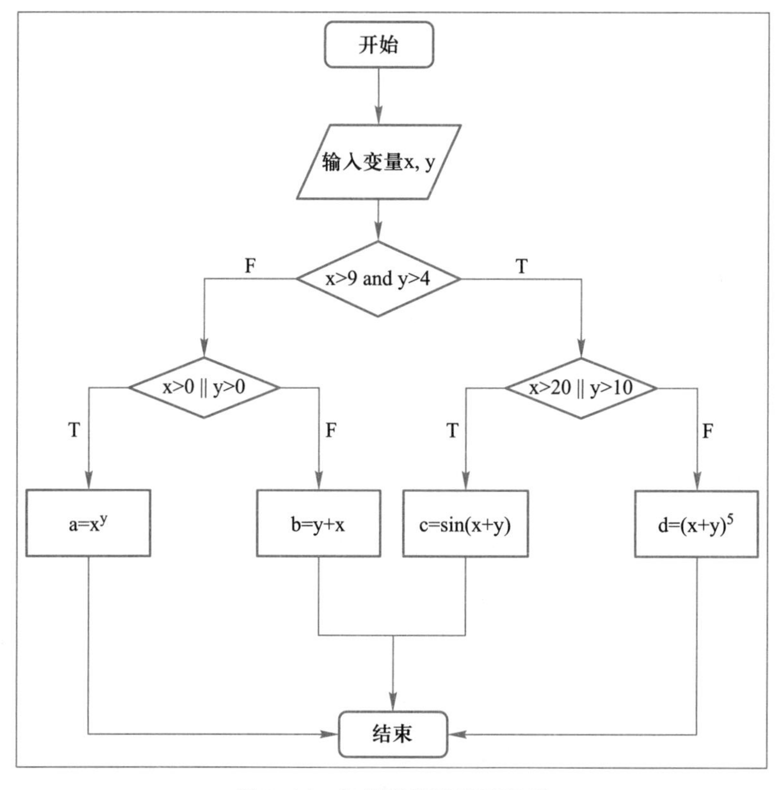

图 3-14　根据流程图编写程序

笔记

单元 4 单元测试

学习目标

【知识目标】

- 理解单元测试的基本概念。
- 了解单元测试的误区。
- 掌握 JUnit 的基本概念。
- 掌握 Eclipse 和 JUnit 编写单元测试的流程。
- 掌握 JUnit 的基本框架和结构。

【技能目标】

- 会在 Eclipse 集成开发环境下安装 JUnit。
- 会用 Eclipse 和 JUnit 编写简单的测试用例。
- 会用测试套件组合测试用例。

【素质目标】

- 培养开拓创新、严谨务实的工作作风。
- 培养对新问题和新技术的挑战探索精神和不断创新的精神。

引例描述

小李同学通过前面的学习发现，在学习了测试的基本概念之后，该如何对代码中设计的方法进行测试呢？小李去请教王老师，王老师告诉他，单元测试可以有效地解决这个问题，如图 4-1 所示。

笔 记

图 4-1 小李请教王老师单元测试的概念

单元测试作为代码级最小单位的测试，在开发过程中发挥着举足轻重的作用。JUnit 是一个开源的 Java 编程语言的单元测试框架，是 Java 开发的单元测试的事实标准。

王老师给小李制订了学习单元测试的计划，分为以下两步来学习。

第一步：学习单元测试的入门知识，对简单的 Java 程序进行单元测试。

第二步：学习 JUnit 的核心架构，对自动售货机程序进行单元测试。

任务 4.1 使用 JUnit 测试简单 Java 程序

任务陈述

本任务通过对一个简单计算器的加、减、乘、除功能的测试代码的编写，了解单元测试的基本概念和 JUnit 单元测试工具，掌握 JUnit 的安装，熟悉使用 Eclipse 和 JUnit 进行简单测试用例编写和运行的过程，为后面的 JUnit 框架的理解和使用打下基础。

从软件测试的过程来看，单元测试是软件测试的基础，是软件测试的第一个测试阶段，因此单元测试的效果会直接影响软件的后期测试，最终在很大程度上影响软件的质量。

JUnit 是 Java 的最主要的单元测试框架，对单元测试的基本概念的学习和理解能帮助读者进一步理解 JUnit 的基本概念。在理解 JUnit 的基础上，本任务要求学生进一步掌握使用 Eclipse 进行单元测试代码的编写流程。

学习单元测试和 JUnit 的基本概念需要以白盒、黑盒测试的相关知识为基础。从软件开发的流程入手，从软件开发与测试的对应关系中了解单元测试在软件开发中的地位。然后，从单元测试用例的编写要求引入 JUnit 测试框架，通过使用 Eclipse 集成开发环境编写一个简单计算器的测试用例，说明使用 IDE 工具编写和运行单元测试的流程。

通过简单的实例训练，练习从 JUnit 的官方网站下载和安装 JUnit，以及使用 Eclipse 编写单元测试用例。

知识准备

1. 单元测试的基本概念

(1) 什么是单元测试

单元测试是开发者编写的一小段代码，用于检验被测代码的一个很小的、很明确的功能是否正确。通常而言，一个单元测试是用于判断某个特定条件（或者场景）下某个特定函数的行为。如果将测试比作清洗一台机器，那么单元测试就是清洗各个零件的内部。

单元测试的作用是获取应用程序中可测软件的最小片段，将其同其他代码隔离开来，然后确定它的行为确实和开发者所期望的一致。显然，只有保证了最小单位的代码准确，才能有效构建基于它们之上的软件模块及系统。

笔 记

(2) 为什么使用单元测试

单元测试不但会使开发人员的工作完成得更轻松，而且会令其设计变得更好，甚至大大减少花在调试上的时间。

① 帮助开发人员编写代码，提升质量、减少缺陷（Bug）。

编写单元测试代码的过程就是促使开发人员思考工作代码实现内容和逻辑的过程，之后实现工作代码的时候，开发人员思路会更清晰，实现代码的质量也会有相应的提升。

② 提升反馈速度，减少重复工作，提高开发效率。

开发人员实现某个功能或者修补某个 Bug，如果有相应的单元测试支持，开发人员可以马上通过运行单元测试来验证之前完成的代码是否正确，而不需要反复通过发布压缩包、启动应用服务器、通过浏览器输入数据等烦琐的步骤来验证所完成的功能。用单元测试代码来验证代码和通过发布应用以人工的方式来验证代码这两者的效率相差很多。

③ 保证最后的代码修改不会破坏之前代码的功能。

项目越做越大，代码越来越多，特别涉及一些公用接口之类的代码或是底层的基础库，很难保证这次修改的代码不会破坏之前的功能，所以与此相关的需求会被搁置或推迟。由于不敢改进代码，代码也变得越来越难以维护，质量也越来越差。而单元测试就是解决这种问题的很好方法。

由于代码的历史功能都有相应的单元测试保证，修改了某些代码以后，通过运行相关的单元测试就可以验证出新调整的功能是否影响之前的功能。当然，要实现到这

笔记

种程度需要很大的付出，不但要能够达到比较高的测试覆盖率，而且单元测试代码的编写质量也要有保证。

④ 让代码维护更容易。

给代码写很多单元测试，相当于给代码加上了规格说明书，开发人员通过阅读单元测试代码也能够更好理解现有代码。很多开源项目都有相当数量的单元测试代码。

⑤ 有助于改进代码质量和设计。

很多易于维护、设计良好的代码都是通过不断地重构才得到的。虽然说单元测试本身不能直接改进生产代码的质量，但它为生产代码提供了“安全网”，让开发人员可以勇敢地改进代码，提升代码质量。

（3）单元测试的内容

单元测试主要从模块接口、局部数据结构、独立路径、边界条件、错误处理等方面考虑相关的因素进行测试。其中，模块接口测试是单元测试的基础，当模块通过外部设备进行输入/输出操作时，只有在数据能正确流入、流出模块的前提下，模块才能完成其功能。模块接口测试应考虑下列因素：

① 输入的实际参数与形式参数的个数是否相同。

② 输入的实际参数与形式参数的属性是否匹配。

③ 输入的实际参数与形式参数的量纲是否一致。

④ 调用其他模块时所给实际参数的个数是否与被调模块的形参个数相同。

⑤ 调用其他模块时所给实际参数的属性是否与被调模块的形参属性匹配。

⑥ 调用其他模块时所给实际参数的量纲是否与被调模块的形参量纲一致。

⑦ 调用预定义函数时所用参数的个数、属性和次序是否正确。

⑧ 是否存在与当前入口点无关的参数引用。

⑨ 是否修改了只读型参数。

⑩ 对全程变量的定义各模块是否一致。

⑪ 是否把某些约束作为参数传递。

⑫ 文件使用前是否已经打开。

⑬ 是否处理了文件尾。

⑭ 是否处理了输入/输出错误。

⑮ 输出信息中是否有文字性错误。

2. JUnit的基本应用

微课 4-1
JUnit 简介

（1）JUnit 简介

单元测试在软件开发中变得越来越重要，而一个简明易学、适用广泛、高效稳定的单元级测试框架对成功地实施测试有着至关重要的作用。

在 Java 编程环境中，JUnit 是一个已经被多数 Java 程序员采用和实证的优秀的测试框架。开发人员只需要按照 JUnit 的约定编写测试代码，就可以对被测试代码进行测试。

JUnit 是 1997 年被创建的，1999 年以来，已经发展成业界标准的 Java 测试和设计工具，这个框架所体现的概念被抽象成 XUnit 框架，并被移植到 30 多种语言和环境中。JUnit 是一个开源软件，它是一个简洁、实用和经典的单元测试框架。

JUnit 的特性主要包括：

- 使用断言方法判断期望值和实际值差异，返回布尔值。
- 测试驱动设备使用共同的初始化变量或者实例。
- 测试包结构便于组织和集成运行。
- 支持图形交互模式和文本交互模式。

之所以众多的开发人员选择 JUnit 作为单元测试的工具，是因为它具有以下优点：

1）JUnit 是开源工具

JUnit 不仅可以免费使用，还可以找到许多实际项目中的引用示例。由于开放源代码，开发者还可以根据需要扩展 JUnit 的功能。

2）JUnit 可以将测试代码和产品代码分开

在软件产品发布时，开发者一般只希望交付给用户稳定运行的产品代码，测试代码和产品代码分开就非常容易做到这一点。测试代码和产品代码分开后，就可以分开维护而不会发生混乱。

3）JUnit 的测试代码非常容易编写，并且功能强大

一般情况下，开发者更愿意花费大量的时间在功能的实现上，简单而功能强大的测试代码就显得非常重要。在 JUnit 4.0 以前的版本中，所有的测试用例都必须继承 TestCase 类，并且使用以“test+被测试方法名”的约定。在 JUnit 4.0 及其以后的版本中，使用 JDK 5.0 的注解功能，只需在方法体前使用@ test 表明该方法是测试方法即可，使得测试代码的编写更加简单。

4）JUnit 自动检测测试结果并且提供及时的反馈

JUnit 的测试方法可以自动运行，并且使用以 assert 为前缀的方法自动对比开发者期望值和被测方法实际运行结果，然后返回给开发者一个测试成功或者失败的简明测试报告。这样就不用人工对比期望值和实际值，在保证质量的同时提高了软件的开发效率。

5）易于集成

JUnit 易于集成到开发的构建过程中，在软件的构建过程中完成对程序的单元测试。最典型的应用就是利用 Ant 和 JUnit 相结合进行软件的增量开发。首先根据软件的功能需求编写好测试用例，然后使用 Ant 的 JUnit 任务将测试用例的执行集成到 Ant 的构建文件中，并且可以设置生成的测试报告类型。使用 Ant 构建软件的过程就可以自动运行测试用例，并按照开发者指定的形式生成测试报告。

6）便于组织

JUnit 的测试包结构便于组织和集成运行，支持图形交互模式和文本交互模式。

（2）JUnit 下载和安装

JUnit 以 JAR 包的方式分发，因此它的下载和安装很容易，只需要到 JUnit 的官方网站下载 JUnit 最新版本的安装程序。目前，JUnit 官方的最新稳定版本是 JUnit4.12。JUnit 后续即将发行 JUnit5，将全面支持 Java8 的一些新特性，如 Lambda 表达式等。

将下载得到的 junit.jar 加入 CLASSPATH 环境变量即可使用 JUnit。如果使用 Eclipse 工具，则可以在项目属性的 Build Path 中单击“Add Library”按钮，在打开的对话框中选择 JUnit 的 JAR 包即可。

注意：不要将 JUnit.jar 和 JDK 安装到同一个目录，否则可能找不到被测类。

笔记

微课 4-2
JUnit4 快速入门

3. JUnit 的简单应用

（1）编写被测案例的代码

为了更好地理解如何使用 JUnit 编写测试用例，本案例使用了一个简化的计算器，其只实现了两个整数的加、减、乘、除功能，并且未考虑除数为 0 的情况，代码如下。

```
package edu. niit. junit. demo;
public class Calculator {
  public int add(int a, int b) {
    return a + b;
  }
  public int substrate(int a, int b) {
    return a - b;
  }
public int multiply(int a, int b) {
    return a* b;
  }
  public int divide(int a, int b) {
    return a / b;
  }
}
```

笔 记

（2）编写测试代码

一个简单计算器的 JUnit 4 的测试代码如下。

```
01      package edu. niit. junit. demo;
02      import static org. junit. Assert. * ;
03      import   org. junit. Test;
04      public class CalculatorTest {
05          @ Test
06        public void testAdd() {
07              Calculator calculator = new Calculator();
08              int result = calculator. add(3, 2);
09              assertEquals(5, result);
10          }
11      }
```

第 1 行，定义测试类所在的包。

第 2 行和第 3 行，引入 JUnit 测试类必需的 JAR 包。

第 4 行，定义一个测试类 CalculatorTest。

第 5 行，用 JUnit 的注解@ Test，将下面的方法标注为一个测试方法。

第 6 行，定义一个测试方法，方法名可自定义，一般会以 test 开头。

第 7 行，遵循对象测试的风格，创建对象。

第 8 行，测试 Calculator 的 add（）的方法。

第 9 行，用断言比较调用 add（）方法之后的返回值和期望值是否一致。

本例虽然简单，但也展示了 JUnit4 测试用例的基本结构，具体如下。

① JUnit 中一个测试用例对应一个测试方法。要创建测试，必须编写对应的方法。

② JUnit 4 的测试是基于注解的，每个测试方法前面都要加上@ Test 注解。

③ 每个测试方法要做一些断言，断言主要用于比较实际结果与期望结果是否相符。本例中，如果 result 值不等于 5，断言失败，整个测试用例运行的结果就是失败，否则表示这个测试用例通过。

（3）运行测试用例

完成测试代码的编写之后，接下来就是运行测试用例。JUnit4 提供文本方式、AWT 方式和 Swing 方式 3 种不同方式的运行器执行测试用例。大多数情况下，AWT 方式不如 Swing 方式。

在 JUnit 4 中，文本运行器由 junit. textui. TestRunner 类实现，它以文本的方式在控制台上报告测试结果。如要用这种方式执行测试代码，在 Windows 平台执行以下命令：

```
java -cp junit. jar;. junit. textui. TestRunner edu. niit. junit. demo. CalculatorTest
```

运行结果如图 4-2 所示。

笔记

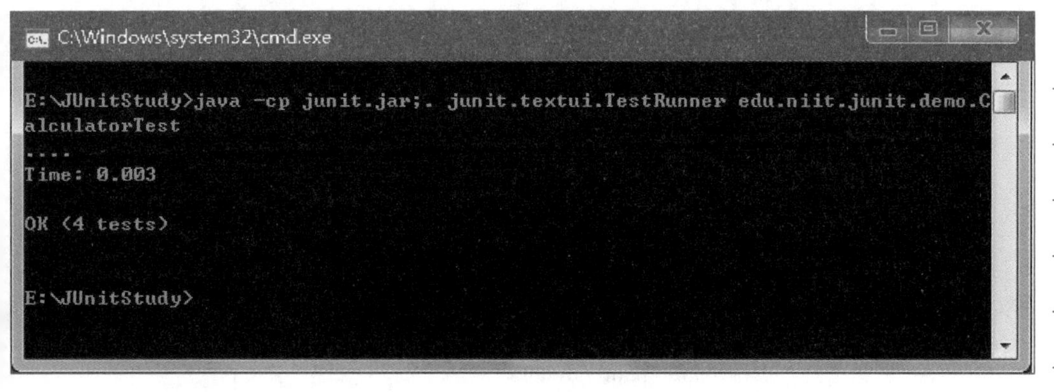

图 4-2 textui 运行器页面

如要用 Swing 运行器，在 Windows 平台需要输入以下命令：

```
java -cp junit. jar;. junit. swingui. TestRunner edu. niit. junit. demo. CalculatorTest
```

运行结果如图 4-3 所示。

现在支持 JUnit 的 IDE 中默认的都是图形化的运行器，如 Eclipse、NetBeans。如果需要自动化构建（如 Ant），则首选文本方式运行器。

任务实施

1. 实现 JUnit 的下载与安装

（1）JUnit 下载

JUni4. 12 的 JAR 包可以到了 Unit 官网下载，如图 4-4 所示，单击左侧超链接即可下载 JAR 包。

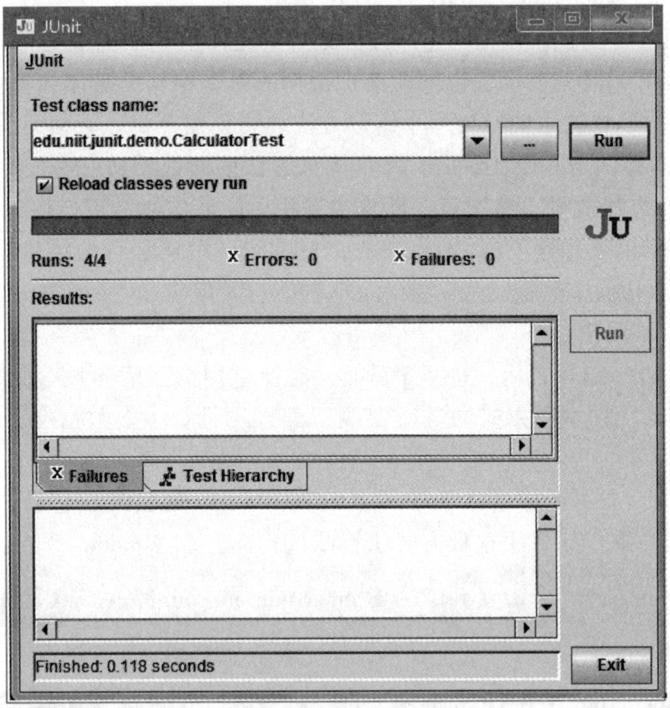

图 4-3 Swingui 运行器页面

笔记

JAR包	Maven中央仓库下载junit-4.12.jar | 下载junit-4.12.jar源码

图 4-4 JUnit 4.12 的下载页面

如果使用 Maven 来管理项目的 JAR 包，则需要添加以下依赖，如图 4-5 所示。

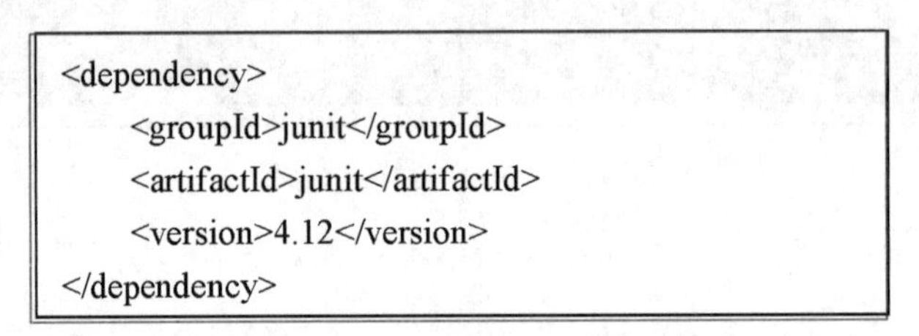

```
<dependency>
    <groupId>junit</groupId>
    <artifactId>junit</artifactId>
    <version>4.12</version>
</dependency>
```

图 4-5 JUnit 的 Maven 依赖写法

（2）JUnit 的安装

按照如图 4-6 所示的方式将 junit. jar 包加入 CLASSPATH 中。

2. 实现 Eclipse 编写 JUnit 单元测试

（1）Eclipse 引入 JUnit

新建一个 Java 工程 JUnitStudy，打开项目 JUnitStudy 的属性页，选择 “Java Build Path” 选项，单击 “Add Library” 按钮，在打开的 “Add Library” 对话框中选择 “JUnit” 选项（图 4-7），并在下一页中选择版本 JUnit 4 后单击 “Finish” 按钮，这样

便把 JUnit 引入到当前项目库中了。

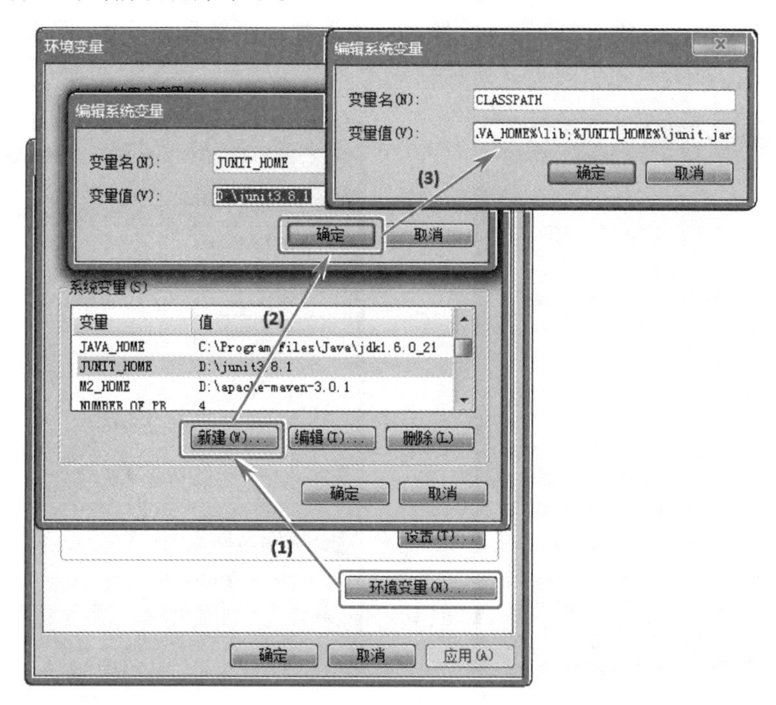

图 4-6　配置 CLASSPATH

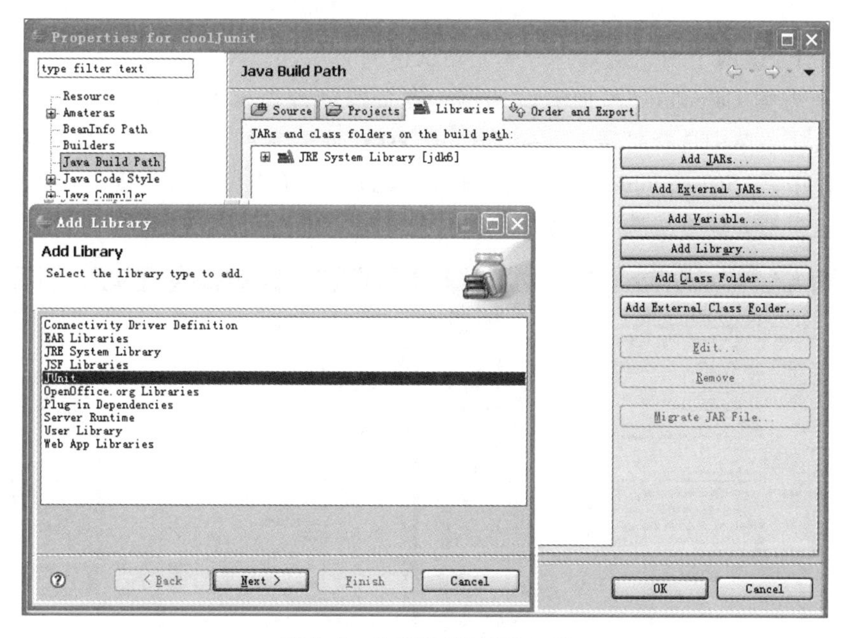

图 4-7　为项目添加 JUnit 库

（2）JUnit 测试用例编写

1）新建单元测试代码目录

单元测试代码是不会出现在最终软件产品中的，所以最好为单元测试代码与被测试代码创建单独的目录，并保证测试代码和被测试代码使用相同的包名。这样既保证了代码的分离，同时还保证了查找的方便。

遵照这条原则，在项目 JUnitStudy 根目录下添加一个新目录 test，并把它加入项目源代码目录中，如图 4-8 和图 4-9 所示。

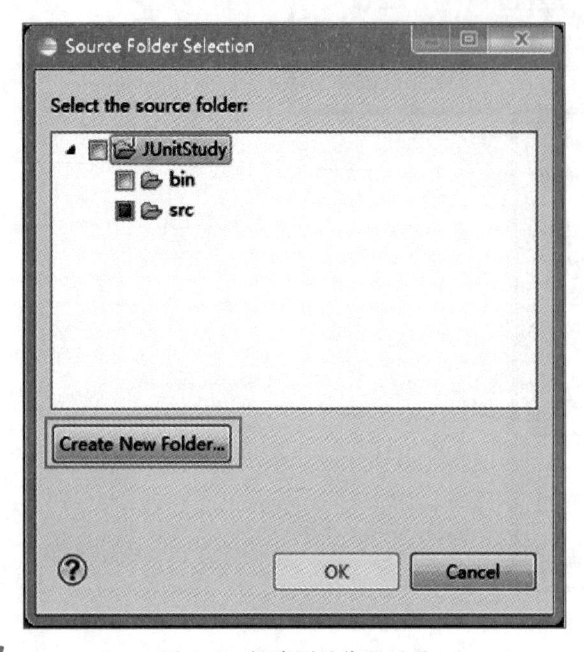

图 4-8 新建测试代码目录

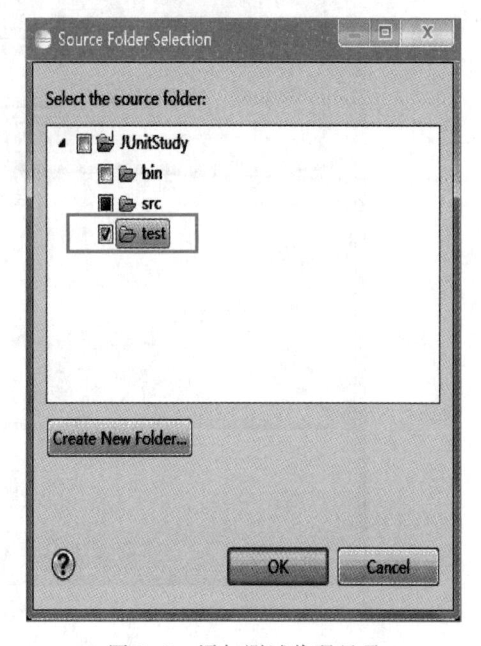

图 4-9 添加测试代码目录

笔 记

2）分别为这两个功能编写一个单元测试用例

接下来为类 Calculator 添加测试用例。在资源管理器 Calculator. java 文件处右击，在弹出的快捷菜单中选择“new”→“JUnit Test Case”命令，在打开的如图 4-10（a）所示对话框中，“Source folder”文本框选择 test 目录，单击“Next”按钮，选择要测试的方法，这里把 add 方法选上，最后单击“Finish”按钮完成，如图 4-10（b）所示。

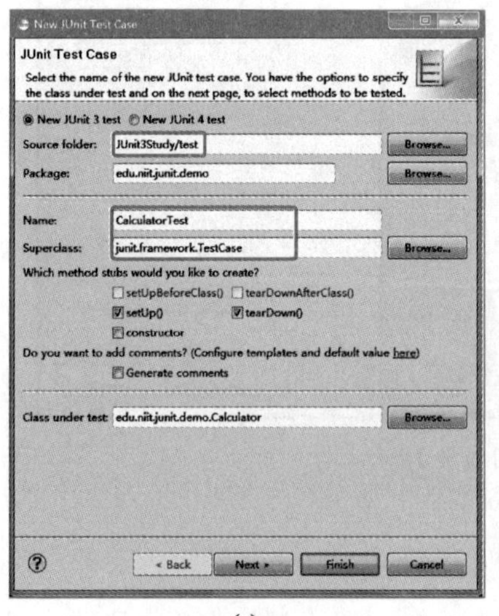

(a)

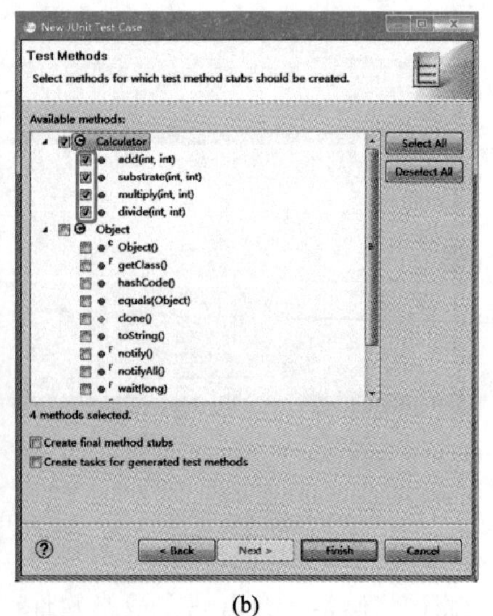

(b)

图 4-10 新建测试用例

3）编写测试用例

在生成的代码框架的基础上，编写 add()、substrate()、multiply()和 divide()方法的测试代码。

```
public void testAdd() {
    Calculator calculator = new Calculator();
    int result = calculator.add(3, 2);
    assertEquals(5, result);
}
public void testSubstrate() {
    Calculator calculator = new Calculator();
    int result = calculator.substrate(1, 2);
    assertEquals(-1, result);
}
public void testMultiply() {
    Calculator calculator = new Calculator();
    int result = calculator.multiply(2, 3);
    assertEquals(6, result);
}
public void testDivide() {
    Calculator calculator = new Calculator();
    try {
    int result = calculator.divide(6, 4);
    assertEquals(1, result);
    } catch (Exception e) {
      fail("测试失败!");
    }
}
```

4）查看运行结果

在测试类上右击，在弹出的快捷菜单中选择“Run As JUnit Test”命令。运行结果如图 4-11 所示，其中左侧的进度条提示测试运行通过了。

笔记

任务拓展

① 编写数组求最大值和最小值的代码的单元测试。

② 编写以下代码的单元测试。

```
public class NumberUtil {
  /* 判断输入的数字是否为素数 */
  public Boolean isPrime(int num) {
```

```
    for (int i = 2; i < Math.sqrt(num); i++) {
      if (num % i == 0)
        return false;
    }
    return true;
  }
  /* 判断输入的数字是否满足能被 7 或 9 整除但不能被 2 或 5 整除 */
  public boolean isDivisible(int num) {
    if (((num % 7 == 0) || (num % 9 == 0))
        && (num % 5 != 0 && num % 2 != 0)) {
      return true;
    } else {
      return false;
    }
  }
}
```

笔记

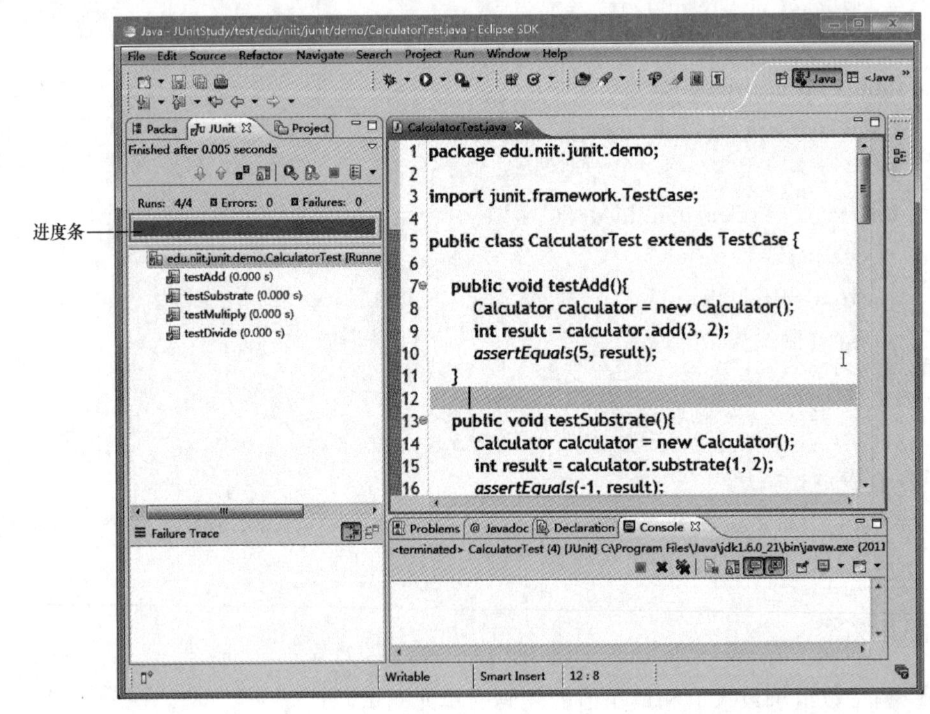

图 4-11 JUnit 测试示例 1 运行结果

项目实训 4.1 字符串合法性判断程序 JUnit 测试

【实训目的】

① 理解单元测试的基本概念。

② 理解手工编写单元测试的基本方法。
③ 掌握使用 Eclipse 进行单元测试的过程。
④ 编写简单的基于 JUnit 的单元测试用例。
【实训内容】
根据所学内容，编写判断日期字符串是否合法的应用的测试用例并运行之。

笔 记

任务 4.2　使用 JUnit 测试自动售货机程序

任务陈述

本任务将利用经典的自动售货机案例，完成 JUnit 4 的测试用例的编写，掌握 JUnit 的测试框架和核心类：TestCase、TestSuite、TestRunner 和 Assert，了解它们如何共同工作，并完成测试用例的编写和运行。

JUnit 4 是一个全新的框架，它充分利用了 Java 5 的注解，使测试更为简单快捷。通过对本任务的学习，可以充分理解 JUnit 4 中注解的应用。

知识准备

1. JUnit 核心类与接口

自动化测试框架是可以自动对代码进行单元测试的框架。在传统的软件开发流程中，需求、设计、编码和测试都有各自独立的阶段，阶段之间不可以回溯，所以测试是不是自动化并不重要。新的软件开发流程中，引入了迭代开发的概念，并且项目迭代周期短，对代码要进行频繁的重构，这就要求单元级测试必须能够自动、简便、高速的运行，否则重构就是不现实的。

微课 4-3
JUnit 核心类及接口

（1） JUnit 的核心类

当需要编写更多的测试用例时，可以创建更多的 TestCase 对象。当需要一次执行多个 TestCase 对象时，可以创建另一个叫作 TestSuite 的对象。为了执行 TestSuite，需要使用 BaseTestRunner。这和你在前一单元中对 TestCase 对象所做的是一样的，图 4-12 展示了这 3 个类在实践中的“三重唱”。

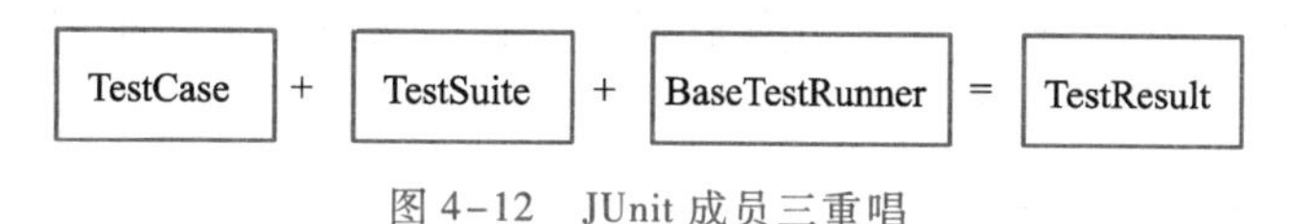

图 4-12　JUnit 成员三重唱

- TestCase（测试用例）：扩展了 JUnit 的 TestCase 类的类。它以 testXxxx 方法的形式包含一个或多个测试。一个测试用例把具有公共行为的测试归入一组。当提到测试时，一般指的是一个 testXxxx 方法；当提及测试用例时，指的是一个继承自 TestCase 的类，也就是一组测试。
- TestSuite（测试集合）：一组测试。一个测试集合是把多个相关测试归入一组的便捷方式。例如，如果没有为 TestCase 定义一个测试集合，那么 JUnit 就会自动提供一个测试集合，包含 TestCase 中所有的测试。

- BaseTestRunner（测试运行器）：执行测试集合的程序。JUnit 提供了几个测试运行器，可以用它们来执行测试。没有 TestRunner 接口，只有一个所有测试运行器都继承的 BaseTestRunner。因此，当编写 TestRunner 时，实际上指的是任何继承 BaseTestRunner 的测试运行器类。

这 3 个类是 JUnit 框架的骨干。一旦理解了 TestCase、TestSuite 和 BaseTestRunner 的工作方式，就可以随心所欲地编写测试。在正常情况下，只需要编写测试用例，其他类会在幕后帮助完成测试。这 3 个类和另外 4 个类紧密配合，形成了 JUnit 框架的核心。表 4-1 归纳了这 7 个核心类各自的责任。

表 4-1 JUnit 核心类及接口（接口用斜体表示）

类/接口	责任
Assert	当条件成立时 assert 方法保持沉默，但若条件不成立就抛出异常
TestResult	TestResult 包含了测试中发生的所有错误或者失败
Test	可以运行 Test 并把结果传递给 TestResult
TestListener	测试中若产生事件（开始、结束、错误、失败）会通知 TestListener
TestCase	TestCase 定义了可以用于运行多项测试的环境（或者说固定设备）
TestSuite	TestSuite 运行一组测试用例（它们可能包含其他 test suite），它是 Test 的组合
BaseTestRunner	test runner 是用来启动测试的用户界面，BaseTestRunner 是所有 test runner 的超类

笔记

（2）JUnit 其他接口

1）Test 接口

Test 接口是 TestCase、TestSuite 的共同接口，用于运行测试和收集测试结果。该接口使用了 Composite 设计模式。

它的 run（TestResult result）用来运行 Test，并且将结果保存到 TestResult。

2）TestResult（测试结果）

TestResult 类收集 TestCase 的执行结果，报告测试结果。若测试成功，那么 TestResult 代码是干净的，进度条呈绿色显示，否则，TestResult 就会报告失败，并输出失败测试的数目和它的堆栈轨迹。

JUnit 区分失败和错误，失败是可预测的，代码中的改变不时会造成断言失败，只要修正代码，断言就可以再次通过，但是错误（如常规程序抛出的异常）则是测试时不可预测的。当然，错误可能意味着支持环境中的失败，而不是测试本身的失败，当遇到错误，好的分析步骤是：

① 检查环境（数据库正常运行，网络是否正常）。

② 检查测试。

③ 检查代码。

3）TestListener 接口

JUnit 框架提供了 TestListener 接口，以帮助对象访问 TestResult 并创建有用的报告。TestRunner 实现了 TestListener，很多特定的 JUnit 扩展也实现了 TestListener。可以有任意数量的 TestListener 向 JUnit 框架注册，这些 TestListener 可以根据 TestResult 提供的信息做它们需要做的任何事情。

虽然 TestListener 接口是 JUnit 框架的重要部分，但是在编写测试时不必实现这个接口。

（3）TestCase（测试用例）

概括地说，JUnit 的工作过程就是由 TestRunner 来运行包含一个或多个 TestCase（或者其他 TestSuite）的 TestSuite。但在常规工作中，通常只和 TestCase 打交道。

JUnit 框架附带了即刻可以投入使用的图形界面 TestRunner 和文本界面 TestRunner。框架还可以生成默认的运行时 TestSuite。所以，必须由用户自己提供的类就只剩下 TestCase 了。典型的 TestCase 包含 fixture 和单元测试两个主要部件。

1）用 fixture 管理资源

把通用的资源配置代码放在测试中并不合适，因为一般用户只需要一个稳健的外部环境，并在这个环境中运行测试。运行测试所需要的这个外部资源环境通常称为 test fixture。

fixture 是运行一个或多个测试所需的公用资源或数据集合。

TestCase 通过 setUp 和 tearDown 方法来自动创建和销毁 fixture。TestCase 会在运行每个测试之前调用 setUp，并且在每个测试完成之后调用 tearDown。把不止一个测试方法放进同一个 TestCase 的一个重要理由就是可以共享 fixture 代码。图 4-13 描述了 TestCase 的生命周期。

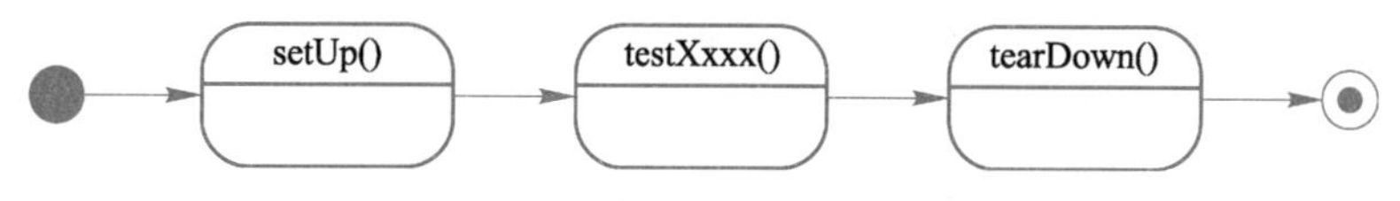

图 4-13　JUnit 测试框架

需要 fixture 的一个典型例子就是数据库连接。如果一个 TestCase 包括好几项数据库测试，那么它们都需要一个新建立的数据库连接。通过 fixture 就可以很容易地为每个测试开启一个新链接，而不必重复编写代码。

2）TestCase 成员

除了 Assert 提供的方法之外，TestCase 还实现了 10 个它自己的方法。表 4-2 概括了这 10 个 Assert 接口没有提供的 TestCase 成员。在实践中，很多 TestCase 都会用到 setUp 和 tearDown 方法，表 4-2 中的其他方法基本上只有为 JUnit 编写扩展的开发者才会感兴趣。

表 4-2　JUnit 的方法列表

方法	描述
countTestCase（）	计算 run（）所执行的 TestCase 的数目
createResult（）	创建默认的 TestResult 对象
getName（）	获得 TestCase 的名字
run（）	运行 TestCase 并收集 TestResult 中的结果

续表

方法	描述
runBare ( )	运行测试序列（如自动发现 test 方法）
runTest ( )	重载以运行测试并断言其状态
setName ( )	设置 TestCase 的名字
setUp ( )	初始化资源配置
tearDown ( )	清除资源配置
toString ( )	返回 TestCase 的字符串表示

2. JUnit 断言

Assert 是 JUnit 框架的一个静态类，包含一组静态的测试方法，用于比较期望值和实际值是否正确。如果测试失败，Assert 类就会抛出一个 AssertionFailedError 异常，JUnit 将这种错误归入 failes 并加以记录，同时标志为未通过测试。如果该类方法中指定一个 String 类型的参数，则该参数将被作为 AssertionFailedError 异常的标识信息，告诉测试人员该异常的详细信息。

JUnit Assert 类提供了 6 大类 38 个断言方法，包括基础断言、数字断言、字符断言、布尔断言、对象断言。其中 8 个核心断言方法见表 4-3。

表 4-3　Assert 类提供的 8 个核心方法

方法	描述
assertTrue	断言条件为真。若不满足，方法抛出带有相应的信息（如果有的话）的 AssertionFailedError 异常
assertFalse	断言条件为假。若不满足，方法抛出带有相应的信息（如果有的话）的 AssertionFailedError 异常
assertEquals ( )	断言两个对象相等。若不满足，方法抛出带有相应的信息（如果有的话）的 AssertionFailedError 异常
assertNotNull ( )	断言对象不为 null。若不满足，方法抛出带有相应的信息（如果有的话）的 AssertionFailedError 异常
assertNull ( )	断言对象为 null。若不满足，方法抛出带有相应的信息（如果有的话）的 AssertionFailedError 异常
assertSame ( )	断言两个引用指向同一个对象。若不满足，方法抛出带有相应的信息（如果有的话）的 AssertionFailedError 异常
assertNotSame ( )	断言两个引用指向不同的对象。若不满足，方法抛出带有相应的信息（如果有的话）的 AssertionFailedError 异常
fail ( )	强制测试失败，并给出指定信息

其中 assertEquals（Object expected，Object actual）的内部逻辑判断使用 equals（）方法，这表明断言两个实例的内部哈希值是否相等时，最好使用该方法对相应类实例的值进行比较。

assertSame（Object expected，Object actual）内部逻辑判断使用了 Java 运算符

“==”，这表明该断言判断两个实例是否来自同一个引用，最好使用该方法对不同类的实例的值进行比对。

assertEquals（String message，String expected，String actual）方法对两个字符串进行逻辑比对，如果不匹配则显示这两个字符串有差异的地方。comparisionFailure 类提供两个字符串的比对，不匹配则给出详细的差异字符。

3. JUnit 测试套件

(1) 运行自动套件

微课 4-4
JUnit 测试套件

TestSuite 测试包类实现 Test 接口。可以组装一个或者多个 TestCase。被测试类中可能包括了对被测类的多个 TestCase，而 TestSuite 可以保存多个 TestCase，负责收集这些测试，这样一个套件就能运行对被测类的多个测试。

在任务 4.1 的 CalculatorTest 中并没有定义 TestSuite，其运行原理是若没有提供自己的 TestSuite，test runner 会自动创建一个。

默认的 TestSuite 会扫描测试类，找出所有以 test 开头的方法。默认的 TestSuite 在内部为每个 testXxxx 方法都创建一个 TestCase 的实例，要调用的方法的名称会传递给 TestCase 的构造函数，这样每个实例就有个独一无二的标识。

对于任务 4.1 中的 CalculatorTest 而言，默认的 TestSuite 可以用以下代码表示：

```
public static Test suite(){
  return new TestSuite(CalculatorTest.class);
}
这就相当于：
public static Test suite() {
  TestSuite suite =new TestSuite();
  suite.addTest(new CalculatorTest ("testAdd"));
  return suite;
}
```

笔记

JUnit 4 把这个构造函数变成可有可无，所以原来的 CalculatorTest 类的源代码中没有包含它。现在大多数开发者依赖自动 TestSuite，很少会创建自己的 Suite，可以忽略该构造函数。

(2) 编写自己的 TestSuite

默认的 TestSuite 设计目的是为了让开发人员可以轻松应付简单情形，但若它不能满足需要，如可能需要组合多个 Suite，把它们作为主 Suite 的一部分。这些 Suite 来自多个不同的 Package。

在很多情况下可能要运行多个 Suite 或者在一个 Suite 中选择一些测试来执行。即便是 JUnit 框架也有一种特殊情况：为了测试自动 Suite 功能，JUnit 框架需要创建自己的 Suite 来进行比较。

通常情况下，AllTests 类仅仅包括一个静态的 Suite（）方法，这个方法会注册应用程序需要定期执行的所有的 Test 对象（包括 TestCase 对象和 TestSuite 对象），以下代码展示了一个典型的 AllTests 类。

笔 记

```
public class AllTests extends TestCase {
  public static Test suite() {
    TestSuite suite = new TestSuite(AllTests.class.getName());
    suite.addTestSuite(CalculatorTest.class);
    return suite;
  }
}
```

TestSuite 处理测试用例有以下 6 个规则，否则会被拒绝执行测试。

① 测试用例必须是公有类（public）。

② 测试用例必须继承于 TestCase 类。

③ 测试用例的测试方法必须是公有的（public）。

④ 测试用例的测试方法必须被声明为 void。

⑤ 测试用例的测试方法的前置名词必须是 test。

⑥ 测试用例的测试方法无任何传递参数。

4. 探究 JUnit 4

JUnit 4. x 利用 Java 5 的注解优势，使得其测试过程比在 JUnit 3. x 版本下更加方便简单，JUnit 4. x 不是旧版本的简单升级，而是一个全新的框架，整个框架的包结构已经彻底改变，但 JUnit 4. x 版本仍然能够很好地兼容旧版本的测试套件。表 4-4 列出了 JUnit 4. x 的特点。

表 4-4 JUnit 4. x 的特点

JUnit 4. x 特点
必须引入 org. junit. Test；org. junit. Assert. * （static import）
不需要继承类 TestCase
测试方法名称可以自定义，但方法前面必须加上@ Test 注解
通过 assertXxxx（）方法判断结果

（1）常用注解

1）@ Test

@ Test 表明这是一个测试方法，在 JUnit 中将会自动被执行。对于方法的声明也有如下要求：名字可以随意取，但返回值必须为 void，而且不能有任何参数。如果违反这些规定，会在运行时抛出一个异常。如：

```
@Test
public void testAdd() {
  int result = cal.add(1, 1);
  assertEquals(2, result);
}
```

该注解可以测试期望异常和超时时间，如@ Test（timeout=100），给测试函数设定一个执行时间，超过了这个时间（100 ms），它们就会被系统强行终止，并且系统还会提示该函数结束的原因是因为超时，这样就可以发现这些漏洞了。同时还可以测试期望的异常，如@ Test（expected = IllegalArgumentException. class）。

```
@ Test( expected = Exception. class)
public void testDivide( ) throws Exception {
    cal. divide(1, 0);
}
```

2） @ Before

初始化方法，在任何一个测试执行之前必须执行的代码，与 JUnit 3. x 中的 setUp( )方法具有相同功能。格式为@ Before public void method( )，如：

```
@ Before
public void setUp ( ) throws Exception {
    calculator = new Calculator( );
}
```

3） @ After

释放资源，在任何测试执行之后需要进行的收尾工作。与 JUnit 3. x 中的 tearDown( )方法具有相同功能。格式为@ Afterpublic void method( )，如：

```
@ After
public void tearDown ( ) throws Exception {
    calculator = null;
}
```

笔 记

4） @ BeforeClass

针对所有测试，在所有测试方法执行前执行一次，且必须为 public static void，此注解为 JUnit 4. x 新增功能。格式为@ BeforeClass public void method( )，如：

```
@ BeforeClass
public static void setUpBeforeClass( ) throws Exception {
    System. out. println( "@ BeforeClass is called!" );
}
```

5） @ AfterClass

针对所有测试，在所有测试方法执行结束后执行一次，且必须为 public static void，此注解为 JUnit 4. x 新增功能。格式为@ AfterClasspublic void method( )，如：

```
@ AfterClass
public static void tearDownAfterClass( ) throws Exception {
    System. out. println( "@ AfterClass is called!" );
}
```

6）@ Ignore

忽略的测试方法，标注的含义就是“某些方法尚未完成，暂不参与此次测试”，这样测试结果就会提示有几个测试被忽略，而不是失败。一旦完成了相应函数，只需要把@ Ignore 标注删去，就可以进行正常的测试。如：

```
@ Ignore
@ Test
public void testAdd() {
    int result = cal.add(1, 1);
    assertEquals(2, result);
}
```

JUnit 4 的注解含义总结见表 4-5。

表 4-5　JUnit 4 注解的含义

注解	含义
@ Before	初始化方法，在任何一个测试执行之前必须执行
@ After	释放资源，在任何测试执行之后需要进行的收尾工作
@ Test	表明这是一个测试方法
@ BeforeClass	针对所有测试，在所有测试方法执行前执行一次
@ AfterClass	针对所有测试，在所有测试方法执行结束后执行一次
@ RunWith	指定使用测试的运行器
@ SuiteClasses	指定运行哪些测试类
@ Ignore	忽略的测试方法
@ Parameter	为单元测试提供参数值

根据以上说明，JUnit 4 的单元测试用例执行顺序为：

@ BeforeClass→@ Before→@ Test→@ After→@ AfterClass

每一个测试方法的调用顺序为：

@ Before→@ Test→@ After

（2）测试套件

JUnit 4 中最显著的特性是没有套件（套件机制用于将测试从逻辑上分组，并将这些测试作为一个单元测试来运行）。为了替代老版本的套件测试，套件被@ RunWith、@ SuiteClasses 两个新注解代替。通过@ RunWith 指定一个特殊的运行器：Suite. class 套件运行器，并通过@ SuiteClasses 注解，将需要进行测试的类列表作为参数传入。

编写流程如下：

① 创建一个空类作为测试套件的入口。

② 将@ RunWith、@ SuiteClasses 注解修饰这个空类。

③ 把 Suite. class 作为参数传入@ RunWith 注解，以提示 JUnit 将此类指定为运行器。

④ 将需要测试的类组成数组作为@ SuiteClasses 的参数。

示例如下。

```
@RunWith(value = Suite.class)
@SuiteClasses(value = { CalculatorTest.class, ExceptionTest.class})
public class TestAll{
}
```

(3) 参数化测试

为测试程序的健壮性，可能需要模拟不同的参数对方法进行测试，但不可能为不同的参数都创建一个测试方法。参数化测试能够创建由参数值供给的通用测试，从而为每个参数都运行一次，而不必要创建多个测试方法。

微课 4-5
JUnit4 参数化设置

参数化测试编写流程如下：

① 为参数化测试类用@RunWith 注解指定特殊的运行器：Parameterized.class。

② 在测试类中声明几个变量，分别用于存放测试数据和对应的期望值，并创建一个带参数的构造函数（参数为测试数据和期望值）。

③ 创建一个静态测试数据供给方法，其返回类型为 Collection，并用@Parameter 注解以修饰。

④ 编写测试方法。

示例如下。

```
@RunWith(Parameterized.class) //1. 使用参数化运行器
public class ParameterTest {
  private String dateReg;
  private Pattern pattern;
  //2. 测试数据与对应期望值的变量
  private String phrase;
  private boolean match;
  //3. 带参数的构造函数(参数为测试数据和对应期望值变量)
  public ParameterTest(String phrase, boolean match) {
    this.phrase = phrase;
    this.match = match;
  }
  //4. 数据供给方法(静态,用@Parameter 注解,返回类型为 Collection)
  @Parameters
  public static Collection<Object[]> dateFeed() {
    return Arrays.asList(new Object[][] { {"2010-1-2", true},
                        {"2010-10-2", true}, {"2010-123-1", false},
                        {"2010-12-45", true} });
  }
  @Before
  public void init() {
```

笔 记

```
        dateReg = "^\\d{4}(\\-\\d{1,2}){2}";
        pattern = Pattern.compile(dateReg);
    }
```

任务实施

1. 实现自动售货机的 JUnit 4 测试用例编写

(1) 案例分析

本任务用于 JUnit 单元测试的自动售货机有以下功能。

① 若投入 5 角或 1 元的硬币，按下“橙汁”或“牛奶”按钮，则相应的饮料就送出来。

② 若售货机没有零钱找，则显示“零钱找完”的红灯亮，这时投入 1 元硬币并按下按钮后，饮料不送出来而且 1 元硬币也退出来。

③ 若有零钱找，则显示“零钱找完”的红灯灭，在送出饮料的同时退还 5 角硬币。

根据以上描述，该自动售货机的流程图如图 4-14 所示。

(2) 自动售货机的编码实现

笔记

```
public class SaleMachine {
    private int milkCount, juiceCount, fiveCents, oneDollar;
    private String[] goodsType = { "milk", "orange" };
    private String result;
    public SaleMachine() {
        initial();
    }
    private void initial() {
        milkCount = 6;
        juiceCount = 6;
        fiveCents = 6;
        oneDollar = 6;
    }
    public SaleMachine(int fiveCents, int oneDollar, int beerCount, int juiceCount) {
        this.fiveCents = fiveCents;
        this.oneDollar = oneDollar;
        this.milkCount = beerCount;
        this.juiceCount = juiceCount;
    }
    public String currentState() {
        String state = "当前数量\n"
```

```
        + "牛奶:" + milkCount + "\n"
        + "橙汁:" + juiceCount + "\n"
        + "5 角:" + fiveCents + "\n"
        + "1 元:" + oneDollar + "\n";
    return state;
}
/**
 * @param type: 用户选择的产品
 * @param money:用户投币种类
 * @return  结果信息
 */
public String operation(String type, String money) {
    if (money.equalsIgnoreCase("5"))  { // 如果用户投入 5 角钱
      if (type.equals(goodsType[0]))  {// 如果用户选择牛奶
        if (milkCount > 0)  { // 如果还有牛奶
            milkCount--;
            fiveCents++;
            result = "输入信息\n"
                  + "类型: 牛奶;  钱: 5 角;  找零: 0\n"
                  + currentState();
        } else {
            result = "失败信息:" + "没有牛奶\n";
        }
      } else if (type.equals(goodsType[1])) { // 如果用户选择橙汁
          if (juiceCount > 0) {
              juiceCount--;
              fiveCents++;
              result = "输入信息\n"
                    + "类型: 橙汁;  钱: 5 角;  找零: 0\n"
                    + currentState();
          } else {
            result = "失败信息:" + "没有橙汁\n";
          }
        } else {
          result = "失败信息:" + "类型错误\n";
        }
      } else if (money.equalsIgnoreCase("10")) { // 如果用户投入 1 元钱
        if (fiveCents > 0)  {// 如果有零钱找
```

笔记

```
            // 如果用户选择牛奶且还有牛奶
            if (type.equals(goodsType[0]) && milkCount > 0) {
                milkCount--;
                fiveCents--;
                oneDollar++;
                result = "输入信息\n"
                        + "类型: 牛奶;  钱: 1 元;  找零: 5 角\n"
                        + currentState();
            } else if (type.equals(goodsType[1])&& juiceCount > 0) {
            // 如果用户选择橙汁且还有橙汁
                juiceCount--;
                fiveCents--;
                oneDollar++;
                result = "输入信息\n"
                        + "类型: 橙汁;  钱: 1 元;  找零: 5 角\n"
                        + currentState();
            } else {
                if (type.equals(goodsType[0]) && milkCount <= 0) {
                    result = "失败信息:" + "没有牛奶\n";
                } else if (type.equals(goodsType[1])&& juiceCount <= 0) {
                    result = "失败信息:" + "没有橙汁\n";
                } else {
                    result = "失败信息:" + "类型错误\n";
                }
            }
        } else {
            result = "失败信息:" + "没有零钱\n";
        }
    } else {
        result = "失败信息:" + "投币错误\n";
    }
    return result;
}
```

笔记

(3) 测试用例分析

① 新建测试用例，选中 “setUp ( )” 和 “teadDown ( )” 复选框，之后出现售货机的测试用例模板，如图 4-15 所示。

在编写测试用例之前，首先需要进行测试用例的设计说明。测试用例中各字符代表含义如下：5 代表 5 角钱、10 代表 1 元钱、milk 代表牛奶、orange 代表橙汁、coca-

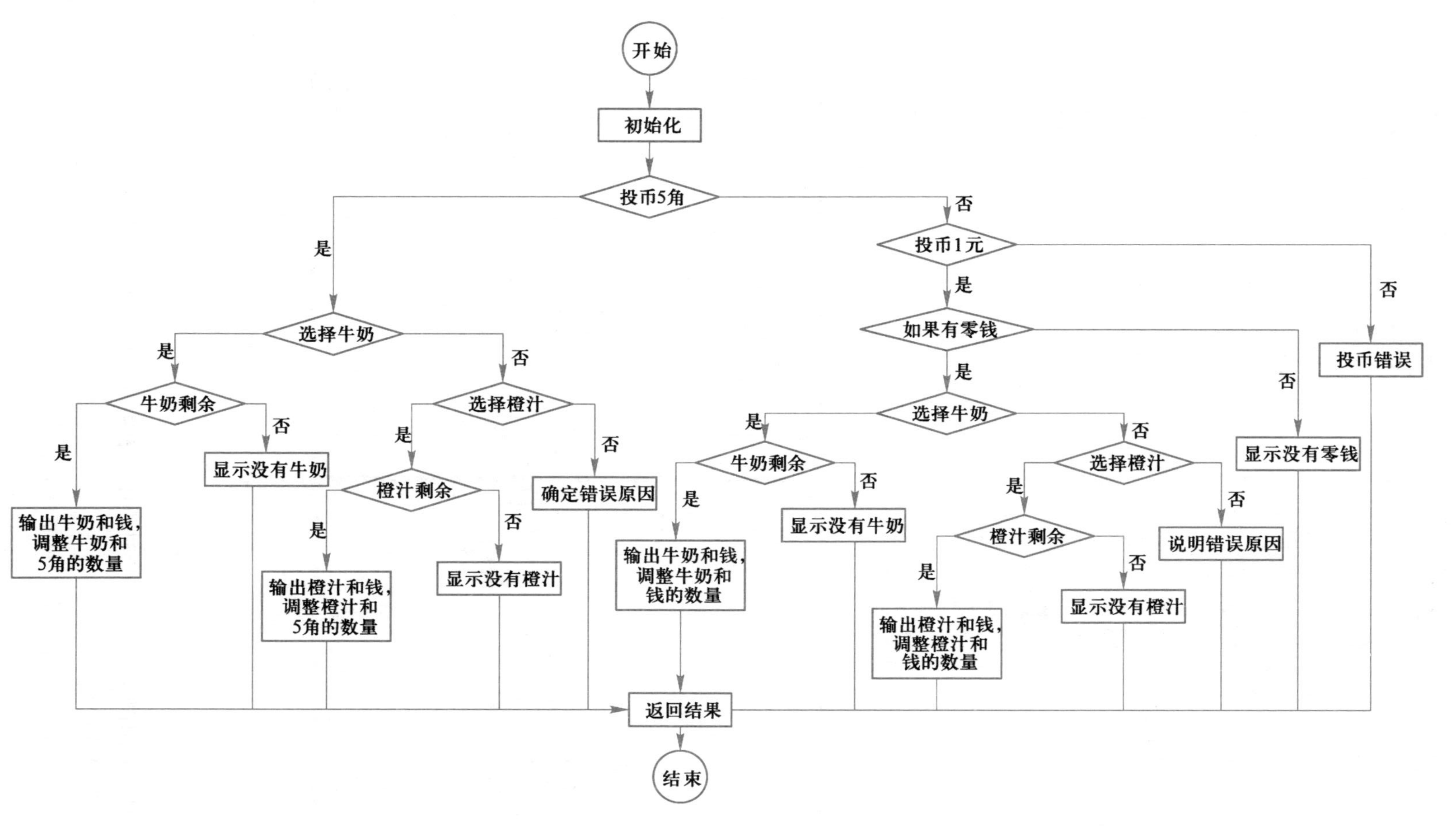

图 4-14　自动售货机的流程图

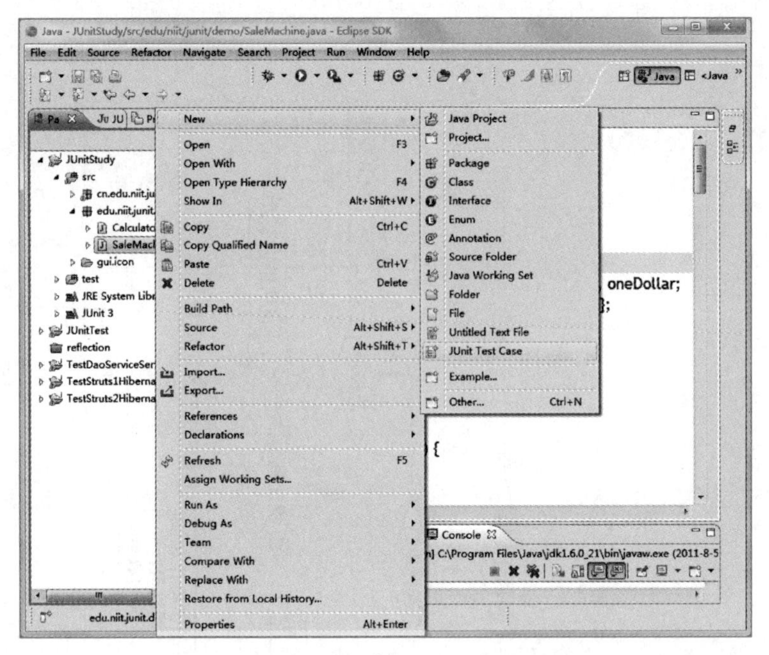

(a)

笔 记

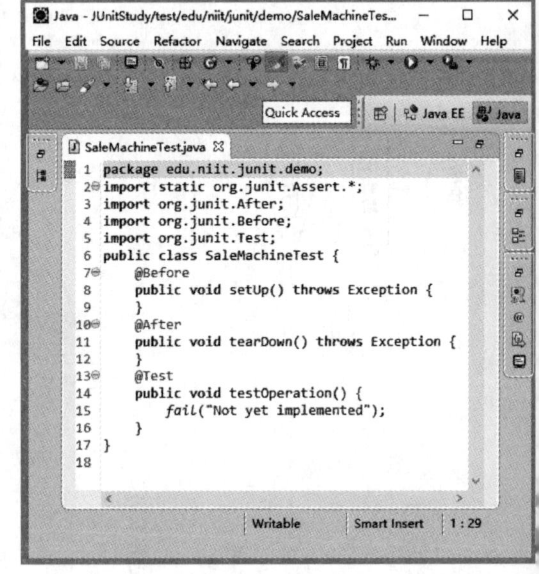

(b)　　(c)

图 4-15　自动售货机的测试用例模板

cola 代表可口可乐。

② 测试用例设计。根据售货机程序，表 4-6 列出了 13 个测试用例。

(4) 测试代码

根据设计的测试用例，编写测试代码，代码如下。

表 4-6　自动售货机的测试用例

输入值 type	输入值 money	状态	预期输出	实际情况
milk	5	各资源剩余	输入信息： 类型：牛奶，钱：5 角，找零：0 当前数量： 牛奶：5，橙汁：6，5 角：7，1 元：6	与预期相同
orange	5	各资源剩余	输入信息： 类型：橙汁，钱：5 角，找零：0 当前数量： 牛奶：6，橙汁：5，5 角：7，1 元：6	与预期相同
milk	10	各资源剩余	输入信息： 类型：牛奶，钱：1 元，找零：5 角 当前数量： 牛奶：5，橙汁：6，5 角：5，1 元：7	与预期相同
orange	10	各资源剩余	输入信息： 类型：橙汁，钱：1 元，找零：5 角 当前数量： 牛奶：6，橙汁：5，5 角：5，1 元：7	与预期相同
milk	10	没有零钱	失败信息：没有零钱	与预期相同
orange	10	没有零钱	失败信息：没有零钱	与预期相同
milk	10	没有牛奶	失败信息：没有牛奶	与预期相同
orange	10	没有橙汁	失败信息：没有橙汁	与预期相同
milk	除 1 元或 5 角之外	各资源剩余	失败信息：投币错误	与预期相同
coca-cola	10	各资源剩余	失败信息：类型错误	与预期相同
milk	5	没有牛奶	失败信息：没有牛奶	与预期相同
coca-cola	5	各资源剩余	失败信息：类型错误	与预期相同
orange	5	没有橙汁	失败信息：没有橙汁	与预期相同

```
package edu.niit.junit.demo;
import static org.junit.Assert.*;
import org.junit.*;
public class SaleMachineTest{
  SaleMachine saleMachine =null;
  @Before
  public void setUp() {
    saleMachine = new SaleMachine();
  }
  @Test
```

```
    public void testOperation1() {
        String expected = "输入信息\n"
                + "类型: 牛奶;  钱: 5 角;  找零: 0\n"
                + "当前数量\n"
                + "牛奶:5\n"
                + "橙汁:6\n"
                + "5 角:7\n"
                + "1 元:6\n";
        assertEquals(expected, saleMachine.operation("milk", "5"));
    }
    @Test
    public void testOperation2() {
        String expected = "输入信息\n"
                + "类型: 橙汁;  钱: 5 角;  找零: 0\n"
                + "当前数量\n"
                + "牛奶:6\n"
                + "橙汁:5\n"
                + "5 角:7\n"
                + "1 元:6\n";
        assertEquals(expected, saleMachine.operation("orange", "5"));
    }
    @Test
    public void testOperation3() {
        String expected = "输入信息\n"
                + "类型: 牛奶;  钱: 1 元;  找零: 5 角\n"
                + "当前数量\n"
                + "牛奶:5\n"
                + "橙汁:6\n"
                + "5 角:5\n"
                + "1 元:7\n";
        assertEquals(expected, saleMachine.operation("milk ", "10"));
    }
    @Test
    public void testOperation4() {
        String expected = "输入信息\n"
                + "类型: 橙汁;  钱: 1 元;  找零: 5 角\n"
                + "当前数量\n"
                + "牛奶:6\n"
```

笔记

```
            + "橙汁:5\n"
            + "5 角:5\n"
            + "1 元:7\n";
    assertEquals(expected, saleMachine.operation("orange", "10"));
}
@Test
public void testOperation5() {
    SaleMachine saleMachine = new SaleMachine(0, 6, 6, 6);
    String expected = "失败信息:没有零钱\n";
    assertEquals(expected, saleMachine.operation("milk", "10"));
}
@Test
public void testOperation6() {
    SaleMachine saleMachine = new SaleMachine(0, 6, 6, 6);
    String expected = "失败信息:没有零钱\n";
    assertEquals(expected, saleMachine.operation("orange", "10"));
}
@Test
public void testOperation7() {
    SaleMachine saleMachine = new SaleMachine(6, 6, 0, 6);
    String expected = "失败信息:没有牛奶\n";
    assertEquals(expected, saleMachine.operation("milk", "10"));
}
@Test
public void testOperation8() {
    SaleMachine saleMachine = new SaleMachine(6, 6, 6, 0);
    String expected = "失败信息:没有橙汁\n";
    assertEquals(expected, saleMachine.operation("orange", "5"));
}
@Test
public void testOperation9() {
    String expected = "失败信息:投币错误\n";
    assertEquals(expected, saleMachine.operation("milk", "100"));
}
@Test
public void testOperation10() {
    String expected = "失败信息:类型错误\n";
    assertEquals(expected, saleMachine.operation("coca-cola", "10"));
```

笔记

```
    }
    @Test
    public void testOperation11() {
        SaleMachine saleMachine = new SaleMachine(6, 6, 0, 6);
        String expected = "失败信息:没有牛奶\n";
        assertEquals(expected, saleMachine.operation("milk", "5"));
    }
    @Test
    public void testOperation12() {
        String expected = "失败信息:类型错误\n";
        assertEquals(expected, saleMachine.operation("coca-cola", "5 "));
    }
    @Test
    public void testOperation13() {
        SaleMachine saleMachine = new SaleMachine(6, 6, 6, 0);
        String expected = "失败信息:没有橙汁\n";
        assertEquals(expected, saleMachine.operation("orange", "10"));
    }
}
```

笔记

(5) 测试结果

对于测试代码，JUnit 会按如下顺序执行。

```
try {
    SaleMachineTest test = new SaleMachineTest();
    test.setUp();
    test.testOperator1();
    test.tearDown();
    …
} catch...
```

setup（）用于建立测试环境，这里创建一个 SaleMachine 类的实例；tearDown（）用于清理资源，如释放打开的文件等。以 test 开头的方法被认为是测试方法，JUnit 会依次执行 testXxxx（）方法。

如果有多个 testXxxx（）方法，JUnit 将会创建多个 XxxxTest 实例，每次运行一个 testXxxx（）方法时，setUp（）和 tearDown（）便会在 testXxxx（）前后被调用，因此，不要在一个 testA（）中依赖 testB（）。

选择“Run”→“Run As”→“JUnit Test”命令，就可以看到 JUnit 的测试结果，如图 4-16 所示。

绿色表示测试通过，只要有一个测试未通过，就会显示红色并列出未通过的方法。

2. 实现测试套件管理测试用例

在 JUnit 中实际上最小的执行单位为 TestSuite，而不是每个 test 方法。测试方法必须依托 TestSuite 才能运行。在之前的代码中，JUnit 会自动为每个测试类建立默认的 TestSuite。实际上，完全可以自定义 TestSuite 组合任意的测试类和测试方法。

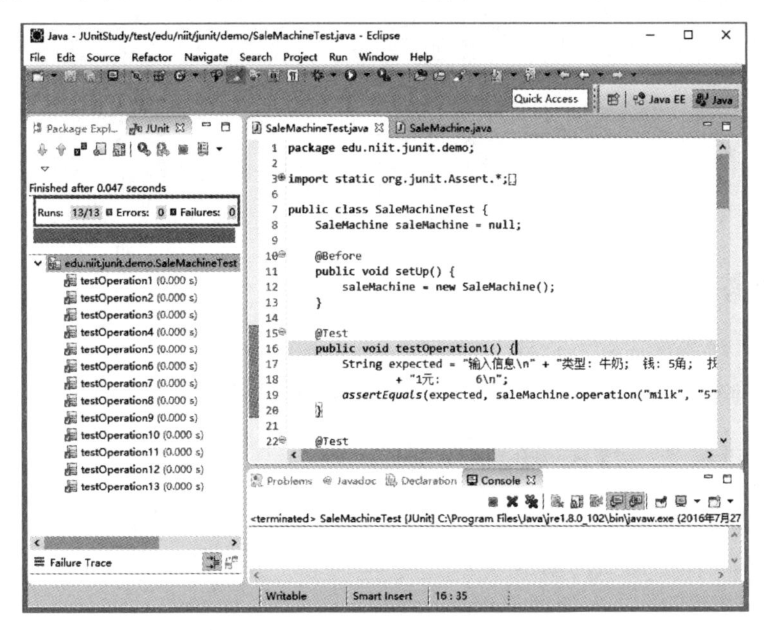

图 4-16　售货机测试结果的界面

笔 记

JUnit 4 采用@ RunWith 和@ SuiteClasses 注解完成 TestSuite 的创建。Eclipse 已经支持 JUnit 4 的 TestSuite 的创建，界面如图 4-17 所示。

图 4-17　创建 JUnit 4 的 TestSuite 界面

自动生成的 TestSuite 代码如下。

```
package edu. niit. junit. demo;
import org. junit. runner. RunWith;
```

```
import org. junit. runners. Suite;
import org. junit. runners. Suite. SuiteClasses;
@RunWith(Suite. class)
@SuiteClasses({ CalculatorTest. class, SaleMachineTest. class,
     SaleMachineTestByJUnit4. class })
public class AllTests {

}
```

从生成的代码看出，JUnit 4 的 TestSuite 可以组合各种 JUnit 4 的测试用例。

任务拓展

① 编写堆栈类的入栈、出栈、删除等方法的单元测试代码。
② 编写判断输入 3 条边是否能构成三角形的单元测试代码。

项目实训 4.2　堆栈类的单元测试

【实训目的】
① 理解编写单元测试的基本方法。
② 掌握使用 Eclipse 进行单元测试的过程。
③ 掌握 JUnit 的核心类、JUnit 生命周期。
【实训内容】
根据所学内容，编写堆栈类的入栈、出栈、删除等方法的测试用例并运行。

笔 记

项目实训 4.3　技能大赛任务—三角函数计算程序单元测试

【任务描述】
根据输入执行下列不同的三角函数的计算并显示计算结果。编写程序，并设计最少的测试数据进行判定覆盖测试。其中变量 x、k 为整数。输入数据打印出“输入 x 值:”“输入 k 值:”。执行 sin（x^k）输出文字“算式一值:”和 y 的值，执行 cos（$\sqrt[k]{x}$）输出文字“算式二值:”和 y 的值；执行 tan（x/k）输出文字“算式三值:”和 y 的值。若不在有效范围之内，应提示“输入不符合要求。”

$$y=\begin{cases}\sin(x^k), & 0<x\leqslant 30\\ \cos(\sqrt[k]{x}), & 30<x\leqslant 60\\ \tan(x/k), & x>60\end{cases}$$

单元小结

单元测试是针对编码的、最小单位测试，尽管它只是软件测试的一种，却是所有测试中非常重要的一种。单元测试由开发人员编写，主要目的是验证开发人员的编码是否符合预期值的结果，而不是证明编码是否正确。

JUnit 是 xUnit 系列单元测试框架的鼻祖，也是应用最广泛的 Java 单元测试框架。使用 Eclipse 开发工具可以帮助开发人员更快捷地编写和运行测试用例。测试用例的设计和 JUnit 4 的使用是本单元的重点和难点。

专业能力测评

专业核心能力	评价指标	自测结果
运用 JUnit 测试简单 Java 程序的能力	1. 能够使用 Eclipse 的 JUnit 插件 2. 能够使用 JUnit 4. x 编写测试用例 3. 能够对测试结果进行分析	□A □B □C
运用 JUnit 测试复杂 Java 应用的能力	1. 能够使用 JUnit 4. x 编写测试用例 2. 能够使用 TestSuite 组合测试用例 3. 能够进行单元测试用例设计	
学生签字：	教师签字：	年 月 日

注：在□中打√，A 理解，B 基本理解，C 未理解

笔记

单元练习题

一、单项选择题

1. 软件测试是软件质量保证的重要手段，（　　）是软件测试的最基础环节。

A. 功能测试　　B. 单元测试　　C. 结构测试　　D. 验收测试

2. 单元测试的依据是（　　）。

A. 模块功能规格说明　　B. 系统模块结构图

C. 系统需求规格说明　　D. 详细设计说明书

3. 以下对单元测试描述不正确的说法是（　　）。

A. 单元测试的主要针对编码过程中可能存在的各种错误

B. 单元测试一般是由程序开发人员完成的

C. 单元测试是一种不需要关注程序结构的测试

D. 单元测试是属于白盒测试的一种

4. 单元测试将根据在（　　）阶段中产生的规格说明进行。

A. 可行性研究与计划　　B. 需求分析

C. 概要设计　　D. 详细设计

5. 在进行单元测试时，常用的方法是（　　）。

A. 采用黑盒测试，辅之以白盒测试

B. 采用白盒测试，辅之以黑盒测试

C. 只使用黑盒测试

D. 只使用白盒测试

6. 关于 JUnit，描述错误的是（　　）。

A. JUnit 是 Java 语言的单元测试框架

B. JUnit 只能测试公共函数

C. JUnit 推荐先测试后实现的方法

D. setUp 和 tearDown 函数只执行一次

7. 在 JUnit 中，testXxxx（）方法就是一个测试用例，测试方法是（　　）。

A. private void testXxxx（）　　B. public void testXxxx（）

C. public float testXxxx（）　　D. public int testXxxx（）

8. JUnit 的 TestCase 类提供（　　）和 tearDown（）方法，分别完成对测试环境的建立和拆除。

A. setUp（）　B. set（）　C. setap（）　D. setDown（）

9. 在 Assert 类中断言对象为 NULL 是（　　）。

A. assertEquals　B. assertTrue　C. assertNull　D. fail

10. 测试驱动开发的含义是（　　）。

A. 先写程序后写测试的开发方法

B. 先写测试后写程序，即“测试先行”

C. 用单元测试的方法写测试

D. 不需要测试的开发

11. （2019 软件测评师）以下（　　）不属于单元测试中模块接口测试的测试内容。

A. 是否修改了只做输入的形式参数

B. 全局变量的定义在各模块是否一致

C. 是否使用了尚未初始化的变量

D. 输出给标准函数的参数个数是否正确

12. （2018 软件测评师）以下不属于单元测试测试内容的是（　　）。

A. 模块接口测试　　B. 局部数据测试

C. 边界条件测试　　D. 系统性能测试

笔记

二、填空题

1. 单元测试是指对源程序中每一个__________进行测试。

2. 单元测试是以__________说明书为指导，测试源程序代码。

3. JUnit 是一个开放源代码的__________测试框架，用于编写和运行可重复的测试。

4. 在 JUnit4 中 testXxxx（）测试方法必须满足条件__________和无方法参数。

5. JUnit 中的所有的 Assert 方法全部放在__________类，用于对比__________和实际值是否相同。

6. 测试用例由__________和预期的__________两部分组成。

7. JUnit 的 TestCase 类提供__________和__________方法，分别完成对测试环境的建立和拆除。

8. JUnit 共有 7 个包，核心包是__________、__________，前者负责整个测试对象的架构，后者负责测试驱动。

三、简答题

1. 在单元测试中，所谓单元是如何划分的？

2. 简述 JUnit 单元测试步骤。

3. JUnit 4. x 的各种注解分别有什么用处？

4. 分析单元测试和代码调试的区别。

5. 简述单元测试的主要任务。

四、编程题

1. 使用 JUnit4 测试下面的类。

```
public class NumberUtil {
public Boolean isPrime(int num) {
      for( int i=2;i<Math. sqrt(num); i++) {
          if( num%i==0) return false;
      }
     return true;
}
public boolean isDivisible(int num) {
     if( ((num%7==0) |( | num % 9==0)) &&( num%5! =0 && num%2!
=0)) {
          return true;
     } else {
          return false;
      }
}
     }
```

2. （技能大赛任务）根据如图 4-18 所示流程图编写程序实现相应分析处理并显示结果。返回结果“a=x:”（x 为 2、3 或 4）；其中变量 x、y 均须为整型。编写程序代码，使用 JUnit 框架编写测试类对编写的程序代码进行测试，测试类中设计最少的测试数据满足语句覆盖测试，每条测试数据需要在测试类中编写一个测试方法。使用 assert-That 中 equalTo 断言判断期望结果值和实际返回值是否一致。

3. （技能大赛任务）填写快递单时通常需要确定接收人的姓名、手机号和地址。其中要求手机号是 11 位数字字符，地址为字母开头的 10 个（含 10）以内字母或字母数字共同组成。填写正确则提示“OK”，否则根据实际情况提示“* *不符合要求”（* *为手机号或地址）并退出。编写程序代码，使用 JUnit 框架编写测试类对编写的程序代码进行测试，测试类中设计最少的测试数据满足判定覆盖测试，每条测试数据需要在测试类中编写一个测试方法。使用 assertThat 中 equalTo 断言判断输出文字期望结果值和实际返回值是否一致。

笔记

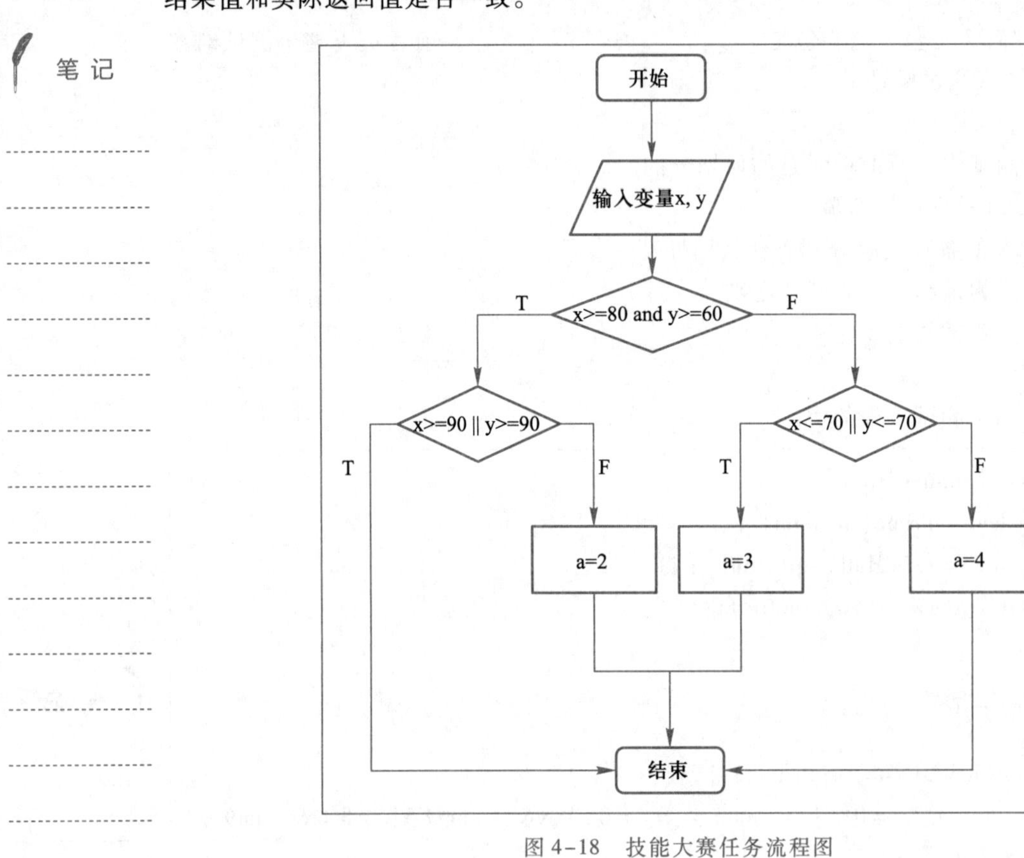

图 4-18 技能大赛任务流程图

单元 *5*

测试过程与管理

学习目标

【知识目标】

- 熟悉测试流程，掌握软件测试过程各个阶段测试人员的主要工作内容。
- 熟悉测试计划的主要内容，掌握测试计划编写方法。
- 熟悉测试用例管理，掌握测试用例的组织与跟踪方法。
- 熟悉缺陷管理的概念，掌握缺陷的跟踪与管理方法。
- 熟悉测试总结和验收概念，掌握测试报告编写方法和验收的基本准则。

【技能目标】

- 针对被测系统，开展系统测试完整过程，撰写测试计划，编写测试用例，执行测试用例，编写测试报告。
- 能撰写测试用例报告，能使用禅道系统进行测试用例管理。
- 能撰写缺陷报告，能使用禅道系统进行缺陷跟踪与管理。

【素质目标】

- 培养良好的沟通能力，善于表达自己的观点。
- 培养良好的语言表达和写作能力。

引例描述

小李同学通过前面的学习，发现自己已经掌握了各种测试方法，但如何将这些方法应用于一个完整的软件项目过程？在测试过程中除了编写测试用例，还有哪些测试工作？这些测试工作具体应该怎么开展？小李又去请教王老师，王老师告诉他，要开展测试工作，必须了解测试过程与管理，如图 5-1 所示。

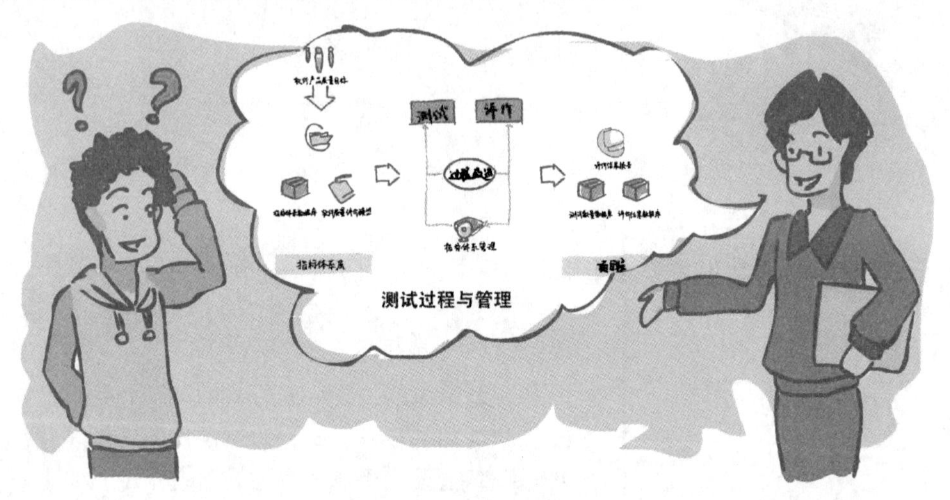

图 5-1 小李请教王老师测试过程与管理的概念

笔 记

测试过程与管理是一系列的活动，王老师给小李制订了学习测试过程与管理的计划，分为以下 5 个步骤。

第 1 步：学习测试各个阶段的主要工作内容。

第 2 步：学习测试计划的主要内容。

第 3 步：学习测试用例组织和管理的基本知识。

第 4 步：学习缺陷组织和管理的基本知识。

第 5 步：学习测试报告的主要内容。

任务 5.1 撰写测试计划

任务陈述

针对 ECShop 在线商城项目展开一次较为完整的系统测试。系统测试分为测试计划、测试准备、测试执行和测试总结 4 个阶段。本任务是撰写 ECShop 在线商城项目的测试计划。

项目明确立项后，测试计划在整个测试计划制订期间产生，对应开发阶段，则是在软件详细设计阶段完成。制订单元测试计划的主要依据是软件需求规格说明书、软件详细设计说明书、软件整体测试计划和集成方案。该阶段完成时须提交单元测试计划书。测试计划主要为测试活动提供测试范围、测试方法（须达到的覆盖指标、选用的黑盒测试方法等）、所需资源（软件、硬件和人力资源，特别地，应包括必要的测试工具资源要求）、进度（任务分解表）和风险管理方面的指导。

微课 5-1
测试过程四个阶段

知识准备

1. 测试流程

软件测试贯穿于整个软件开发生命周期。通常，一个项目的测试，如系统测试、系统集成测试、用户验收测试等，可以划分为 4 个主要步骤来进行，分别是测试计划、测试准备、测试执行、测试总结。

其中，测试计划是对整个测试的规划过程，主要产出是测试计划文档。

测试准备是为测试的执行做好各方面的准备，确保进入测试执行阶段后可以按计划依次执行检验所有测试用例，不会因为某些环境或条件没有准备好而导致测试暂停或终止。

测试执行通常严格依赖于整体项目的计划，而且时间有限，要确保在计划时间内完成预定的测试任务，获得有效的测试记录和结果。

测试总结是对整个测试阶段的测试记录、过程、结果进行汇总，分析得出测试结论。

笔记

要求所有的测试活动和过程应该清晰地看出以上 4 个主要步骤，不能缺少某个步骤，如缺少测试计划步骤而直接进入测试准备步骤。

具体过程如图 5-2 所示。

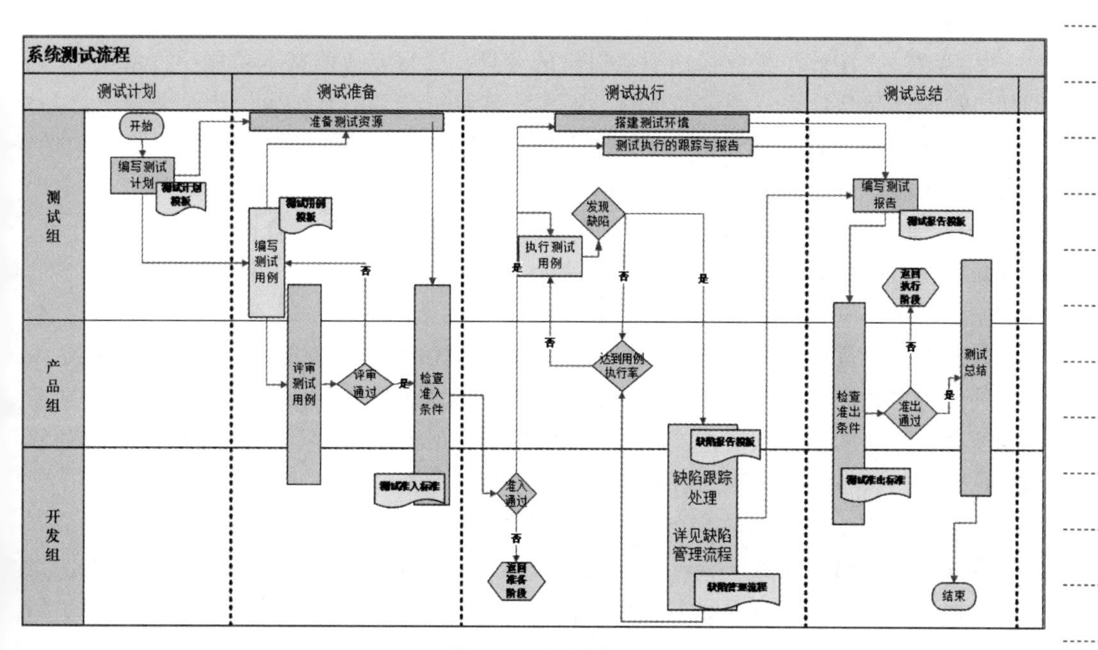

图 5-2 测试流程

2. 测试计划

(1) 测试计划的目的

测试计划的主要目的是对本阶段的测试活动进行策略上的定位和具体细节上的计划，是描述要进行的测试活动的范围、方法、资源和进度的文档；是对整个信息系统应用软件组装测试和确认测试。它确定测试项、被测特性、测试任务、测试人员安排、测试进度安排、各种可能的风险。测试计划可以有效预防计划的风险，保障计划的顺利实施。

要达到的目标如下：

① 为测试各项活动制订一个现实可行的、综合的计划，包括每项测试活动的对象、范围、方法、进度和预期结果。

② 为项目实施建立一个组织模型，并定义测试项目中每个角色的责任和工作内容。

微课5-2
测试计划实例

③ 开发有效的测试模型，能正确地验证正在开发的软件系统。

④ 确定测试所需要的时间和资源，以保证其可获得性、有效性。

⑤ 确立每个测试阶段测试完成以及测试成功的标准、要实现的目标。

⑥ 识别出测试活动中各种风险，并消除可能存在的风险，降低由不可能消除的风险所带来的损失。

(2) 测试计划的内容

1) 引言

笔记

引言一般包含以下5方面内容。

① 目的。“目的”栏应描述撰写测试计划的目的和通过测试希望达到的目标。例如，为测试管理工作和技术工作提供指导，概述测试所需的人员、设备和工具资源，便于团队交流等。测试希望达到的目标则可以是功能、性能等多方面的，并应指出测试计划的读者对象。

② 背景。“背景”栏应描述项目提出的背景、项目完成的基本功能、技术架构等。例如，被测产品是什么？测试的是哪个版本？是原有产品的升级版，还是全新的产品？产品开发方和使用方是谁？被测产品的主要功能是什么？采用B/S架构、C/S架构，或者是单机版？是否需要数据库和网络支持？等等。

③ 范围。“范围”栏描述测试各阶段需要做的工作，若分阶段来撰写测试计划，则针对各自对应的测试阶段来描述需要完成的工作。重要的是，系统测试阶段包含的测试工作较多，应在计划中明确指出哪些测试需要做，哪些测试不需要做。例如，是否需要进行压力负载测试、是否需要进行本地化测试等。在范围描述中应注意确定系统的关键成功功能和高风险功能，即那些对系统至关重要的（如系统核心操作）或者有助于降低给成功操作系统造成巨大风险的功能（如安全性检验），还应划分优先级别，这对于测试小组区分测试活动的优先次序非常重要。

④ 参考文档。在参考文档中应列出该阶段测试的测试依据文档，主要是指对应开发阶段提交的文档，也是该阶段测试用例设计的重要依据。例如系统测试阶段的测试参考文档是系统需求规格说明书、相关合同中有关技术要求说明部分、用户使用手册等。有时，为了规范整个测试过程，公司或项目组会对测试过程有严格规定，因此，参考文档中还应包含测试过程说明文档。每个测试阶段都有自身的通过/失败标准，应

在该标准指导下评价测试质量和决定测试的结果，参考文档中最好给出对应测试阶段的通过/失败标准说明文档。当然，测试通过/失败标准常常会直接写在测试计划中，所以，一般是不需要专门的文档的。

⑤ 常用术语。常用术语往往会被人们所遗忘，这是导致项目失败的大问题。对常用术语，开发人员、测试人员、管理部门会有不同的理解，特别是在确定缺陷有关定义和描述时，必须就重要的术语给出规范的解释。

2）测试范围

测试范围包括测试项、要测试的特性和不要测试的特性。

① 测试项。隐含的测试范围是整个系统，测试重点是系统的高风险区。然而，迫于进度的压力和成本的限制，不可能针对所有项目进行测试，对于各测试阶段都是如此。例如，被测系统中可能存在已经发布过或已经全面测试过的部分，也有部分子系统可能已经外包给其他公司开发实现，或者直接将开源子系统拿来嵌入到软件系统中，这些内容是很有可能不需要测试的。

② 要测试的特性。在所有的测试项中，也不是全部特性都需要测试。例如单元测试中，针对选定的模块，对于模块中复杂度高的函数才需要测试。应列出所有需要测试的特性，并给出相应的编号。

③ 不要测试的特性。从理想情况而言，在测试项中，除了要测试的特性，剩下的必然是不要测试的特性，在测试计划中是否有必要将这些不要测试的特性列出呢？这里有一个很重要的观念，即全面测试应包含软件的每个部分，如果计划中列出某特性不需要测试，应明确指出不需要测试的理由，否则，将容易导致误解而使得本该测试的特性被遗漏。该特性中若包含严重的缺陷，并被用户所忽视，后果很可能是相当严重的。

笔记

3）测试方法

测试方法即测试策略，它描述测试小组用于测试整体和各阶段的方法。内容包括使用哪些黑盒测试方法；需要采用哪些白盒测试覆盖指标；是否需要设计桩模块和驱动模块；哪些部分采用手工测试；哪些部分需要使用自动化测试工具；回归测试的策略是怎样的等。这部分内容随测试阶段的不同而变化，且对每种测试都应提供测试说明和实施的原因。在测试计划中，一般仅笼统地给出大致的测试方法，具体的测试方法、测试需求、测试用例、测试脚本说明等内容将专门详细列举在测试设计说明书和测试用例说明书中，一般不建议与测试计划混在一起。

4）测试阶段

每个测试阶段都应有客观定义的规则，而不能仅凭主观判断来决定某测试阶段是否应该开始，是否应该结束。每个测试阶段都有其明确规定的准入和准出标准，还允许临时暂停测试阶段，待满足某些条件后再恢复该测试阶段。

① 测试准入标准是一套指导方针或数据指标，用来判断项目是否准备好进入某个特定的测试阶段。制定该标准的目的是防止执行不满足准入条件的活动而浪费资源。具体内容如下。

- 是否具备必要的文档、设计和需求信息，以帮助测试人员操作系统和判断正确的系统行为。
- 系统是否可以交付，应准备哪些交付品。

- 测试人员所需的工具（包括缺陷管理工具、测试用例管理工具、测试工具等）是否具备。
- 系统是否处于适当的质量等级。
- 测试环境是否搭建成功。
- 相关文档是否评审通过。

② 测试准出标准也是一套指导方针或数据指标，用来决定项目是否可以发布或结束当前的测试阶段。测试准出标准可用来解决如何决定何时完成测试的问题。具体内容如下。

- 不同等级的测试用例的执行率怎样。
- 这些执行的测试用例的通过率怎样。
- 不同严重等级的缺陷的修复率怎样。
- 相关文档是否评审通过。

临近产品交付的验收标准是非常重要的。因为问题不是是否发现所有的缺陷，而是程序是否足够好以至于可以停止测试。该工作应考虑测试可能发现更多缺陷的概率，以及这样做所带来的费用问题，还应考虑用户碰到遗漏缺陷的概率以及缺陷对用户带来的影响。

③ 测试暂停/恢复标准是描述在测试过程中高效测试必须成功的条件，具体内容如下。

笔记

- 测试环境稳定。
- 可管理未测试缺陷。
- 大部分测试用例没有阻塞情况。
- 了解和控制被测系统的变更。

5）测试交付品

测试交付品是指测试阶段结束时应提交的文档，一般包括测试计划说明书、测试方案（或测试设计说明书）、测试用例说明书、缺陷报告、测试总结评估报告等。

6）测试任务

测试任务主要指整个项目小组的相关任务和职责划分，明确指出可能影响测试的任务和交付内容，并确保一旦出了问题，可以迅速找到责任人来处理问题，并在出现纠纷的时候，能够快速找到解决纠纷的仲裁人并提出仲裁方案。

7）资源需求

资源需求内容如下。

① 人力资源：测试所需的人员数量、各自的特长。

② 测试环境：测试所需的软件、硬件、网络环境，以及可能需要的测试工具。

8）职责

职责主要是指测试小组的任务划分，即哪些人员负责哪些软件部分的测试。

9）人员配置和培训需求

关于人员培训需求部分，不同的项目组有不同的理解。有的项目组认为，人员培训需求应当分成小组范围内的工作来处理，它是由测试组织长期需求所驱动的，而非单个项目的需求。有的项目组则认为，针对不同的项目有不同的培训需求，在测试计划中应将针对该项目的培训需求考虑在内。

10）进度

进度即时间安排，明确指出哪些人在什么阶段负责软件哪些部分的测试工作。进度表中应注意不要使用绝对日期来划分阶段，而应根据测试阶段的准入和准出标准，使用相对日期，因为测试任务往往依赖前期其他交付内容的完成。还应注意给出一定的宽松度。

11）风险事件

不考虑风险就等于接受失败。特别是好的开发过程应对风险管理实行全局管理方法。这里的风险主要考虑与测试相关的人员和资源风险，如人员的流失、资源的到位和使用风险等。

12）批准

所有文档均应经过评审和审批并获通过后才能进入下一个测试阶段。这也是责任划分的一个有力措施。

在测试计划阶段，以上内容的结果将指导整个测试过程，因此需要将计划结果使用文档详细准确地记录下来，生成测试计划或测试方案文档。关于测试计划或测试方案文档样式，可以参考指定的相关模板。

要求在测试计划阶段须产出测试计划或测试方案文档，此文档中，应就以上在测试计划中需要考虑的内容有合理且明确的方案和结果描述。

（3）撰写测试计划的注意事项

撰写测试计划应注意以下几点。

笔 记

① 测试计划重在计划，不在于文档。计划说明书应从项目实际情况出发，对测试工作切实起到指导作用，不能写完计划后就束之高阁。

② 测试计划自身应不断精确和细化，逐步完善丰富。

③ 测试计划应及时更新。随着项目需求和设计的不断变更，测试计划应及时跟踪这些变化，做出相应的调整，并对所有变更记录在案。另外，软件测试计划是测试负责人管理和跟踪的依据，同时起到指导测试组日常工作的作用。当实际情况与计划偏离到一定程度时，也应立即修正测试计划。

④ 测试计划不一定要很长，但要说明几点问题，即测试对象、测试进度里程碑、测试方法和工具、测试人员以及测试文档。

⑤ 就测试的实施过程来讲，软件测试应按照测试计划制订的内容进行。测试计划是项目跟踪的依据，通过与实际开发进展情况做比较分析，项目经理可以及时了解项目开发的状态。测试组中的每个成员都应准确了解测试计划的内容，并对所分配的任务承诺签字，确保测试计划的贯彻执行。

任务实施

编写 ECShop 在线商城项目测试计划书。

1. 编写目的

本《测试计划》文档为 ECShop 在线购物商城项目的测试活动提供测试范围、测试方法、所需资源和测试进度方面的指导，是对整个系统确认测试。它确定测试项、被测特性、测试任务、测试人员安排、测试进度安排、各种可能的风险。本文档的读者主要是开发人员、测试人员。

2. 背景

- 项目名称：ECShop 在线购物商城。
- 任务提出者：软件测试课程组。
- 开发者：软件测试课程组。
- 用户：学生。

本项目的实施主要是为了向学生说明测试计划的制订方法。

3. 测试参考文档

制订测试计划所需使用的文档，见表 5-1。

表 5-1 制订测试计划所需使用的文档

文档	编号	版本	发表日期	已被接收或已经过复审	来源	备注
软件需求规格说明书				是■ 否□		
软件概要设计说明书				是■ 否□		
软件详细设计说明书				是■ 否□		
接口文档				是■ 否□		
项目任务书				是■ 否□		

4. 测试范围

本阶段完成对 ECShop 模块的功能测试，以保证系统的基本功能正确实现。所有的测试功能列表见表 5-2。

表 5-2 测试功能列表

标识符	模块	功能
B2C_ 001	顾客/会员	会员注册
		会员登录
		个人信息维护
		地址簿编辑
		交易查询
		密码找回
		会员积分
B2C_ 002	商品展示	商品分类
		商品搜索
		商品信息
		商品评论
B2C_ 003	购买流程	购物车管理
		结账管理
		收藏夹

续表

标识符	模块	功能
B2C_ 004	后台管理	商品管理
		订单管理
		会员管理
		报表统计

5. 测试方法

本测试阶段使用的测试方法如下。

- 使用等价类测试方法来设计测试用例。
- 使用边界值测试方法来设计测试用例。
- 对非法输入，使用正交试验法，并结合错误猜测方法来设计测试用例。
- 修复任何一个缺陷之后，都应充分进行回归测试，回归的范围应包含所有与该功能相关及该功能影响的所有测试用例。

6. 测试进度

相应的进度要求见表 5-3。

表 5-3 测试进度

测试活动	计划开始日期	实际开始日期	结束日期
制订测试计划			
设计测试			
系统测试			
对测试进行评估			
产品发布			

7. 测试资源

(1) 人力资源

此项目的测试人员组成方面所做的各种假定见表 5-4。

表 5-4 测试人员组成

角色	所推荐的最少资源 （所分配的专职角色数量）	具体职责或注释
测试经理	×××	跟踪测试执行、撰写测试报告
测试工程师	×××	搭建测试环境，对本系统进行功能测试、兼容性测试
测试工程师	×××	对本系统进行功能测试、兼容性测试

(2) 测试环境

测试的系统环境见表 5-5。

(3) 测试工具

本项目测试使用的工具见表5-6。

表5-5 测试的系统环境

软件环境（相关软件、操作系统等）
操作系统：Windows10
浏览器：IE10及以上、FireFox、Chrome
硬件环境（网络、设备等）
PC 3台
服务器1台

表5-6 测 试 工 具

用途	工具	生产厂商/自产	版本
测试用例和缺陷管理	禅道		
配置管理工具	GitHub		

8. 测试交付品

测试的交付品，见表5-7。

表5-7 测试的交付品

文档	使用工具	提交日期	责任人	备注
测试计划书	Word 2013		开发经理	
测试用例报告	禅道		测试经理	
测试执行日志	GitHub		测试组成员	
缺陷报告	禅道		测试组成员	
测试报告	Word 2013		测试经理	

任务拓展

选择一个熟悉的项目，撰写《测试计划》文档。

项目实训5.1 编写Discuz！X3.4系统的测试计划书

【实训目的】

掌握测试计划撰写方法。

【实训内容】

Discuz！X3.4是集门户、广场（论坛）、群组、家园及排行榜等五大服务于一身的开源互动平台，可帮助管理员轻松进行网站管理、扩展网站应用。目前很多网站采用Discuz！系列进行运营。为Discuz！X3.4系统撰写测试计划书。

任务 5.2　测试用例的组织和管理

微课 5-3
测试用例

任务陈述

针对 ECShop 在线商城项目使用禅道进行测试用例的组织和管理，即测试准备。

使用禅道完成测试用例的组织和管理，首先必须添加需要测试的项目，添加指定项目的模块和项目组成员，以一个测试用例的生命周期为例来说明其过程。

知识准备

1. 测试资源准备

测试准备就是为测试执行做好方方面面的准备，最终效果是满足测试准入的全部条件，可以进入测试执行阶段。在测试准备阶段，应参考测试计划文档中的计划和准入条件，完成所有的准备工作；应编写完成所有测试用例，所有用例应该具备测试用例要素中所列出的基本内容。主要工作内容包括构建测试环境、建立测试数据、撰写测试用例、追踪测试用例需求、评审。

在测试准备中，测试资源准备主要包括测试环境和测试数据的准备和要求。

笔 记

(1) 测试环境和环境管理

1) 测试环境

测试环境是指测试执行需要用到的软硬件资源。主要包括：

- 硬件设备，测试执行需要的硬件设备资源，如服务器、客户端使用的硬件。
- 测试工具，测试执行中需要使用的管理工具和辅助软件工具，如缺陷管理工具、网速控制工具、自动化测试工具等。

2) 测试环境管理的主要目的

测试环境是执行测试用例的条件，测试环境的有效性、稳定性和可信性直接影响测试用例的可执行性和测试结果的可信性。因此测试环境的搭建、准备和在测试执行期间的管理是确保测试顺利进行、测试结果准确可信的关键。

3) 测试环境管理的主要内容

测试环境管理工作的主要内容如下：

- 测试需要的服务器和设备的搭建。
- 基础操作系统、软件的安装配置。
- 被测应用的安装、部署。
- 被测应用的版本变更与管理。
- 测试工具的部署和配置。
- 测试系统与外围系统或接口的连接与调试。
- 测试系统外围接口的模拟。
- 测试环境的备份、变更与恢复等。

测试环境管理包含很广泛的内容，因此测试环境的搭建、准备等工作是相当多的。测试环境的规划与设计应该基于整个系统的长期需要或者多个系统的综合需要进行，而不能只为某次测试而准备，这样才能提高测试环境的质量和降低每次测试在测试环境上的准备工作量。而每次的测试将需要考虑对使用测试环境的策略、对测试环境的要求、需要的调整或准备，以及在测试过程中如何管理等内容。

4）测试环境的管理要求

为了保证对测试的支持和测试结果的可信性，对于测试环境的管理应具备以下基本要求：

① 应该具备专门用于测试的环境。测试所使用的环境应该是专用的环境，不能是用于开发活动或者生产运行的环境。开发环境无法满足测试对环境的稳定性和安全性的要求，而测试带来的风险又有可能对生产造成影响。

② 测试环境应与未来的生产环境是有可比性的。对于功能测试，除测试代码版本外，测试环境的操作系统、软件及其版本、参数配置等应与生产环境尽量一致。对于性能测试等非功能测试，测试环境的容量等方面也要与生产环境相对比，以决定对测试的影响。

③ 在测试的计划步骤中，应该考虑对测试环境的需求，以及准备测试环境的策略（如使用哪个已有的测试环境、是否需要搭建新的环境、现有环境需要哪些调整、对外围接口有哪些要求、是否可用等）。在测试准备阶段需要根据计划对测试环境进行准备，并在测试准入检查中进行检查确认。

笔记

④ 对测试环境的应用版本应进行有效的控制和管理，在测试用例的执行过程中，被测应用的代码、配置等不允许进行变更和调整。对于因缺陷修复需要调整代码的，应在条件允许情况下，积累到一定数量（通常是一轮测试执行结束）后进行。变更时应对明确需要改变的代码，分析其对功能或用例影响，决定哪些用例需要重新进行测试。

（2）测试数据和数据管理

测试数据是执行测试用例所需要的输入和运行的条件，不同的测试数据，可能导致测试用例执行的成功或失败。因此测试用例在设计时对测试数据有一定的要求。在测试用例执行时，需要准备好相关的测试数据。

如果仅依靠每个测试人员各自准备测试数据，则工作量大，数据的质量不统一，还会导致大量的测试数据重复，甚至冲突。另外，对于性能测试等非功能测试，也需要大量的测试数据或者特别设计的测试数据。因此需要根据测试的目的、需求和整体的测试用例情况，统一进行测试数据的规划和准备，并指导测试人员在测试执行时，选择使用适当的测试数据。

测试数据的管理除了关注于测试数据的准备效率和质量外，如果测试数据是来源于实际生产，还应关注测试数据中敏感信息的问题。对于涉及安全（账号、密码、密钥）和用户信息，特别是用户敏感信息的生产数据，不能直接在测试环境中使用，应获得管理方的批准并进行脱敏处理后才可以用于测试环境。

1）测试数据主要内容

测试数据是指测试执行过程中需要使用到的测试用例中的数据，主要包括以下内容。

① 数据编号。数据项的唯一标识，编号的命名规范一般由企业制订。

② 数据需求描述。数据项的名称，如会员账号、商品编码、图片等。

③ 数据需求名称。针对需要准备的数据项描述具体需求，如一个正常状态的邮箱账号、在首页广告区展示的图片信息等。测试人员提出需准备的数据交由具体数据维护人员进行准备。

④ 数据状态。包含新提出、已确认、已提供 3 种状态。

- 新提出：测试人员已根据测试用例提出测试需求，数据维护人员还未确认并进行准备。
- 已确认：数据维护人员已确认数据需求并准备中。
- 已提供：数据已准备完成，数据维护人员提供数据给测试人员。

⑤ 数据唯一标识。数据唯一标识是识别数据值的 ID，如会员账号 ID、商品编码、后台维护的活动 ID 等，由数据维护人员在后台进行提供。

2）测试数据管理的主要内容

测试数据管理工作的主要内容如下。

- 测试数据的需求分析。
- 测试数据的规划、准备。
- 从生产中提取数据的脱敏处理。
- 测试数据的导入、验证。
- 测试数据的调整。
- 测试数据的备份、恢复等。

笔记

有效的测试数据的管理也可以考虑长远的使用，因此除在设计、规划时从长远考虑外，在管理过程中也需要采用一些长远的、可逆的措施。例如，测试数据准备好后，进行及时的备份，这样当一次测试完成后，需要重新测试或者进行下一次测试时，可以快速地进行恢复，从而提高测试数据的准备效率。

3）测试数据的管理要求

为了确保测试用例的正确和顺利执行，确保测试结果的可信性，对测试数据的管理应具备以下基本要求：

① 在设计测试场景和测试用例时，应该考虑测试场景和用例对测试数据的需求。

② 在测试设计阶段，制订测试数据的来源和准备策略，确定测试数据准备所需的工作和所需的人员。

③ 在测试准备阶段，统一考虑测试数据的整体需求，并进行相应的准备工作。在测试准入阶段检查测试数据的准备情况。

④ 对于来自生产的数据，必须进行相应的脱敏处理，才能导入测试环境使用。

⑤ 通过备份恢复等手段，实现测试数据的重复使用，避免大量重复准备工作，从而提高测试数据准备效率。

2. 测试用例

测试准备中的一项重要工作就是撰写测试用例脚本。测试用例其实就是要回答：谁，在什么时候，对哪个软件项目、哪个版本、哪个模块设计了哪些测试，这些测试分别是使软件在什么条件下、如何执行系统、应得到怎样的执行结果。测试用例是测试执行步骤的说明和参考，好的测试用例应该目标明确，内容清晰，步骤精简且详细，结果检验标准明确。具体来讲，一个测试用例应包含以下信息，其中第（1）项、第（12）~第（14）项是测试用例设计中的核心要素，这些要素缺一不可。

（1）标识符

每个测试用例应有一个唯一的标识符，作为所有与测试用例相关的文档/表格引用和参考的依据。为了便于跟踪和维护，应根据自身需要来定义编号规则。

（2）项目/软件

项目/软件是指被测项目或软件的名称。项目名称通常应反映项目的主要内容，也可以与项目内容完全不相关，常用英文缩写表示，这样既简便易懂，便于交流，又可以达到一定程度的保密效果。

（3）程序版本

程序版本是指所使用软件目前的版本号。版本号的命名是有一定规律的。

（4）编制人

编制人是指编制该测试用例人员的名字。

（5）编制时间

编制时间是指编制该测试用例的日期。

（6）功能模块

功能模块是指被测模块的名称。

笔记

（7）测试项

测试项是指被测试部分的主要功能、详细特性、代码模块等，它往往比测试设计说明中所列出的特性描述更加具体。测试项可以理解为测试需求。

（8）测试目的

测试目的是指测试所期望达到的目标。这主要是指针对测试项的测试所期望达到的目的。

（9）预置条件

预置条件是指测试该模块之前所需完成的前期工作。例如对登录邮箱的测试，应预先开设有效的账户并设定有效密码。

（10）参考文献

参考文献是指测试的依据文档，即测试用例预期输出的定义标准，如需求文档、设计文档的具体章节。

（11）测试环境

测试环境即测试用例的执行所需的软件、硬件、历史数据及网络环境。若需要用到自动化测试工具，环境中也须将工具包含在内。一般情况下，整个测试用例中可包含整个测试环境的特殊需求，而每个测试用例的测试环境则应表明该用例特别所需的特殊环境要求。

（12）测试输入

测试输入是指提供测试执行中的各种输入条件，包括正常和异常输入情况，以判断软件能否执行基本功能，是否具有阻止异常输入的能力。这些输入条件是根据软件需求的输入条件来确定的，若软件需求中没有很好地定义输入，测试用例设计中就会遇到很大的障碍。

(13) 操作步骤

操作步骤是指提供测试执行过程的步骤。对于复杂的测试用例，其输入需要分为几个步骤完成。一般情况下，每个测试用例包含的步骤应控制在 3 ~ 9 步，若达到 15 个操作步骤，则表明该测试用例的易操作性会大大降低。测试用例的执行过于复杂，操作过程容易出错，这时，应考虑对该测试用例进行分解。

(14) 预期结果

针对测试输入的每一项，提供对应测试执行的预期结果。预期结果应根据相应参考文献中有关对软件需求中输出的描述而得出。

(15) 执行结果

执行结果即测试用例执行的最终结果。一般情况下，若在实际的测试过程中，得到的实际结果与预期结果不符合，则认为测试失败。反之则测试通过。但需要注意以下 3 点。

① 执行结果并不等于测试用例的实际执行结果。测试用例通过时，实际执行结果与预期结果完全一致，根本没有必要再列出实际结果。而当测试用例失败时，在提交的缺陷报告中要详细描述测试用例的执行结果，也不必在测试用例表格中列出实际执行结果。因此，执行结果是关于测试用例最终通过与否的状态描述。

② 测试用例的执行结果包括“通过”（Pass）、“失败”（Fail）、“警告”（Warn）、“阻塞”（Block）和“忽略”（Ignore）这 5 种情况。

笔记

- 通过：当测试用例执行后实际结果与预期执行结果完全一致，且未出现其他意外结果，则该测试用例通过。
- 失败：测试用例的执行结果与预期结果截然不同，甚至出现完全相反的情况，则应视为失败。
- 警告：测试用例的执行结果虽然与预期结果不一致，但对功能实现没有严重影响，功能仍能正常实现，如错误提示的文字描述差异等。当然，也有些人喜欢将这类情况也标识为“失败”，只不过在提交缺陷报告时，将缺陷的严重性划分为“轻微”的缺陷。
- 阻塞：如测试用例的执行中途受到阻碍，部分步骤或子步骤无法继续执行，测试用例无法顺利进行下去，则标记为阻塞。阻塞可能是由于中间某个步骤出错而导致，也可能是由于某些资源不到位而引起。
- 忽略：测试人员不执行测试用例的某个步骤或子步骤即为忽略。注意：阻塞是客观原因导致的，忽略则是测试人员主观原因导致。不管怎样，只要是有某些步骤不执行的情况，都应明确说明原因。

③ 在记录执行结果时，可将执行细节记录到每个步骤。在实际的项目中，一个测试用例往往包含多个执行步骤，每个步骤可能产生不同的执行结果，有不同的检验方式。一般情况下，只要一个步骤失败，该测试用例就无法通过，但中间步骤失败并不代表后续所有步骤都无法运行，也不代表后续所有步骤都失败。因此，在记录执行结果时，可记录每个步骤的执行结果。

（16）优先级

测试用例的优先级可以笼统地分为“高”“中”“低”3个级别。测试用例的优先级越高，越应尽早执行该用例。一般而言，若软件需求的优先级为“高”，则针对该需求的测试用例优先级也为“高”，反之亦然。

（17）测试用例之间的关联

测试用例之间的关联用于标识该测试用例与其他测试（或其他测试用例）之间的依赖关系。例如，对邮箱功能的测试，关于用户登录的测试用例与查看邮件的测试用例之间存在一定的关联性，后者的执行依赖于前者的正确执行。测试用例之间若存在过多不必要的关联，容易因某个用例的修改而导致涉及面太广，也容易导致测试用例受到执行次序的影响，相关缺陷的修复也会因此而受到其他缺陷修复时间和效果的制约。在实际设计的过程中，一个简单的处理措施是对每个测试用例进行同样的初始化和环境清理，确保每个测试用例从相同的初始状态开始，执行用例后恢复原始的状态。

微课5-4 测试用例组织和管理

3. 测试用例的组织与管理

随着软件越来越复杂，执行全面的测试所需的测试用例数量急剧增长，测试用例采用人工管理的方式不仅工作量大，而且效率低下。同时测试用例作为测试部门的成果需要进行积累、整理和保存，形成测试用例库或测试套件，方便以后进行查找和复用，因此必须使用有效的测试管理工具对这些测试用例进行良好的组织和管理。

任务实施

笔 记

使用禅道完成测试用例的组织和管理。

1. 登录系统

本书使用的禅道软件的版本是12.5.3，用户可以到其官网下载开源版本，完成安装后。输入禅道系统用户名和密码，默认用户名为admin，密码为123456。进入禅道首页，如图5-3所示。

图5-3 禅道首页

2. 添加产品

从系统主页面单击“产品”超链接，即可进入“产品主页”页面，如图 5-4 所示。

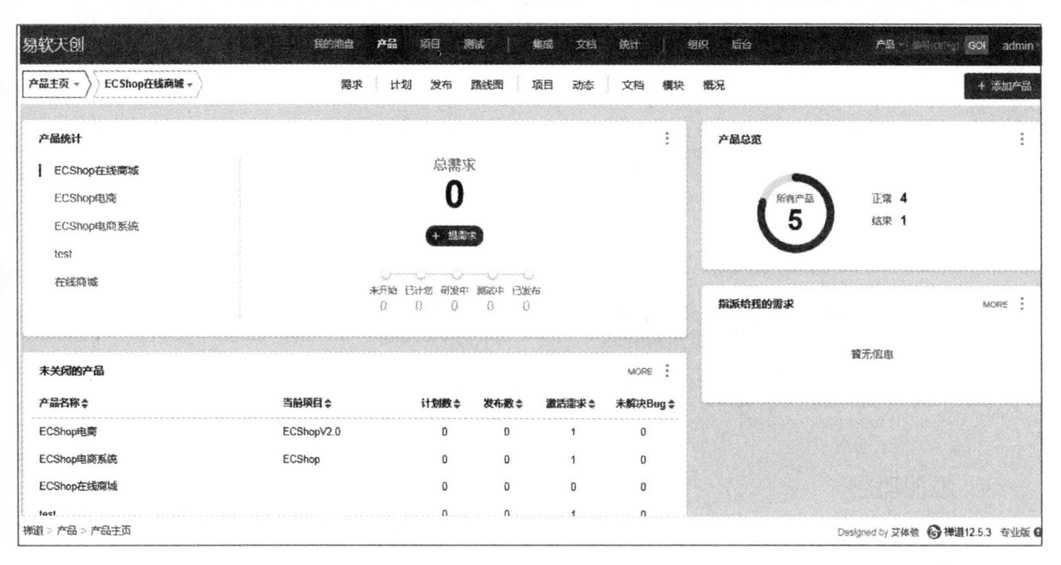

图 5-4 “产品主页”界面

单击“添加产品”按钮，在“产品名称”文本框中输入“ECShop 在线商城系统”，其他信息输入完整，单击“保存”按钮。

笔 记

3. 添加模块

单击图 5-5 中所示“模块”超链接进入模块管理界面，添加模块信息，单击“保

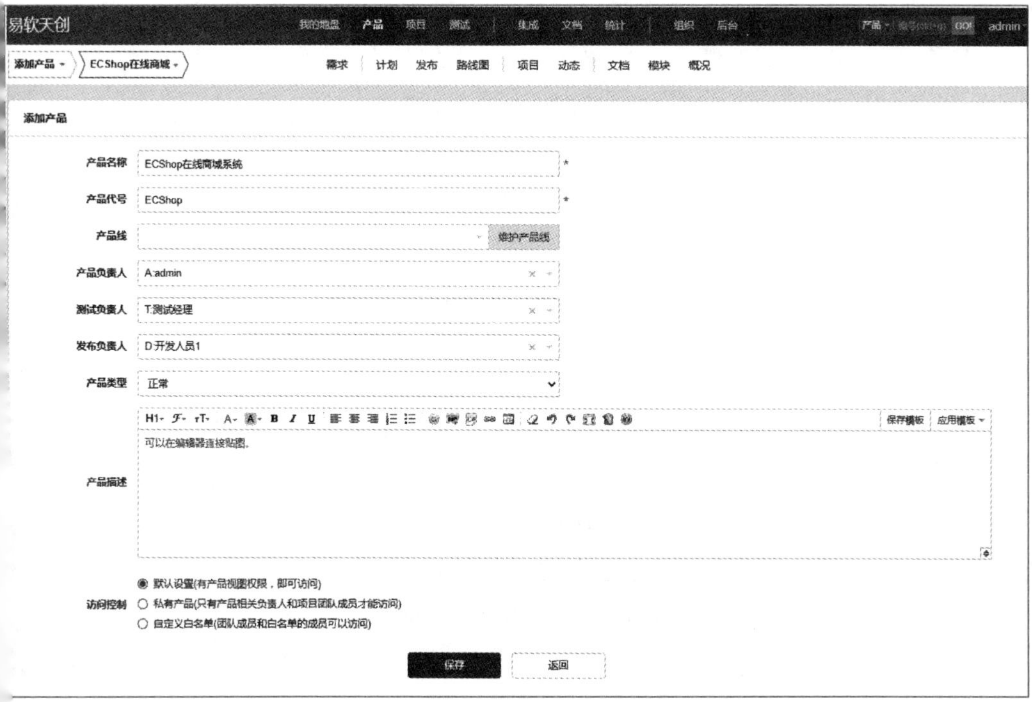

图 5-5 “添加产品”界面

存”按钮，如图 5-6 所示。

图 5-6 模块管理界面

4. 添加项目

单击“项目”超链接进入项目管理界面，单击“添加项目”按钮，在打开的界面中输入项目的相关信息后，单击“保存”按钮，如图 5-7 所示。

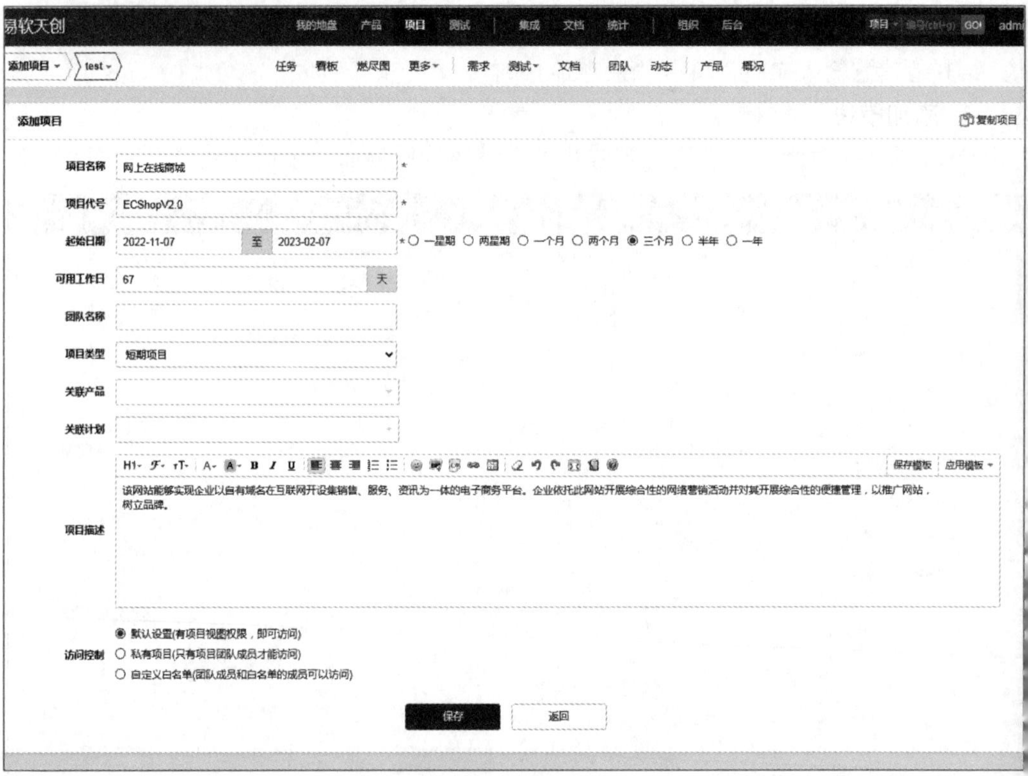

图 5-7 “添加项目”界面

5. 进入功能测试

单击“测试”超链接，即可进入测试管理主页面，如图 5-8 所示。

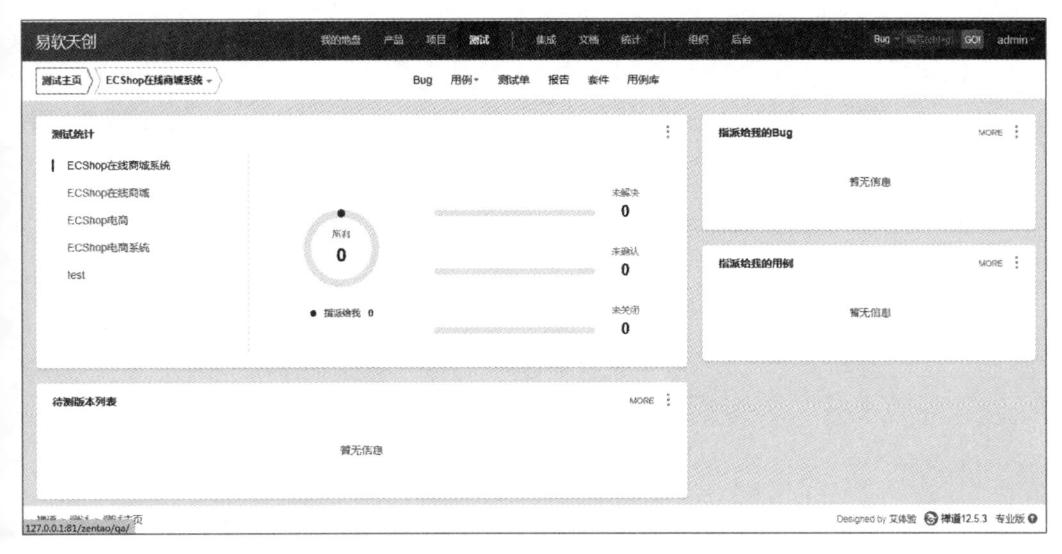

图 5-8　“测试主页”界面

单击界面中的“用例”按钮，在弹出的下拉列表中选择“功能测试”选项，进入功能测试用例，如图 5-9 所示。

图 5-9　功能测试用例界面

笔 记

6. 添加测试用例

单击“建用例”按钮，如图 5-10 所示，进入测试用例新增界面，进行测试用例编辑。

在测试用例编辑界面配置所属产品、所属模块、用例标题、优先级、前置条件、用例步骤和预期等内容，单击“保存”按钮，如图 5-11 所示。

测试人员还可以在用例管理界面单击“用例复用”按钮，如图 5-12 所示，实现快速完成测试用例的编写。

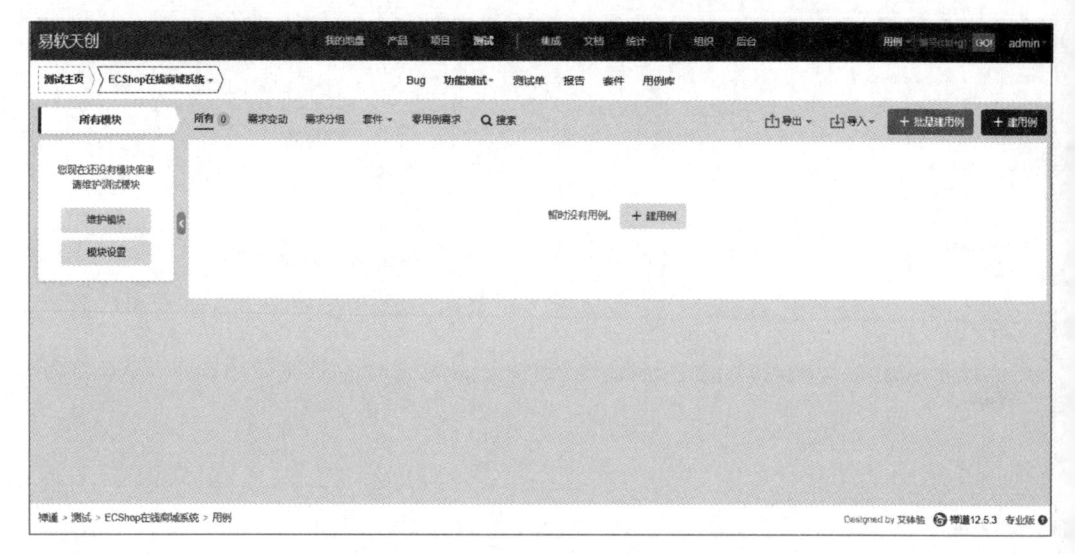

图 5-10　添加测试用例界面

图 5-11　测试用例编辑界面

笔 记

7. 执行测试用例

进入测试用例执行界面，单击“测试执行”按钮，如图 5-13 所示。

在测试执行前，需要对准入条件的满足情况进行检查，以确保不会因为某些条件不具备，影响测试的执行。准入检查通过后，即可以开始按计划进行测试执行。测试执行就是按照每个测试用例脚本中的描述，依次执行各个步骤，并比较系统返回结果与期望结果。其结果有通过、失败、阻塞、忽略/不适用（N/A）等多种可能，如图 5-14 所示。

图 5-12 测试用例复用界面

图 5-13 测试用例执行界面

3 用户名重名校验

前置条件
用户名"三木"已经注册成功

编号	步骤	预期	测试结果	实际情况
1	输入用户名：三木，密码：111111，单击[登录]按钮；	弹出"三木"个人购物主页；	通过	
2	单击[修改个人信息]按钮；	弹出"修改个人信息"界面；	通过	
3	将用户名改为：米老鼠，单击【保存】按钮；	系统提示"该用户名已被使用！"	通过	

保存

测试结果 共执行0次

图 5-14 测试用例执行结果界面

笔 记

任务拓展

设计实现项目的测试用例的组织与管理。

项目实训 5.2 Discuz！X3.4 系统测试用例的组织与管理

【实训目的】

掌握测试用例的组织与管理。

【实训内容】

对 Discuz！X3.4 系统模块进行测试用例编写和系统测试，使用禅道进行测试用例的组织与管理。

任务 5.3 搭建测试环境

任务陈述

搭建 ECShop 在线商城项目测试环境。

笔记

测试版本发布后，按照环境部署手册进行测试环境的搭建，完成冒烟测试，检查测试准入条件。

知识准备

测试执行会受到整体项目进度的制约，通常安排给测试执行的时间非常有限，而测试执行如果无法按质量、按计划完成，会影响项目后续工作的进行。因此测试执行是测试过程中最紧张和关键的一个步骤。

1. 搭建测试环境

配置人员发布软件测试版本后，软件测试人员获得测试版本应立即按照系统部署手册进行软件系统测试环境搭建工作，测试环境是进行测试执行的重要保障。如果测试环境出现问题，所有后期执行发现的缺陷可能是环境问题引起的，还可能出现漏测的问题。测试一般分为 SIT 环境测试和 PRE 环境测试。

SIT 环境测试（System Integration Test，系统集成环境测试），该环境下一般至少要进行 3 轮以上测试，直到测试通过再进入 PRE 环境测试，大部分的缺陷都是在这个阶段发现和得到解决的。

PRE 环境测试（Pre Production Environment，预生产环境测试），要求与用户的环境完全一致，在该环境下测试达到准出标准后，软件才可以正式发布。

2. 冒烟测试

(1) 冒烟测试概念

冒烟测试，也称为“烟雾测试”（Smoke Test），是从电路板测试而来，当电路板做好以后，首先会加电测试，如果电路板没有冒烟再进行其他测试；如果冒烟了就说明该电路板基本的功能都存在问题，那其他的功能也就没办法正常测试了。也有人认为，冒烟测试的名称可以理解为该测试耗时短。

（2）冒烟测试的必要性

软件测试中的冒烟测试是对软件基本的功能进行测试，目的是确认软件基本功能的正常，保证软件系统能正常运行起来，如果基本功能不正常的话，就没有办法进行后续的测试。例如，系统无法进行正常登录，很多测试用例就无法正常执行。因此测试人员测试的版本必须首先通过冒烟测试，再根据正式测试文档进行正式测试。否则，就需要重新编译软件版本，再次执行可接收确认测试，直到成功。冒烟测试也是测试准入条件之一，应将重要的功能全部覆盖，测试的时候注重覆盖率。具体执行中，冒烟测试一般选取测试用例中级别较高的用例，一般控制在测试用例总数的10%以内。

3. 回归测试

（1）回归测试概念

回归测试（Regression Testing）：从字面上理解，是“倒退测试”。回归测试是指修改了旧代码后，重新进行测试以确认修改没有引入新的错误或导致其他代码产生错误。回归测试一般是在软件的第2轮测试开始，验证第1轮测试中发现的问题是否得到修复。当然回归也是一个循环的过程，穿插在软件测试整个生命周期里。如果回归的问题不通过，则需要开发人员修改后再次回归，直到通过为止。

触发回归测试的变化（Change）是多样的。它既可以是增加一个新功能，也可以是修复一个漏洞（Bug），还可以是修改软件配置。无论哪一种变化，都不应该导致软件衰退，即本来能够正常工作的部分（不管是功能点还是性能指标）被破坏。

笔记

通常来说，实现回归测试的方法是重新执行测试用例。根据执行结果是否成功，来鉴别软件是否发生衰退。回归测试与重复测试有关系，但不能将二者画等号。因为回归测试没有重复的含义，并且重复测试不仅用于回归测试，还可以用于稳定性测试。

（2）回归测试的目的和必要性

回归测试的目的是保证本来能够正常工作的软件在发生变化的情况下不产生衰退。保证软件当前状态中那些没有被要求修改部分的功能和非功能与原来状态保持一致，上一个版本发现的软件缺陷得到了正确的修复。回归测试作为软件生命周期的一个组成部分，在整个软件测试过程中占有很大的比重，软件开发的各个阶段都会进行多次回归测试。在渐进和快速迭代开发中，新版本的连续发布使回归测试进行得更加频繁，而在极限编程方法中，更是要求每天都进行若干次回归测试。因此，通过选择正确的策略来改进回归测试的效率和有效性是非常有意义的。

（3）回归测试和冒烟测试区别

冒烟测试是完成一个新版本的开发后，对该版本最基本的功能进行测试，保证基本的功能和流程能走通。如果不通过，则发回开发部门重新开发；如果通过测试，才会进行下一步的测试（功能测试、集成测试、系统测试等）。冒烟测试优点是节省测试时间，防止构建（Build）失败。缺点是覆盖率还是比较低。

回归测试一是当开发修复一个漏洞（Bug）后，把之前的测试用例再次应用到修复后的版本上进行测试；二是当一个新版本开发好后，而且冒烟测试通过，此时可以先用上一个版本的测试用例对新版本进行测试，看是否有漏洞（Bug）。实践中，回归测试用得很多，如测试新增加的一个功能模块等，自动化测试可以高效率地进行回归测试。

4. 测试准入条件

测试准入条件是指测试人员在收到配置管理人员发布的软件测试版本后，需要进行的一系列条件检查。在每个阶段的测试执行之前，需要比对项目当时情况及该阶段的准入条件。在该项目所有的准入条件均达到预设目标的前提下，允许进入对应阶段测试执行。如某项或多项准入条件未达到标准，一般不允许进入对应测试执行阶段。由于特殊原因，在某项或多项准入条件未达到标准情况下，但是必须进入对应测试执行阶段，则每一项未达标的准入条件需要描述对应的风险和风险出现后解决方案，并需要在后续的执行阶段进行跟踪并解决。

任务实施

完成测试系统环境搭建和测试准入检查。

1. 搭建ECShop在线商城测试环境，如图5-15所示

图5-15 ECShop在线商城

2. 检查测试准入条件，见表5-8

任务拓展

开展系统测试环境搭建和测试准入检查。

笔记

表 5-8 测试准入条件

	测试准入	检查结果	责任人	说明
测试准备工作	测试用例已准备完成	通过		必选准入条件
	测试用例已通过评审	通过		如项目有测试用例增删的要求，此准入条件必选
	测试所需的测试数据已准备完成	通过		必选准入条件
	需求已通过评审	通过		除紧急发布项目外，在其他类型项目中，此准入条件必选
	测试计划已完成，并通过评审	通过		必选准入条件
	单元测试报告已提交至测试部门	通过		必选准入条件
	冒烟测试已完成，且冒烟测试结果为通过	通过		必选准入条件
	SIT 阶段测试报告已完成	通过		仅适用于 PRE 测试执行
	SIT 阶段阻塞、致命级别的缺陷已全部修复并通过验证	通过		仅适用于 PRE 测试执行
	SIT 阶段严重级别缺陷已修复比率高于 90%	通过		仅适用于 PRE 测试执行
测试环境和工具	SIT 环境准备就绪	通过		仅适用于 SIT 测试阶段
	PRE 环境准备就绪	通过		仅适用于 PRE 测试阶段
	系统已经部署在对应测试环境中	通过		必选准入条件
	关联系统的应用已部署在对应测试环境中	通过		如项目有关联系统的需求，此项准入条件必选
	测试工具已准备就绪	通过		如有额外的测试工具需求，此项准入条件必选
其他	测试所需的测试执行人员已到位	通过		必须准入条件
	测试所需的支持人员已到位	通过		如有额外的技术、业务等支持人员的需求，此项准入条件必选

项目实训 5.3 ECShop 在线商城系统测试环境搭建和测试准入条件检查

【实训目的】

掌握测试准入检查内容。

【实训内容】

对 ECShop 在线商城系统进行测试环境搭建和测试准入检查。

任务5.4 缺陷组织和管理

任务陈述

针对ECShop在线商城项目使用禅道进行缺陷管理。

使用禅道完成缺陷管理，以一个缺陷的生命周期为例来说明其过程，包括提交缺陷报告、分配缺陷、审核缺陷报告、处理缺陷以及验证、关闭缺陷等。

知识准备

微课5-5
缺陷属性

笔 记

1. 缺陷定义

软件缺陷（Defect），常常又被叫作漏洞（Bug），即为计算机软件或程序中存在的某种破坏正常运行能力的问题、错误，或者隐藏的功能缺陷。缺陷的存在会导致软件产品在某种程度上不能满足用户的需要。

IEEE 729-1983对缺陷有一个标准的定义：从产品内部看，缺陷是软件产品开发或维护过程中存在的错误、不足等各种问题；从产品外部看，缺陷是系统所需要实现的某种功能的失效或违背。

其主要包括以下几个方面：

① 软件未达到产品说明书中已标明的功能。

② 软件出现了产品说明书中指明不会出现的错误。

③ 软件功能超出了产品说明书指明的范围。

④ 软件未达到产品说明书虽未指出但应达到的目标。

⑤ 软件测试员认为软件难以理解，不易使用，运行速度慢，或者最终用户认为该软件使用效果不好。

2. 缺陷属性

测试活动中，对于发现的缺陷在进行描述时需要包含的要素，称为缺陷属性，主要包括以下内容。

(1) 缺陷ID

缺陷ID必须唯一，可以根据该ID追踪缺陷，一般由缺陷管理工具自动生成。

(2) 缺陷标题

对发现的缺陷进行简单描述，让收到该缺陷的相应人员通过标题了解缺陷的主要问题。

(3) 缺陷所属项目/模块

说明缺陷所属的项目和模块，最好能较精确地定位至模块。

(4) 缺陷的详细描述

对缺陷的详细描述一般包括缺陷出现的操作步骤、预期结果和实际结果。对缺陷描述的详细程度直接影响开发人员对缺陷的修改，描述应该尽可能详细。

（5）缺陷的严重程度

描述缺陷的严重程度一般分为致命（Critical）、严重（Major）、一般（Minior）、轻微（Trival）和建议（Suggestion）等 5 种。

① 致命（Critical）：主要是系统不可用，可能对业务功能和整个系统造成影响和损失。例如：

- 重要功能未完成，主要业务流程不能完整进行。
- 重要功能无法正常使用，重要业务流程错误或不完整。
- 因操作导致业务数据紊乱或丢失。
- 系统关键性能严重不达标，引起系统挂死或影响系统运行。
- 数据库设计未达到要求或需求规格。
- 系统崩溃。
- 内存溢出。
- 系统死循环。
- 数据库死锁或数据库断连，且无法恢复。
- 数据通信错误或接口不通。
- 对操作系统造成破坏。

微课 5-6
缺陷严重程度
和优先级

对于致命的错误，测试人员发现后应立即汇报测试经理或者项目经理。

② 严重（Major）：主要指系统中单元模块或功能有缺失或错误，但不影响其他模块的正常运行或者有替代办法。例如：

笔记

- 业务数据保存不完整或无法保存到数据库。
- 数据处理错误。
- 业务逻辑错误，功能接口错误。
- 功能反应时间超出正常合理时间范围，性能不达标。
- 在支持的环境中，出现部分模块无法使用或错误。
- 数据显示不符合要求，显示查询结果错误。
- 严重的文档错误。

③ 一般（Minior）：不影响系统的运行和功能的正常使用，但是存在与标准、规范和定义不一致的问题。例如：

- 功能描述不清楚，提示信息不明确或有错误。
- 输入输出不规范。
- 长时间操作未给用户提示。
- 输入限制控制错误。
- 界面字段定义不准确。
- 日志信息不够完整或不清晰。
- 其他的一般性数据处理错误，一般程序错误。

④ 轻微（Trival）：不影响用户正常使用，但会影响用户使用系统的感受，降低对系统的认可。例如：

- 菜单布局、焦点控制、光标、滚动条等错误或不合理。

- 显示格式不规范，文本未对齐。
- 界面校验错误或者提示信息与异常处理不符。
- 拼写错误。
- 用户手册出现书写错误。

⑤ 建议（Suggestion）：是指功能增强与改进，或是建议优化的项，并非系统错误。例如：

- 软件界面、菜单位置、工具条位置、相应提示不美观。
- 提示说明未采用行业规范语言。
- 界面优化、功能易用性优化建议。
- 其他的功能性改善建议。

（6）缺陷的紧急程度

缺陷的紧急程度是指缺陷需要开发解决的优先级，级别越高，说明紧急程度越高。一般按照对用户使用的影响程度来判断，可分为高、中、低3个等级。

缺陷的紧急程度与严重程度是不一样的，但两者密切相关，往往越是严重，就越是紧急。但是也存在一些情况，虽然严重等级不高，但是需要紧急修复。

微课5-7
缺陷状态

笔记

（7）缺陷状态

缺陷的状态是在缺陷提交时由缺陷管理工具自动生成。缺陷或缺陷报告在整个生命周期中会处于不同的状态，这些状态定义了不同角色的人（如测试人员、项目经理、开发人员等）对缺陷的处理方式。常见的典型的状态有“打开”“待解决”“重新打开”“不解决（拒绝）”“已解决”“已修复”“延期修复”“关闭”等。

① 打开（Open）：每当测试人员发现缺陷并提交一个新的缺陷报告时，该缺陷处于“打开”状态。它提醒项目经理关注这份报告，对报告中提交的缺陷划分处理优先级，并将缺陷指派给相关的开发人员进行处理。

② 待解决（Unsolved）：有时用“处理中（In Progress）”来代替。项目经理对缺陷报告进行初步验证后，将缺陷分配给相关的开发人员负责修复缺陷，此时缺陷处于“待解决”状态，“待解决”状态实际意味着缺陷正在处理中。有时，若测试人员知道缺陷所在的模块由谁来负责开发，那么，他也会直接将缺陷报告发送/分配给对应的开发人员，等待开发人员来解决修复该缺陷。

③ 重新打开（Reopen）：已经关闭的缺陷很可能在后续的某个时候再次出现，这往往是由于开发人员没有找到缺陷的根源所在，未全面修复缺陷所致。此时，应将已经关闭的缺陷重新打开，再次进入处理循环，等待项目经理进行分配。

④ 不解决（Won't Fix）：开发人员在收到缺陷后，经过仔细研究和确认，发现缺陷是由于环境问题或者测试人员误解导致的，直接拒绝解决。

⑤ 已解决（Resolved）：开发人员拿到缺陷报告，针对缺陷做出一定的处理，并在缺陷报告中简要说明解决的措施和步骤，这时缺陷就处于“已解决”状态。

⑥ 已修复（Fixed）：测试人员在最新版本上进行缺陷的回归，经验证缺陷已经不存在，将缺陷状态置为“已修复”状态。

⑦ 遗留或者延期修复（Deferred）：开发团队在经过讨论后，当前缺陷由于某些原因暂时不进行修复。

⑧ 关闭（Close）：测试人员对从开发人员那里返回的缺陷报告进行检查，对于已经修复的缺陷，则须重新执行相关测试用例，通过观察测试用例是否通过来验证缺陷是否正确修复。若测试人员确认提交的缺陷已经被正确修复，则该缺陷可以安全关闭。当然，对于某些组织或公司来说，会将缺陷的关闭权限严格限定在个别测试员的手中，如主任测试员或测试经理。注意，一般情况下，谁发现缺陷，谁负责验证该缺陷是否得到正确的修复，并负责决定是否关闭该缺陷，因为发现缺陷的人最熟悉缺陷的表现，最了解可能受到缺陷修复影响或原有缺陷影响的地方，能针对这些位置展开验证测试和回归测试。

笔 记

这里所给出的状态并非适用于所有企业和项目组。每个企业会根据自己的缺陷管理流程来设定缺陷的状态。

（8）缺陷提交人

缺陷提交人的名字一般默认为缺陷管理工具中当前登录的用户。

（9）缺陷指定解决人

当前缺陷一般提交给开发经理。

（10）缺陷提交时间

缺陷提交时间是指当前缺陷管理工具中缺陷提交的系统时间。

（11）测试环境说明

测试环境说明是指对测试环境的描述。所有缺陷的出现一定是基于某个环境下的。

（12）必要的附件

对于某些文字很难表达清楚的缺陷，使用图片等附件是必要的，一般会截取出现缺陷的系统界面并配以文字说明。

以上 12 个要素是提交缺陷报告时必须包括的内容，在后期的缺陷流程中，缺陷要素还经常包括以下几个因素：

① 缺陷指定解决人，指开发经理将缺陷最终分配的开发人员。

② 缺陷指定解决时间，指测试人员提交缺陷或者开发经理分配缺陷时要求的缺陷修复时间。

③ 缺陷处理结果描述，指对处理结果的描述，如果对代码进行了修改，要求在此处体现出修改内容和缺陷出现原因。

④ 缺陷处理时间，指开发人员实际解决缺陷的时间。

⑤ 缺陷复核人，指对被处理缺陷复核的验证人。

⑥ 缺陷复核结果描述，对复核结果的描述一般为通过或不通过。

⑦ 缺陷复核时间。

以上缺陷的要素是常见的缺陷流程中会用到的，有些还会根据企业或项目情况，配置其他字段，如“缺陷引入阶段”“缺陷修正工作量”等属性。

微课 5-8
缺陷处理流程

3. 缺陷处理流程

缺陷报告一经提交，就在测试员、项目经理、开发人员等不同角色之间流转，进入不同的状态。一般的缺陷处理流程如图 5-16 所示。

① 由测试人员发现缺陷，提交缺陷报告，缺陷呈打开状态。

② 由项目经理（或开发经理）负责将缺陷分配给对应的开发人员，等待修复，缺

笔记

陷呈分配状态。

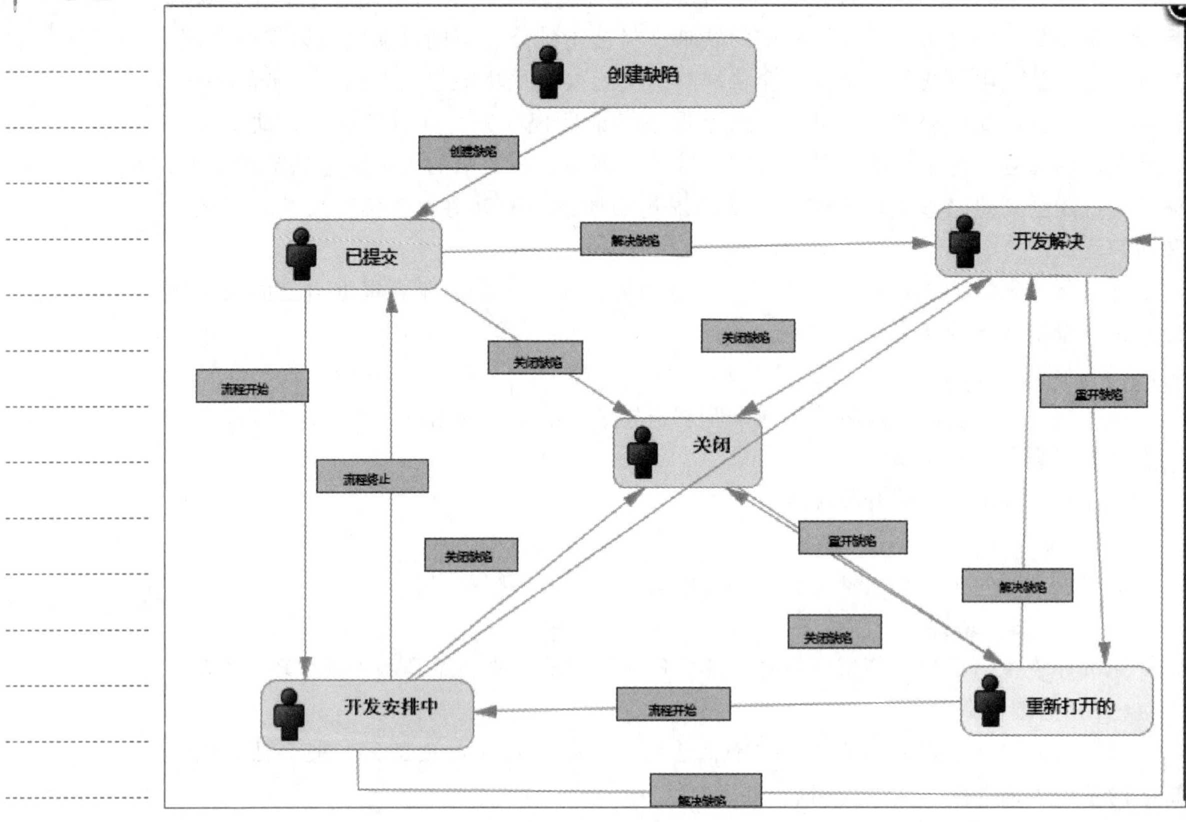

图 5-16 缺陷处理流程

③ 由开发人员（程序员）重现缺陷，修复缺陷，提交测试人员验证，缺陷呈已解决状态。

④ 经测试人员验证后，缺陷不再出现，关闭缺陷，缺陷呈关闭状态。

表 5-9 列出了常见的缺陷解决结果。

表 5-9 缺陷解决结果

序号	解决结果	描述
1	未解决	新发现或者重新打开的缺陷，问题还未被处理
2	问题遗留暂不修复	本版本内不解决，在以后的目标版本中解决
3	重复问题	重复的缺陷，不需要处理
4	无法复现	问题无法重现，这样的问题不被认定为有效缺陷
5	非问题	经确认为不是问题，不需要处理
6	需求变更	经确认为需求发生变化，需要执行需求变更流程
7	描述不完整	缺陷报告内的信息不充分，不能支持开发分析
8	已解决	已经被缺陷关系人处理修复的缺陷
9	已验证通过	缺陷报告人验证开发解决修复的缺陷，并进行关闭

以上的流程只是理想化的处理流程，更多时候，情况会变得比较复杂。例如，项目经理经审查后认可提交了缺陷，但却将缺陷定级为延迟处理，或者程序员认为该缺陷是一个重复提交的缺陷等。

4. 缺陷管理

（1）缺陷管理的主要目的

缺陷的处理是和测试执行并行的，发现的缺陷需要尽快进行识别、分析、修正并进行重新验证，这些工作都需要在测试执行阶段内完成。缺陷的处理过程不但涉及测试人员，还涉及开发人员，因此，如果在缺陷处理上管理不到位，会出现沟通不畅，处理效率低，进展慢，甚至有些缺陷无人处理的状况，影响整个测试执行的进展和质量。缺陷管理的目的是确保在测试执行过程中发现缺陷后能够按照预定的规则，进行有效的处理，避免因为管理、沟通等问题，导致某些缺陷被遗漏、忽略或处理缓慢等情况。

（2）缺陷管理的一些基本要求

在缺陷管理过程中，应满足以下一些基本要求。

微课 5-9
缺陷处理方式

笔 记

① 缺陷的记录：所有测试执行阶段发现的缺陷应该在第一时间记录下来，缺陷记录应包含缺陷的标识、内容描述、涉及的用例、发现人、时间以及相关的测试记录等内容以及缺陷的等级。

② 缺陷的等级：根据缺陷的影响范围、严重程度，应将缺陷划分严重等级。不同的严重等级缺陷，其处理时效、关注程度也不同。缺陷的分级应遵循统一的标准。

③ 缺陷管理流程：一套基本有效的流程对缺陷进行管理，确保缺陷可以被有效地分析、解决。

④ 缺陷的状态：缺陷在管理过程中应用不同的状态进行标识，以表明缺陷处于什么样的解决步骤中。缺陷状态与所用的缺陷管理和流程相关。

⑤ 缺陷处理的记录：应将缺陷的分析、处理等动作相关的处理方式、结果、时间、处理人等信息记录下来，以跟踪缺陷处理的过程。

⑥ 缺陷报告：可以清晰准确地了解所有缺陷的关键统计信息，包括缺陷的严重等级分布、状态分布等情况。

缺陷管理应满足以上的一些基本要求，缺陷数据将作为测试报告中的关键输入，而缺陷的解决过程、解决结果和细节记录将成为测试结论的关键参考因素和支撑证明。

（3）缺陷的处理方式

当缺陷到达开发人员手中，开发人员会根据缺陷报告的描述，执行操作步骤，观察系统的表现，判断是否出现了测试人员所描述的缺陷，并决定应该对缺陷如何处理。对缺陷的处理方式一般分为以下 7 种。

① 已修复（Fixed）：表示问题被修复。开发人员定位缺陷，对相关部分（如代码、设计等）进行修改，在缺陷报告中说明自己的修复步骤，等待测试人员的验证，以确保缺陷得到正确的修复。特别地，开发人员还应注意明确指出是针对哪个版本进行的修复。这是最常见的处理方式，也是测试人员最希望看到的回复意见。

② 暂缓（Postponed 或 Later）：项目经理经初步验证后承认缺陷确实存在，但受到技术、发布时间压力等因素的影响，予以的处理优先级较低，认为该缺陷在当前版本

中不用处理，而将在软件的下一个版本中讨论是否应对该缺陷进行修复。注意，那些标记为暂缓的缺陷是需要定期讨论的，讨论的结果可能是将该缺陷的处理优先级升级为立即修复，也可能认为该缺陷不值得修复，最终会将其忽略掉。

③ 外部原因（External 或 On Hold）：表示是由于外部技术原因（如浏览器、操作系统或其他第三方软件）而导致的缺陷，开发人员无法修复该缺陷。也有可能是因为缺陷的影响范围太大，需要由审核委员会来决定如何处理这个缺陷。

④ 不修复（Won't Fix）：表示虽然认为该缺陷有效，但太轻微，或被用户发现的概率非常小，不值得花时间来修复。

⑤ 重复的（Duplicate）：表示该问题是个重复的缺陷，已由其他测试人员发现并提交了。一般而言，对于重复提交的缺陷，会直接关闭掉。但很多时候，被关闭掉的可能是相似而非相同的缺陷，一旦关闭这样相似的缺陷会带来风险，所以应谨慎处理。

微课 5-10
缺陷组织和管理

⑥ 不可重现（Not Repro）：开发人员根据缺陷报告中描述的步骤执行之后，无法触发该缺陷，也没有更多线索来证实该缺陷的存在。这时，应由测试人员在当前版本中检查缺陷重现的步骤，确认该缺陷是否存在，同时仔细检查是否对每个步骤都有清晰的描述。若需增加新的步骤，应将处理状态改为“打开”状态，并在注释中说明所进行的操作。“不可重现”这一处理方式也很常见，这也是造成测试人员被开发人员轻视、致使缺陷修复的进度延迟的主要原因之一。

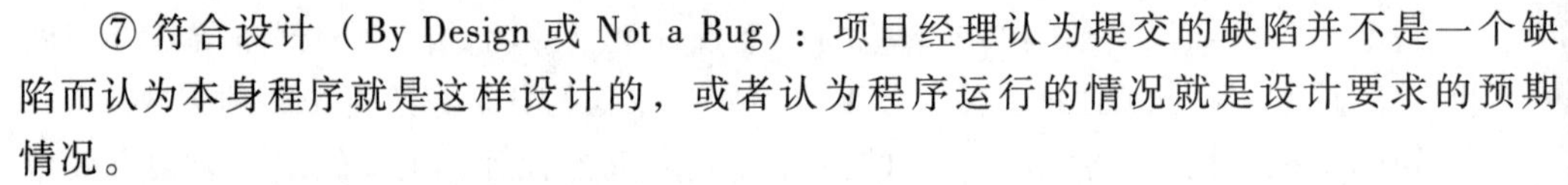

⑦ 符合设计（By Design 或 Not a Bug）：项目经理认为提交的缺陷并不是一个缺陷而认为本身程序就是这样设计的，或者认为程序运行的情况就是设计要求的预期情况。

笔记

（4）缺陷管理工具

缺陷处理是一个多组织、多人员协作的过程，管理和沟通的要求比较高，特别是对于人员较多的大系统、大项目更是如此。因此，缺陷管理通常需要使用适当的工具进行支持。目前常用的缺陷管理工具有 JIRA、TestLink、禅道等，有的大型软件企业也会自己开发缺陷管理工具。

任务实施

使用禅道完成缺陷的组织和管理。

系统前台有创建 Bug 模式和查询模式两种模式，前者主要关心缺陷的细节和历史记录，后者则主要关注各种有关缺陷的统计数据，如缺陷类型分布、缺陷严重性分布等。对于普通的测试人员和开发人员而言，主要关注创建 Bug 模式下的各种操作。下面以一个缺陷的生命周期为例来说明其过程。

1. 测试员：发现新缺陷，提交缺陷报告

测试人员在同名用户注册时发现一个缺陷，即不能使用相同的用户名注册，应给出不能注册的信息提示，实际的执行结果却注册成功。

单击“提 Bug”按钮，打开缺陷单界面，如图 5-17 所示。

输入缺陷单具体信息，单击“保存”按钮，如图 5-18 所示。

在该缺陷报告中，应注意以下几个方面。

① 以管理员的身份提交缺陷报告时，系统并未禁止，因为系统认为，任何人都有

责任和权力提交缺陷。

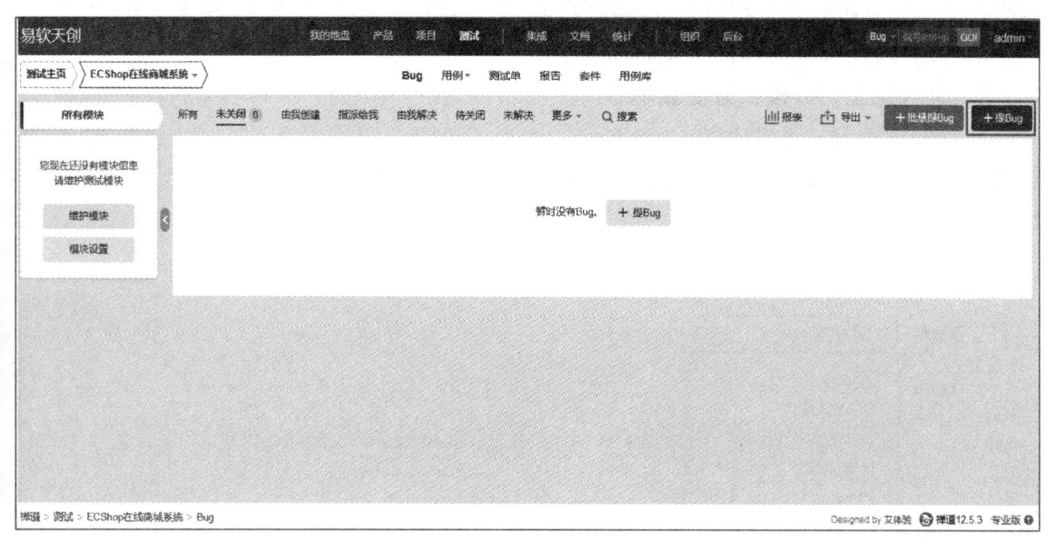

图 5-17　缺陷单界面

图 5-18　新增缺陷界面

② 缺陷是自动编号的，不需要手工编号。

③ 缺陷报告中缺少测试用例的信息，需要手工在注释中给出。在更新版本中，通过将测试用例、缺陷和测试结果关联起来，可以支持更好的测试分析，如哪些缺陷是从测试用例的执行中发现、测试用例对缺陷的覆盖率等。

④ 不需要指定缺陷的状态，因为这是系统自主设定的。

笔记

⑤ 测试人员用到的测试用例数据文件和最终执行结果文件均作为附件上传，这样，程序员拿到缺陷报告之后可以打开这些数据文件，查看测试用例的数据和执行通过情况。

⑥ 该缺陷被指派给程序员来负责修复。

2. 项目经理：审核，分配缺陷

项目经理看到缺陷报告后，经审核，认为还应结合更多输入数据来测试，以判断该缺陷属于哪个模块，并进行缺陷的指派，更新缺陷信息，如图 5-19 所示。

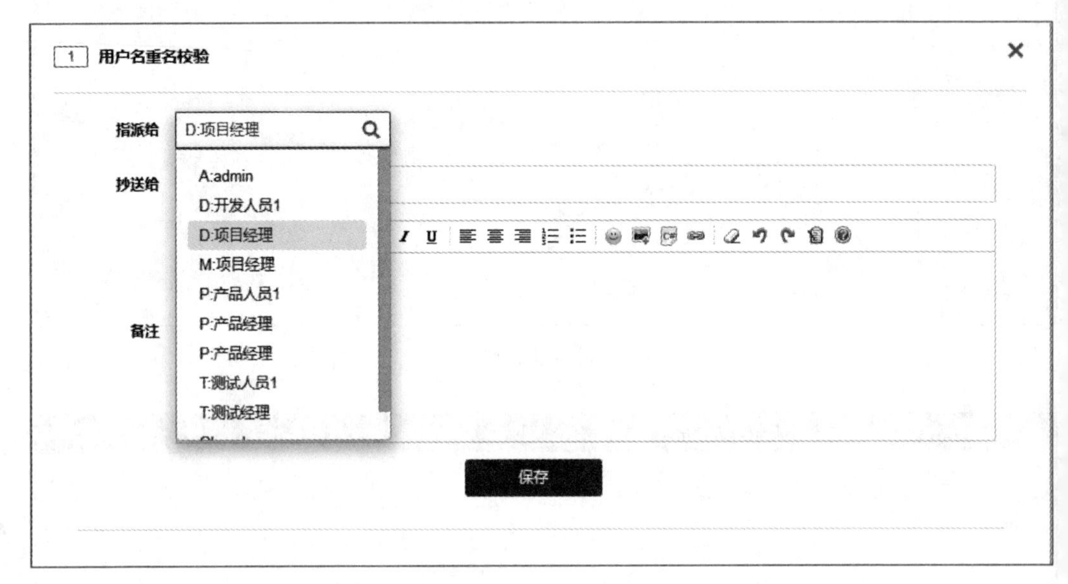

图 5-19 指派缺陷界面

笔记

3. 程序员：处理缺陷

以程序员身份登录系统后，可以在“测试-Bug-指派给我”下方的信息栏中看到需要自己修复的缺陷，进行缺陷修复，修复完成后填写缺陷处理结果，单击“保存”按钮，如图 5-20 所示。

4. 测试人员：验证缺陷，关闭缺陷

测试人员在缺陷解决后的版本上进行 Bug 回归验证，并填写验证结果，如果确认缺陷已经修复，则关闭缺陷，缺陷生命周期结束。如果发现缺陷还存在，则单击“激活”按钮，缺陷被重新打开，再次进入缺陷流程，如图 5-21 所示。

任务拓展

针对被测项目进行缺陷组织和管理。

项目实训 5.4 ECShop 在线商城系统的缺陷管理

【实训目的】

掌握缺陷管理流程。

【实训内容】

对 ECShop 在线商城进行系统测试，使用禅道进行缺陷管理。

图 5-20　处理缺陷界面

图 5-21　重新打开缺陷界面

任务 5.5　完成测试报告

任务陈述

针对 ECShop 在线商城项目测试过程编写测试报告。

对 ECShop 在线商城项目测试过程和测试结果进行分析，完成 ECShop 在线商城项目的测试报告。

知识准备

1. 测试总结

（1）测试准出条件

在测试执行阶段中所有测试过的用例应记录结果并保存，多轮测试的结果应分别保存。对于所有发生的缺陷应进行记录，并跟踪处理，记录处理过程和结果。对于代码的变更应分析需要再次测试的用例并重新进行测试，并同样记录结果和新的缺陷，直至满足准出的相应条件，即准出条件。

对于发现的缺陷，也要求进行详细的记录并进行原因分析和解决。代码修改后，根据变化的代码和影响的功能、业务等，需要再次分析哪些用例需要重新测试，包括之前测试没有通过的，也包括之前测试已经通过，但受到变化代码影响需要重新测试的，并对需要测试的用例重新执行测试，重新记录结果（不要覆盖以前的结果）。直至测试用例的执行率、缺陷的修复率等达到准出条件的要求，测试执行阶段可以结束。

常见测试准出检查条件见表 5-10。

表 5-10 测试准出条件

	测试准出	检查结果	说明
测试用例	规划的测试用例执行率达到 100%		必选准出条件
	测试用例执行通过率达到要求		必选准出条件
	测试用例的执行结果及状态记录完整并保存在指定的工具或指定的位置中		必选准出条件
缺陷	测试中缺陷等级为致命的缺陷已经全部被修复并被测试通过		必选准出条件
	测试中缺陷等级为严重的缺陷修复率已经达到指定要求		必选准出条件
	测试中缺陷等级为一般的缺陷修复率已经达到指定要求		必选准出条件
	测试中缺陷等级为轻微的缺陷修复率已经达到指定要求		必选准出条件
	所有遗留缺陷已经通过评审，确认可以遗留		必选准出条件

（2）缺陷分析

缺陷分析是在缺陷管理基础上，对缺陷进行分类、汇总、分析和统计、计算分析指标、编写分析报告的活动。通过缺陷分析，发现各类缺陷发生的概率，掌握缺陷集中的模块，明确缺陷发展趋势，了解缺陷产生的主要原因，从而有针对性地提出防止缺陷发生的措施，降低缺陷数量，对改进软件开发，提高软件质量有着十分重要的作用。

缺陷分析的方法有很多。其中，基于缺陷分析的产品质量评估有缺陷密度（缺陷在代码上的分布）、缺陷率（缺陷在时间上的分布）、缺陷修复率、阶段性缺陷修复率、缺陷发展趋势、预期缺陷发现率、软件产品性能评价技术等方法。基于方法论的有不同的测试方法发现缺陷的数量，根据二八定律确定系统中的薄弱环节，根据二八定律分析测试用例的有效性，根据缺陷的发现时间和修复时间，计算出缺陷在系统中的停留时间，并按逆序排列，预测在所交付的系统中的遗留缺陷、缺陷年龄分析等。

在实际工作中缺陷分析主要是按严重程度、缺陷来源、类型、注入阶段、发现阶段、修复阶段、缺陷性质、所属模块等方面进行统计和分类。缺陷的分布分析可以分为以下几类：

- 缺陷按发现方法分布
- 缺陷按生命周期提交阶段分布
- 缺陷按生命周期修复阶段分布
- 缺陷按严重程度等级分布
- 缺陷按系统模块的分布

一般缺陷管理工具会提供缺陷分析功能，用图表的形式进行展示。

缺陷分析仅仅是一种手段，而非最终目的。利用缺陷分析结论，反思和回溯缺陷产生的各个阶段，思考如何避免类似问题，在下次测试中得到提升，才是人们想要的结果。同样的，缺陷分析的成果是一个持续改进优化闭环的过程，它是测试人员潜移默化中测试能力的提升，也是项目流程中各个角色共同保障产品质量意识的推动。例如通过缺陷分析发现很多需求缺陷是到测试阶段才发现的，那么就有必要加大需求评审力度；如果发现开发修复缺陷引入新缺陷比例很高，那么开发团队在修复缺陷的时候要考虑到对周边区域的影响，并且要通知相关区域的专家加强代码审查。当然测试团队也要尽可能多地在相关区域做一些回归测试。人们可以结合自身项目来利用缺陷分析优化项目实践。

笔记

（3）测试报告

测试报告是整个测试过程的总结，通常主要读者是管理方、业务方或项目中下一个任务的负责人。阅读测试报告的主要目的是了解并确认当前的测试结果。因此，测试报告需给出明确的测试结论以及支持测试结论的相关过程记录和统计数据。通常测试报告要包括以下主要内容。

① 本次测试的目标。

② 本次测试的范围和关注点，包括被测试项目的业务范围，项目所涉及的外部系统等，可以列举测试范围内的需求列表、模块列表，也可以列举测试特性列表，并说明本阶段测试涉及的前提条件，包括受到哪些条件限制和相关情况说明等。需要明确列举不在范围内的测试项以及对应的原因，可以从项目对应的测试方案中复制相关的测试范围内容。

③ 测试的组织人员，指参与本次测试的人员情况，主要分工。

④ 测试所用的环境，指本次测试用到了哪些软硬件环境，如服务器配置、服务器操作系统、浏览器等。

⑤ 测试数据。此处描述本次测试使用的测试数据情况，必要时附加测试数据准备文档链接，例如：基础数据来源，测试数据来源等；还需要说明数据是来源于手工编造数据、生产系统下传，还是基于生产系统下传的数据再改造等。

⑥ 测试过程中使用的方法，指描述测试内容所涉及的测试方法，如手工测试、自动化测试等；采用的测试类型，如功能测试、接口测试、端到端业务流测试、安全测试、性能测试等。

⑦ 测试过程中使用的工具。描述本次测试所涉及测试工具，如模拟器、自动化测试工具等。

⑧ 测试用例执行总结，描述测试用例执行覆盖情况，如执行数量、失败数量、失败原因。

⑨ 缺陷分析。在上一节中对缺陷分析已经进行过讲解，只需要把分析结果在报告中展示即可。在此不再详述。

⑩ 本次测试的结果分析和结论。对测试的过程和结果进行简要分析，给出测试结论。测试结论要明确，即通过或者不通过，不能附带任何条件。

- 通过——达到准出条件。
- 不通过——未达到准出条件，即有一项及以上的测试准出项结果为不通过。必须把不通过的项目列清楚。

⑪ 遗留的问题。列出所有遗留的问题，给出的遗留问题影响到系统发布或者进入下一个环节。对于其他需要需求负责人、开发负责人、配置负责人、质量管理负责人等加以关注或者加以改进的问题，也需要在此处列出。

笔 记

⑫ 风险分析和建议。

对于测试报告的样式，可以参考相关测试报告模板。除了测试报告外，还应提供测试用例的实际测试结果记录，实际执行的测试用例对需求覆盖情况分析记录，所有缺陷的记录和解决跟踪记录等供必要情况下的检查所用。

要求：测试执行结束后应完成包含以上信息的测试报告，并提供支持报告内容和结论的过程记录文档。

最后，对照准出检查列表，检查所有准出条件的满足情况，待所有条件满足后，此阶段测试可以结束。

2. 测试与验收管理

测试与验收是系统建设过程中确保系统质量和相关工作质量的重要活动。测试确保了所构建的系统是用户所需要的正确系统，并且系统的所有功能都被正确地构建完成。验收是使用者对工作承担者所交付的产品的检查和认可，包括业务部门（或需求提出方）对所开发系统的确认和认可，以及对项目组所交付系统和工作件（测试报告等）的检查和认可。测试与验收的共同目的就是要保证最终系统的功能和质量。因此，对于各个系统，各相关部门所开展的测试活动，无论哪个团队负责的测试活动，应该遵循一些基本的原则和要求。

（1）测试的基本原则

- 对于每个类型或阶段的测试活动，应该有详细的、文档化的测试方案。
- 对于功能测试，应该有测试用例与需求的对应关系分析，能够证明测试用例的覆盖程度。

- 测试用例包括正常场景和异常场景设计。
- 测试结果有详细的记录。
- 所有缺陷均被记录并记录解决过程和结果。
- 最终应完成符合要求的测试报告文档。

（2）验收活动的基本原则

- 对于功能和需求实现方面的验收，应通过具体的测试来检验。
- 对于文档等工作件的验收，应对比相关标准进行检查，确保最基本的要求全部满足。
- 对于文档中的具体结论、数据，应有可审核的记录支持（测试用例执行记录、缺陷处理记录等）。
- 涉及多个部门的关键的验收应以评审会的方式进行。
- 最终的验收结论应有文档化的记录并有验收方的签字确认。

任务实施

完成测试报告书。

1. 文档简介

（1）文档说明

本文档是关于 ECShop 在线商城项目 SIT 测试阶段的测试报告，目的是有效总结项目 SIT 测试阶段测试工作的实施情况，评估测试状态与结果，使得需求负责人、开发负责人、版本负责人等相关人员能够对版本质量有一个全面的认识。

（2）参考文档

本文档在编写过程中参考了项目测试文档和项目需求说明书文档。

2. 测试概述

（1）测试范围

测试范围包括的功能列表见表 5-11。

（2）测试过程

测试过程中各个阶段主要任务见表 5-12。

表 5-11 测试功能列表

标识符	模块	功能
B2C_ 001	顾客/会员	会员注册
		会员登录
		个人信息维护
		地址簿编辑
		交易查询
		密码找回
		会员积分

续表

标识符	模块	功能
B2C_ 002	商品展示	商品分类
		商品搜索
		商品信息
		商品评论
B2C_ 003	购买流程	购物车管理
		结账管理
		收藏夹
B2C_ 004	后台管理	商品管理
		订单管理
		会员管理
		报表统计

表5-12 测试各个阶段的主要任务

测试阶段	主要任务	责任人	实际起止日期
测试计划	制订测试计划		
测试准备	根据测试范围，准备测试资源，编写测试用例		
测试执行	根据测试用例执行测试 在禅道系统记录缺陷并对缺陷进行管理 撰写测试日报		
测试总结	对测试日报中的执行记录进行分析 针对缺陷数据进行缺陷分析 完成测试报告		

(3) 测试环境

测试环境见表5-13。

表5-13 测试环境

系统	环境名	访问地址
网络环境	内网	
后台	服务端管理 SIT	

(4) 测试数据

测试数据包括文件数据、图片数据、账号数据等。

- 文件数据：doc、rar、excel、txt 等格式文件；可分为小于 50 MB 文件、50～100 MB 文件、大于 100 MB 文件。
- 图片数据：jpg、gif、bmp、png 格式图片；大于 1 000×600 px 的大图；表情压缩包。
- 账号数据：略。

（5）测试方法

测试方法可分为以下几类。

- 使用等价类测试方法来设计测试用例。
- 使用边界值测试方法来设计测试用例。
- 对非法输入，使用正交试验法，并结合错误猜测方法来设计测试用例。
- 修复任何一个缺陷之后，都应充分进行回归测试，回归的范围应包含所有与该功能相关及该功能影响的所有测试用例。

3. 测试执行总结

（1）测试用例覆盖总结

此版本共进行 3 轮测试，执行总结表见表 5-14。

表 5-14　测试用例执行总结表

阶段/轮次	用例总数	计划执行用例数	实际执行用例数	用例失败数	执行率	通过率
SIT 第 1 轮测试执行	593	593	534	59	100%	90%
SIT 第 2 轮测试执行	593	593	579	14	100%	98%
SIT 第 3 轮测试执行	593	593	579	14	100%	98%

（2）测试缺陷总结

本次测试共创建了有效缺陷 109 个，遗留 20 个，缺陷分布见表 5-15，图表呈现如图 5-22 所示。

表 5-15　缺陷的分布（按照严重程度划分）

缺陷严重程度	已发现缺陷	已解决缺陷	未解决缺陷	解决所占百分比
提示（Trivial）	14	9	5	64%
一般（Minor）	83	63	20	77%
严重（Major）	12	11	1	92%
致命（Critical）	0	0	0	100%
阻塞（Blocker）	0	0	0	100%

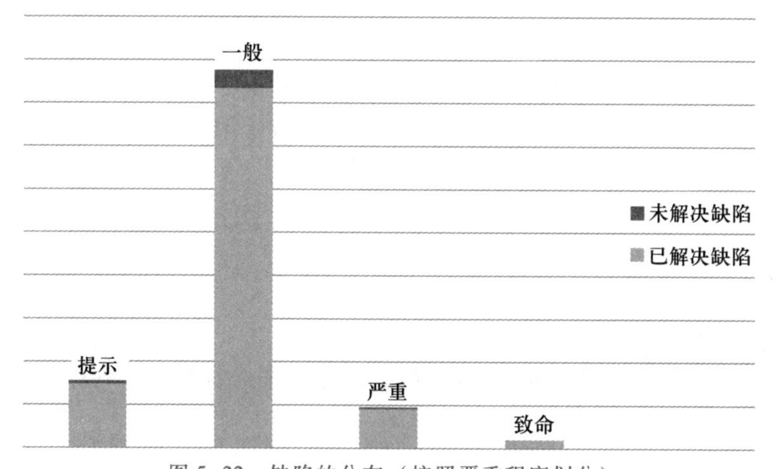

图 5-22　缺陷的分布（按照严重程度划分）

接下来对软件整体遗留 Bug 率进行统计（按照严重程度划分）。从 V1.1.0.9 至 V1.4.0.1，15 个版本测试共创建了有效缺陷 2307 个，已关闭 2205 个，遗留缺陷 102 个。

客户端缺陷严重程度的划分，见表 5-16。图表呈现如图 5-23 所示。

表 5-16 缺陷统计

缺陷严重程度	已发现缺陷	已解决缺陷	未解决缺陷	解决所占百分比
提示（Trivial）	317	303	14	96%
一般（Minor）	1757	1670	87	95%
严重（Major）	187	185	2	99%
致命（Critical）	40	40	0	100%
阻塞（Blocker）	7	7	0	100%

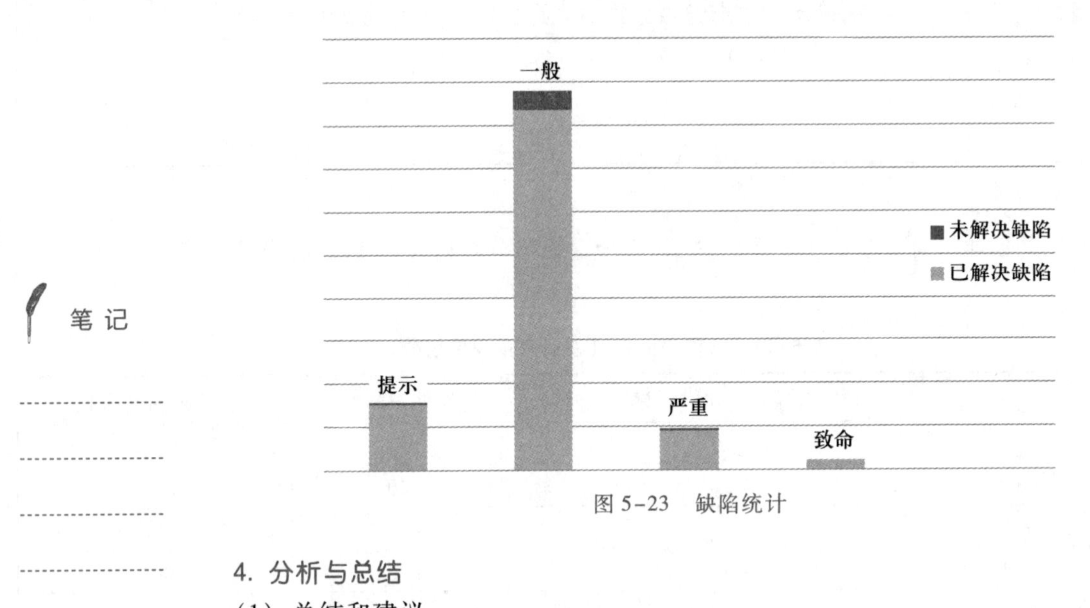

图 5-23 缺陷统计

笔记

4. 分析与总结

（1）总结和建议

阻塞缺陷修复率 100%，达到准出 100%。

严重缺陷修复率 99%，达到准出 95%；未解决缺陷 2 个。

一般缺陷修复率 95%，达到准出 95%；未解决缺陷 87 个。

提示缺陷修复率 96%，未达到准出 95%；未解决缺陷 14 个。

遗留缺陷整体上严重程度较低，达到准出标准。

测试结论：测试通过。

（2）遗留的显著问题

略

（3）风险分析

此轮测试仅在 Windows10 64 位测试机上进行，未进行其他操作系统兼容性测试其他操作系统可能会出现问题。

任务拓展

针对项目撰写《测试报告》文档。

项目实训5.5 ECShop在线商城的缺陷管理

【实训目的】

掌握测试报告编写方法。

【实训内容】

对ECShop在线商城测试过程和结果进行分析，撰写测试报告。

项目实训5.6 技能大赛任务—资产管理系统测试

【任务描述】

根据《A5-BS资产管理系统需求说明书》和功能测试用例，执行功能测试，发现Bug、记录Bug并对Bug截图。按照《A8-功能测试Bug缺陷报告清单模板》完成功能测试Bug缺陷报告清单文档。

（1）Bug缺陷报告清单文档应包含的内容

① 按模块和Bug严重程度汇总Bug数量。

② Bug缺陷报告清单应包含以下项目：缺陷编号、被测系统、角色、模块名称、摘要描述、操作步骤、预期结果、实际结果、缺陷严重程度、提交人（工位号）、附件说明（截图）。

笔 记

（2）Web端测试浏览器要求及移动端测试App要求

① 使用Chrome浏览器执行Web端功能测试（含界面测试）。

② 使用竞赛提供的手机中预装的“资产管理”App执行移动端测试（含界面测试），不进行卸载测试。

例如，资产管理员、超级管理员需要通过登录页面进入Web端资产管理系统，如图5-24所示为“登录”窗口界面，请根据该模块的需求说明书执行测试用例，完成功能测试Bug缺陷报告清单。

图5-24 资产管理系统“登录”窗口

笔记

资产管理系统“登录”窗口需求说明书：

首先选择角色（系统默认选中“资产管理员”）；用户名为工号，用户获得密码和任务 ID 后，分别输入相应输入框，之后输入有效的验证码（单击“看不清，换一张?”按钮可更换验证码），单击“登录”按钮即可登录该系统。

注意：资产管理员和超级管理员使用同一套账号密码登录，根据登录界面所选的角色，进入相应角色的操作界面。

若选择角色为“资产管理员”，并且用户名、密码、任务 ID、验证码输入有效，登录后进入资产管理员首页，页面左侧显示该角色功能菜单项。

若选择角色为“超级管理员”，并且用户名、密码、任务 ID、验证码输入有效，登录后进入超级管理员首页，页面左侧显示该角色功能菜单项。

【任务要求】

根据资产管理系统需求说明书和功能测试用例，执行功能测试，发现 Bug、记录 Bug 并对 Bug 截图，完成功能测试 Bug 缺陷报告清单文档，如图 5-25 所示。

模块名称	按BUG严重程度（单位：个）					总计（单位：个）
	严重	很高	高	中	低	
登录						0
……						0
合计（个）						0

XXXX系统Bug清单

Bug编号	所属模块	系统页面位置	类别	难易程度	缺陷严重程度	摘要	描述
1	登录	登录页面	功能缺陷	低	中	登录页面右侧图片不显示	操作步骤： 1、正确打开登录页面 2、查看页面 预期结果：页面右侧图片正常显示 实际结果：登录页右侧图片不显示
2	登录	登录页面	安全缺陷	中	高	密码输入后没有密文显示	操作步骤： 1、正确打开登录页面 2、输入密码 预期结果：密码密文显示 实际结果：密码明文显示

图 5-25　功能测试 Bug 缺陷报告清单

单元小结

按测试阶段展开测试是一种基本的测试策略，一般将测试过程分为测试计划、测试准备、测试执行和测试总结等阶段，不同的测试阶段将制订不同的测试目标，采用不同的测试方法和技术。即使是一个很小的软件系统，要展开全面的测试，也需要庞大的测试用例集，一般使用测试管理工具对这些测试用例进行良好的管理。在软件开发的各阶段都将引入各种各样的缺陷，对于测试人员，仅仅找到缺陷远远不够，还要确保这些发现的缺陷能够在软件产品发布之前得到及时、正确的修复。本单元主要针对在线商城实施系统测试，并进行测试用例组织管理和缺陷管理。

专业能力测评

专业核心能力	评价指标	自测结果
运用禅道进行被测系统测试用例组织和管理的能力	1. 能够使用禅道用例管理基本功能 2. 能够对被测系统进行测试用例录入和任务分配 3. 能够对测试用例进行汇总分析	□A □B □C □A □B □C □A □B □C
运用禅道进行测试系统缺陷组织和管理的能力	1. 能够使用禅道缺陷管理基本功能 2. 能够使用禅道完成缺陷整个生命周期的管理 3. 能够对所发现缺陷进行汇总分析	□A □B □C □A □B □C □A □B □C
对被测系统进行测试总结的能力	1. 能够理解测试总结内容 2. 能够编写被测系统测试报告 3. 能够对测试过程进行总结	□A □B □C □A □B □C □A □B □C
学生签字：	教师签字：	年 月 日

注：在□中打√，A 理解，B 基本理解，C 未理解

笔 记

单元练习题

一、单项选择题

1. 以下说法正确的是（　　）。

A. 测试用例的预置条件必须填写

B. 对测试用例进行管理必须使用测试管理工具进行

C. 测试用例必须说明操作步骤和预期结果

D. 测试用例在不使用的时候也要关闭

2. 某次程序调试没有出现预计的结果，下列（　　）不可能是导致出错的原因。

A. 变量没有初始化　　B. 编写的语句书写格式不规范

C. 循环控制出错　　D. 代码输入有误

3. 以下不属于测试计划的内容是（　　）。

A. 测试缺陷　　B. 测试进度　　C. 测试方法　　D. 测试范围

4. 下列项目中不属于测试文档的是（　　）。

A. 测试计划　　B. 测试用例　　C. 程序流程图　　D. 测试报告

5. 下列说法不正确的是（　　）。

A. 测试用例编写人员和测试用例执行人员可以不是同一个人

B. 测试员需要良好的沟通技巧

C. 测试过程中发现的缺陷任何一名测试人员在回归测试时都可以进行关闭

D. 每一轮测试中，测试用例执行完成后都需要对测试用例进行回归整理

6.（2018 年软件测评师）集成测试的集成方式不包括（　　）。

A. 一次性集成　　B. 自中间到两端集成

C. 自顶向下集成　　D. 自底向上集成

7.（2017 年软件测评师）关于软件测试过程中的配置管理，（　　）是不正确的表述。

A. 测试活动的配置管理属于整个软件项目配置管理的一部分

B. 软件测试配置管理包括配置项变更控制、配置状态报告、配置审计、配置管理委员会建立 4 个基本的活动

C. 配置项变更控制要规定测试基线，对每个基线进行描述

D. 配置状态报告要确认过程记录、跟踪问题报告、更改请求以及更改次序等

8.（2017 年软件测评师）以下不属于系统测试的是（　　）。

①单元测试　②集成测试　③安全性测试　④可靠性测试　⑤确认测试　⑥验收测试

A. ①②③④⑤⑥　　B. ①②③④

C. ①②⑤⑥　　D. ①②④⑤⑥

9.（2017 年软件测评师）以下关于确认测试的叙述中，不正确的是（　　）。

A. 确认测试的任务是验证软件的功能和性能是否与用户要求一致

B. 确认测试一般由开发方进行

C. 确认测试需要进行有效性测试

D. 确认测试需要进行软件配置复查

笔记

10.（2016 年软件测评师）以下关于文档测试的说法中，不正确的是（　　）。

A. 文档测试需要仔细阅读文档，检查每个图形

B. 文档测试需要检查文档内容是否正确和完善

C. 文档测试需要检查标记是否正确

D. 文档测试需要确保大部分示例经过测试

11.（2016 年软件测评师）测试用例的三要素不包括（　　）。

A. 输入　　B. 预期输出　　C. 执行条件　　D. 实际输出

12. 以下关于软件缺陷的叙述中，不正确的是（　　）。

A. 需要对软件缺陷划分严重性，但不需要划分处理优先级

B. 需要进行软件错误跟踪管理

C. 每次对软件错误的处理都要保留处理信息

D. 错误修复后必须经过验证

13.（2018 软件测评师）Bug 记录信息包括（　　）。

①被测软件名称　②被测软件版本　③测试人　④错误等级　⑤开发人　⑥详细步骤

A. ①③④⑥　　B. ①②④⑥　　C. ①②③④⑥　　D. ①②③④⑤⑥

二、辨析题

1. 软件测试最终依据是软件需求规格说明书。

2. 软件测试技术含量比研发低。

3. 软件研发完成了，为保证质量让测试人员测试一下。

4. 测试环境的规划，如测试平台和测试工具，不应该在测试计划阶段过早地进行考虑，而应该在测试执行阶段进行规划和实施。

5. 测试环境不应独立于开发环境。

三、简答题

1. 软件测试过程由哪几个阶段组成？

2. 列举常见的测试管理工具软件。

3. 测试准入和准出的含义是什么？测试准出可以基于哪些度量进行判断？

4. 按照文档在不同阶段的顺序，测试文档有哪些类型？

5. 简述缺陷的严重程度分哪几个等级。各等级的含义。举例说明各等级中的一些缺陷。

四、分析设计题

1. 禅道是一个开源的缺陷跟踪工具，简述其安装环境、步骤，并描述禅道的总体流程。

2. 下面样例为某年技能大赛题库中给出的测试用例模板，请参照此模板整理 EC-Shop 在线商城测试用例，见表 5-17。

表 5-17 测试用例样例

系统模块	用例编号	用例描述	前置条件	操作步骤	预期结果	测试结果
登录验证	1.1.1	新增用户动作	系统用户已经登录系统，单击“新增”按钮，已经跳转到新增页面	输入正确用户基本信息，并单击“确定”按钮	单击“确定”按钮保存成功	测试通过

单元 6

自动化测试

学习目标

【知识目标】

- 理解自动化功能测试的概念。
- 了解自动化测试工具。
- 掌握 Selenium IDE 的基本使用方法。
- 掌握 Selenium WebDriver 基本使用方法。
- 理解性能测试的概念。

【技能目标】

- 学会对给定的系统进行自动化功能测试，并分析测试结果。
- 学会对给定的系统分析其性能指标。

【素质目标】

- 培养自我管理能力、持续学习能力。
- 激发科技报国的家国情怀和使命担当。

引例描述

小李同学通过前面的学习，发现在测试过程中，有很多的测试用例会重复执行很多次。有没有什么方法能解决这些重复问题以提高效率呢？小李又去请教王老师，王老师告诉他，自动化测试可以有效地解决这个问题，如图 6-1 所示。

笔 记

图 6-1 小李请教王老师自动化测试的概念

自动化测试是相对于手工测试而言，是一种把需要重复执行的测试步骤编写成测试脚本，让机器去重复执行，从而提高测试效率的测试方式。

王老师给小李制订了学习自动化测试的计划，分为以下 3 步来学习。

第 1 步：学习自动化功能测试的入门知识。

第 2 步：学习使用 Selenium 进行自动化功能测试的方法。

第 3 步：学习性能测试的基本知识。

任务 6.1 自动化功能测试入门

任务陈述

软件自动化测试是软件测试的发展方向。软件测试的一个显著特点是重复性，重复容易让人产生厌倦心理，也使得工作量倍增，因此用工具来解决重复问题可极大地提高工作效率。

本任务介绍自动化测试的基本概念。以百度首页搜索页面（如图 6-2 所示）为例，介绍 Selenium IDE 基本使用方法，包括 Selenium IDE 安装，进行简单的测试脚本录制、编辑、运行，并分析测试结果。

笔记

图 6-2 百度搜索页面

知识准备

1. 软件测试自动化

传统的软件测试采用手工执行的方式，执行效率低，容易出错，特别是在进行回归测试时，属于一种重复性劳动。为了节省人力、时间或硬件资源，提高测试效率，便引入了自动化测试的概念。

软件测试自动化是把以人为驱动的测试行为转化为机器执行的一种过程。它是通过测试工具、测试脚本（Test Scripts）等手段，按照测试工程师的预定计划对软件产品进行自动测试，从而验证软件是否满足用户的需求。

（1）自动化测试的优势和局限性

1）自动化测试的优势

微课 6-1
自动化测试的优势和局限性

传统的手工测试既耗时又单调，需要投入大量的人力资源。由于时间限制，经常导致无法在应用程序发布前彻底地手动测试所有功能，这就有可能未检测到应用程序中的严重错误。而自动测试，由于极大地加快了测试流程，从而解决了这些问题。通过创建用于检查软件所有方面的测试，然后在每次软件代码更改时运行这些测试即可，可以大大缩短软件的测试周期。

同时，由于自动化测试把测试人员从简单重复的机械劳动中解放出来，去承担测试工具无法替代的测试任务，可以大大节省人力资源，从而降低测试成本。

另外，自动化测试也可以提高测试质量。例如在性能测试领域，可以进行负载压力测试、大数据量测试等。由于工具可以精确重现测试步骤和顺序，大大提高了缺陷的可重现率。另外，利用测试工具的自动执行，也可以提高测试的覆盖率。表 6-1 列出了自动化测试的优点。

2）自动化测试的局限性

自动化测试借助计算机的计算能力，可以重复、精确地进行测试。但是因为工具是缺乏思维能力的，因此在以下方面，它永远无法取代手工测试：

表 6-1 自动化测试的优点

	描述
快速	自动化测试的运行比实际用户快得多
可靠	自动化测试每次运行时都会准确执行相同的操作，因此消除了人为的错误
可重复	可以通过重复执行相同的操作来测试软件的反应
可编程	可以编写复杂的测试脚本来找出隐藏的信息
全面	可以建立一套测试来测试软件的所有功能
可重用	可以在不同版本的软件上重复使用测试，甚至在用户界面更改的情况下也不例外

- 测试用例的设计。
- 界面和用户体验的测试。
- 正确性的检查。

目前在实际工作中，仍然是以手工测试为主，自动化测试为辅。

微课 6-2 如何开展软件自动化测试

（2）如何开展软件自动化测试

1）自动化测试的适用条件

① 软件需求变动不频繁。测试脚本的稳定性决定了自动化测试的维护成本。如果软件需求变动过于频繁，测试人员需要根据变动的需求来更新测试用例以及相关的测试脚本，而脚本的维护本身就是一个代码开发的过程，需要修改、调试，必要的时候还要修改自动化测试的框架，如果所花费的成本不低于利用其节省的测试成本，那么自动化测试便是失败的。项目中的某些模块相对稳定，而某些模块需求变动性很大。人们便可对相对稳定的模块进行自动化测试，而变动较大的仍是用手工测试。

笔 记

② 软件项目周期比较长。自动化测试需求的确定、自动化测试框架的设计、测试脚本的编写与调试均需要相当长的时间来完成，这样的过程本身就是一个测试软件的开发过程，需要较长的时间来完成。如果项目的周期比较短，没有足够的时间去支持这样一个过程，那么便不适用自动化测试。

③ 自动化测试脚本可重复使用。如果费尽心思开发了一套近乎完美的自动化测试脚本，但是脚本的重复使用率很低，致使其间所耗费的成本大于所创造的经济价值，自动化测试便成为了测试人员的练手之作，而并非是真正可产生效益的测试手段了。

另外，在手工测试无法完成，需要投入大量时间与人力时也需要考虑引入自动化测试，如性能测试、配置测试、大数据量输入测试等。

2）自动化测试方案的选择

在企业内部通常存在许多不同种类的应用平台，应用开发技术也不尽相同，甚至在一个应用中可能就跨越了多种平台，或同一应用的不同版本之间存在技术差异。所以选择软件测试自动化方案必须深刻理解选择可能带来的变动、来自诸多方面的风险和成本开销。企业用户在进行软件测试自动化方案选型时，应参考的原则如下：

① 选择尽可能少的自动化产品覆盖尽可能多的平台，以降低产品投资和团队的学习成本。

② 通常应该优先考虑测试流程管理自动化，以满足为企业测试团队提供流程管理

支持的需求。

③ 在投资有限的情况下，性能测试自动化产品将优先于功能测试自动化被考虑。

④ 在考虑产品性价比的同时，应充分关注产品的支持服务和售后服务的完善性。

⑤ 尽量选择趋于主流的产品，以便通过行业间交流，甚至网络等方式获得更为广泛的经验和支持。

⑥ 应对测试自动化方案的可扩展性提出要求，以满足企业不断发展的技术和业务需求。

3）自动化测试的具体要求

① 介入的时机：过早的自动化会增加维护成本，因为早期的系统界面一般不够稳定，此时可以根据界面原型提供的控件来尝试工具的适用性。当界面确定后，再根据选择的工具进行自动化测试。

② 对自动化测试工程师的要求：自动化测试工程师必须具备一定的工具使用基础、自动化测试脚本的开发基础知识，还要了解各种测试脚本的编写和设计。

2. 自动化测试工具

微课 6-3
自动化测试
工具介绍

笔 记

自动化测试工具是实现软件自动化测试必不可少的关键。测试工具种类很多，大致可做如下划分：

（1）按照用途分类

- 测试管理工具：如 Quality Center、TestManager 等。
- 自动化功能测试工具：如 Selenium、UFT/QTP、Robot Framework 等。
- 性能测试工具：如 LoadRunner、Apache JMeter 等。
- 单元测试工具：如 XUnit 等。
- 白盒测试工具：如 Logiscope 等。
- 测试用例设计工具：如 Test Case Designer 等。

（2）按照收费方式分类

- 商业测试工具：如 UFT/QTP、LoadRunner。
- 开源测试工具：如 JUnit、JMeter、Selenium。

在实际应用中，应该首先进行工具的选型，通过分析系统的实际情况，确定选用范围，然后对选定范围内的测试工具进行试用，再对测试人员进行培训，指定相应的测试工具使用策略，最终把工具融入测试工作中。

3. Selenium

Selenium 是一个广泛使用的 Web 浏览器自动化测试工具集。在浏览器中 Selenium 直接运行测试脚本，浏览器按照脚本代码自动加载页面，获取需要的数据，做出单击按钮、文本框输入、选择下拉列表框和复选框、打开超链接、验证等操作，就像真实用户所做的一样。

通过 Selenium 可以实现以下两种测试目标。

- 功能测试：编写模仿用户操作的 Selenium 测试脚本，可以从终端用户的角度来测试应用程序，检验软件功能是否满足用户需求。
- 兼容性测试：通过在不同浏览器中运行测试，测试应用程序是否能够很好地工作在不同浏览器和操作系统中，发现其兼容性问题。

Selenium 支持多种平台（如 Windows、Linux）和多种浏览器（如 Edge、FireFox、Chrome、Safari），可以用多种语言（Java、Ruby、Python、Perl、PHP、C#）编写测试脚本。Selenium 还可与 Maven、Jenkins 和 Docker 等自动化测试工具集成，以实现持续测试，它还可以与 TestNG 等测试框架集成生成报告。

与 UFT/QTP 为代表的商业自动化测试工具相比，Selenium 最大的优点在于其是一个开源和可移植的 Web 测试框架，测试脚本执行期间的资源消耗低。但是其也存在一定局限性，Selenium 不支持桌面应用程序的自动化测试。由于是开源软件，因此必须依靠社区论坛来解决技术问题，对使用人员的技能要求较高。

Selenium 不仅仅是一个工具，而是一套软件，每个软件都有不同的方法来支持自动化测试。它由 3 个主要部分组成。

① Selenium IDE。它是 Chrome 和 Firefox 的一个扩展程序，提供了录制和回放功能，是开发测试用例最有效的方法。它使用 Selenium 命令以及由该元素的上下文定义的参数记录用户的浏览器操作。不仅节省时间，还是学习 Selenium 脚本语法的绝佳方法。但是 Selenium IDE 不能创建所有需要的自动化测试，不能生成含有迭代和条件语句的测试脚本，不能判断测试是否通过。

② Selenium WebDriver。它提供了一个编程接口，测试人员使用编程语言编写测试脚本，识别网页上的 Web 元素，然后对这些元素执行所需的操作，从而创建和执行测试用例。Selenium WebDriver 使用浏览器供应商提供的浏览器自动化 API 来控制浏览器并运行测试。

笔记

③ Selenium Grid。在利用 Selenium WebDriver 开发好测试脚本后，可能需要在多个浏览器和操作系统组合上运行测试。Selenium Grid 能并行运行多个测试，也就是说，不同的测试可以同时运行在不同的远程机器上。

4. Selenium IDE 的安装

Selenium IDE（集成开发环境）是 Selenium 下的开源 Web 自动化测试工具。与 Selenium WebDriver 不同，它不需要任何编程逻辑来编写其测试脚本，而只须记录与浏览器的交互以创建测试用例。之后，可以使用播放选项重新运行测试用例。

Selenium IDE 仅作为 Firefox 和 Chrome 插件提供，下面以 Firefox 为例，介绍 Selenium IDE 下载和安装方法。

① 启动 Firefox 浏览器。

② 打开相应网址进入 Firefox 的 Selenium IDE 扩展页面，如图 6-3 所示。

③ 单击“添加到 FireFox”按钮，将弹出对话框，要求将 Selenium IDE 添加为 FireFox 浏览器的扩展名，如图 6-4 所示，单击“添加”按钮。

④ 重新启动 FireFox 浏览器，在 FireFox 浏览器的右上角，找到 Selenium IDE 图标，如图 6-5 所示。

⑤ 单击该图标以启动 Selenium IDE，如图 6-6 所示。

⑥ 选择“Create a new project”选项则可以创建一个新的项目，进入 Selenium IDE 开发界面，如图 6-7 所示。

5. Selenium IDE 的主界面

在 Selenium IDE 的主界面中，各图标对应功能如图 6-8 所示。

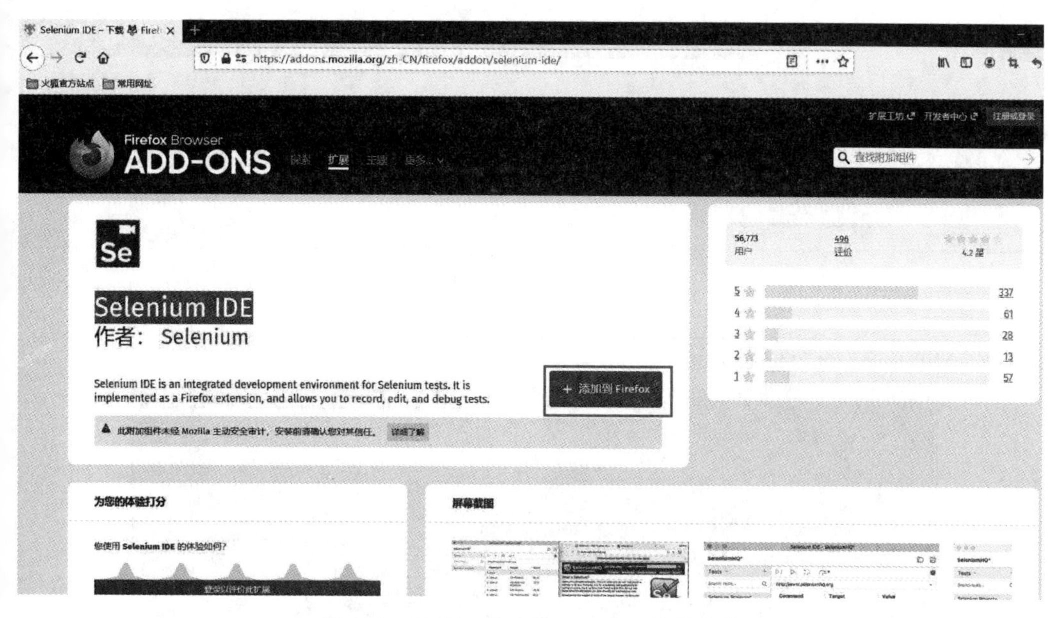

图 6-3　FireFox 的 Selenium IDE 扩展安装

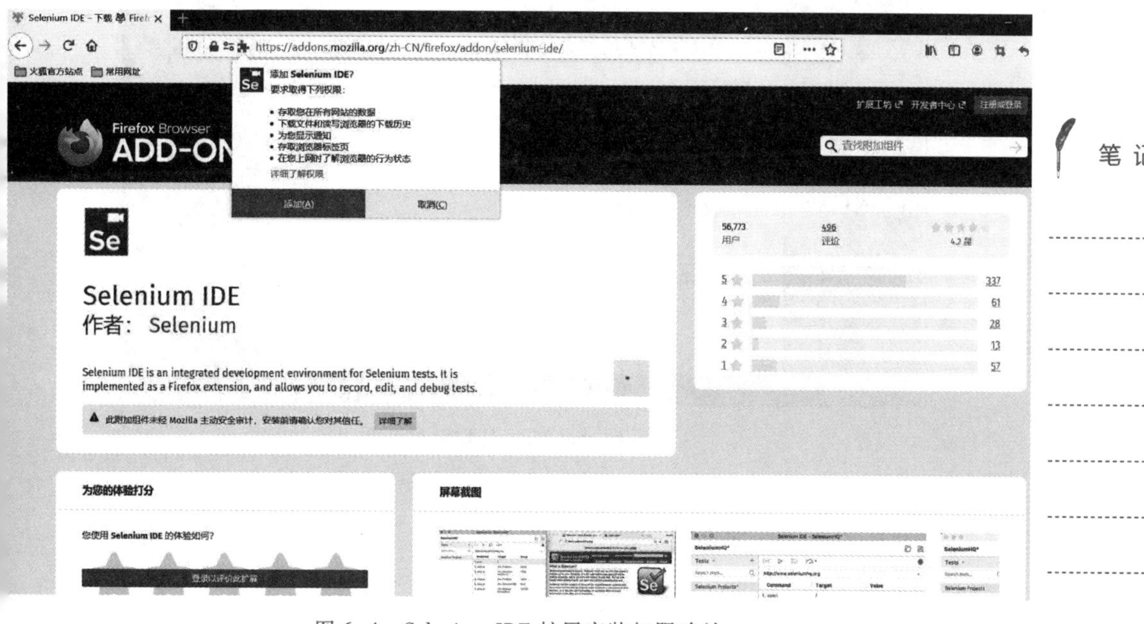

图 6-4　Selenium IDE 扩展安装权限确认

笔 记

- 区域①，显示了项目中的所有的测试。
- 区域②，显示当前测试对应的测试脚本，其中每行为一个步骤，包含 Command、Target、Value 3 个部分。Command 表示所执行的命令；Target 表示命令所对应的目标，通常为前元素定位的表达式；Value 表示命令所对应的参数。
- 区域③，可以编辑选中步骤的 Command、Target、Value 值。
- 区域④，Log 显示运行过程中的日志信息。Reference 显示当前选中 Command 的功能说明。

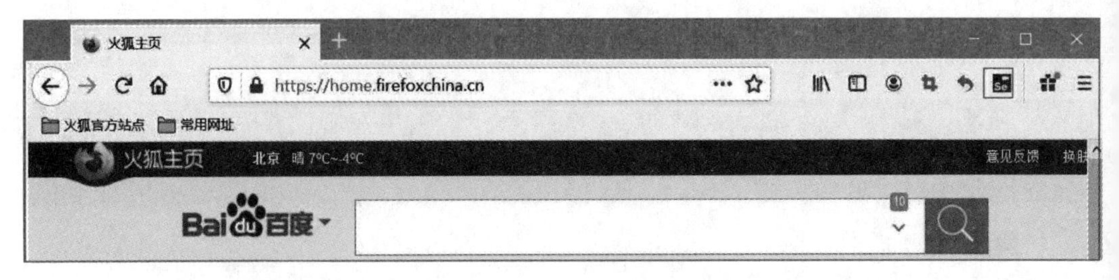

图 6-5 Selenium IDE 扩展图标

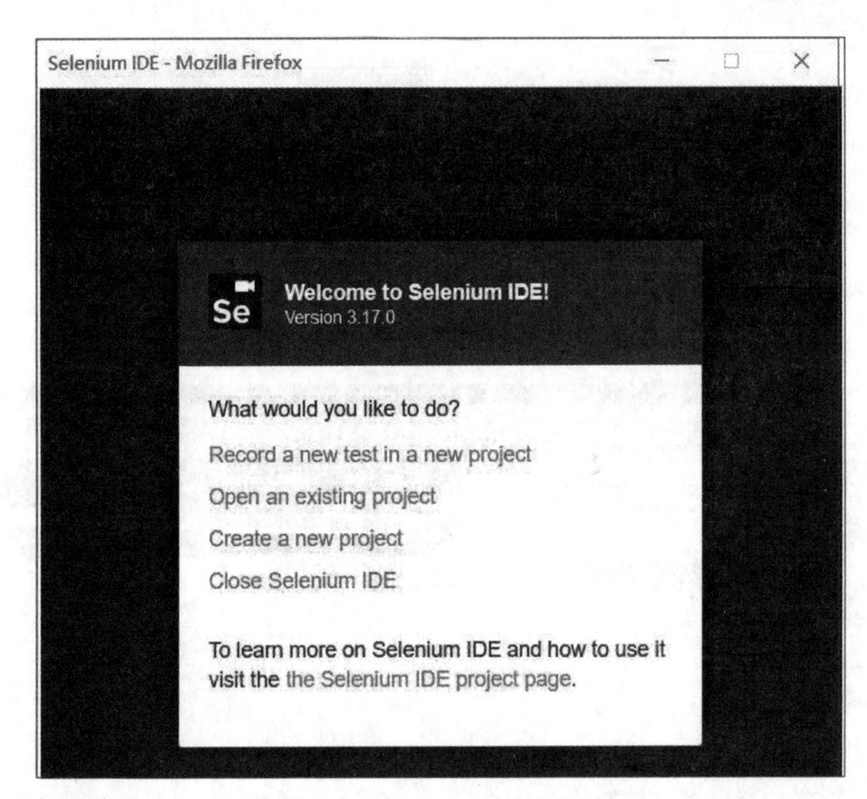

图 6-6 Selenium IDE 启动界面

笔 记

Selenium IDE 的主界面中的常用工具栏功能如下。

- 按钮 a：执行全部测试脚本。
- 按钮 b：执行当前选中的测试。
- 按钮 c：单步执行当前选中的测试。
- 按钮 d：设置测试用例执行的速度。
- 按钮 e：取消断点。
- 按钮 f：当出现异常时暂停执行。
- 按钮 g：启动录制，单击⏹按钮停止录制。
- 按钮 h：新建工程。
- 按钮 i：打开工程。
- 按钮 j：保存工程。

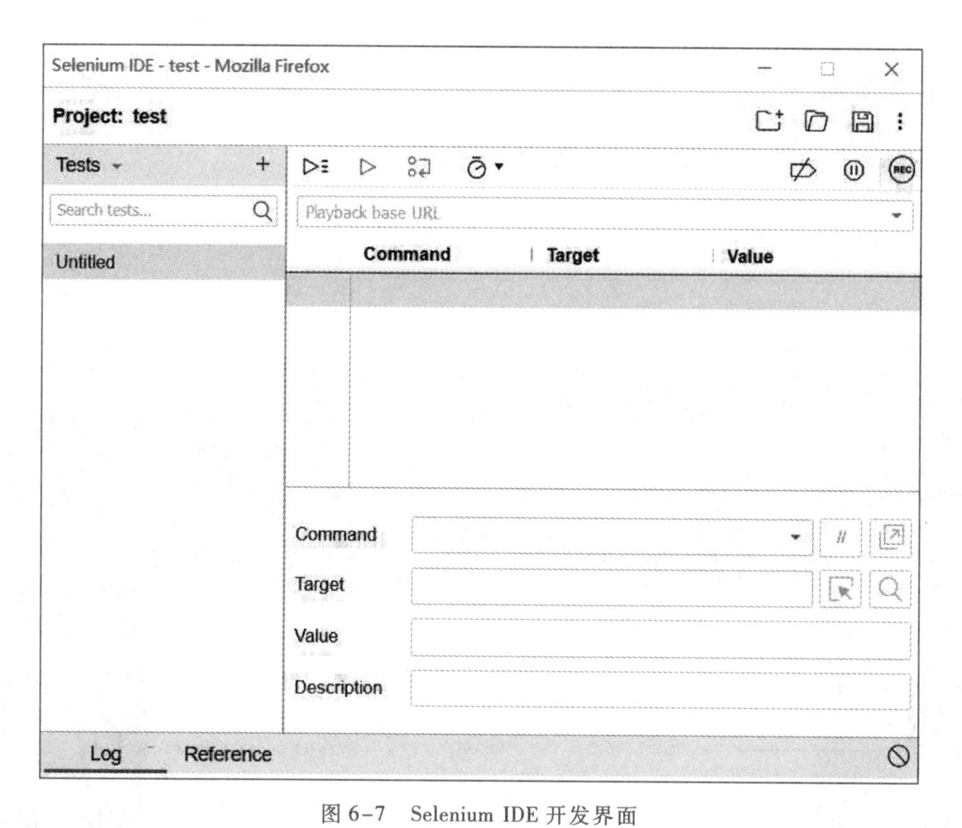

图 6-7　Selenium IDE 开发界面

笔 记

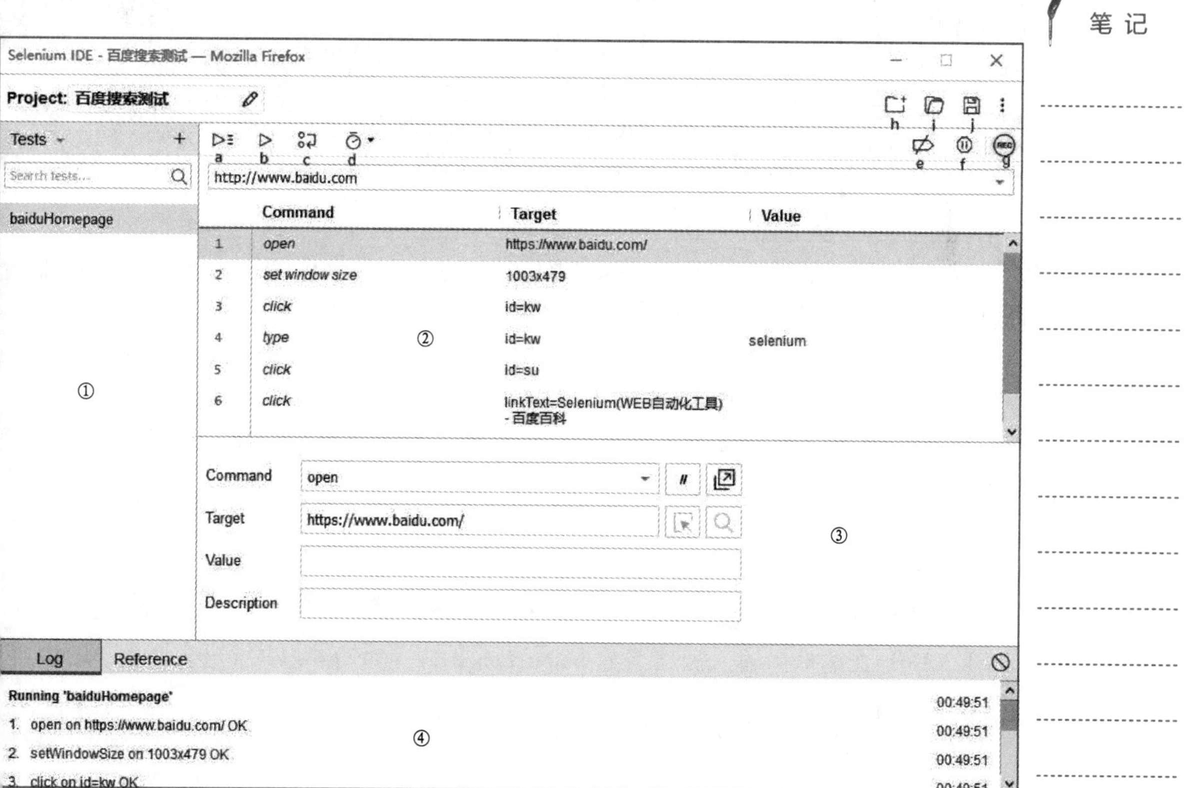

图 6-8　Selenium IDE 界面功能

微课6-4
百度首页搜索功能测试

任务实施

1. 实现对百度首页搜索功能录制测试脚本/运行

① 打开 Firefox 浏览器，启动 Selenium IDE，选择“Create a new project”选项创建一个新的项目，如图6-9所示，在“PROJECT NAME”输入框中输入项目名称“百度搜索测试”。

图6-9 Selenium IDE 创建新的项目

笔记

② 单击 OK 按钮，显示 Selenium IDE 主界面。在地址栏中输入访问的 URL 地址“https://www.baidu.com”，如图6-10所示。

③ 单击“REC”录制按钮后，Selenium 将启动一个新的 FireFox 浏览器窗口，并访问百度首页，如图6-11所示。

④ 在百度搜索框中输入“selenium”，单击“百度一下”按钮，FireFox 浏览器显示搜索结果，如图6-12所示。

⑤ 单击“Selenium（Web 自动化工具）-百度百科”超链接，FireFox 浏览器打开新的标签页，显示百度百科“Selenium（Web 自动化工具）”页面，如图6-13所示。

⑥ 打开 Selenium IDE 界面，单击“停止”按钮，结束录制。在弹出对话框的 TEST NAME 文本框中输入测试名称 baiduHomepage，如图6-14所示。单击 OK 按钮，完成录制过程。

⑦ 录制完成后，如图6-15所示，在 Selenium IDE 界面中可以看到记录脚本，每一条脚本对应用户的一个操作。由于在录制过程中可能存在一些不必要的操作，录制的脚本不一定全部是有效或有用的，测试人员可以进行调整完善。

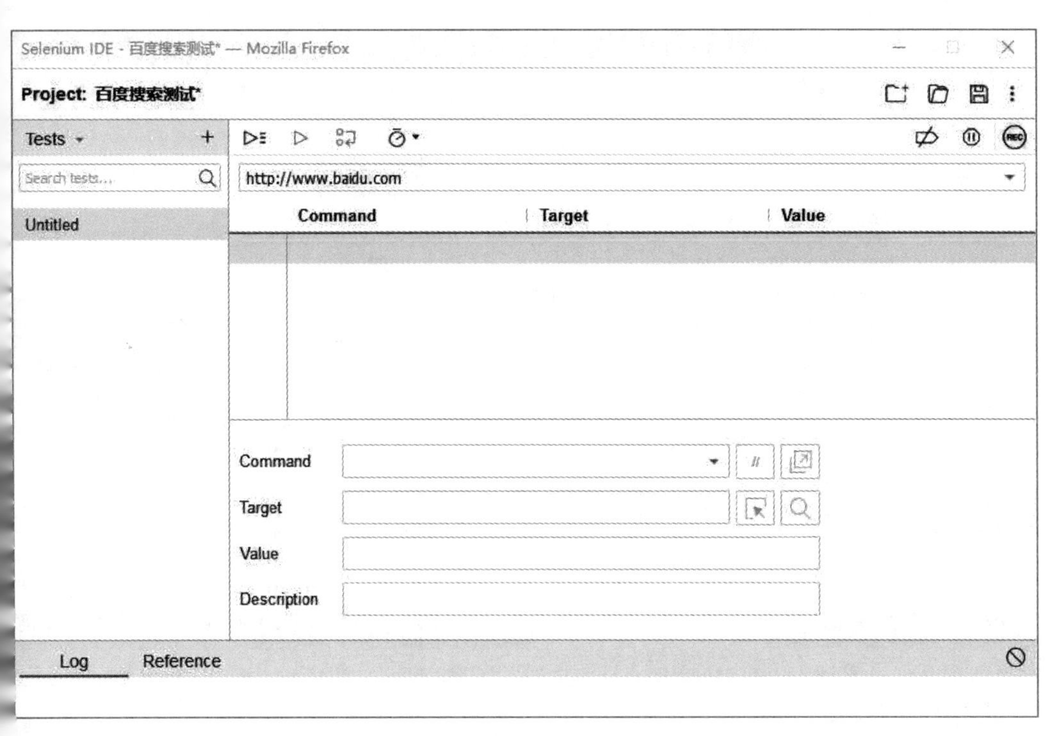

图 6-10　Selenium IDE 界面输入录制网址

图 6-11　Selenium 启动 FireFox 浏览器

笔记

⑧ 单击“运行”按钮▷，脚本自动运行。浏览器自动启动并根据脚本执行相应动作，就像真实用户操作一样。运行成功后，Selenium IDE 的 Log 窗口将显示运行日志。OK 为绿色时表示运行通过，OK 为红色时则表示运行失败，如图 6-16 所示。

2. 添加验证

在 Selenium 中，使用断言来验证应用程序的状态是否同所期望的一致。常见的断言包括验证页面内容，如标题是否为 X 或当前位置是否正确，或是验证该复选框是否被选中等。

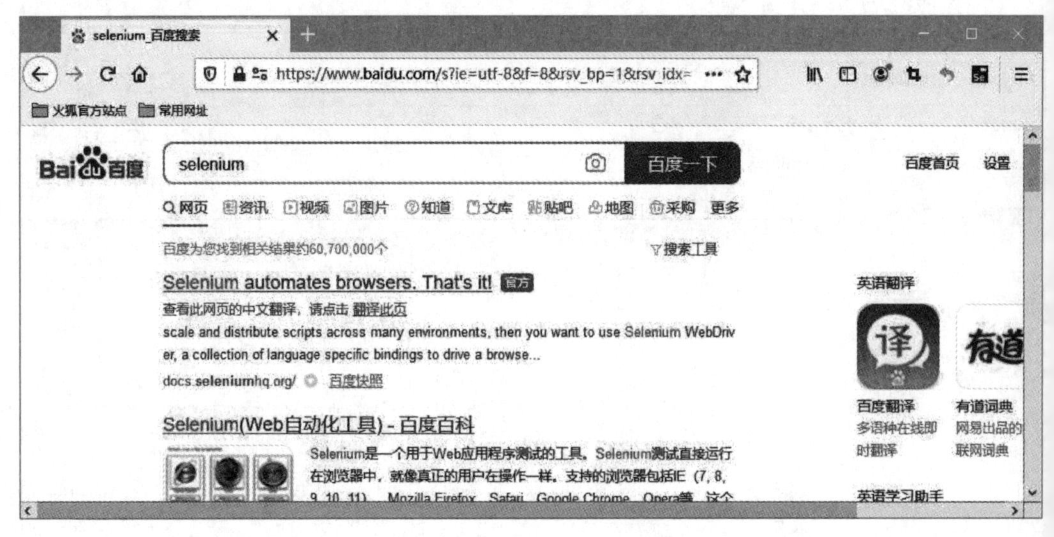

图 6-12　Selenium 录制搜索结果

笔记

图 6-13　Selenium 录制页面跳转

Selenium 提供了 3 种模式的断言，分别是 Assert、Verify、Waitfor。

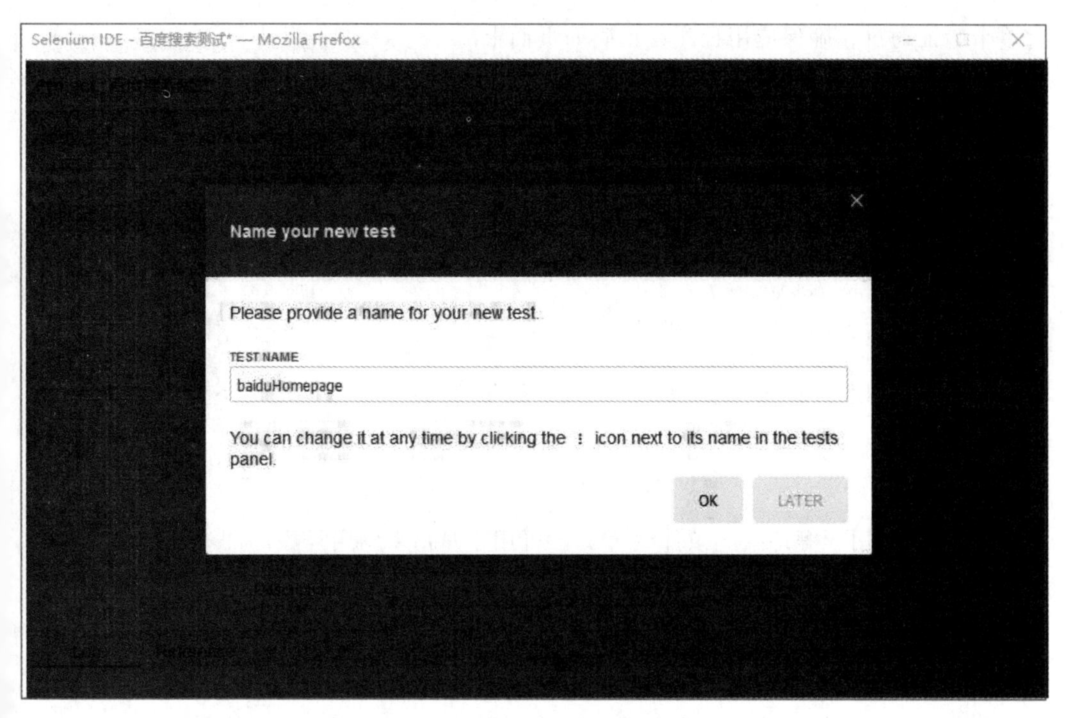

图 6-14 输入测试名称

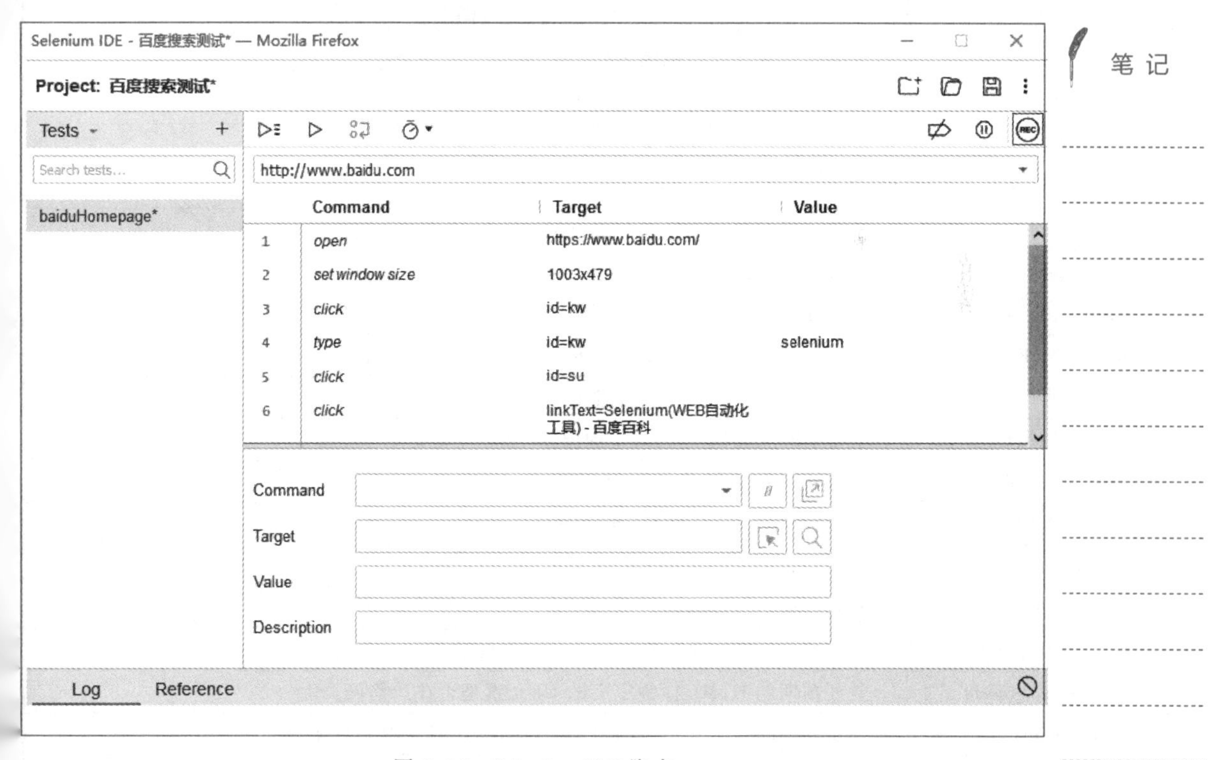

图 6-15 Selenium IDE 脚本

- Assert 失败时，该测试将终止。
- Verify 失败时，该测试将继续执行，并将错误记入日志显示屏。也就是说允许此单个验证通过，确保应用程序在正确的页面上。

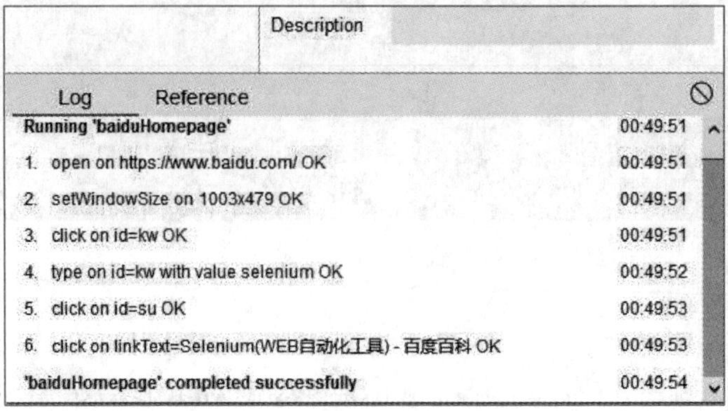

Description

Log Reference

Running 'baiduHomepage' 00:49:51

1. open on https://www.baidu.com/ OK 00:49:51

2. setWindowSize on 1003x479 OK 00:49:51

3. click on id=kw OK 00:49:51

4. type on id=kw with value selenium OK 00:49:52

5. click on id=su OK 00:49:53

6. click on linkText=Selenium(WEB自动化工具) - 百度百科 OK 00:49:53

'baiduHomepage' completed successfully 00:49:54

图 6-16 Selenium IDE 脚本运行结果

- Waitfor 用于等待某些条件变为真。可用于 AJAX 应用程序的测试。如果该条件为真，将立即成功执行。如果该条件不为真，则运行将失败并暂停测试，直到超过当前所设定的超时时间，一般跟 setTimeout 时间一起用。

常用的断言见表 6-2。

表 6-2 Selenium IDE 常用断言

断言	作用
assertLocation	判断当前是否在正确的页面
assertTitle	检查当前页面的 title 是否正确
assertValue	检查 input 的值，checkbox 或 radio 有值为“on”，无值为“off”
assertSelected	检查 select 的下拉菜单中选中是否正确
assertSelectedOptions	检查下拉菜单中的选项是否正确
assertText	检查指定元素的文本
assertTextPresent	检查在当前给用户显示的页面上是否出现指定的文本
assertTextNotPresent	检查在当前给用户显示的页面上是否没有出现指定的文本
assertAttribute	检查当前指定元素的属性的值
assertTable	检查 table 里的某个 cell 中的值
assertEditable	检查指定的 input 是否可以编辑
assertNotEditable	检查指定的 input 是否不可以编辑
assertAlert	检查是否产生带指定 message 的 alert 对话框
verifyTitle	检查预期的页面标题
verifyTextPresent	验证预期的文本是否在页面上的某个位置
verifyElementPresent	验证预期的 HTML 标签定义的 UI 元素是否在当前网页上
verifyText	核实预期的文本和相应的 HTML 标签是否都存在于页面上
verifyTable	验证表的预期内容
waitForPageToLoad	暂停执行，直到预期的新页面加载
waitForElementPresent	等待检验某元素出现（为真时，则执行）

以下是给上一节中脚本添加验证的操作过程。

① 验证进入百度首页后，浏览器标题为“百度一下，你就知道”。

在图 6-15 所示脚本中，第 1 行为打开百度首页，第 2 行为设置浏览器窗口大小，第 3 行为单击搜索“文本框”。

右击第 3 行，在弹出的快捷菜单中选择“Insert new command”命令，插入一条新命令，如图 6-17 所示。

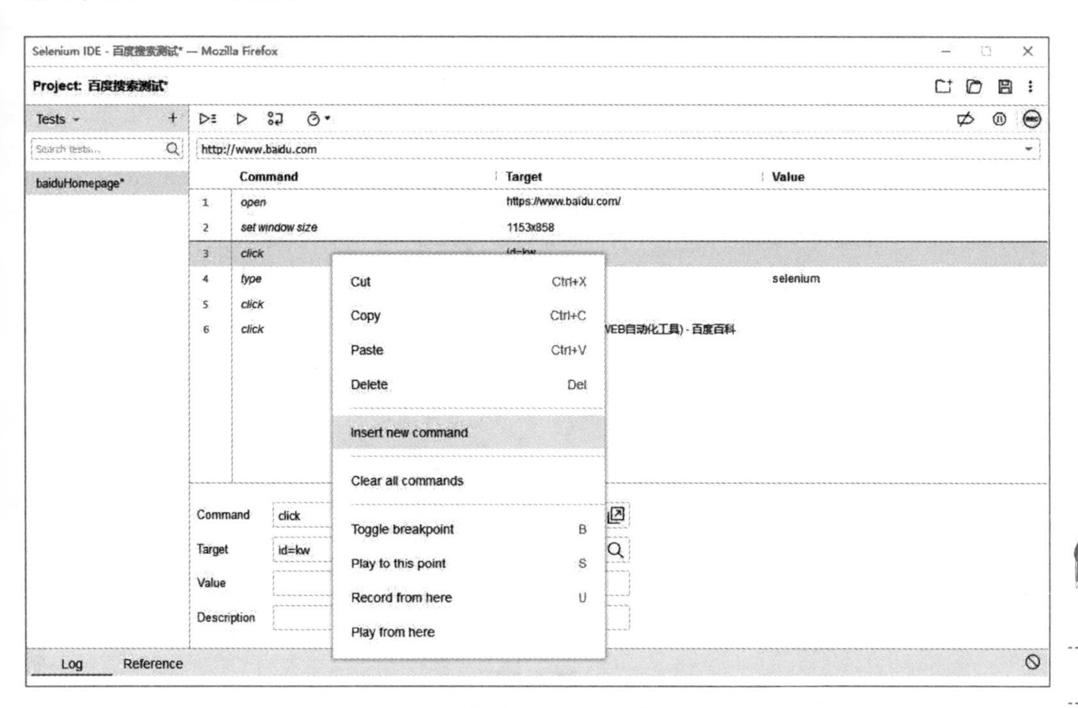

图 6-17　Selenium IDE 插入新的命令

选中刚插入的新命令行，编辑其对应的命令相关信息，Command 为 assert title，Target 为“百度一下，你就知道”，如图 6-18 所示。

如果故意把 Target 值改为“百度二下，你就知道”，运行结果如图 6-19 所示。验证点失败，脚本停止执行。

② 添加验证，搜索按钮的文本为“百度一下”。

在脚本第 6 行后插入新的命令，编辑其对应的命令相关信息，Command 为“verify value”，Target 为“id = su”，Value 值为“百度一下”。单击“运行”按钮，脚本运行成功，验证通过，如图 6-20 所示。

如果故意把 Value 值改为“百度二下”，运行结果如图 6-21 所示。第 2 个验证点失败，但是脚本可以继续执行。

3. 整理测试

多个 Test 可以通过 Suites（套件）进行分组。在创建项目时，会创建一个 Default Suite，第 1 个 Test 会自动添加到其中。

在左侧工具栏菜单顶部单击相应的下拉菜单按钮，可以进行 Tests、Test suites 的面板切换。在对应面板中，可以创建和管理 Tests 和 Test suites。

笔 记

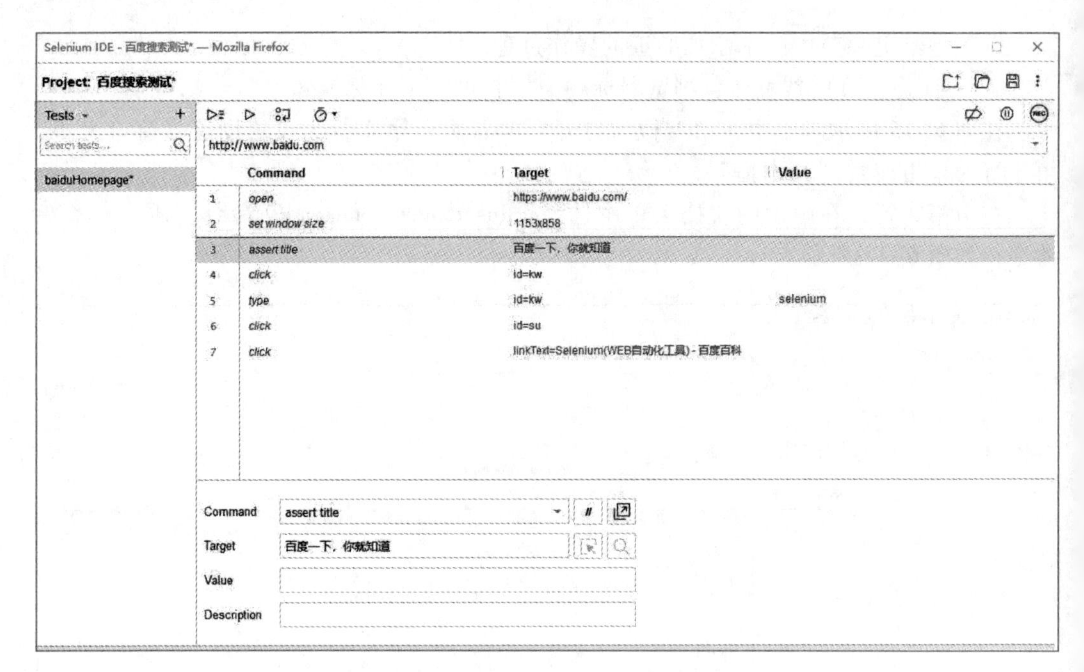

图 6-18　Selenium IDE 命令编辑

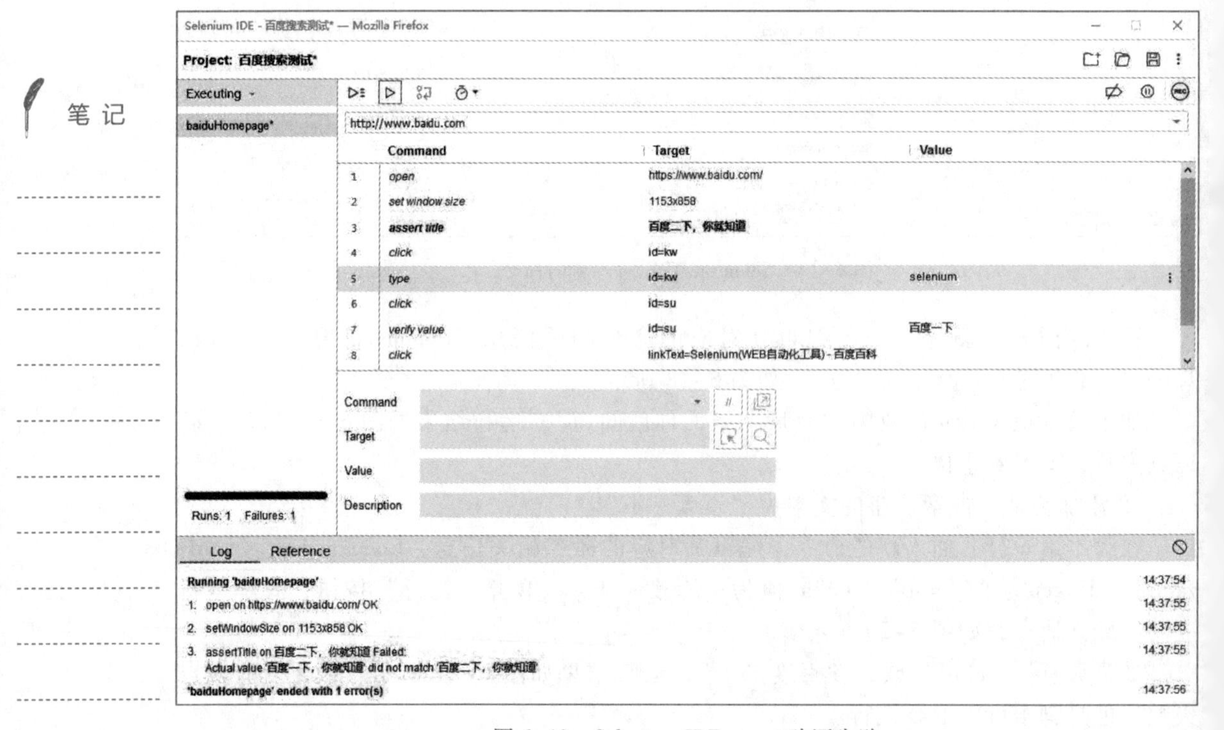

图 6-19　Selenium IDE assert 验证失败

- 创建 Test：单击左侧栏菜单顶部（Tests 标题右侧）的+符号。
- 创建 Suites：单击左侧栏菜单顶部（Test Suites 标题右侧）的+符号。
- 将 Test 添加到 Suites：在 Test suites 面板中，单击某个 Test Suite 标题右侧的“⋮”图标，在弹出的菜单中选择 Add tests 命令，在打开的对话框中选择 Test 加入。

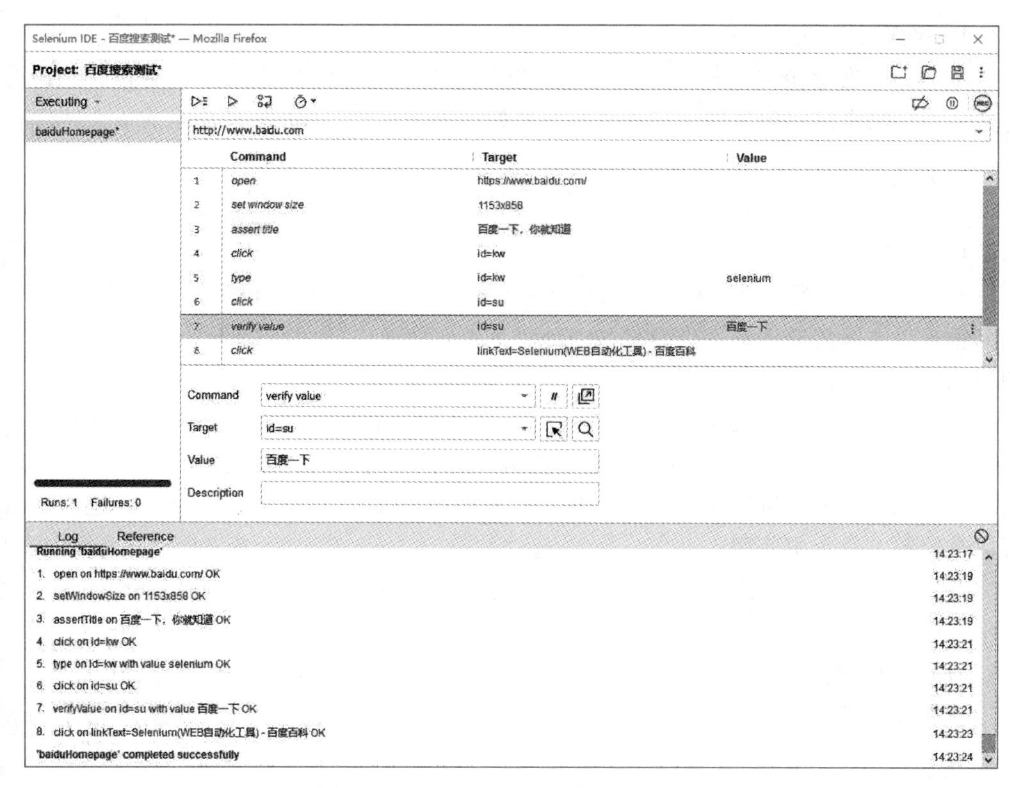

图 6-20 Selenium IDE 添加 verify 验证

笔 记

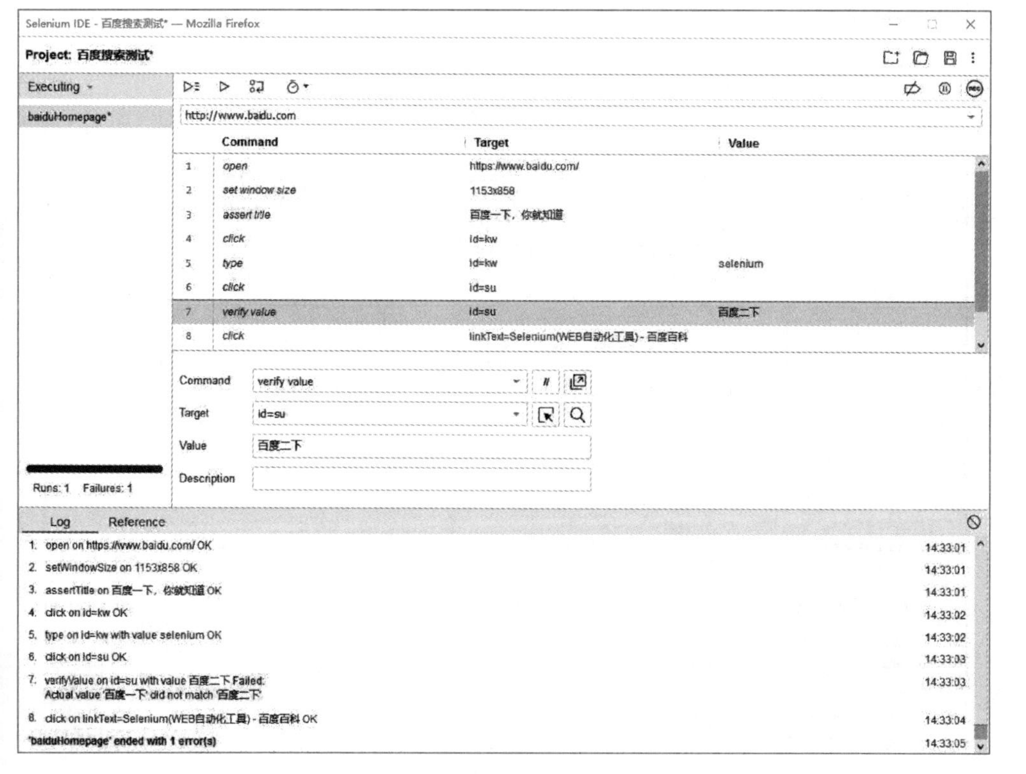

图 6-21 verify 验证失败

4. 保存工作

单击 IDE 右上角的“保存”图标，可以保存刚刚在 IDE 中完成的所有操作，同时将提示用户输入保存项目的位置和名称，最终结果是带有“side”扩展名的单个文件。

微课 6-5
Selenium IDE
附带命令

任务拓展

1. 控制流

Selenium IDE 附带一些命令，利用这些命令，可以在 Test 中添加条件逻辑和循环，从而做到仅在满足应用程序中的某些条件时才执行命令（或一组命令），或根据预定义的标准重复执行命令。

在 Selenium 中，使用 JavaScript 表达式来检查应用程序中的条件。可以直接在控制流命令中使用 JavaScript 表达式，也可以在测试过程中的任何时候使用“execute script”或“execute async script”命令运行一段 JavaScript，并将结果存储在变量中。这些变量可以在控制流命令中使用。

控制流命令通过指定打开和关闭命令来表示一组命令（或块）来工作。下面通过示例来说明。

(1) 条件分支

条件分支可以更改测试中的行为，图 6-22 演示了其用法，其功能是确认变量 myVar 的值。

笔 记

	Command	Target	Value
1	execute script	return "a"	myVar
2	if	${myVar} === "a"	
3	execute script	return "a"	output
4	else if	${myVar} === "b"	
5	execute script	return "b"	output
6	else		
7	execute script	return "c"	output
8	end		
9	assert	output	a

图 6-22 条件分支

• if：这是条件块的打开命令。根据需要计算 JavaScript 表达式，如果该表达式值为 true 则将执行它后面的测试，直到下一个条件控制流命令（如 else if、else 或 end）；如果表达式的值为 false，将跳过随后的命令，跳转到下一个相关条件控制流命令（如 else if、else 或 end）。

• else if：该命令在 if 命令块中使用。如同 if 在 Target 输入字段中使用 JavaScript 表达式来求值一样，执行它后面的命令分支，或者跳到下一个相关的控制流命令（如 else 或 end）。

• else：else 是一个 if 区块中可以拥有的最终条件。如果不满足任何先决条件，则将执行此命令分支。完成后，将跳转到 end 命令。

• end：该命令终止条件命令块。没有它，命令块将不完整，运行调试时将提示错误信息，并提示如何修改。

（2）循环

利用循环可以重复执行给定的命令集。图 6-23 演示了其用法，times 指定要执行的命令集的迭代次数。使用 end 命令关闭 times 命令块。

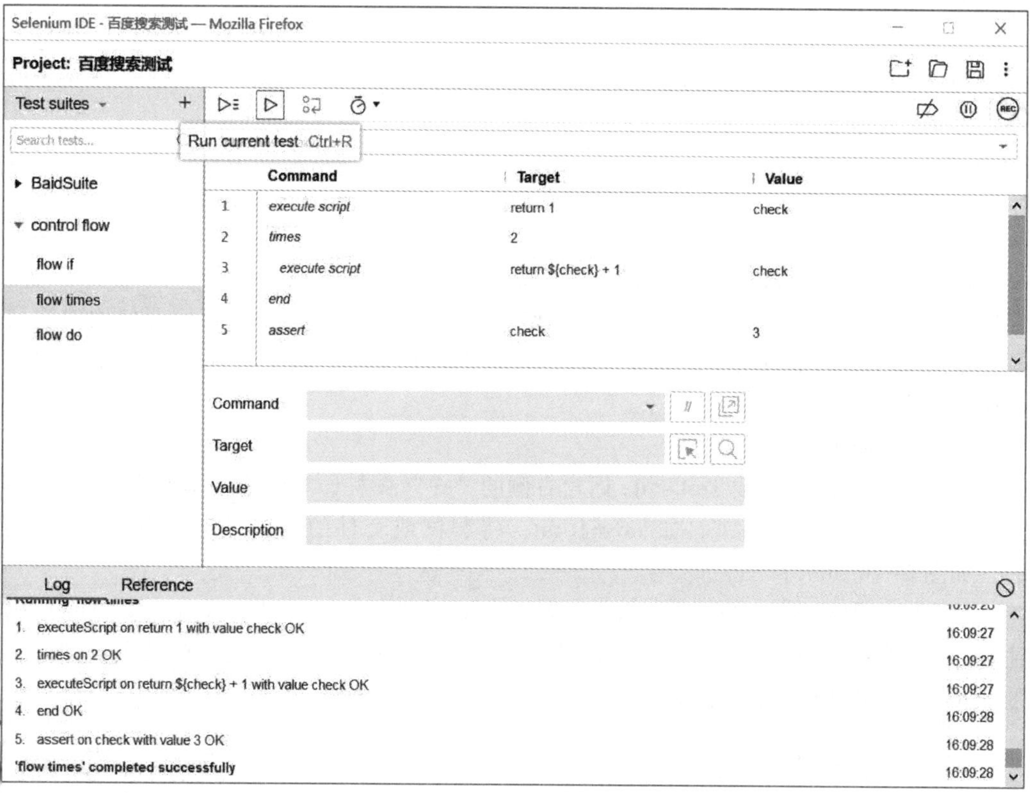

图 6-23　times 循环

笔记

可以使用 do 命令开始循环，然后是要执行的命令块，最后以 repeat if 命令结束。do 将先执行之后的命令，然后再对 repeat if 中的表达式求值。如果表达式返回 true，则测试将跳回到 do 命令并重复执行其后的命令块，如图 6-24 所示。也可以使用 while 命令开始循环，然后是要执行的命令块，最后以 end 命令结束。

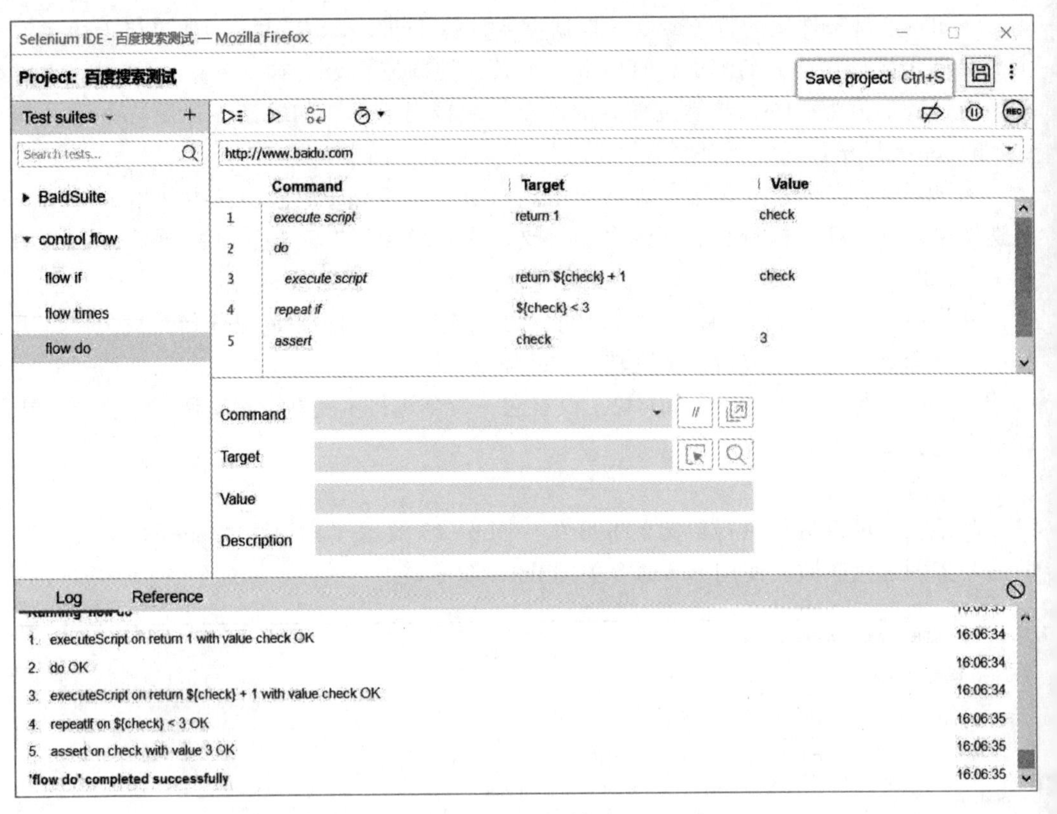

笔 记

图 6-24 do 循环

还可以使用 for each 命令开始循环，以 end 命令结束。如图 6-25 所示，在该 Target 字段中，指定包含要迭代的数组的变量的名称。在该 Value 字段中，指定要使用的迭代器变量的名称。对于数组中的每个条目，在每次迭代期间，将通过迭代器变量访问当前条目的内容。

2. 代码导出

可以通过单击 Test 或 Test suite 标题右侧的“⋮”图标，在弹出的菜单中选择“Export”命令，选择目标语言，如 Java JUnit，将测试或套件的测试导出为 WebDriver 代码，如图 6-26 所示。

导出时，如果选中“Include origin tracing code comments（包含可启用源跟踪代码注释）”复选框，将会把内联代码注释放置在导出的文件中，其中包含有关生成该文件的 Selenium IDE 中测试步骤的详细信息。

项目实训 6.1 “豆瓣读书”自动化测试

【实训目的】

① 掌握 Selenium IDE 基本功能。

② 能够对设计好的测试用例进行录制、回放，并对脚本进行简单的编辑。

【实训内容】

对“豆瓣读书”进行简单的自动化功能测试。

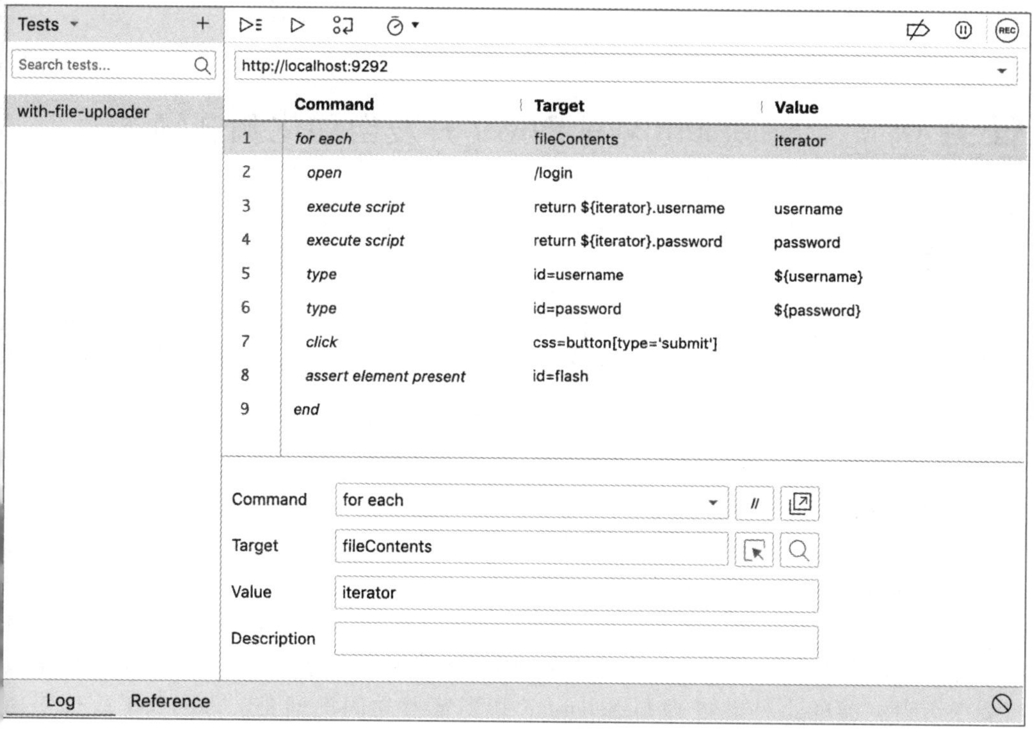

图 6-25 for each 循环

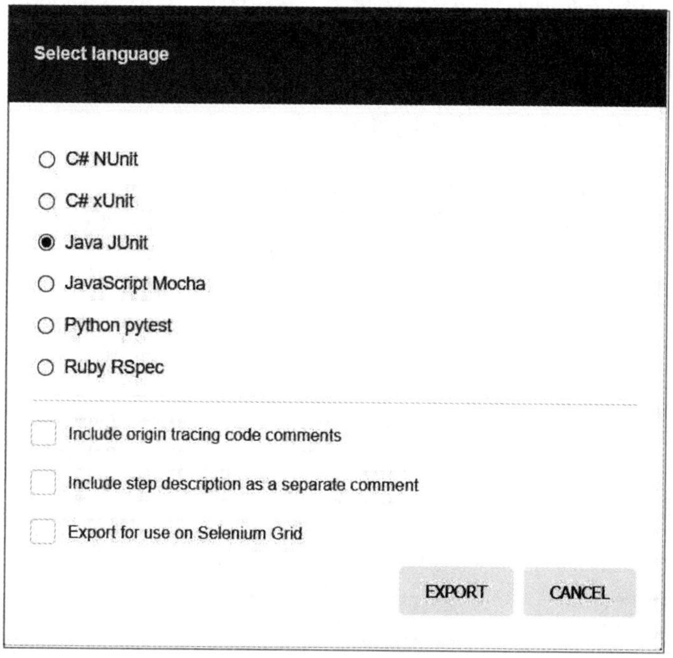

笔 记

图 6-26 测试导出

对“豆瓣读书”页面中的“搜索”和“热门标签”功能，使用黑盒测试用例设计方法设计几组测试用例，用 Selenium IDE 录制这几组测试用例并回放；编辑测试脚本，修改调整测试步骤，添加验证点，调试并运行测试脚本，最后分析测试结果。

笔记

任务 6.2 Selenium WebDriver 开发自动化测试脚本

任务陈述

本任务将针对“豆瓣网”登录模块，使用 Selenium WebDriver（简称 WebDriver）开发自动化测试脚本，主要介绍如何安装 WebDriver、WebDriver 开发脚本基本流程、WebDriver 常用命令、WebDriver 中查找网页元素的方法和定位策略，并介绍鼠标/键盘事件以及警告框、提示框和确认框的处理方法。

知识准备

1. WebDriver 简介及安装

WebDriver 是一个 API 和协议，它定义了一个语言中立的接口，用于控制 Web 浏览器的行为。每个浏览器都由一个特定的 WebDriver 实现，称为驱动程序。驱动程序是负责委派给浏览器的组件并处理与 Selenium 和浏览器之间的通信。Selenium 通过使用 WebDriver 支持市场上所有主流浏览器的自动化测试。

WebDriver 支持大多数常用的编程语言，如 Java、C#、JavaScript、PHP、Ruby、Pearl 和 Python。因此，用户可以基于自己的能力选择任何一种受支持的编程语言并开始构建测试脚本，并且可以在大多数当前主流 Web 浏览器中直接运行。

表 6-3 列出了 WebDriver 支持的浏览器。

表 6-3 WebDriver 支持的浏览器

浏览器	支持的版本
Chrome	所有版本
FireFox	54 及以上版本
Edge	84 及以上版本
Internet Explorer	6 及以上版本
Opera	10.5 及以上版本
Safari	10 及以上版本

WebDriver 提供编程语言和浏览器之间的通信工具，其体系结构如图 6-27 所示。

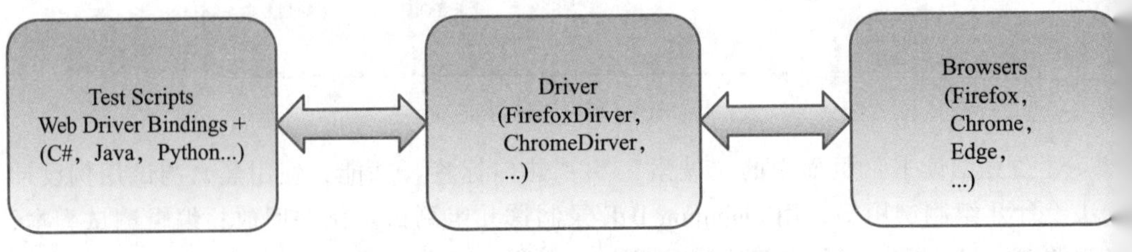

图 6-27 WebDriver 体系结构

基于 WebDriver 开发的测试脚本通过驱动程序向浏览器传递命令，通过相同的路径接收信息。每种浏览器有其特定的驱动程序，从而实现跨浏览器和跨平台自动化。

下面以 Java 语言和 Firefox 浏览器为例，介绍 WebDriver 安装过程，包含 5 个基本步骤：

步骤 1：下载并安装 Java 8 或更高版本。

下载并安装最新版本的 JDK，建议为 Java 8 或更高版本，并配置运行和编译 Java 程序所需的环境变量。

步骤 2：下载并配置 Eclipse 或选择其他 Java IDE。

从 Eclipse 官方网站下载并安装 Eclipse IDE。

步骤 3：下载 FireFox 的 WebDriver 驱动程序，并配置。

要在 Selenium 中调用浏览器，必须下载该浏览器特定的可执行文件。例如，Chrome 浏览器使用名为 ChromeDriver. exe 的可执行文件。这些可执行文件在用户系统上启动服务器，而该服务器又负责在 Selenium 中运行测试脚本。

Firefox 浏览器使用名为 geckodriver. exe 的可执行文件，从界面中选择该浏览器需要的文件，如图 6-28 所示。

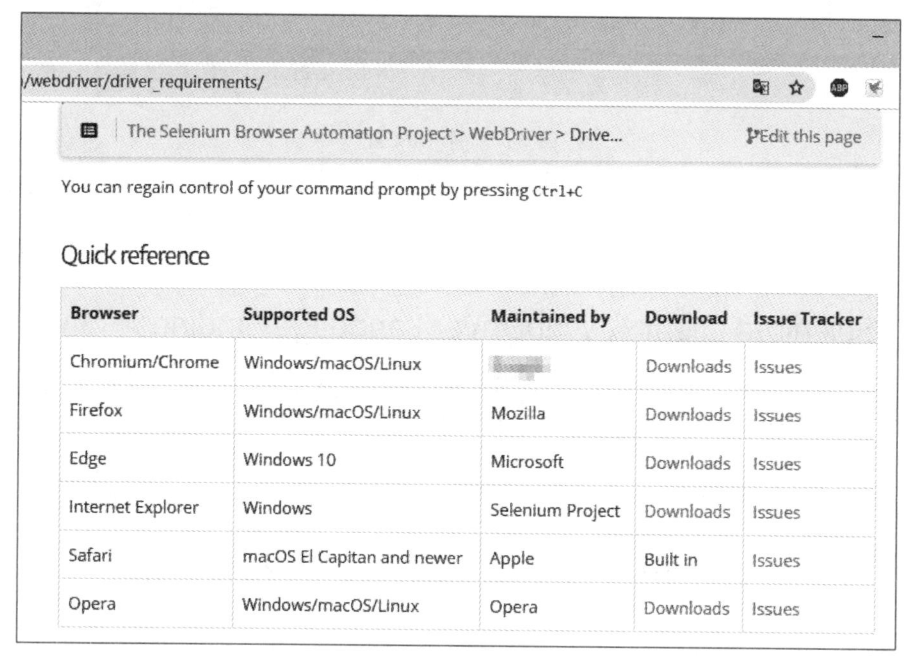

Browser	Supported OS	Maintained by	Download	Issue Tracker
Chromium/Chrome	Windows/macOS/Linux		Downloads	Issues
Firefox	Windows/macOS/Linux	Mozilla	Downloads	Issues
Edge	Windows 10	Microsoft	Downloads	Issues
Internet Explorer	Windows	Selenium Project	Downloads	Issues
Safari	macOS El Capitan and newer	Apple	Built in	Issues
Opera	Windows/macOS/Linux	Opera	Downloads	Issues

图 6-28 WebDriver 驱动程序下载

笔 记

单击对应操作系统版本的“geckodriver”超链接，并按所使用的当前操作系统下载，Windows10 64 位操作系统下载 geckodriver-v0. 29. 0-win64. zip。下载的文件为压缩格式，将内容解压缩到目录中，如 C：\ tools \ WebDriver，并将该目录添加到计算机对应的环境变量 path 中，如图 6-29 所示：

步骤 4：下载 WebDriver。

在打开的窗口中单击 Java 对应的“download”超链接，如图 6-30 所示。

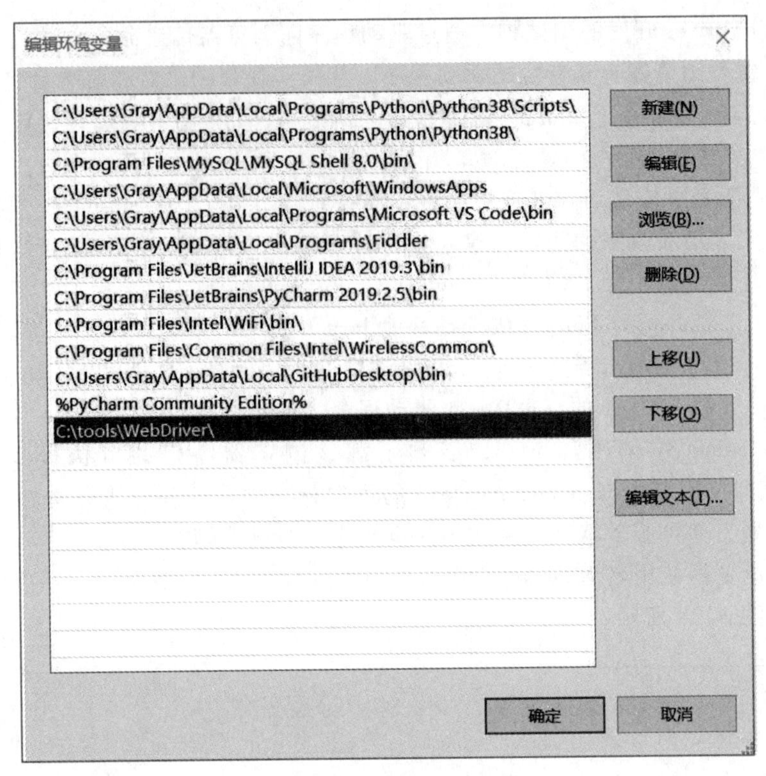

图 6-29 环境变量

笔记

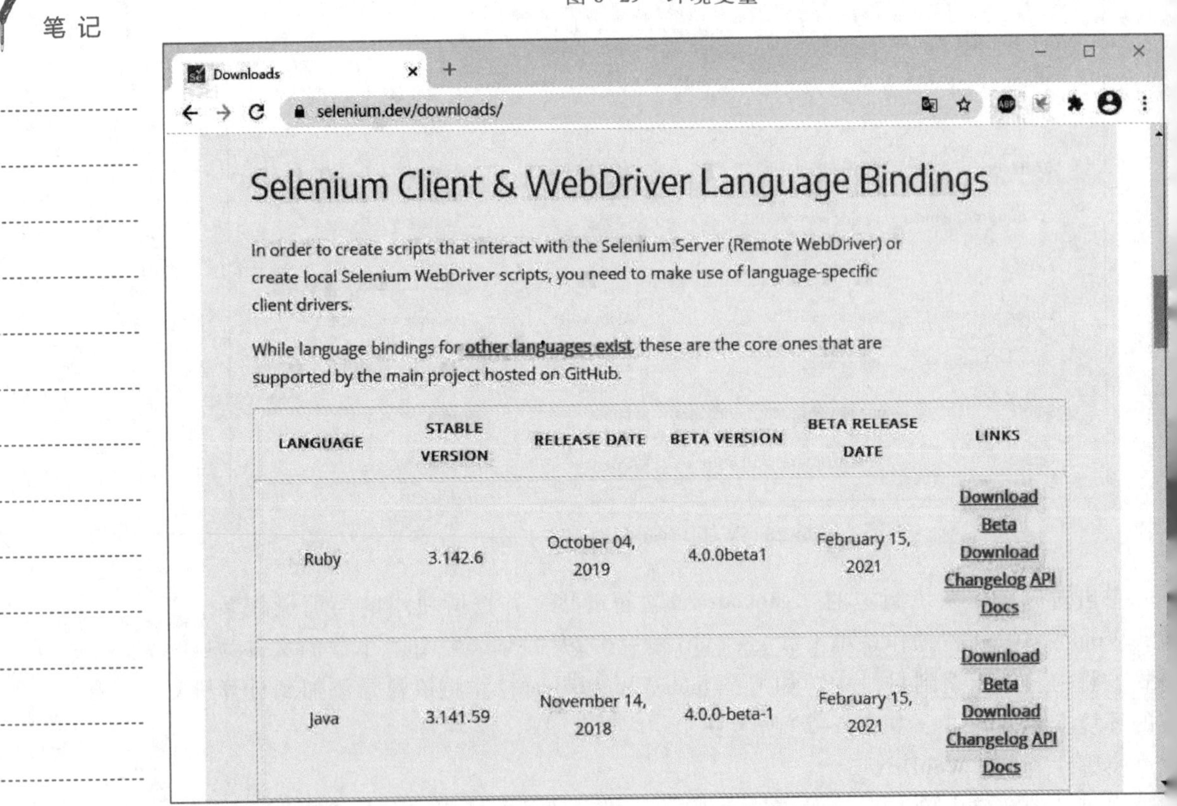

图 6-30 下载 Selenium WebDriver

笔记

下载的文件为压缩格式，将内容解压缩到目录中，如图 6-31 所示。它包含了 Eclipse IDE 中配置 Selenium WebDriver 所需的基本 jar 文件。

soft › JAVA › selenium-java-3.141.59.zip

名称	类型	大小
libs	文件夹	
CHANGELOG	文件	119 KB
client-combined-3.141.59.jar	Executable Jar File	1,493 KB
client-combined-3.141.59-sources.jar	Executable Jar File	518 KB
LICENSE	文件	12 KB
NOTICE	文件	1 KB

图 6-31　WebDriver 的 jar 文件

步骤 5：配置 Java 客户端。

在 Eclipse IDE 项目中配置 WebDriver，即在 Eclipse 中创建一个新的 Java 项目并加载所有必要的 jar 文件，以便创建 Selenium Test Scripts。

启动 Eclipse IDE，创建一个新的 Java Project，项目名称命名为“Demo”。在项目中创建一个新的类，命名为“FirstTest”，如图 6-32 所示。

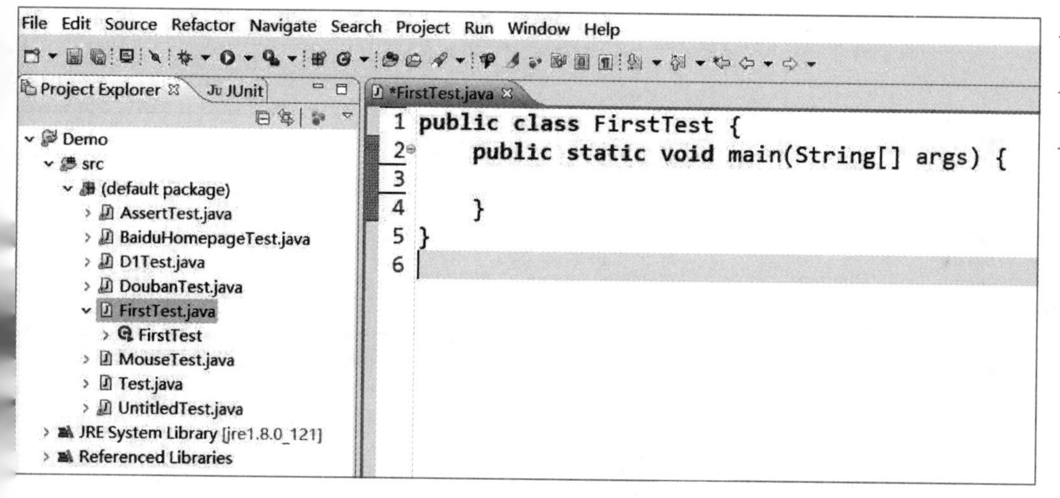

图 6-32　创建测试项目

Selenium 使用项目“Demo”充当测试套件（Test Suite），可以包含一个或多个 Selenium 测试用例/测试脚本。如图 6-33 所示，将下载的 WebDriver 压缩包中的 jar 文件，添加到测试套件 Demo 中。

图 6-34 显示了添加 Selenium jar 后测试套件 Demo 的目录结构。至此，已经使用 Eclipse IDE 成功配置了 WebDriver，此时可以在 Eclipse 中编写测试脚本了。

2. WebDriver 自动化测试脚本创建流程

下面以百度搜索页面为例介绍利用 WebDriver 创建自动化测试脚本的基本流程。在该测试中，脚本将自动执行以下测试操作。

微课 6-6
WebDriver 创建自动化测试脚本

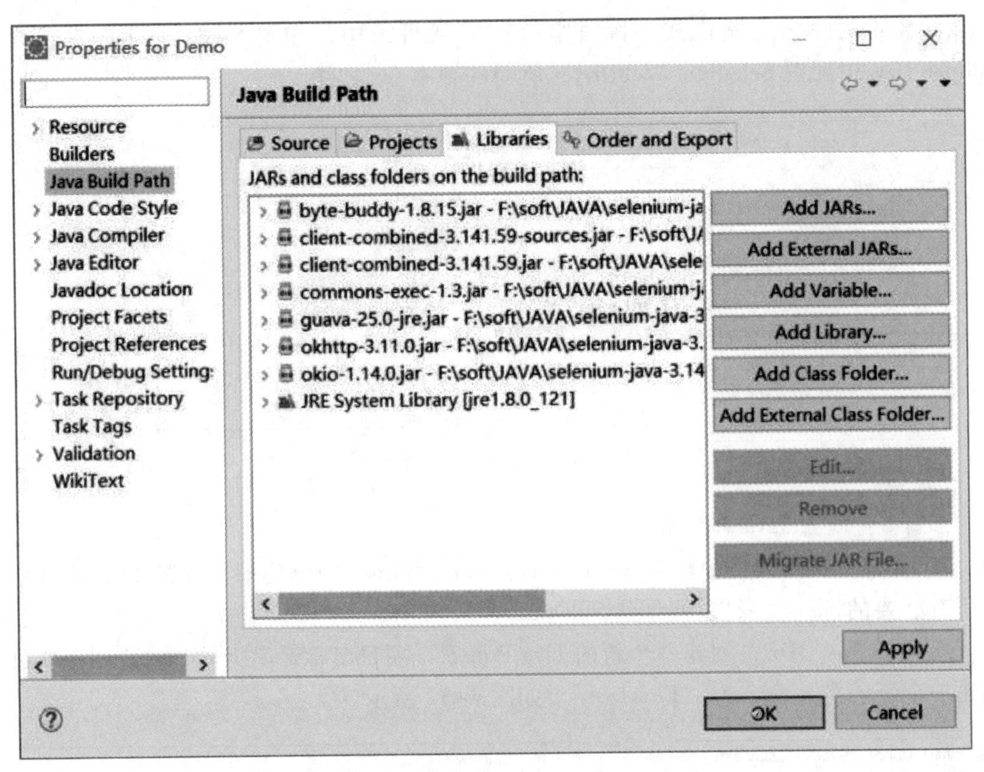

图 6-33　测试项目添加 WebDriver jar 文件

笔 记

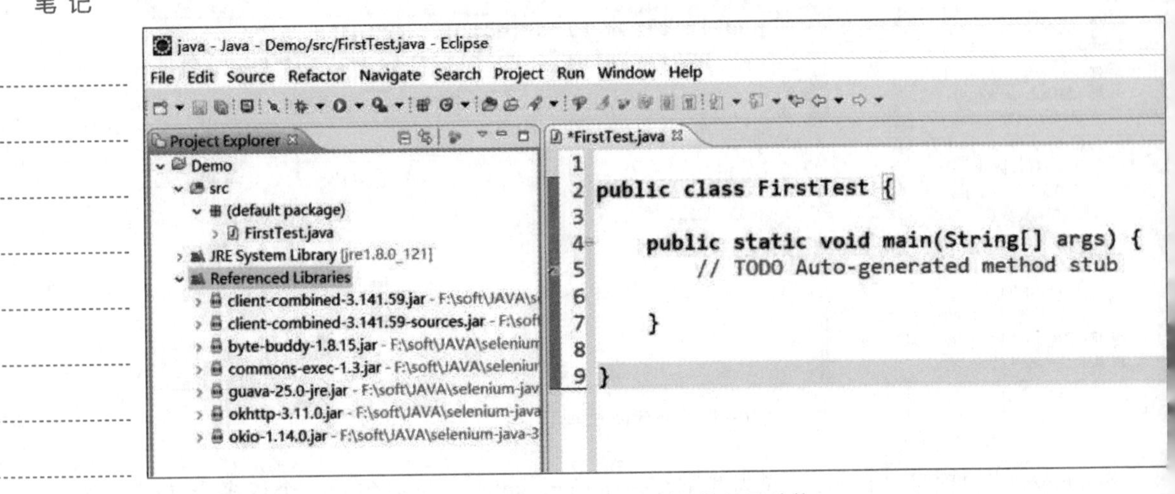

图 6-34　测试项目的目录结构

① 调用 FireFox 浏览器。

② 打开百度网址。

③ 单击百度搜索文本框。

④ 输入关键字 selenium。

⑤ 单击“搜索”按钮。

接下来将逐步创建测试用例，以便详细了解各组件。

(1) 定位网页元素

首先，需要找到百度搜索文本框和搜索按钮等网络元素的唯一标识，Selenium 使用这些唯一标识与一些命令/语法组合配置以形成定位器。测试脚本可以使用定位器在 Web 应用程序的上下文中定位和标识特定的 Web 元素。

浏览器提供了可以检查网页对应的 HTML 代码的功能，以查找元素的唯一标识。

在 Firefox 浏览器中打开网址 https://www.baidu.com。右击百度搜索文本框，在弹出的快捷菜单中选择“检查元素”命令，如图 6-35 所示。

图 6-35　检查网页元素

它将启动浏览器的“开发者工具”窗口，HTML 代码中高亮部分对应着百度搜索文本框的代码，如图 6-36 所示。

这里元素 input 的 ID 值 kw 可以作为百度搜索文本框的唯一标识。下面给出了在 WebDriver 中通过“ID”定位元素的 Java 语法。

```
driver.findElement(By.id(<element ID>));
```

以下是在测试脚本中查找百度搜索文本框的完整代码：

```
driver.findElement(By.id("kw"));
```

用同样方法可以找到“百度一下”搜索按钮所涉及的 HTML 代码，如图 6-37 所示。这里元素 input 的 ID 值“su”可以作为“百度一下”搜索按钮的唯一标识。

(2) 编写脚本

创建测试套件项目“Demo”和一个新的测试用例/测试脚本类，命名为“FirstTest”。

笔记

图 6-36 百度搜索文本框的 HTML 代码

笔 记

图 6-37 “百度一下”搜索按钮的 HTML 代码

从 Selenium 3 开始，Mozilla 通过 geckodriver 接管了火狐驱动程序的实现。如果已经下载 geckodriver，并且配置好了环境变量 path，就可以用如下方式实例化火狐浏览器。

```
// 打开 Firefox 浏览器
WebDriver driver=new FirefoxDriver();
```

如果没有配置好 path，则必须设置 geckodriver 可执行文件的路径，如下所示。

```
System.setProperty("webdriver.gecko.driver","c:/tools/WebDriver/geckodriver.exe");
// 打开 Firefox 浏览器
WebDriver driver=new FirefoxDriver();
```

整体脚本代码如图 6-38 所示，注释详细说明了代码的功能。

```
FirstTest.java
1 import org.openqa.selenium.WebDriver;
2 import org.openqa.selenium.firefox.FirefoxDriver;
3 import org.openqa.selenium.By;
4 public class FirstTest {
5     public static void main(String[] args) {
6         // 打开Firefox浏览器
7         WebDriver driver = new FirefoxDriver();
8 
9         // 访问百度主页
10        driver.get("http://www.baidu.com/");
11
12        // 得到浏览器的标题，并输出到控制台
13        String titile = driver.getTitle();
14        System.out.println("title is => " + titile);
15
16        // 找到id为"kw"的元素，并输入selenium
17        driver.findElement(By.id("kw")).sendKeys("selenium");
18
19        // 找到id为"su"的元素，并单击
20        driver.findElement(By.id("su")).click();
21
22        try {
23            Thread.sleep(3000);
24        } catch (InterruptedException e) {
25            e.printStackTrace();
26        }
27    }
28 }
```

图 6-38　整体脚本代码

笔记

右击 Eclipse 代码，在弹出的快捷菜单中选择 Run As→Java Application 命令。上述测试脚本将启动 FireFox 浏览器，并执行搜索，如图 6-39 所示。

同时在 Eclipse 控制台输出结果如图 6-40 所示。

3. WebDriver 常用命令

WebDriver 提供了一系列 API 方法，可以操作页面中各种元素以及浏览器，如获得元素属性值、模拟键盘鼠标操作、控制浏览器的大小、操作浏览器前进和后退等。下面给出了 WebDriver 中一些最常用的 API 方法。

（1）浏览器操作

① 访问网页。

访问网页可以使用 Get 方法，或者使用 Navigate 方法：

图 6-39 FireFox 浏览器运行脚本结果

```
Console
<terminated> FirstTest [Java Application] C:\Program Files\Java\jre1.8.0_121\bin\javaw.exe (2021年2月27日 下午2:50:56)
1614408659399   mozrunner::runner   INFO   Running command: "C:\\Program Files\\Mozilla Firefox\\firefox.exe"
JavaScript error: xcbtotbrpel.cfg, line 2: ReferenceError: Components is not defined
console.warn: SearchSettings: "get: No settings file exists, new profile?" (new Error("", "(unknown module)"))
1614408663915   Marionette   INFO   Listening on port 7584
1614408664160   Marionette   WARN   TLS certificate errors will be ignored for this session
二月 27, 2021 2:51:04 下午 org.openqa.selenium.remote.ProtocolHandshake createSession
信息: Detected dialect: W3C
title is => 百度一下, 你就知道
console.error: Region.jsm: "Error fetching region" (new Error("TIMEOUT", "resource://gre/modules/Region.jsm", 775))
console.error: Region.jsm: "Failed to fetch region" (new Error("TIMEOUT", "resource://gre/modules/Region.jsm", 422)
```

图 6-40 Eclipse 控制台输出

笔 记

```
driver.get("https://www.baidu.com");
driver.navigate().to("https://www.baidu.com ");
```

② 控制浏览器窗口大小。

将浏览器设置成移动端大小（480×800）。

```
driver.manage().window().setSize(new Dimension(480, 800));
```

将浏览器全屏显示。

```
driver.manage().window().maximize();
```

③ 控制浏览器后退、前进。

在使用浏览器浏览网页时，浏览器提供了“后退”和“前进”按钮，可以方便地在浏览过的网页之间切换，WebDriver 也提供了对应的方法。

```
driver.navigate().back();
driver.navigate().forward();
```

④ 浏览器刷新/重新加载网页。

```
driver.navigate().refresh();
```

(2) 元素操作

定位元素之后需要对该元素进行操作，或单击（按钮）或输入（输入框）。以下是 WebDriver 中最常用的几个方法。

① clear（）用于清除文本输入框中的内容。

```
driver.findElement(By.name("q")).clear();
```

例如，登录框内一般默认会有“账号”“密码”等提示信息，用于引导用户输入正确的数据。如果直接在文本框中输入数据，则可能会与框中的提示信息拼接。例如，本来用户输入的是“username”，但与提示信息拼接则变为“账号 username”，从而造成输入信息错误。这时可以先使用 clear（）方法来清除输入框中的默认提示信息。

② sendKeys（ * value）用于模拟键盘向文本框里输入内容。

```
driver.findElement(By.id("kw")).sendKeys("selenium");
```

不仅如此，还可以用它发送键盘按键，甚至用它来模拟文件上传。

③ click（）可以用来单击一个元素，前提是它是可以被单击的对象。

```
driver.findElement(By.id("su")).click();
```

click（）与 sendKeys（）方法是 Web 页面操作中最常用到的两个方法。click（）方法不仅仅用于单击一个按钮，它还可以是指单击任何可以单击的文字/图片链接、复选框、单选框、下拉框等。

笔记

④ submit（）用于提交表单。例如，在搜索框输入关键字之后的“回车”操作，就可以通过 submit（）方法模拟。有时候 submit（）可以与 click（）方法互换来使用，submit（）同样可以提交一个按钮，但 submit（）的应用范围远不及 click（）广泛。

代码示例：

```
driver.get("http://www.126.com");                                  //获取 126 邮箱地址
driver.findElement(By.id("idInput")).clear();                        //清空输入框内容
driver.findElement(By.id("idInput")).sendKeys("username");//向输入框输入内容
driver.findElement(By.id("pwdInput")).clear();
driver.findElement(By.id("pwdInput")).sendKeys("password");
driver.findElement(By.id("loginBtn")).click();                       //单击登录按钮
```

⑤ getSize()用于返回元素的尺寸。

⑥ getText()。有时需要获取通过 Web 元素写入的文本来执行某些断言和调试，可以使用 getText()方法来获取通过任何 Web 元素写入的数据。

```
driver.findElement(By.id("kw")).getText();
```

⑦ getAttribute（name）用于获得属性值。

⑧ isDisplayed()用于设置该元素是否用户可见。

代码示例：

```
driver.get("http://www.baidu.com/");
WebElement size=driver.findElement(By.id("kw")); //获得百度输入框的尺寸
System.out.println(size.getSize());
WebElement text=driver.findElement(By.id("cp")); //返回百度页面底部备案信息
System.out.println(text.getText());
//返回元素的属性值,可以是ID、name、type或元素拥有的其他任意属性
WebElement ty=driver.findElement(By.id("kw"));
System.out.println(ty.getAttribute("type"));
//返回元素的结果是否可见,返回结果为True或False
WebElement display=driver.findElement(By.id("kw"));
System.out.println(display.isDisplayed());
```

以上代码中，getSize（）方法用于获取百度输入框的宽、高值；getText（）方法用于获得百度底部的备案信息；getAttribute（）用于获得百度输入的type属性的值；isDisplayed（）用于返回一个元素是否可见，如果可见则返回True，否则返回False。

当然，WebDriver API接口还提供了其他方法，读者可以参考Selenium官方文档学习。

4. WebDriver定位策略

笔记

WebElement表示DOM元素，可以通过使用WebDriver实例从文档根节点进行搜索，或者在另一个WebElement下进行搜索来找到WebElement。WebDriver API提供了内置方法，基于不同属性（如ID、Name、Class、XPath、CSS选择器、超链接文本等）来查找WebElement。

（1）定位方法

1）findElement（）

此方法用于查找元素并返回第1个匹配的单个WebElement引用，该元素可用于进一步的元素操作。如果没有找到，会抛出一个异常NoElementFindException（）。

此方法也用于在父元素的上下文中查找子元素，如下所示。

```
driver.get("http://www.baidu.com");
WebElement searchForm=driver.findElement(By.tagName("form"));
WebElement searchBox=searchForm.findElement(By.name("q"));
searchBox.sendKeys("webdriver");
```

2）findElements（）

此方法与“Find Element”相似，但返回的是匹配WebElement列表。要使用列表中的特定WebElement，需要遍历元素列表来选定元素。如果没有找到，会返回空数组，不会抛出异常。同样，此方法也可以用于在父元素的上下文中查找匹配子WebElemen的列表。

```
driver.get("https://example.com");
// 找到所有tag name为'p'的元素
```

```
List<WebElement> elements = driver.findElements(By.tagName("p"));
for (WebElement element:elements){
    System.out.println("Paragraph text:"+element.getText());
}
```

3） activeElement （）

此方法用于在当前页面上下文中，追溯或查找具有焦点的 DOM 元素。

```
driver.get("http://www.baidu.com");
driver.findElement(By.cssSelector("[name='q']")).sendKeys("webElement");
// 得到当前活动元素的属性
String attr=driver.switchTo().activeElement().getAttribute("title");
System.out.println(attr);
```

WebDriver 提供了 8 种元素定位方法，见表 6-4。

表 6-4 WebDriver 元素定位方法

定位器 Locator	描述
Class name	根据 Class 属性搜索匹配元素（不允许使用复合类名）
CSS selector	根据 CSS 选择器搜索匹配元素
ID	根据 ID 属性搜索匹配元素
Name	根据 Name 属性搜索匹配元素
Link Text	根据 Link Text 文本搜索完全匹配的元素
Partial Link Text	根据 Link Text 文本搜索值部分匹配的元素。如果匹配多个元素，则只选择第一个元素
Tag Name	根据标签名称搜索匹配的元素
XPath	根据 XPath 表达式搜索匹配的元素

（2） 定位方式

下面简要介绍常用的定位方式。

1） ID 定位

通过页面元素的 ID 来查找元素是常用的方式，W3C 标准推荐开发人员为每一个页面元素都提供独一无二的 ID 属性。一旦元素被赋予了唯一的 ID 属性，做自动化测试时，很容易定位到元素，是最快的识别策略，因此元素的 ID 常被作为首选的识别属性。

以百度主页为例，搜索框的 HTML 示例代码如下，其 ID 为“kw”。

```
<input type="text" class="s_ipt" name="wd" id="kw" maxlength="100" autocom-
plete="off">
```

“百度一下”搜索按钮元素的 HTML 示例代码如下，其 ID 为“su”。

```
<input type="submit" value="百度一下" id="su" class="btn self-btn bg s_btn">
```

在 Selenium WebDriver 中通过 ID 查找元素的 Java 示例代码如下。

```
WebDriver driver =new FirefoxDriver();
driver.get("http://www.baidu.com");
WebElement searchBox=driver.findElement(By.id("kw"));
searchBox.sendKeys("selenium");
WebElement searchButton=driver.findElement(By.id("su"));
searchButton.submit();
driver.close();
```

2）name 定位

HTML 规定用 Name 指定元素的名称，类似于人的名字；Name 的属性值在当前页面中可以不唯一。通过 Name 定位百度输入框代码如下：

```
findElement(By.name("wd"))
```

3）tagName 定位

如果使用 tagName，需注意很多 HTML 元素的 tagName 是相同的，如单选框、复选框、文本框、密码框等，这些元素标签都是 input。此时单靠 tagName 无法精确获取人们想要的元素，还需要结合 type 属性，才能过滤出所要的元素。

通过 tagName 来搜索元素的时候，会返回多个元素。因此需要使用 findElements() 方法。

笔记

```
List<WebElement>buttons=driver.findElements(By.tagName("input"));
for (WebElement webElement : buttons) {
      if (webElement.getAttribute("type").equals("text")) {
      System.out.println("input text is :" + webElement.getText());
      }
}
```

4）class 定位

HTML 规定用 class 来指定元素的类名。其用法与 ID、name 类似；下面通过 class 属性定位百度输入框和搜索按钮：

```
findElement(By.className("s_ipt"))
findElement(By.className("bg s_btn"))
```

5）link 定位

link 定位与前几种定位方法有所不同，它是专门用来定位文本链接的。

百度输入框上的几个文本超链接的代码如图 6-41 所示。

查看以上代码发现，可以使用 link 属性唯一标识不同链接，通过 link 定位链接代码如下：

```
findElement(By.linkText("新闻"))
findElement(By.linkText("hao123"))
```

```
findElement(By.linkText("地图"))
findElement(By.linkText("视频"))
findElement(By.linkText("贴吧"))
```

图 6-41　百度页面 HTML 代码

6）partial link 定位

parial link 定位是对 link 定位的一种补充，有些文本链接会比较长，这时可以取文本链接的一部分定位，只要这一部分信息可以唯一地标识这个链接即可。

```
<a class="mnav" name="tj_lang" href="#">一个很长很长的文本链接</a>
```

通过 partial link 定位如下：

```
findElement(By.partialLinkText("一个很长的"))
findElement(By.partialLinkText("文本链接"))
```

7）XPath 定位

XPath 是 XML Path 的简称，由于 HTML 文档本身就是一个标准的 XML 页面，所以可以使用 XPath 的用法来定位页面元素。XPath 定位方式：WebDriver 会将整个页面的所有元素进行扫描以定位所需要的元素，这是个非常费时的操作，如果脚本中大量使用 XPath 进行元素定位，则脚本的执行速度可能会变得较慢。

笔记

使用浏览器调试工具，可以直接获取 XPath，如图 6-42 所示。

图 6-42 浏览器调试工具

笔记

百度输入框的 XPath 为：“//*[@id=" kw"]”，通过 XPath 定位的代码如下。

```
findElement(By.xpath("//*[@id="kw"]"))
```

XPath 定位有多种写法，以下是几种常用写法。

```
findElement(By.xpath("//*[@name='wd']"))                    // 属性值定位
findElement(By.xpath("//span[text()='按钮']"))               // 文本定位
findElement(By.xpath("//input[@class='s_ipt']"))            // class 属性定位
findElement(By.xpath("/html/body/form/span/input"))         //绝对路径定位
findElement(By.xpath("//span[@class='soutu-btn']/input"))// 相对路径定位
findElement(By.xpath("//form[@id='form']/span/input"))
findElement(By.xpath("//input[@id='kw' and @name='wd']"))// 多组合属性定位
findElement(By.xpath("//span[contains(text(),'按钮')]"))    // 是否包含文本
```

笔 记

8）CSS 定位

CSS（Cascading Style Sheets）是一种语言，它被用来描述 HTML 和 XML 文档的表现。CSS 使用选择器来为页面元素绑定属性。这些选择器可被 Selenium 用作另外的定位策略。CSS 能较为灵活地选择控件的任意属性，一般情况下其定位速度比 XPath 快。

使用浏览器调试工具，同样可以直接获取页面元素对应的 CSS 选择器。

CSS 定位有多种写法，以下是几种常用写法。

```
findElement(By.cssSelector("#kw")                    // ID 定位
findElement(By.cssSelector("[name=wd]")               // name 属性值定位
findElement(By.cssSelector(".s_ipt")                  // class 定位
findElement(By.cssSelector("html>body>form>span>input")   // CSS 层级定位
findElement(By.cssSelector("[name='wd'][autocomplete='off']")//属性组合定位
```

选择定位方法的策略如下：

① 一般来说，如果页面元素 ID 属性是可用、唯一且可预测的，那么它就是在页面上定位元素的首选方法。ID 定位速度非常快，可以避免复杂的 DOM 遍历带来的大量处理需求。

② 如果没有唯一的 ID，那么最好使用 CSS 选择器来查找元素。

③ XPath 和 CSS 选择器一样好用，但它的语法很复杂，并且通常未经过浏览器厂商的性能测试，运行速度很慢。因此，一般情况下尽量少用 XPath 选择器。

④ 基于 linkText 或 partialLinkText 的定位方法只能对链接元素起作用并且它们在 WebDriver 内部调用 XPath 选择器，因此不推荐使用。

在使用 tag name 定位元素方法时需注意，页面上经常出现同一标签的多个元素，这在调用 findElements（By）方法返回元素集合时非常有用。

任务实施

1. 对“豆瓣网”登录模块设计自动化测试用例

表 6-5 列出了相应的测试用例。

表 6-5　测 试 用 例

序号	操作步骤	验证
1	启动浏览器	
2	访问“豆瓣网”	网站 Title 为“豆瓣”
3	单击“密码登录”按钮	
4	输入用户名、密码，单击“登录”按钮	
5	单击“* *的账号”	
6	在弹出的菜单中，选择“个人主页”命令	

笔 记

2. 编写测试脚本

```
WebDriver driver = new FirefoxDriver( );
// 访问豆瓣主页
driver.get("https://www.dou×××.com/");
driver.manage().window().setSize(new Dimension(1153, 861));

String aTitle = driver.getTitle();          // 取新窗口的 title
assert aTitle.contains("豆瓣");             // 验证

//TestCase.assertEquals(driver.getTitle(), is("豆瓣"));
//切换到第一个 frame
driver.switchTo().frame(0);
driver.findElement(By.cssSelector(".account-tab-account")).click();

// 输入用户名、密码,并单击"登录"按钮
driver.findElement(By.id("username")).sendKeys("15366127660");
driver.findElement(By.id("password")).sendKeys("hellodouban");
driver.findElement(By.linkText("登录豆瓣")).click();

// 等页面加载,10 秒内加载不成功即报超时
driver.manage().timeouts().implicitlyWait(10, TimeUnit.SECONDS);
driver.switchTo().defaultContent();
// 点击账号
driver.findElement(By.cssSelector(".bn-more > span:nth-child(1)")).click();
// 点击个人主页
driver.findElement(By.linkText("个人主页")).click();
```

微课 6-7
WebDriver 鼠标/键盘事件

任务拓展

1. WebDriver 鼠标/键盘事件

(1) 鼠标事件

鼠标的单击操作可以使用 click( )方法。Web 产品提供了丰富的鼠标交互方式，如鼠标右击、双击、悬停、拖动等。在 WebDriver 中，Actions 类提供了鼠标操作的常用方法，见表 6-6。

表 6-6 Selenium 中鼠标操作常用方法

鼠标操作方法	说明
click ()	单击
clickAndHold ()	按住鼠标左键

续表

鼠标操作方法	说明
contextClick（）	右击
doubleClick（）	双击
dragAndDrop（source，target）	拖动鼠标从 Source 对象到 target 对象
dragAndDropBy（source，X，Y）	拖动鼠标从 Source 对象到（X，Y）坐标
moveToElement（target）	移动鼠标到 target 对象
perform（）	执行动作

以下通过两个例子简要说明其用法。

1）鼠标右击事件

通常在页面上鼠标右击时弹出的菜单都是浏览器默认的菜单，右击事件一般是在有附加菜单的情况下使用，或者与鼠标事件配合使用。创建鼠标事件思路：定位元素→创建一个动作→将元素放入动作中→执行动作。

```
driver.get("https://www.baidu.com");
WebElement e=driver.findElement(By.id("kw"));      //定位百度搜索输入框
Actions action=new Actions(driver);                //创建一个动作对象
action.contextClick(e).perform();  //将定位好的百度搜索输入框对象传到动作内
                                    并执行
```

笔记

2）长按鼠标事件

长按鼠标事件是指在某一对象上按住鼠标左键且不松开的操作。长按鼠标一定时间后，调用 release（）方法释放鼠标。

```
driver.get("https://www.baidu.com");
Actions action=new Actions(driver);              //创建一个动作对象
WebElement a=driver.findElement(By.name("tj_briicon"));
action.moveToElement(a).perform();               //移动鼠标到对应元素
WebElement e=driver.findElement(By.cssSelector(".bdbriimgitem_1"));
                                                 //定位百度糯米
action.clickAndHold(e).perform();                //长按百度糯米下面的链接变蓝
Thread.sleep(2000);                              //等待 2000 ms
action.release().perform();                      //释放鼠标跳转到百度糯米页面
```

（2）键盘事件

Keys 类提供了键盘上几乎所有按键的方法。其中，sendKeys（）方法可以用来模拟键盘输入，除此之外，还可以用它来输入键盘上的按键，甚至是组合键，如 Ctrl+A、Ctrl+C 等组合键。表 6-7 列出了常用的键盘操作。

表 6-7 Selenium 中键盘操作常用

键盘操作方法	作用
sendKeys (Keys. BACK_ SPACE)	删除键 (BackSpace)
sendKeys (Keys. SPACE)	空格键 (Space)
sendKeys (Keys. TAB)	制表键 (Tab)
sendKeys (Keys. ESCAPE)	回退键 (Esc)
sendKeys (Keys. ENTER)	回车键 (Enter)
sendKeys (Keys. CONTROL, ‘a’)	全选 (Ctrl+A)
sendKeys (Keys. CONTROL, ‘c’)	复制 (Ctrl+C)
sendKeys (Keys. CONTROL, ‘x’)	剪切 (Ctrl+X)
sendKeys (Keys. CONTROL, ‘v’)	粘贴 (Ctrl+V)
sendKeys (Keys. F1)	键盘 F1
sendKeys (Keys. F12)	键盘 F12

程序示例如下:

```
public class HelloSelenium {
  public static void main(String[] args) {
    WebDriver driver = new FirefoxDriver();
    try {
      // 访问网址
      driver.get("https://www.baidu.com");
      //输入文本 "selenium" ,并且执行键盘操作"回车"
      driver.findElement(By.name("kw")).sendKeys("selenium" + Keys.EN-
TER);
    } finally {
      driver.quit();
    }
  }
}
```

笔记

keyDown () 方法用于模拟按下辅助按键 (Ctrl、Shift、Alt) 的动作。keyUp () 方法用于模拟辅助按键 (Ctrl、Shift、Alt) 弹起或释放的操作。clear () 方法用于清除可编辑元素的内容。但仅适用于可编辑且可交互的元素，否则 Selenium 将返回错误 (无效的元素状态或元素不可交互)。

程序示例如下:

```
public class HelloSelenium {
  public static void main(String[] args) {
    WebDriver driver = new FirefoxDriver();
    try {
```

```
            // 访问网址
            driver.get("https://google.com");
            Actions action = new Actions(driver);
            WebElement search = driver.findElement(By.name("kw"));
            // 按下 Shift 键的同时输入文本 "selenium",然后释放 Shift 键并输入"selenium"
            // 最终输入 SELENIUMselenium
            action.keyDown(Keys.Shift).sendKeys(search,"selenium").keyUp(Keys.Shift)
                                .sendKeys("selenium ").perform();
        } finally {
            driver.quit();
        }
    }
}
```

2. 警告框、提示框和确认框处理

WebDriver 提供了一个 API，用于处理 JavaScript 提供的警告框、提示框和确认框 3 种类型的原生弹窗消息。

(1) Alerts 警告框

其中最基本的称为警告框，如图 6-43 所示。它显示一条自定义消息，以及一个用于关闭该警告的按钮，在大多数浏览器中标记按钮为“确定”按钮（OK）。在大多数浏览器中，也可以通过按“关闭”（close）按钮将其关闭，但这始终与“确定”按钮具有相同的作用。

www.w3school.com.cn 显示

我是一个警告框!

确定

图 6-43　Alerts 警告框

WebDriver 可以从弹窗获取文本并接受或关闭这些警告。

```
//单击超链接,激活警告框
driver.findElement(By.linkText("See an example alert")).click();
//等待警告框显示出来,然后保存到变量
Alert alert = wait.until(ExpectedConditions.alertIsPresent());
//将警告框文本保存到变量
String text = alert.getText();
```

笔 记

```
//单击“OK”按钮
alert.accept();
```

(2) Confirm 确认框

确认框类似于警告框，如图 6-44 所示，不同之处在于用户还可以选择取消。

图 6-44 Confirm 确认框

此示例还呈现了警告的另一种实现：

```
//单击超链接,激活警告框
driver.findElement(By.linkText("See a sample confirm")).click();
//等待警告框弹出
wait.until(ExpectedConditions.alertIsPresent());
//警告框保存到变量
Alert alert = driver.switchTo().alert();
//将警告框文本保存到变量
String text = alert.getText();
//单击“Cancel”按钮
alert.dismiss();
```

笔 记

(3) Prompt 提示框

提示框与确认框相似，如图 6-45 所示，不同之处在于它还包含有文本输入区域。

图 6-45 Prompt 提示框

与处理表单元素类似，可以使用 WebDriver 的 sendKeys () 方法来接收所填写响应的信息，这将完全替换占位符文本。单击“取消”按钮将不会提交任何文本。

```
//单击超链接,激活警告框
driver.findElement(By.linkText("See a sample prompt")).click();
//等待警告框显示出来,然后保存到变量
```

```
Alert alert = wait.until(ExpectedConditions.alertIsPresent());
//输入信息“Selenium”
alert.sendKeys("Selenium");
//单击“OK”按钮
alert.accept();
```

3. 等待

当浏览器在加载页面时，页面上的元素可能并不是同时被加载完成的，这给元素的定位增加了困难。如果因为是加载某个元素时的延迟而造成元素定位失败，那么就会降低自动化脚本的稳定性。可以通过设置元素等待时间来降低因这种问题而造成的不稳定性。

（1）显式等待

显式等待可以设置等待条件和时间阈值。当等待条件未被满足时，在设定的最大显式等待时间阈值内，会停在当前代码位置等待，直到设定的等待条件被满足，才能继续执行后续的测试逻辑。如果超过设定的最大显式等待时间阈值，测试程序会抛出异常，测试用例被认为执行失败。

以下例子中使用等待来让 findElement（）方法调用等待，直到脚本中动态添加的元素被添加到 DOM 中。

```
driver.get("https://google.com/ncr");
driver.findElement(By.name("q")).sendKeys("cheese" + Keys.ENTER);
// 初始化并等待,直到“链接”变为可点击状态,最长等待 10 s
WebElement firstResult = new WebDriverWait(driver, Duration.ofSeconds(10))
        .until(ExpectedConditions.elementToBeClickable(By.xpath("//a/h3")));
// 打印结果
System.out.println(firstResult.getText());
```

笔记

脚本中，将条件作为函数引用传递，等待将会重复运行直到其返回值为 true。当条件为 true 且阻塞等待终止时，条件的返回值将成为等待的返回值。

（2）隐式等待

隐式等待，使用 implicitlyWait（）方法设定查找页面元素的最大等待时间。

```
driver.manage().timeouts().implicitlyWait(10, TimeUnit.SECONDS);
driver.get("http://somedomain/url_that_delays_loading");
WebElement myDynamicElement = driver.findElement(By.id("myDynamicElement"));
```

若调用 findElement（）方法时没有立刻找到定位元素，则脚本会在一定时间内轮询 DOM 中是否出现被查找元素。若超过设定的时间阈值依旧没有找到，则抛出 NoSuchElementException 异常。

需要注意，将显式等待和隐式等待混合在一起可能导致不可预测的等待时间，因此不要混合使用隐式和显式等待。

项目实训6.2 “豆瓣电影”自动化测试

【实训目的】

① 掌握 WebDriver 开发脚本基本流程。

② 掌握 WebDriver 常用命令、定位策略。

③ 掌握 WebDriver 中查找网页元素的方法和定位策略。

【实训内容】

① 对豆瓣网中“我的书单”模块的功能，设计测试用例。

② 根据测试用例，利用 WebDriver 编写测试脚本。

项目实训6.3 技能大赛任务—自动化测试

按照软件自动化测试任务书要求，执行自动化测试；对页面元素进行识别和定位编写自动化测试脚本、成功执行脚本并将脚本粘贴在自动化测试报告，自动化测试具体要求如下。

按照以下步骤进行自动化测试脚本编写，并执行脚本。

① 从 Selentium 中引入 WebDriver。

② 使用 Selentium 模块的 WebDriver 打开 Chrome 浏览器。

③ 在 Chrome 浏览器中通过 get( )方法发送网址打开资产管理系统登录页面。

④ 增加智能时间等待 30 秒。

笔记

⑤ 查看登录页面中的用户名输入框元素，通过 name 属性定位用户名输入框，并输入用户名 sysadmin。

⑥ 查看登录页面中的密码输入框元素，通过 name 属性定位密码输入框，并输入密码 SysAdmin123。

⑦ 查看登录页面中的登录按钮元素，通过 tag_name( )方法定位登录按钮，使用 click( )方法点击登录按钮进入资产管理系统首页。

⑧ 在资产管理系统首页查看左侧“供应商”按钮元素，通过 link_text( )方法进行定位，使用 click( )方法点击“供应商”按钮进入供应商页面。

⑨ 在供应商页面通过 xpath( )方法点击“新增”按钮。

⑩ 供应商类型下拉框选择“生产商”。

⑪ 通过数据驱动输入“供应商名称”“联系人”“移动电话”。

⑫ 通过 id( )方法定位并点击“保存”按钮。

任务6.3 性能测试入门

任务陈述

本任务介绍性能测试的基本概念，从用户、软件开发人员的角度来评价一个软件性能的指标，了解性能测试的具体分类，并且结合实例分析如何开展性能测试。

知识准备

1. 性能测试的概念

微课6-8
性能测试

随着软件越来越通用，功能越来越庞大，测试的要求也从最初的以完成功能为主，逐渐上升到了对软件的时间资源、空间资源的占用要求上，这也是最原始的性能需求。

系统的性能是一个很大的概念，覆盖面非常广泛，对一个软件系统而言包括执行效率、资源占用、稳定性、可靠性、安全性、兼容性、可扩展性等。性能测试用来保证系统发布后系统的性能能满足用户需求。性能测试在软件质量保证中起着非常重要的作用。

（1）功能与性能的关系

功能指的是在一般条件下软件系统能为用户做什么，能够满足用户什么样的需求。例如一个网上购物系统，用户期望这个系统能完成注册、登录、查看商品、购买商品、提交订单等功能，只有这些功能实现了，用户才认为这是他想要的软件系统。但随着系统的提升，系统能提供这些功能已经是一个最起码的要求，如何“又好又快”地响应用户的请求才更能得到用户的青睐，而性能就是衡量软件系统“好”与“快”的重要因素。

功能：一个网上购物系统能提供注册、购买、提交订单等功能。

性能：这个网上购物系统能在某标配的服务器上，支持10 000个注册用户，日均处理5 000个订单，响应时间不超过5秒/单。

笔记

对比一下功能和性能的描述，发现两者的不同之处：

- 功能描述中，对软件的动作和行为多，即动词较多，如“注册”“登录”“提交”等。
- 性能描述中，涉及容量和时间的词汇较多，如“10 000个”“5秒/单”等。

因此，软件性能和功能的本质区别是，功能关注软件“做什么”，而性能则关注软件“做得如何”，软件性能的这个基本特征对于性能测试人员非常重要。

（2）各个角色眼里的性能

1）用户眼里的性能

软件系统经过单机系统时代、客户机服务器时代，到现在跨广域网的庞大的分布式系统、云计算时代，在架构和实现上都变得越来越复杂。

系统的业务量大了，就要使用更多的时间和空间资源，这时候就不可避免地暴露出一些软件性能的问题，轻则让软件无法正常提供服务，重则造成系统的崩溃甚至数据的丢失，这都会给用户造成无法估量的损失。

随着用户的软件质量意识的增强，用户对软件的性能需求也越来越多，常常从自己使用的角度，希望软件系统满足以下的性能需求：

① 业务是否可用。

② 业务执行的快慢，如用户查询操作响应的快慢、打开Web页面的快慢等。

③ 业务执行是否稳定可靠。

2）系统管理员眼里的性能

从软件系统管理员的角度，则会从以下几方面来考虑软件性能：

① 服务器端资源使用是否合理。

② 网络带宽是否足够。

③ 是否存在性能瓶颈。

④ 系统可扩展性如何。

3）软件开发人员眼里的性能

从软件开发人员的角度，又会从以下几方面来考虑软件性能：

① 架构设计是否合理。

② 数据库设计是否存在问题。

③ 代码是否需要优化，如 SQL 语句。

④ 如何通过调整设计和代码提高软件性能。

⑤ 如何通过调整系统设置提高软件的性能。

微课 6-9
性能测试指标

（3）衡量一个软件性能的常见指标

1）响应时间

事务是指做某件事情的操作。完成某个事务所需要的时间称为事务响应时间（TransactionResponseTime），这是用户最关心的指标。例如对于一个网站，响应时间就是从点击了一个超链接开始计时，到这个超链接的页面内容完全在浏览器里展现出来的这一段时间间隔。具体的，事务响应时间又可以细分为：

① 服务器端响应时间：指的是服务器完成交易请求执行的时间。

② 网络响应时间：指的是网络硬件传输交易请求和交易结果所耗费的时间。

③ 客户端响应时间：指的是客户端在构建请求和展现交易结果时所耗费的时间。对于瘦客户端的 Web 应用系统来说，这个时间很短；但如果是胖客户端应用，如 AJAX，由于客户端嵌入了大量的逻辑处理，耗费的时间可能会比较长，从而成为系统的瓶颈。

2）吞吐量

吞吐量指的是软件系统在单位时间内能处理多少个事务/请求等，在不同的场景下有不同的诠释。

3）资源使用率

常见的资源有 CPU 占用率、内存使用率、磁盘 I/O、网络 I/O 等。

4）点击量

点击率越大，对服务器的压力越大。需要注意的是，这里的点击并非指鼠标的一次单击操作，因为在一次单击操作中，客户端可能向服务器发出多个 HTTP 请求。

5）并发用户数

并发用户数可以用来衡量服务器的并发容量和同步协调能力。在客户端指的是一批用户同时执行一个操作，并发数反映了软件系统的并发处理能力。

凡是和用户的相关资源和时间的要求相关的都可以被视作是性能指标，而性能测试就是为了验证这些性能指标是否被满足。

微课 6-10
性能测试方法和策略

2. 开展性能测试的方法和策略

（1）性能测试的特点

从图 6-46 可以看出，软件性能测试属于系统级测试，其最终目的是验证用户的性能需求是否达到。

笔 记

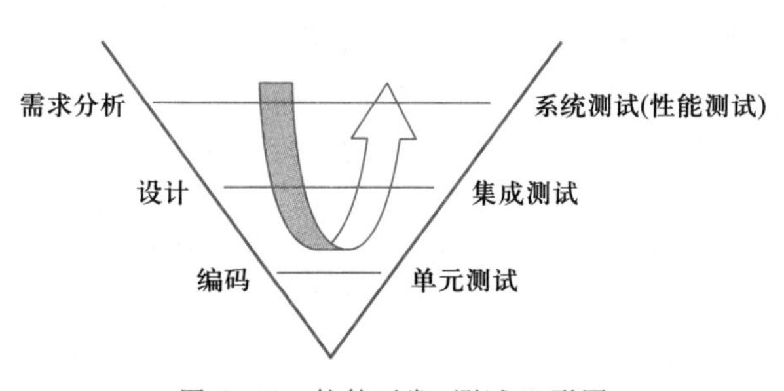

图 6-46 软件开发-测试 V 形图

通常，性能测试不要求也无法做到覆盖软件所有的功能，因此，选取性能测试用例时，要遵循以下原则：

① 基本且常用的。例如，一个网上购物系统基本且常用的功能有注册、登录、购物、查询商品，用户使用这些功能的频率较高，就需要做性能测试。

② 对响应时间的要求苛刻的。这种要求通常会出现在金融、电信等对实时性要求较高的系统中。例如，从主叫手机呼叫开始，经过基站、核心网，再到被叫手机响铃，整个系统的处理时间应该在用户能接受的范围内。

（2）性能测试工具的评估和选择

性能测试的执行是基本功能的重复和并发，因此在性能测试开始之前需要模拟多用户，在性能测试进行时要监控指标参数，需要对数据进行分析。这些特点就决定了性能测试必须借助工具来完成。所以，要想达到令人满意的测试结果，选择一个合适的测试工具是最基本的要求。

表 6-8 列出了主要的性能测试工具。

表 6-8 主要的性能测试工具

工具名	公司（组织）	License	描述
LoadRunner	HP	需要	C/S 架构的商业版性能测试工具，功能强大，知名度较高，价格昂贵。免费开放了 50 个虚拟用户，供学习和使用
JMeter	Apache	开源	开源工具软件，小巧轻便且免费
NeoLoad	Neotys	需要	支持 WebSocket 等协议，可以通过 Neotys 云平台发起外部压力
WebLOAD	Radview	需要	测试脚本使用 JavaScript 编写，支持多种协议，免费开放了 50 个虚拟用户

性能测试的成本与收益比是选择性能测试工具的根本条件。如果购买一套几十万的性能测试工具只是为了去测试一个几万元预算的项目，那么无论这个工具再强大，也不会被采用。另外，被测的软件系统所采用的协议、技术，基于的平台、调用的中间件，都是选取性能测试工具所需要考虑的方面。其次，熟悉并使用一种性能测试工具是需要花费人力和时间资源的，项目计划中都要有相应的资源准备。

微课 6-11
性能测试
方法分类

3. 负载测试

负载测试（Load Testing），通过测试系统在资源超负荷情况下的表现，以发现设计上的错误或验证系统的负载能力。在这种测试中，将使测试对象承担不同的工作量，以评测和评估测试对象在不同工作量条件下的性能行为，以及持续正常运行的能力。负载测试的目标是确定并确保系统在超出最大预期工作量的情况下仍能正常运行。此外，负载测试还要评估其性能特征，如响应时间、事务处理速率和其他与时间相关的方面。

负载测试是模拟实际软件系统所承受的负载条件的系统负荷，通过不断加载（如逐渐增加模拟用户的数量）或其他加载方式来观察不同负载下系统的响应时间和数据吞吐量、系统占用的资源（如 CPU、内存）等，以检验系统的行为和特性，以发现系统可能存在的性能瓶颈、内存泄漏、不能实时同步等问题。负载测试更多地体现了一种方法或一种技术。

4. 压力测试

压力测试是在强负载（大数据量、大量并发用户等）下的测试，查看应用系统在峰值使用情况下操作行为，从而有效地发现系统的某项功能隐患、系统是否具有良好的容错能力和可恢复能力。

压力测试分为高负载下的长时间（如 24 小时以上）的稳定性压力测试和极限负载情况下导致系统崩溃的破坏性压力测试。

笔记

压力测试可以被看作是负载测试的一种，即高负载下的负载测试，或者说压力测试采用负载测试技术。通过压力测试，可以更快地发现内存泄漏问题，还可以更快地发现影响系统稳定性的问题。例如，在正常负载情况下，某些功能不能正常使用或系统出错的概率比较低，可能一个月只出现一次，但在高负载（压力测试）下，可能一天就出现，从而发现有缺陷的功能或其他系统问题。通过压力测试，可以证明某个电子商务网站的订单提交功能，在 10 个并发用户时错误率是 0，在 50 个并发用户时错误率是 1%，而在 200 个并发用户时错误率是 20%。

压力测试通过确定一个系统的性能瓶颈，来获得系统能提供的最大的服务级别。通俗地讲，压力测试是发现在什么条件下系统的性能变得不可接受，如业务执行成功率、业务执行吞吐量、业务执行响应时间、系统运行可靠性等。

5. 负载压力测试

负载压力测试是在一定约束条件下测试系统所能承受的并发用户量、运行时间、数据量，以确定系统所能承受的最大负载压力。

负载压力测试有助于确认被测系统是否能够支持性能需求，以及预期的负载增长等。负载压力测试不只是关注不同负载场景下的响应时间等指标，也要通过测试来发现在不同负载场景下会出现的速度变慢、内存泄露等问题的原因。

负载压力测试是必需的，图 6-47 生动地表述了这一点。

负载压力测试是性能测试的重要组成部分，它包括以下几方面内容。

（1）并发性能测试

并发性能测试的入口和出口都是客户端，属于黑盒测试。

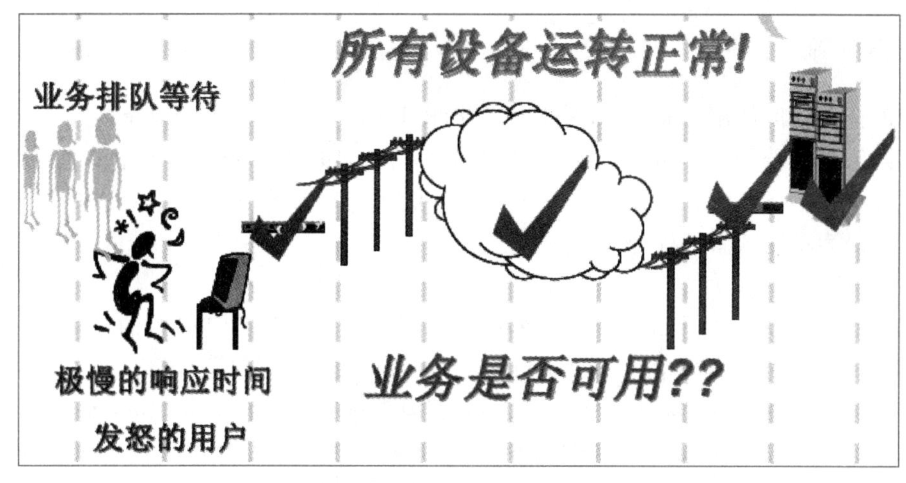

图 6-47　负载压力测试示意图

并发性能测试是一个负载测试和压力测试的过程，即逐渐增加并发用户数负载，直到系统的瓶颈，通过综合分析交易执行指标和资源监控指标来确定系统的并发性能。

(2) 疲劳强度测试

通常是采用系统稳定运行情况下能够支持的用户数，并发持续执行一段时间业务，通过综合分析交易执行指标和资源监控指标来确定系统能够处理的最大工作量强度。其包括保证总业务量、软硬件木桶原则、业务运行特点等测试方式。

(3) 大数据量测试

大数据量的测试包括以下两个方面：

① 独立的数据量测试：针对系统存储、传输、统计、查询等业务进行大数据量测试。

② 综合数据量测试：和并发性能测试、疲劳强度测试相结合的综合测试方案。

负载压力测试实现的机理是在一台或几台 PC 上模拟成百上千的虚拟用户，从而实现模拟真实负载压力的过程，如图 6-48 所示。

笔记

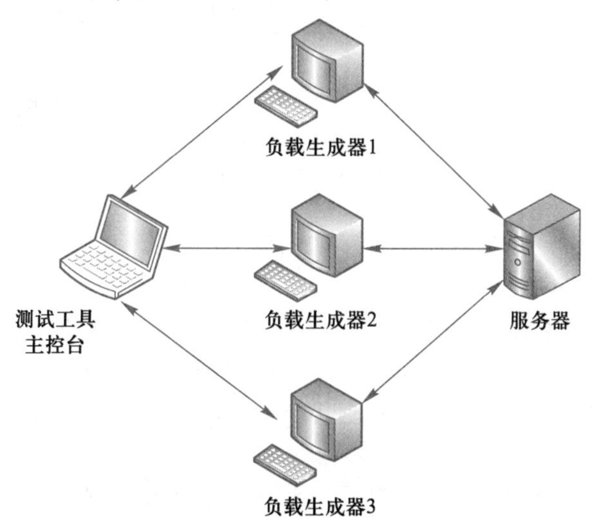

图 6-48　负载压力测试机理示意图

任务实施

下面介绍如何使用 LoadRunner 开展性能测试。测试项目是一个以本机为服务器的航班订票管理系统 WebTours，用户可以在该网站预订机票、查询订单、改签机票等，读者可以到网上下载安装。该网站的默认用户名为 jojo，密码为 bean，在登录之前需要先设置登录表单错误事件标记。

1. 录制脚本

本次负载测试，使用 LoadRunner 模拟多个用户登录网站预订机票的情景。首先使用 VuGen 录制脚本，即将登录预订机票的操作步骤记录下来。

① 打开 Virtual User Generator（VuGen）工具，选择“File”→“New Script and Solution”命令，打开“Create a New Script”对话框，如图 6-49 所示。由于 WebTours 项目使用的是单协议 Web-HTTP/HTML，因此本次创建脚本选择“Single Protocol”→“Web-HTTP/HTML”选项。

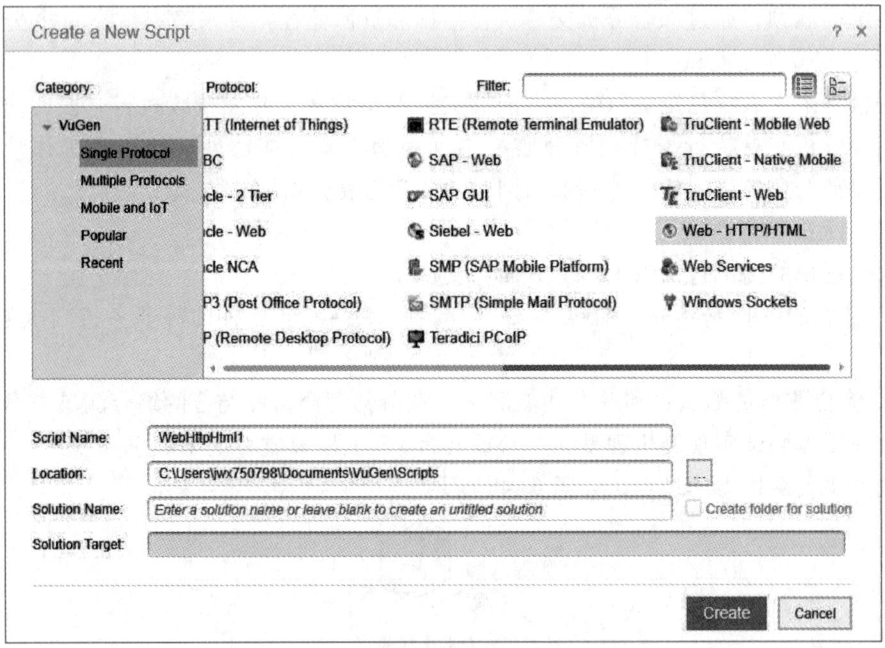

图 6-49 创建新脚本

笔记

② 定义脚本名称、脚本存储路径、项目名称及路径，完成后单击“Create”按钮，项目创建成功，如图 6-50 所示。

VuGen 录制的脚本存储在 Actions 文件夹下。Actions 文件夹包含 3 个文件，分别是 vuser_init、Action、vuser_end。录制完成的脚本如果进行多次迭代执行，那么仅重复执行脚本的 Action 部分，vuser_init 与 vuser_end 部分只执行一次，不会重复执行。

③ 单击红色的“录制”按钮，打开“Start Recording-[WebHttpHtml1]”对话框，如图 6-51 所示。

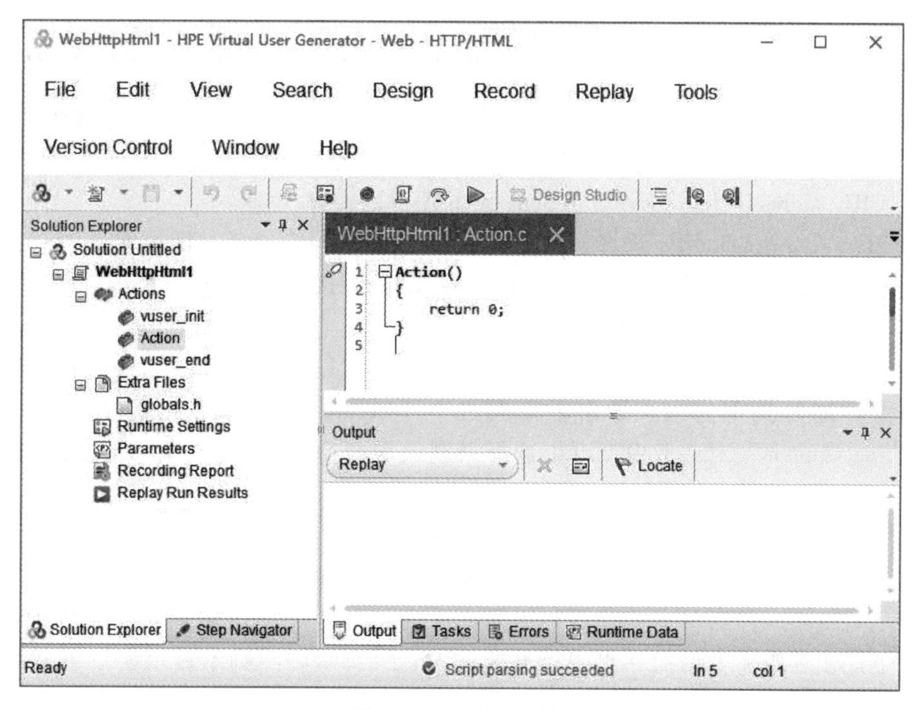

图 6-50　新脚本项目

Start Recording - [WebHttpHtml1]

Fewer Options

Action selection:

Record into action: * Action

Recording mode:

Record: Web Browser

Application: * Microsoft Internet Explorer

URL address: http://127.0.0.1:1080/WebTours/

Settings:

Start recording: ◉ Immediately ○ In delayed mode

Working directory: * C:\Program Files (x86)\HPE\LoadRunner\Bin

Recording Options　　Web - HTTP/HTML Recording Tips

Start Recording　Cancel

图 6-51　"Start Recording [WebHttpHtml1]" 对话框

笔 记

- Record into action：用于设置脚本的存储位置，本次测试将全部操作过程都录制到 Action 中，因此选择“Action”选项。
- Record：用于选择录制类型，这里选择“Web Browser”选项，即浏览器方式。
- Application：用于选择浏览器。
- URL address：用于选择要测试的 Web 项目的 URL 地址。
- Start recording：用于选择录制方式。“Immediately”表示立即录制，“In delayed mode”表示延迟录制。第一次单击“Start Recording”按钮后会先在浏览器中打开 URL 地址，再次单击该按钮才会录制操作脚本。
- Working directory：LoadRunner 的工作目录，可以选择脚本录制的存放目录。

若需要配置其他选项。单击左下角的“Recording Options”超链接，在打开的“Recording Options”对话框中，可以选择录制级别，指定生成脚本时要录制哪些信息以及使用哪些函数等。

④ 单击“Start Recording”按钮，启动录制。

VuGen 会调用浏览器打开 WebTours 网站。输入默认的用户名和密码进行登录，预订机票之后退出，然后单击“录制”工具栏中的“停止”按钮结束录制。结束录制操作后，上述步骤中所做的操作将被录制成脚本，该脚本将在脚本显示窗口中显示，如图 6-52 所示。

笔 记

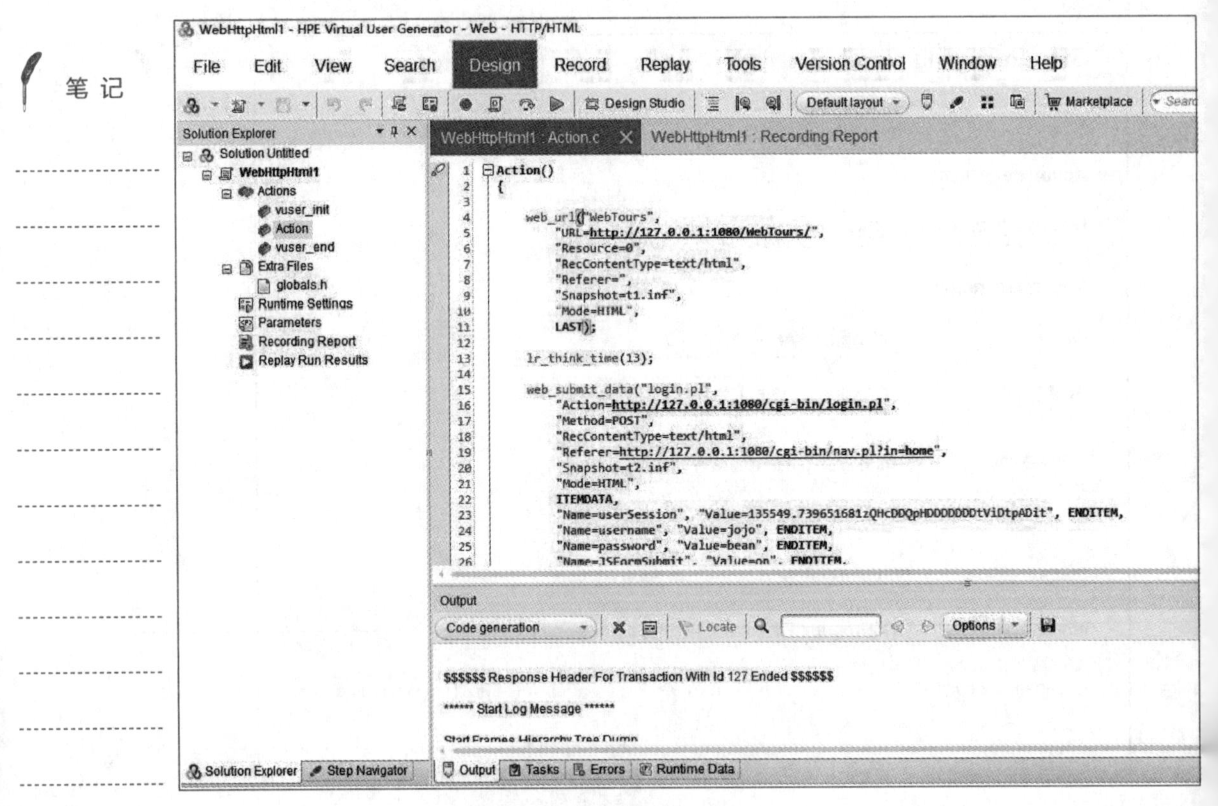

图 6-52 脚本

录制完成的脚本可以进行回放，单击工具栏中的“运行”按钮可以让 VuGen 自动执行脚本。需要注意的是，虽然可以使用 VuGen 自动生成脚本，但它会包含很多“杂质”，有些元素并不是用户需要的。例如可能会重复单击某个按钮，这些重复的操作都会被录制到脚本中，造成脚本的冗余。因此在创建脚本时，测试人员可对脚本进行修改与优化，以保证脚本的准确精练。

2. 设计场景

脚本相当于演员的剧本，而场景相当于话剧舞台。使用 Controller 设计场景就是为性能测试搭建舞台。前面录制了一个预订机票的脚本，下面使用 Controller 设计一个场景模拟 20 个客户端几乎同时使用订票系统，并在此负载下观察系统的运行。

① 打开 Controller 工具，打开“New Scenario”对话框用于选择场景类型和脚本，如图 6-53 所示。

- Manual Scenario：手动场景。能够控制虚拟用户的数量以及它们分别运行脚本的次数。所有的选项都需要用户手动配置，灵活性好但相对来说比较复杂。
- Goal-Oriented Scenario：基于目标的测试场景。用户只需要输入期望达到的性能目标，LoadRunner 会自动设计场景完成测试。这种方式使用起来比较简单，但灵活性较差。

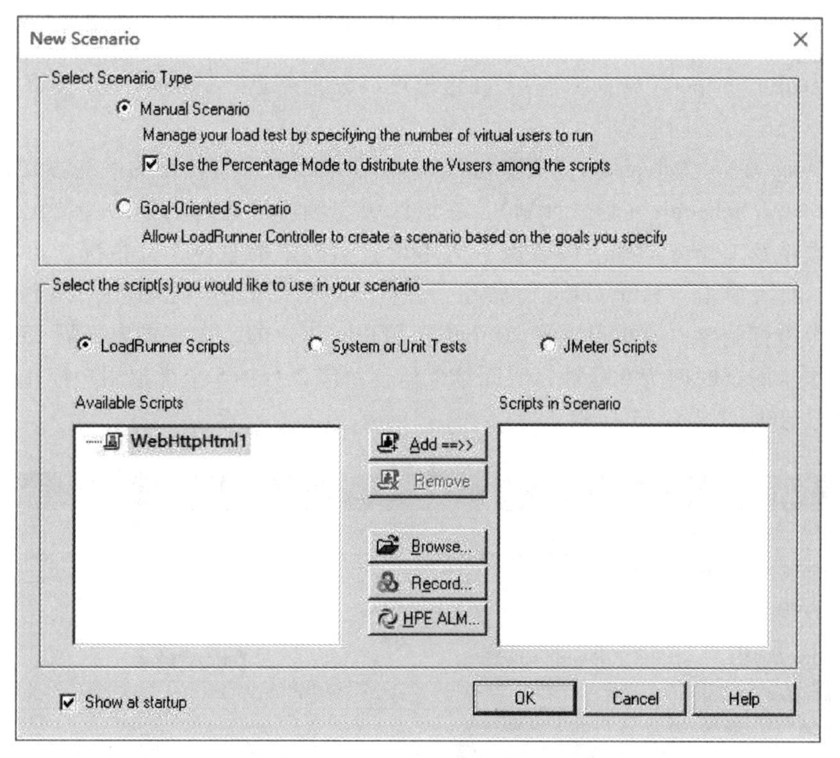

图 6-53 “New Scenario”对话框

笔 记

② 本次测试选择手动场景。选择好场景类型之后，在“Available Scripts”栏中选择上一节录制的 WebTours 脚本，单击“Add = = >>”按钮添加到场景中，然后单击“OK”按钮进入 Controller 主界面，如图 6-54 所示。

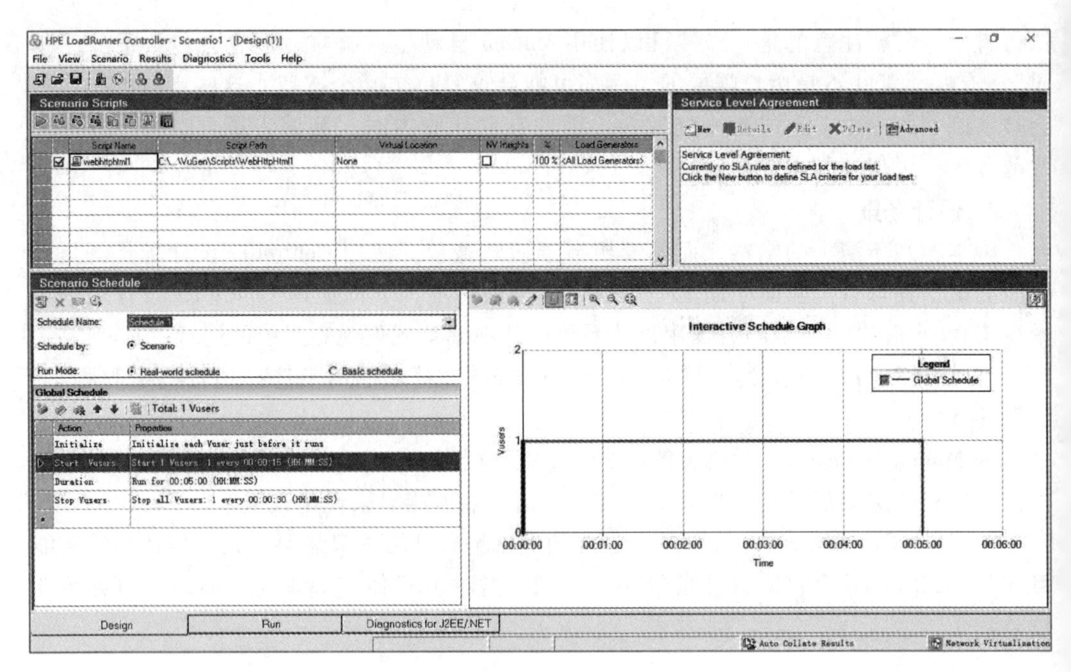

图 6-54　Controller 主界面

- Scenario Scripts（场景脚本）：在这里可以设置要运行的脚本，并按百分比模式将虚拟用户分配给不同的脚本。
- Service Level Agreement（服务协议）：用于展示服务所使用的一些协议。
- Scenario Schedule（场景计划）：在该区域左侧可以进行场景的主要配置，如虚拟用户的数量及工作方式等。该区域右侧用于显示方案的总体设计情况。可以通过选中左侧的一行，单击“Edit Action”按钮，在打开的对话框中，对虚拟用户数量及用户工作方式等进行调整。这里设置了 20 个虚拟用户，用户的工作方式为每隔 15 秒启动 2 个用户工作。测试时间为 5 分钟，时间结束后，每隔 2 分钟 5 个虚拟用户停止工作。设置好的场景计划如图 6-55 所示。

笔 记

Scenario Schedule

Schedule Name: Schedule 1

Schedule by: Scenario

Run Mode: Real-world schedule　　Basic schedule

Global Schedule

Total: 10 Vusers

Action	Properties
Initialize	Initialize each Vuser just before it runs
Start Vusers	Start 10 Vusers: 2 every 00:00:15 (HH:MM:SS)
Duration	Run for 00:05:00 (HH:MM:SS)
Stop Vusers	Stop all Vusers simultaneously

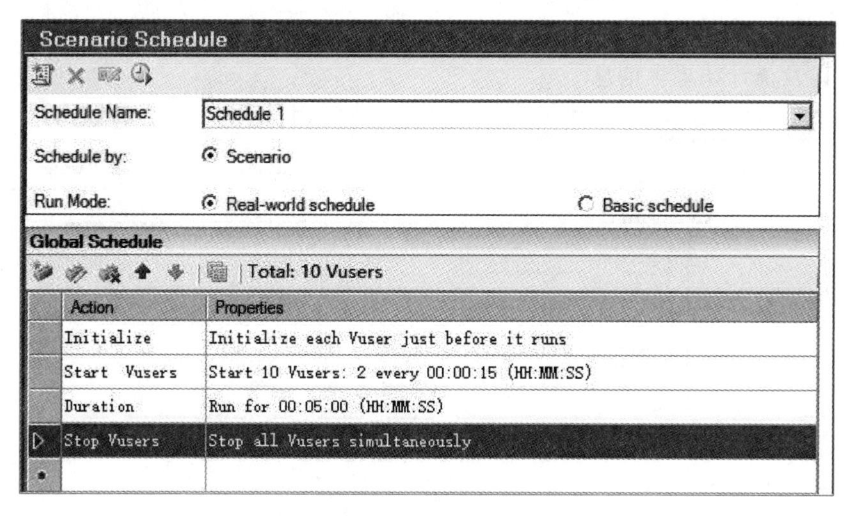

图 6-55 场景计划

③ 设计好场景之后，单击如图 4-31 所示界面左上角的“运行”按钮开始执行场景，执行过程如图 6-56 所示。

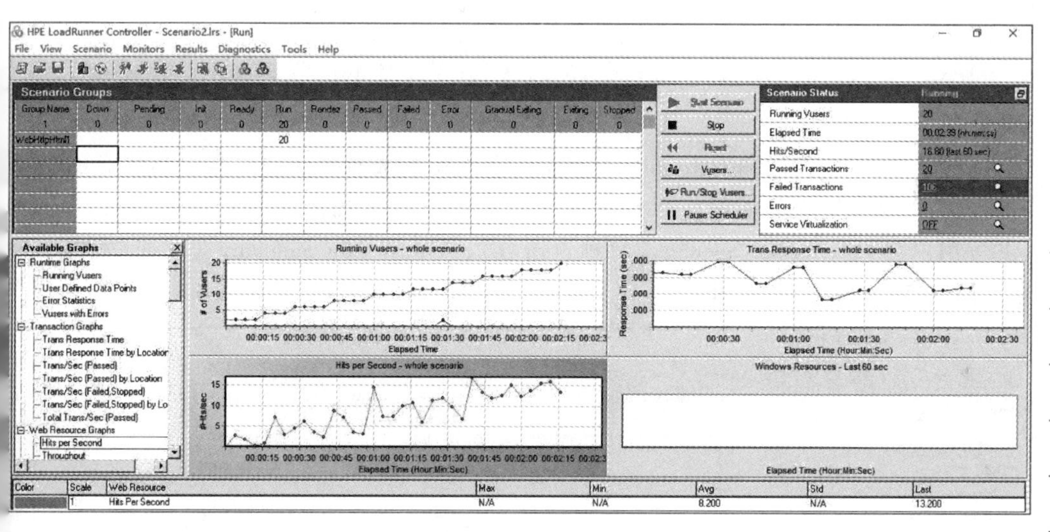

图 6-56 场景执行

场景执行界面包含以下内容。

- 场景组：显示当前虚拟用户状态，可以看到目前有 20 个用户正在运行。
- 场景运行状态：显示场景执行的所有信息，包括执行的用户、监控的性能指标、测试运行时间、失败与错误信息等。
- 性能指标：显示本次测试要监控的性能指标的变化。本次负载测试监控了并发用户数、点击率和事务响应时间 3 个性能指标。在左侧还显示了其他更多性能指标，用户可以双击添加想要监控的指标。

3. 分析测试结果

场景结束运行后，单击工具栏中的“分析”按钮启动 Analysis（分析）工具，系统将自动整理分析测试结果并汇总到 Analysis 工具中。

笔记

如图 6-57 所示是一份总的结果分析报告，报告中包含测试场景名称、文件来源、持续时间以及统计结果等信息。

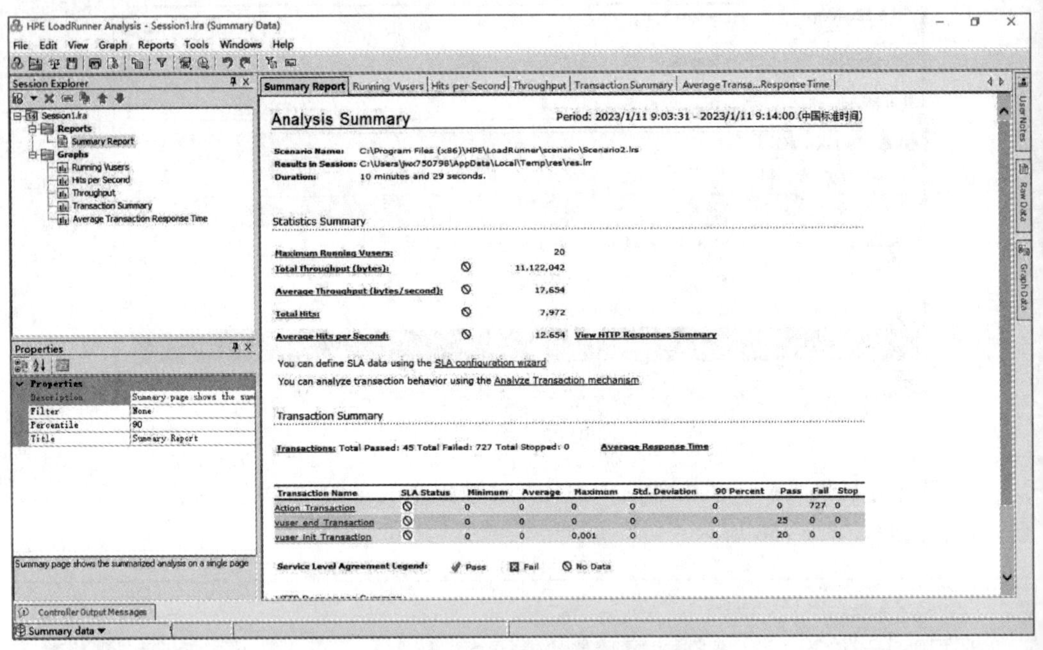

图 6-57　Summary Report（结果分析报告）

笔 记

此外，还可以在左侧的 Graphs（图表）文件夹下选择单独查看某一项指标的结果分析报告，这些结果分析报告以图表的形式展示，更直观清晰。例如 Running Vusers（并发用户数）、Hits per Second（每秒点击数）、Transaction Summary（事务总结），分别如图 6-58 ~ 图 6-60 所示。

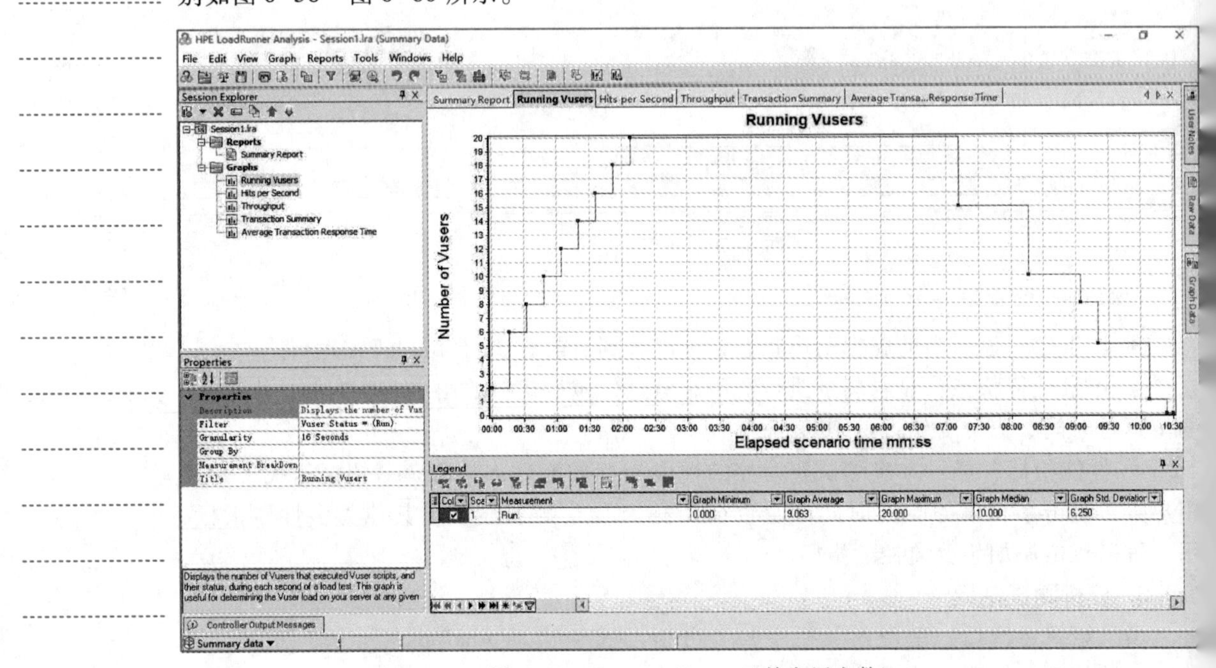

图 6-58　Running Vusers（并发用户数）

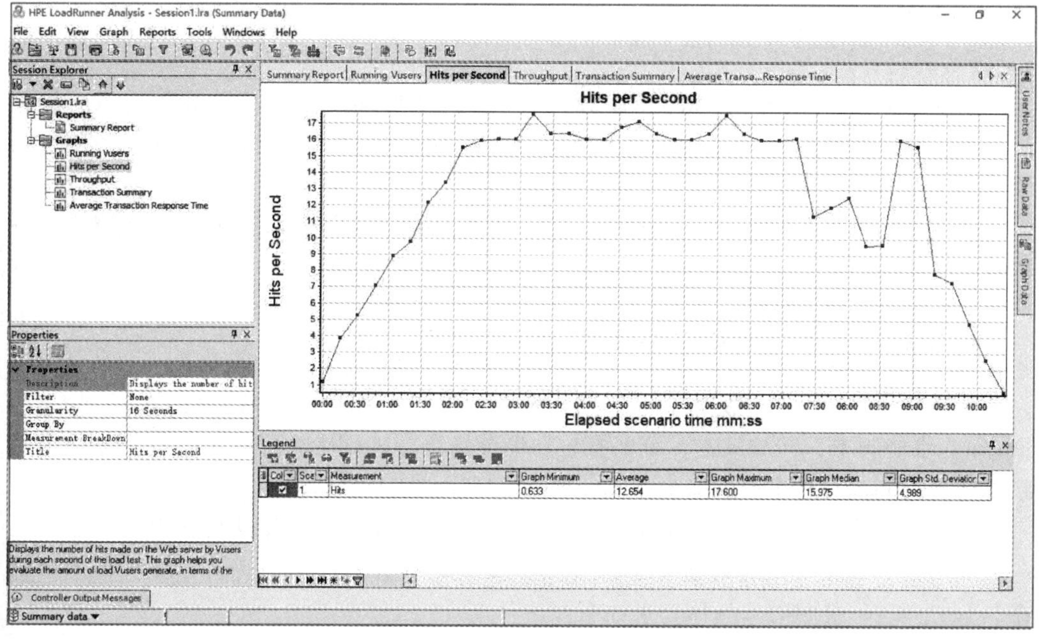

图 6-59　Hits per Second（每秒点击数）

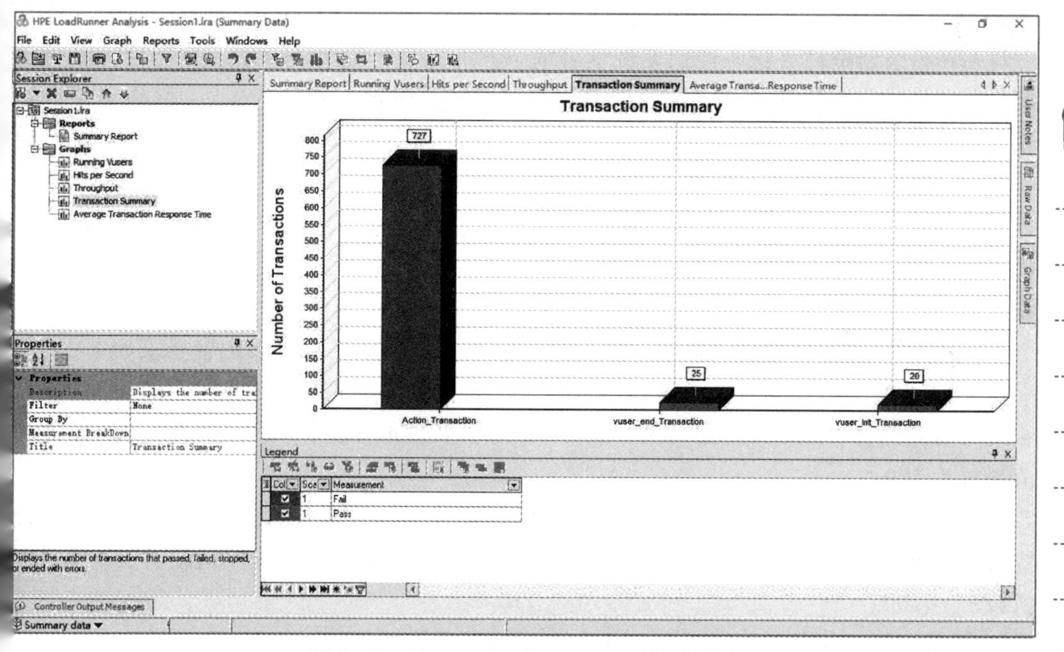

图 6-60　Transaction Summary（事务总结）

笔 记

在 Analysis 的会话区域右击，在弹出的快捷菜单中选择有关命令打开相应的对话框，可在对话框中选择需要进一步查看和分析的其他多类图表，进行测试结果分析。

项目实训 6.4　网上购物系统性能测试

【实训目的】

① 掌握软件系统性能指标的分析。

② 了解负载测试的实施过程。

【实训内容】

① 对网上购物系统进行性能测试分析。对网上购物系统，从用户角度、系统管理员角度、软件开发人员角度，分别分析系统的性能；并讨论如何对其进行负载测试，给出测试的过程。

② 使用 Loadrunnner 录制测试脚本，设计测试场景并执行测试，查看测试报告，分析测试结果。

项目实训 6.5　技能大赛任务—性能测试

按照软件性能测试任务书要求，执行性能测试；使用性能测试工具 LoadRunner 和 JMeter，录制脚本、回放脚本、配置参数、设置场景、执行性能测试并且截图。截图需粘贴在性能测试报告中。性能测试具体要求如下。

1. 脚本录制：录制脚本协议选择“Web-HTTP/HTML”。录制两份脚本。

脚本一：录制资产管理员登录、资产维修登记、退出操作。录制完成后脚本名称命名为 C_WX。录制脚本具体要求如下：

资产管理员登录操作录制在 init；资产维修登记操作录制在 Action；退出操作录制在 end。

Action 录制维修登记，使用系统预置的资产并且资产名称为 ZCLZ 开头的数据进行维修登记录制；对资产维修登记保存操作设置事务。事务名称：T_WX；维修登记成功设置检查点，使用维修登记成功服务器返回的内容作为检查点，检查是否维修登记成功。

笔记

截图要求：一共 1 张图：Action 中进行维修登记操作部分截图，包括事务、检查点代码。

脚本二：录制资产管理员登录、资产报废登记、退出操作。

2. 场景设置：按照要求设置虚拟用户个数以及进行场景配置，配置要求如下。

- 脚本修改：维修登记事务脚本前添加思考时间，思考时间设置为 10，运行时设置思考时间选择“Use random percentage of recorded think time”，最小值设置为 1，最大值设置为 500。
- 脚本修改：报废登记事务脚本前添加思考时间，思考时间设置为 20，运行时设置思考时间选择“Use random percentage of recorded think time”，最小值设置为 5，最大值设置为 200。
- 选择资产维修和资产报废两个脚本进行场景设置。
- 资产维修业务设置虚拟用户数量 10，资产报废业务设置虚拟用户数量 6。
- 场景配置选择：Group，运行模式选择：Basic schedule。
- 场景策略：

a. 资产维修场景配置：场景开始 10 秒后执行，每隔 2 秒初始化 2 个虚拟用户，每隔 5 秒加载 5 个虚拟用户，结束选择运行完成结束。

b. 资产报废场景配置：场景开始立即执行，每隔 3 秒初始化 2 个虚拟用户，每隔 10 秒加载 3 个虚拟用户，结束选择运行完成结束。

截图要求：一共6张图，分别为：① 维修登记思考时间脚本及思考时间设置配置截图；② 报废登记思考时间脚本及思考时间设置配置截图；③ 报废业务和维修业务虚拟用户数量截图；④ Design 中的资产维修场景设置策略和交互计划图截图；⑤ Design 中的资产报废场景设置策略和交互计划图截图；⑥ 场景执行完成后 Run 界面截图，包括运行结果。

笔 记

单元小结

软件自动化测试是软件测试的发展方向。通过自动化测试，可以解决重复劳动，把人从机械的劳动中解放出来，极大地提高工作效率。关键字驱动测试和数据驱动测试又让测试脚本可以更好地复用和维护，扩大了测试的覆盖面。

性能测试是软件系统的必要测试过程，通过性能测试，可以知道系统的性能是否能满足实际需求，而且可以诊断出系统的性能瓶颈，为性能的优化提供重要的信息。

专业能力测评

专业核心能力	评价指标	自测结果
运用 Selenium IDE 进行简单的自动化功能测试的能力	1. 能够使用 Selenium IDE 的基本功能 2. 能够对脚本进行分析和调试 3. 能够插入合适的验证	□A □B □C □A □B □C □A □B □C
运用 Selenium WebDriver 编写简单的测试脚本	1. 能够使用 WebDriver 常用命令 2. 能够使用合适的定位策略 3. 能够处理使用鼠标/键盘事件	□A □B □C □A □B □C □A □B □C
对应用系统进行性能测试分析的能力	1. 能够理解性能测试的概念 2. 能分析应用系统的性能指标 3. 能掌握性能测试的实施步骤	□A □B □C □A □B □C □A □B □C
学生签字：	教师签字：	年 月 日

注：在□中打√，A 理解，B 基本理解，C 未理解

单元练习题

一、单项选择题

1. 下列（　　）不是软件自动化测试的优点。

A. 速度快、效率高　　B. 准确度和精确度高

C. 能提高测试的质量　　D. 能充分测试软件

2. 对 Web 网站进行的测试中，属于功能测试的是（　　）。

A. 连接速度测试　　B. 链接测试

C. 平台测试　　D. 安全性测试

3. 使用软件测试工具的目的是（　　）。

A. 帮助测试寻找问题，协助问题诊断，节省测试时间

B. 提高 Bug 的发现率

C. 更好地控制缺陷提高软件质量

D. 更好地协助开发工具

4. 不属于界面元素测试的是（　　）。

A. 窗口测试　　B. 文字测试

C. 功能点测试　　D. 鼠标测试

5. 以下（　　）是功能测试工具。

A. LoadRunner　　B. Selenium　　C. JMeter　　D. WAS

6. Web 应用系统负载压力测试中，以下（　　）不是衡量业务执行效率的指标。

A. 并发请求数　　B. 每秒访问量

C. 交易执行吞吐量　　D. 交易执行响应时间

7. 为验证某订票系统是否能够承受大量用户同时访问，测试工程师一般采用（　　）测试工具。

A. 故障诊断　　B. 代码　　C. 负载压力　　D. 网络仿真

8. 通过疲劳强度测试，最容易发现（　　）问题。

A. 内存泄漏　　B. 系统安全性

C. 并发用户数　　D. 功能错误

9. 基本路径测试是一种（　　）测试方法。

A. 白盒　　B. 黑盒　　C. 负载　　D. 压力

10. 在性能测试中关于数据准备，（　　）描述是正确的。

① 识别数据状态验证测试案例

② 初始数据提供了基线用来评估测试执行的结果

③ 业务数据提供负载压力背景

④ 脚本中参数数据真实模拟负载

A. ①②③　　B. ①③④　　C. ②③　　D. ①②③④

11. （2019 软件测评师）以下不属于自动化测试的局限性的是（　　）。

A. 周期很短的项目没有足够时间准备测试脚本

B. 业务规则复杂的项目难以自动化

C. 公司有大量测试人员不需要自动化

D. 易用性测试难以自动化

12. （2019 软件测评师）以下关于性能测试的叙述中，不正确的是（　　）。

A. 性能测试是在真实环境下检查系统服务等级的满足情况

笔记

B. 基于性能测试对系统未来容量做出预测和规划

C. 性能测试主要关注输出结果是否正确

D. 性能测试是性能调优的基础

13. （2018 软件测评师）以下测试项目不适合采用自动化测试的是（　　）。

A. 负载压力测试

B. 需要反复进行的测试

C. 易用性测试

D. 可以录制回放的测试

14. （2018 软件测评师）自动化测试的优势不包括（　　）。

A. 提高测试效率　　B. 提高测试覆盖率

C. 适用于所有类型的测试　　D. 更好地利用资源

15. （2017 软件测评师）以下关于负载压力测试的叙述中，不正确的是（　　）。

A. 在模拟环境下检测系统性能

B. 预见系统负载压力承受力

C. 分析系统瓶颈

D. 在应用实际部署前评估系统性能

16. （2017 软件测评师）以下不属于负载压力测试的测试指标是（　　）。

A. 并发用户数　　B. 查询结果正确性

C. 平均事务响应时间　　D. 吞吐量

17. （2017 软件测评师）关于 Web 测试的叙述中，不正确的是（　　）。

A. Web 软件的测试贯穿整个软件生命周期

B. 按系统架构划分，Web 测试分为客户端测试、服务端测试和网络测试

C. Web 系统测试与其他系统测试测试内容基本不同但测试重点相同

D. Web 性能测试可以采用工具辅助

二、填空题

1. 测试工具指__________测试有关的工具。

2. 根据软件生命周期中的定义，可以把自动化测试工具划分为__________、__________和__________ 3 大类。

3. 结构性测试是根据__________来设计测试用例。

4. 性能测试在软件测试的 V 模型中，属于__________。

5. Selenium 可以实现__________、__________两种测试目标。

6. Selenium WebDriver 提供了 8 种元素定位方法，其中首选方法是__________，其次是__________。

7. 测试过程中，__________描述用于描述测试的整体方案，__________描述依据测试案例找出的问题。

8. Selenium WebDriver 中，用于模拟键盘向输入框里输入内容的方法是__________，隐式等待使用__________方法。

9. LoadRunner 是__________测试工具，Selenium 是__________测试工具。

10. 性能测试的内容丰富多样，按照测试入口可以分为 3 个方面，分别为应用在

笔记

客户端、__________、__________。前者利用成熟先进的自动化技术监控、分析和网络预测网络应用性能；后者主要采用工具或者系统本身的监控命令来监控资源使用情况。

三、简答题

1. 软件测试工具主要分为哪个大类？
2. 自动化测试可以做到100%的覆盖率吗？
3. Selenium 中的元素定位方法包含哪些，如何选用？
4. 软件测试工具按用途分类，可以分成哪些？并列举具体工具。
5. 自动化功能测试的脚本开发方式主要有哪些？
6. 自动化测试工程师需要掌握哪些技术？
7. 什么样的项目和环境中更适合使用自动化测试？
8. 自动化测试的缺点有哪些？
9. 什么是性能测试？性能测试主要包括哪些内容？
10. Selenium 中如何处理页面加载等待？

四、操作题

1.（技能大赛任务）自动化测试。

本部分按照软件自动化测试任务书要求，执行自动化测试；对页面元素进行识别和定位、编写自动化测试脚本、成功执行脚本并将脚本粘贴在自动化测试报告中，自动化测试具体要求如下：

笔记

按照以下步骤进行自动化测试脚本编写，并执行脚本。

① 从 Selenium 中引入 WebDriver。

② 使用 Selenium 模块的 WebDriver 打开 Chrome 浏览器。

③ 在 Chrome 浏览器中通过 get（）方法发送网址打开资产管理系统登录页面。

④ 增加智能时间等待 30 s。

⑤ 查看登录页面中的用户名输入框元素，通过 name 属性定位用户名输入框，并输入用户名 sysadmin。

⑥ 查看登录页面中的密码输入框元素，通过 name 属性定位密码输入框，并输入密码 SysAdmin123。

⑦ 查看登录页面中的“登录”按钮元素，通过 tag_ name（）方法定位“登录”按钮，使用 click（）方法单击“登录”按钮进入资产管理系统首页。

⑧ 在资产管理系统首页查看左侧“供应商”按钮元素，通过 link_ text（）方法进行定位，使用 click（）方法点击“供应商”按钮进入供应商页面。

⑨ 在供应商页面通过 XPath（）方法点击“新增”按钮。

⑩ 供应商类型下拉框选择“生产商”。

⑪ 通过数据驱动输入“供应商名称”“联系人”“移动电话”。

⑫ 通过 ID（）方法定位并单击“保存”按钮。

2.（技能大赛任务）性能测试。

按照软件性能测试任务书要求，执行性能测试；使用性能测试工具 LoadRunner 和 JMeter，录制脚本、回放脚本、配置参数、设置场景、执行性能测试并且截图。截图需粘贴在性能测试报告中。性能测试具体要求如下：

① 脚本录制：录制脚本协议选择“Web-HTTP/HTML”。录制以下两份脚本。

脚本1：录制资产管理员登录、资产维修登记、退出操作。录制完成后脚本名称命名为C_WX。录制脚本具体要求如下：

资产管理员登录操作录制在init；资产维修登记操作录制在Action；退出操作录制在end。

Action录制维修登记，使用系统预置的资产并且资产名称为ZCLZ开头的数据进行维修登记录制；对资产维修登记保存操作设置事务。事务名称：T_ WX；维修登记成功设置检查点，使用维修登记成功服务器返回的内容作为检查点，检查是否维修登记成功。

截图要求：1张，Action中进行维修登记操作部分的截图，包括事务、检查点代码。

脚本2：录制资产管理员登录、资产报废登记、退出操作。

② 场景设置：按照要求设置虚拟用户个数以及进行场景配置，配置要求如下：

- 脚本修改：维修登记事务脚本前添加思考时间，思考时间设置为10，运行时设置中设置思考时间选择“Use random percentage of recorded think time”，最小值设置为1，最大值设置为500。
- 脚本修改：报废登记事务脚本前添加思考时间，思考时间设置为20，运行时设置中设置思考时间选择“Use random percentage of recorded think time”，最小值设置为5，最大值设置为200。
- 选择资产维修和资产报废两个脚本进行场景设置。
- 资产维修业务设置虚拟用户数量为10，资产报废业务设置虚拟用户数量为6。
- 场景配置选择：Group；运行模式选择：Basic schedule。
- 场景策略：

资产维修场景配置：场景开始10 s后执行，每隔2 s初始化2个虚拟用户，每隔5 s加载5个虚拟用户，选择运行完成结束。

资产报废场景配置：场景开始立即执行，每隔3 s初始化2个虚拟用户，每隔10 s加载3个虚拟用户，选择运行完成结束。

截图要求：一共6张图，分别为维修登记思考时间脚本及思考时间设置配置截图；报废登记思考时间脚本及思考时间设置配置截图；报废业务和维修业务虚拟用户数量截图；Design中的资产维修场景设置策略和交互计划图截图；Design中的资产报废场景设置策略和交互计划图截图；场景执行完成后Run界面截图，包括运行结果。

笔记

单元 7

软件质量保证

学习目标

【知识目标】

- 熟悉软件质量的概念，掌握软件质量模型评估和软件能力成熟度模型。
- 熟悉软件质量保证的概念，掌握软件过程中质量保证措施和管理方法。
- 熟悉软件质量度量概念，掌握软件质量度量模型、分类和保证工具。
- 熟悉软件测试目标，掌握软件评审概念、方法、过程，理解软件测试和软件质量保证关系。

【技能目标】

- 使用软件质量模型对软件进行质量分析。
- 使用软件质量控制工具和配置管理工具，运用质量管理方法帮助企业建立质量管理体系。
- 能够制订质量标准，开展软件质量保证各项活动。
- 根据质量要求，组织开展项目过程中软件评审活动。

【素质目标】

- 树立质量意识，注重质量，从质量的角度来思考问题。
- 培养团结协作、耐心细致的职业素质。

笔 记

引例描述

随着软件规模的不断扩大，各个团队之间的沟通成本越来越高，有些问题总是反复出现，需求总是随意变更，在人员管理和流程控制各个环节都存在不同程度的问题。有的项目在完成后因为管理不当，后期出现了各种问题，甚至造成了严重的后果和损失，虽然进行了一定的整改工作，但缺乏具体的整改措施和计划，且没有具体团队负责此部分工作。如何全面地评测一个软件产品的质量呢？即软件质量如何度量？

企业发展到一定规模后，需要重视质量管理，认真总结项目经验，并将其渗入质量体系形成制度化的规定。在软件开发过程中，技术人员和管理人员在软件开发工作中仍有一些不正确的认识需要纠正，需要在企业建立和实施质量体系的过程中加以解决。软件开发必须靠加强管理来实现工程化，质量管理要体现在建立和实施开发过程中，运用工程的思想、原理、理论、技术和工具来研究提高大规模软件系统的质量，保证软件工程的各个步骤和各个岗位的工作都符合要求，即使产品在使用中出现了问题，也能及时被发现并能得到妥善解决。

任务 7.1 理解软件质量概念和软件能力成熟度模型

任务陈述

学习软件质量管理，首先了解软件质量的含义和概念，这需要把握质量内涵，了解质量定义的发展过程，明白软件质量的背景和意义，进而学习软件质量模型和软件能力成熟度模型。

知识准备

1. 质量的概念

质量是事物的特征或者属性，用于衡量产品的好坏，当客户选择一款商品的时候最关心的就是商品的质量，它是影响客户选择的一个很重要的指标。质量是衡量商品与客户需求一致的关联程度的指标。

- ISO 8492 中给出的质量的定义：质量是产品或者服务满足明示或者暗示需求能力的特性和特征的集合。
- ISO 9000 系列国家标准中质量的定义为：质量是一组固有特性满足需求的程度。

在所有的质量定义中，都是以客户为关注焦点，对于软件产品来说，质量就是软件产品和服务满足客户的需求程度，它和客户的满意度有很大关系，同时还包括评测的方法和标准，以及如何实施可管理、可重复实施的流程，以确保由此流程生产的产品达到预期的质量水平。

随着经济和社会的不断发展，对质量的要求也在不断提升，质量概念也在不断发展和进步，质量不仅必须要求满足国家和行业标准规范要求，要让客户满意，还要想在客户的前面，满足客户暗示的需求。

2. 软件质量的概念

随着人工智能的不断发展，软件行业也迎来了又一次的爆发，人们的生活和工作已经离不开软件，软件质量也越来越得到重视。软件质量成为软件的生命，它直接影响软件产品后期的推广和使用，是软件产品整体运行能力的保证。

软件质量是软件符合明确叙述的功能和性能需求、文档中明确描述的开发标准，以及所有专业开发的软件都应具有的和隐含特征相一致的程度，主要体现了软件产品满足用户要求的程度。

软件质量是获取评价结果的一种重要手段，主要包括软件产品质量和软件过程质量。

软件产品质量是指产品属性的总和，决定了产品在特定条件下使用时，满足明确和隐含要求的能力。软件产品必须满足用户需求定义，需要保证用户可以在正常条件下学习和使用软件，软件产品质量直接影响客户对产品的满意度。软件的质量决定于设计过程，软件生命周期包括需求分析、设计、编码、测试和维护，软件的质量在软件需求分析、设计和编码和测试环节就已经确定了，所以软件质量就是开发过程的质量，软件过程质量是软件产品质量的基础，是对软件开发组织提出的要求。

3. 软件能力成熟度集成模型

（1）软件能力成熟度集成模型概述

笔 记

软件能力成熟度集成模型（Capability Maturity Model Integration，CMMI），是一种用于评价软件承包商能力并帮助改善软件质量的方法，其目的是帮助软件企业对软件工程过程进行管理和改进，增强开发与改进能力，从而能按时、不超预算地开发出高质量的软件。其所依据的想法是：只要集中精力持续努力去建立有效的软件工程过程的基础结构，不断进行管理的实践和过程的改进，就可以克服软件开发中的困难。CMM/CMMI 是目前国际上最流行、最实用的一种软件生产过程标准，已经得到了国际软件产业界的认可，成为规模软件生产不可缺少的一项内容。

CMM/CMMI 将软件过程的成熟度分为 5 个等级，以下是 5 个等级的基本特征。

① 初始级（Initial）：工作无序，项目进行过程中常放弃当初的计划。管理无章法，缺乏健全的管理制度。开发项目成效不稳定，项目成功主要依靠项目负责人的经验和能力，他一旦离去，工作秩序面目全非。

② 可重复级（Repeatable）：管理制度化，建立了基本的管理制度和规程，管理工作有章可循。初步实现标准化，开发工作比较好地按标准实施。变更依法进行，做到基线化，稳定可跟踪，新项目的计划和管理基于过去的实践经验，具有重复以前成功项目的环境和条件。

③ 已定义级（Defined）：开发过程，包括技术工作和管理工作，均已实现标准化、文档化。建立了完善的培训制度和专家评审制度，全部技术活动和管理活动均可控制，对项目进行中的过程、岗位和职责均有共同的理解。

④ 已管理级（Managed）：产品和过程已建立了定量的质量目标。开发活动中的生

产率和质量是可量度的。已建立过程数据库。已实现项目产品和过程的控制。可预测过程和产品质量趋势，如预测偏差，实现及时纠正。

笔记

⑤ 优化级（Optimizing）：可集中精力改进过程，采用新技术、新方法。拥有防止出现缺陷、识别薄弱环节以及加以改进的手段。可取得过程有效性的统计数据，并可据此进行分析，从而得出最佳方法。

（2）软件测试成熟度模型

1996 年，美国的伊利诺伊州技术学院参照 CMM 开发了软件测试成熟度模型（Testing Maturity Model，TMM），作为 CMM 的补充。它包括 5 个等级，每一等级列出了一系列建议做法，企业可通过这些等级来评价自身的测试能力，以便进一步改进软件测试过程，促使软件测试向更强的专业化方向发展。

TMM 是作为 CMM 的补充开发出来的。研究表明，一个试图达到 TMM 特定等级的企业必须至少达到同样的 CMM 等级。在很多情况下，一个给定的 TMM 等级需要来自与其对应的 CMM 等级及下一等级过程上的关键过程区域的支持。此外，TMM 非常适合于软件自动测试，有效的软件验证与确认产生于良好的计划、执行、管理和监控的开发程序。良好的软件测试活动不是独立的，而是软件开发过程的一个整体部分。

TMM 将软件测试成熟度分解为 5 个依次递增的级别。

① 第一级 初始级。TMM 初始级软件测试过程的特点是测试过程无序，有时甚至是混乱的，几乎没有妥善定义的。初始级中软件的测试与调试常常被混为一谈，软件开发过程中缺乏测试资源、工具以及训练有素的测试人员。初始级的软件测试过程没有定义成熟度目标。

② 第二级 定义级。在 TMM 的定义级中，测试已具备基本的测试技术和方法，软件的测试与调试已经明确地被区分开。这时，测试被定义为软件生命周期中的一个阶段，它紧随在编码阶段之后。但在定义级中，测试计划往往在编码之后才得以制订，这显然有悖于软件工程的要求。

微课 7-1
软件测试成熟度模型

③ 第三级 集成级。在集成级中，测试不仅仅是跟随在编码阶段之后的一个阶段，它已被扩展成与软件生命周期融为一体的一组已定义的活动。测试活动遵循软件生命周期的 V 字模型。测试人员在需求分析阶段便开始着手制订测试计划，并根据用户或客户需求建立测试目标，同时设计测试用例并制订测试通过准则。在集成级上，应成立软件测试组织，提供测试技术培训，关键的测试活动应有相应的测试工具予以支持。在该测试成熟度等级上，没有正式的评审程序，没有建立质量过程和产品属性的测试度量。集成级要实现 4 个成熟度目标，分别是建立软件测试组织、制订技术培训计划、软件全寿命周期测试、控制和监视测试过程。

④ 第四级 管理和测量级。在管理和测量级中，测试活动除测试被测程序外，还包括软件生命周期中各个阶段的评审、审查和追查，使测试活动涵盖了软件验证和软件确认活动。根据管理和测量级的要求，软件工作产品以及与测试相关的工作产品，如测试计划、测试设计和测试步骤都要经过评审。因为测试是一个可以量化并度量的过程。为了测量测试过程，测试人员应建立测试数据库。收集和记录各软件工程项目中使用的测试用例，记录缺陷并按缺陷的严重程度划分等级。此外，所建立的测试规程应能够支持软件组织对测试过程的控制和测量。管理和测量级有 3 个要实现的成熟度

目标，分别是建立组织范围内的评审程序、建立测试过程的测量程序和软件质量评价。

⑤ 第五级 优化、预防缺陷和质量控制级。由于本级的测试过程是可重复、已定义、已管理和已测量的，因此软件组织能够优化调整和持续改进测试过程。测试过程的管理为持续改进产品质量和过程质量提供指导，并提供必要的基础设施。

任务实施

CMM 级别的特点和关键域见表 7-1。

表 7-1 CMM 级别的特点和关键域

等级	特征	主要解决问题	关键域	结果
初始级	软件过程是混乱的，对过程管理几乎没有定义，完全依靠团队的自觉性个团队成员个人经验	项目管理、配置管理、软件质量保证		
可重复级	建立了基本的项目管理规范，项目进度可跟踪，能够利用以往项目应用取得成果	培训、测试、评审规范、标准和过程	需求管理、项目计划、项目监控、软件配置管理、软件质量保证	风险
已定义级	已经将软件过程管理文档化、规范化、标准化，所有软件开发规范都遵循软件过程标准文档	过程度量、过程分析量化质量计划	过程定义、培训大纲、组织协调、专家评审	生产率和质量
已管理级	收集软件过程、产品质量的详细度量信息，对软件过程和产品质量有定量的理解和控制	技术更新、问题分析、问题预防	定量的软件过程管理和产品质量管理	
优化级	软件过程数据量化反馈和新技术引进，促进过程的不断改进	保持优化的机构	缺陷预防、过程变更和技术更新管理	

任务拓展

了解软件能力成熟度集成模型（Capacity Maturity Model Integrated，CMMI）以及CMMI 和 CMM 的关系和区别。

项目实训 7.1 了解软件质量概念

【实训目的】

理解软件质量的概念，掌握软件能力成熟度集成模型。

【实训内容】

结合实际谈谈自己对软件质量的理解，说明软件质量的重要性。

笔 记

任务 7.2 理解软件质量保证的概念、作用及其主要组织活动

任务陈述

在学习软件质量保证概念的基础之上，深入理解软件质量保证的作用和开展软件质量保证工作的意义，开展软件质量保证的主要组织活动。

知识准备

1. 软件质量保证的基本概念

高质量的产品主要需要3个层次方面的保障工作，分别是质量控制（Qulitity Control，QC）、质量保证（Quality Assessment，QA）和质量管理（Qualitity Management，QM）。

质量控制（QC）就像汽车上的仪表盘一样将检测到的汽车各个部件的状态反馈告知人们。因此，人们能看到任何发生的问题，如汽车的油耗、汽车的车速、机油需要保养等，这些信息是很有价值的，它可以指导人们进行问题的处理，甚至能提前预知问题的发生。

微课 7-2
软件质量保证概念

质量保证（QA）则像汽车用户手册，它介绍汽车各个部件、汽车驾驶使用信息、汽车维护程序等。

质量管理（QM）像是驾校教学如何正确地驾驶汽车，属于操作的哲学，哲学本身来自教育。

对应到软件行业中，分别是软件质量控制（Software Qulitity Control，SQC）、软件质量保证（Software Quality Assessment，SQA）和软件质量管理（Software Qualitity Management，SQM），见表7-2。

表 7-2 SQA、SQC 和 SQM

	SQA	SQC	SQM
全称	软件质量保证（Software Quality Assessment）	软件质量控制（Software Qulitity Control）	软件质量管理（Software Qualitity Management）
概念	为确保软件开发过程和结果符合预期要求，依照过程和结果采取的一系列活动及结果评价	为发现软件产品缺陷进行的工作过程	为确保软件质量保证正常运行，给予的一系列支持活动
目标	发现软件开发过程符合既定标准和需求，并为过程改进提供支持	发现软件缺陷，并为修复错误提供支持	创造良好的环境和条件
职位	质量保证人员	软件测试人员	高层管理人员
职责	审计软件开发过程的质量，保证过程被正确执行，是过程质量审计者	检验软件产品的质量，保证产品符合客户的需求，是产品质量检查者	主要是为SQA和SQC提供支持，软件质量保证和质量控制保障者

续表

	SQA	SQC	SQM
活动	制订质量保证手册，监控公司质量保证的运行情况，审计项目实际执行情况和指定的规范之间的差异，并给出统计分析结果和改进方案	对软件开发每个阶段的产出结果进行测试，评估产品是否满足预期的质量要求，并给出测试方案和测试报告	制订质量方针和质量目标，审核质量保证手册

软件质量保证（SQA）是建立一套标准、步骤和方法，以保证软件系统产品的软件开发过程或维护过程符合既定的功能和技术要求，使得管理人员对软件过程管理可预见、可控制、可改进。它通过对软件产品和活动进行评审和审计来验证软件过程管理和软件结果是符合规定的标准，达到提升软件质量的目的。软件质量保证由产品和过程质量保证人员完成，通过监测过程的方法保证质量达到要求，通过监测数据汇总分析发现过程问题，为后期改进质量过程提供依据。

软件质量控制（SQC）是根据特定的测试用例集来执行测试，并记录相应的测试结果，跟踪测试情况，汇总测试结果。由测试人员完成，通过验证的方法检验产品满足需求的程度，发现产品的问题，反馈给相应的人员。

软件质量管理（SQM）主要由质量管理人员完成，一般为企业中负责质量方面的高层管理者，通过制订要求、协调资源等一系列的手段为 SQA 和 SQC 工作提供支持，创造良好的环境和条件。

笔记

2. 软件质量保证的作用和意义

通过对失败软件项目的大量调查分析发现，过程管理问题是项目失败的主要原因。这说明了要保证项目不失败，应当更加关注过程管理，不断提高本产品和服务质量，以满足顾客日益提高的要求和期望。这个质量监督改进工作在软件企业中主要由软件质量部门负责。

软件质量保证（SQA），是 CMM 第 2 级中的一个关键过程域，它是贯穿整个软件开发周期的第三方独立审查活动，出现在大多数关键过程域的检查与验证的公共特性中，在整个软件开发过程中充当重要角色。它要求组织应当有一个专职的质量保证人员，他负责组织软件开发过程以及对过程中产生的工作产品是否符合组织的标准规范作出客观的评价，并确保发现的不符合项得到解决。

这个手段之所以对软件的质量管理有效，主要是因为：软件开发的过程质量得到保证，那么软件产品的质量就能得到保证；组织的标准过程是在总结了组织软件开发历史经验教训的前提下，建立了组织当前最佳的软件过程管理规范和产品技术规范，并通过程序文件固定下来；软件质量保证人员能够对他所监视的软件开发过程与组织的标准软件过程一致性做出精准的判断。

3. 组织活动

(1) SQA 组织部门

为了保证产品质量，企业在开展软件质量保证（SQA）活动中，首先需要建设 SQA 组织，在大型软件企业中，都有 SQA 部门，它是一个独立的职能行政部门，与软件开发部门、软件测试部门平级，部门职位包括 SQA 部门经理和 SQA 工程师，SQA 工

笔 记

程师根据资质和能力不同，分为高级、中级和初级工程师，如图 7-1 所示。

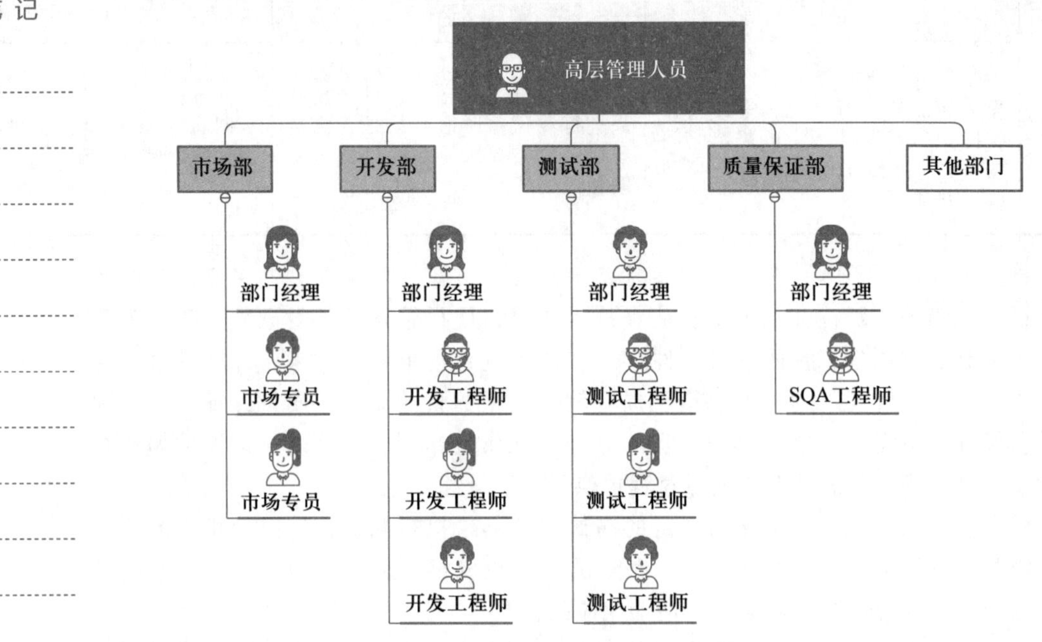

图 7-1 SQA 职能组织结构

大多数软件企业中，实际工作是以项目方式运作。每个项目除了配置相应工作内容角色的人员，也可以设立专门的 SQA 岗位人员，一个 SQA 人员可以同时在几个项目中，如图 7-2 所示。

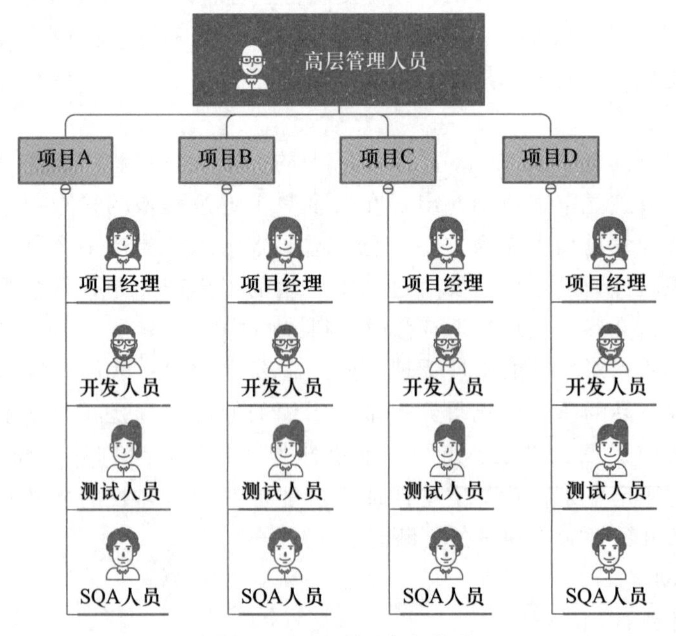

图 7-2 SQA 项目组织结构

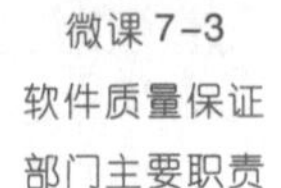

微课 7-3
软件质量保证
部门主要职责

(2) SQA 组织部门的主要职责

不同的软件开发模型，其软件质量保证的活动也不一样。传统的瀑布开发模型，软件质量保证在产品定义阶段会参与文档的审核，在开发阶段参与代码的审核和单元测试、白盒测试等，在集成阶段搜集测试结果和报告并加以分析，在交付后实施客户的反馈和后续的改进。当然，软件质量保证还可以制定代码的书写规则、产品各个阶段的准入/准出标准、产品的质量标准和成熟度、定义软件缺陷的种类和优先级以及权重等。

企业未达到 CMM 第 2 级别之前，一般还没有与之相对应的质量管理人员和工作方法，软件质量保证体系还没有建立起来。在 SQA 组织建立之后，SQA 部门主要任务就是跟踪和管理软件生命周期中流程的执行。主要工作包括：

1）制订质量保证计划

SQA 制订质量保证计划，根据企业质量方针和质量目标，制订在项目中采用的质量保证的措施、方法和步骤。定义出各阶段的检查重点，标识出检查、审计的工作产品对象，以及在每个阶段 SQA 的输出产品。定义越详细，对于 SQA 今后的工作的指导性就会越强，同时也便于软件项目经理和 SQA 组长对其工作的监督。

在软件项目研发过程中，SQA 部门要确保项目符合质量保证计划规定的标准和流程，确保计划贯彻执行。

2）参与项目的阶段性评审和审计

SQA 参与阶段产品的审计，通常是检查其阶段产品是否按计划、规程输出，并内容完整。这里的规程包括企业内部统一的规程也包括项目组内自己定义的规程。SQA 对于阶段产品内容的正确性一般不负责检查，内容的正确性通常交由项目中的评审来完成。SQA 参与评审是从保证评审过程有效性方面入手，如参与评审的人是否具备一定资格、是否规定的人员都参加了评审、评审中对被评审的对象的每个部分都进行了评审、并给出了明确的结论等。

笔记

3）对项目日常活动与规程的符合性进行检查

质量保证体系需要项目过程透明，SQA 人员方能及时进行项目关键活动的审计。项目经理在项目过程中，需要将项目计划及变更信息实时同步给 SQA，使得 SQA 能制订计划并审计，重点审计项目过程执行与质量体系活动的符合度和过程执行质量。

由于 SQA 独立于项目组，如果只在阶段点进行检查和审计，即便发现了问题也难免过于滞后，不符合尽早发现问题、把问题控制在最小的范围之内的整体目标。所以 SQA 需在两个阶段点之间设置若干小的跟踪点，来监督项目的进行情况，以便能及时反映出项目组中存在的问题，并对其进行追踪。

这个层次的 SQA 充当了“警察”的角色，一般可由有软件工程经验的开发/测试人员转职后经过一定的专业培训后承担。

4）过程改进

过程改进是一项长期的任务。SQA 有机会直接接触很多项目组，对于项目组在开发管理过程中的优点和缺点都能准确地获得第一手资料。SQA 应注意随时发现、汇总过程执行中问题和改进工作的方法，并进行阶段性的总结，提交质量报告，以不断改进软件过程，提高企业过程管理能力。对于企业内过程规范定义的不准确或是不方便的地方，软件项目组也可以通过 SQA 小组反映到软件工程过程小组，便于下一步对规程进行修改和完善。

处于这个阶段的SQA不仅可以按照组织的标准软件过程对项目进行审计，还可以发现项目过程中的问题并给予单点指导。这个层次的SQA充当了“医生”的角色，不但要求熟悉组织标准软件过程和项目审计方法，也需要熟悉或者精通软件过程、项目管理、配置管理、设计、测试等方面的知识。这个层次的SQA一般由“警察”层次的SQA进化而来。

5）质量培训

在一般大型企业中，每年都要定期由质量管理人员为企业成员进行质量管理培训，汇报质量管理总结。项目或组织需要时，SQA还需要向相关人员进行质量管理方面的咨询。

在整个软件开发过程中，其他角色成员也要参与到质量保证工作中。在软件企业中除了质量保障人员，主要角色有项目经理、开发和测试人员，见表7-3。

表7-3 主要职责

职位	质量保证人员（SQM）	项目经理	开发工程师	测试工程师
主要职责	辅助过程裁减、细化、制定项目规范 制定《质量手册》 产品检查 过程审计 跟踪问题处理 度量和报告 项目经验积累 学习、研究和推广	推动执行《质量手册》 协调SQA与项目之间产生分歧的问题为SQA工作提供支持	参与评审《质量手册》 按照《质量手册》执行活动 协助SQA完成质量管理工作	参与评审《质量手册》 按照《质量手册》执行活动 验证软件功能

（3）SQA的能力要求

① 良好的沟通能力。SQA是独立于软件项目的第三方，但他要了解项目的开发过程和进度，捕捉到项目中不符合要求的问题，这就要求SQA能够深入项目，和软件开发经理以及项目组中的开发人员保持很好的沟通，这样才能及时获得真实的项目情况。

② 熟悉组织的标准软件过程、项目审计方法。SQA通过审计确保项目组的计划、标准和规程符合要求，因此，SQA首先自己就要了解软件项目开发过程，以及企业内部已经有的开发过程规范。

③ 工作的计划性。SQA一方面要监督软件项目组编写计划，另一方面SQA自身的工作也要有计划，并且能够按照计划开展工作。

④ 良好的服务精神。作为SQA，在跟踪项目进行过程的时候要对项目组的很多工作产品进行审计，而且会参与项目组中的多种活动。同时一个SQA还有可能会面对多个项目组，所以任务相对繁杂细碎，这就要求SQA在处理这些事务的时候要耐心细致。

⑤ 客观，有责任心。作为第三方对项目过程进行监督，SQA要能保持自己的客观性，不能一味讨好项目经理，也不能成为项目组中的宪兵，否则会影响工作的开展。对于项目组中多次协调解决不了的问题，能够及时向项目的高层经理反映，完成SQA的使命。

如图7-3所示，以上5点是作为SQA应该具备的基本素质，除此之外，一个好的

SQA 还应该在软件开发过程中作为开发或测试人员参与过一个或多个环节，这样他们才能在过程监督中比较准确地抓住重点，同时意见和提出的解决办法也会更贴近项目组，容易被项目组接受。

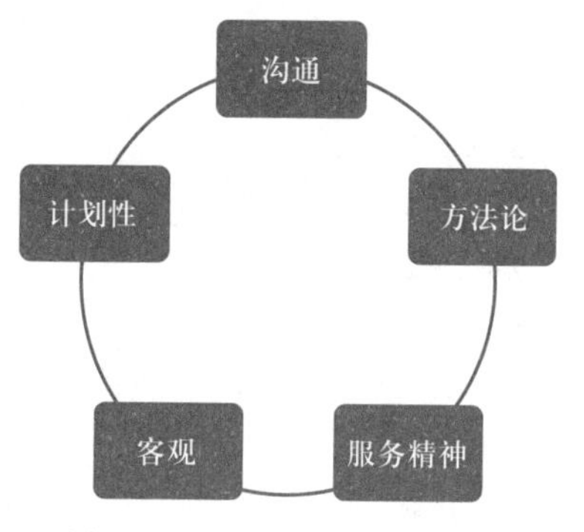

图 7-3　SQA 工程师能力要求

任务实施

按照软件质量保证组织活动内容，为企业制定《质量手册》、需求管理检查、审计和评审规范。

①《质量手册》的内容主要包括范围、引用标准、质量管理体系、质量目标、质量方针、工作产品输出计划、计划执行的 QA 活动、质量计划以及计划采用的辅助工具等，要结合企业文化、企业产品特征，做到内容明确、具有可操作并及时定期更新常用的《质量手册》，以下是某企业《质量手册》的主要内容，见表 7-4。

表 7-4　《质量手册》主要内容

序号	关键项	主要内容
1	范围	
2	引用标准	
3	质量管理体系	文件总要求
4	管理职责	管理承诺、以顾客为关注的焦点、质量方针、策划、职责、权限与沟通、管理评审
5	资源管理	资源的提供、人力资源、设施、工作环境
6	产品实现	实现过程的策划、与顾客有关的过程控制、设计和开发、采购、生产和服务提供、测量和监控装置的控制
7	测量、分析和改进	策划、测量和监控、不合格品的控制、数据分析、改进

② 企业中常见的检查和审计的主要有需求管理、项目管理、配置管理和测试管理的检查和审计。

需求管理检查和审计，见表 7-5。

表 7-5　需求检查和审计

序号	关键项	类型	是	否	NA	说明
1	需求规格说明书交付使用前是否经过了评审活动	过程				
2	评审发现的问题是否修正并确认	产物				
3	需求是否采用工具统一管理了	过程				
4	需求变更范围是否进行了评审活动	过程				
5	是否明确了需求变更，是否影响了系统内部或外部的接口，并对影响范围进行了评估，制订了解决方案	过程				
6	需求变更发生后，是否及时更新需求文档	过程				
7	需求变更后是否通知到相关干系人	过程				
8	需求规格说明书是否符合模版要求	产物				

项目管理检查和审计，见表 7-6。

表 7-6 项目管理检查和审计

序号	关键项	类型	是	否	NA	说明
1	项目计划中是否做了工作量评估及工作量评估是否参考了执行当事人的意见	产物				
2	项目关键里程碑产物是否经过了评审活动	过程				
3	评审发现的问题是否修正并确认	产物				
4	是否准确识别了评审人员及职责是否清晰告知	产物				
5	变更处理是否符合变更规范要求	过程				
6	出现变更时，变更是否同步给所有干系人	过程				
7	是否有预测潜在风险，并有对应处理方案	过程				
8	风险趋势变化时，对应的处理方案是否调整	过程				

配置管理检查和审计，见表 7-7。

表 7-7 配置管理检查和审计

序号	关键项	类型	是	否	NA	说明
1	版本是否采用工具统一管理	过程				
2	是否按照规范进行产品版本发布	过程				
3	是否所有人得到的都是开发过程产品的有效版本	产物				
4	出现需求变更时，变更是否按期同步	过程				

详细设计阶段检查和审计，见表 7-8。

表 7-8 详细审计检查和审计

序号	关键项	类型	是	否	NA	说明
1	代码是否按照质量体系要求，交付测试前经过了评审活动	过程				
2	评审发现的问题是否修正并确认	产物				
3	交付测试时，代码基线是否建立	过程				
4	交付测试时，是否完成了关键方法的单元测试	过程				
5	交付测试时，是否完成了静态代码扫描	过程				
6	交付测试时，开发人员是否完成自测	过程				
7	交付测试时，所有配置项是否提交代码库管理	过程				

测试阶段检查和审计，见表 7-9。

表 7-9 测试阶段检查和审计

序号	关键项	类型	是	否	NA	说明
1	测试执行时是否有设计测试用例作为指导依据	过程				
2	测试用例交付使用前，是否按照质量体系要求，经过了评审活动	产物				
3	评审发现的问题是否修正并确认	过程				

续表

序号	关键项	类型	是	否	NA	说明
4	接受测试时，是否评估符合测试准入	过程				
5	测试结论中是否评估符合准出标准	过程				
6	测试缺陷单是否在测试管理工具中按照规范进行处理	过程				
7	测试用例是否符合测试用例模板要求	产物				

③ 结合软件开发生命周期的工作内容，评审的主要内容见表 7-10。

表 7-10　评 审 内 容

	评审内容	涉及文档	评审人员
需求分析	软件需求说明书是否覆盖了用户的要求 软件需求说明书内容是否明确、完整、一致、可执行、可测试、可跟踪 项目开发计划的合理性 文档是否齐全并符合有关要求	需求规格说明书 项目计划书	项目经理 开发人员 测试人员 特邀专家 质量管理人员
概要设计	概要设计是否与需求说明书一致 概要设计说明内容是否明确、完整、一致、可执行 接口定义是否正确、规范 文档是否齐全并符合有关要求	概要设计说明书	项目经理 开发人员 测试人员 质量管理人员
详细设计	详细设计是否与需求说明书一致 详细设计说明内容是否明确、完整、一致、可执行 数据库设计是否能满足概要设计要求 文档是否齐全并符合有关要求	详细设计说明书	项目经理 开发人员 测试人员 质量管理人员
代码编写	是否进行了代码审查（Code Review） 代码是否进行了单元测试 文档是否齐全并符合有关要求	代码	项目经理 开发人员 质量管理人员
测试阶段	测试计划是否合理 测试用例是否覆盖了软件需求 文档是否齐全并符合有关要求	测试计划 测试用例	开发人员 测试人员 质量管理人员
验收阶段	测试通过的产品是否达到了软件需求的各项指标 文档是否齐全并符合有关要求	成套文档	管理人员 项目经理 质量管理人员

任务拓展

为上述《质量手册》撰写具体内容。

项目实训 7.2　编写《质量手册》、检查和审计项以及评审内容

【实训目的】

掌握软件质量保证的主要组织活动。

笔 记

【实训内容】

分组讨论，根据小组团队项目整理小组《质量手册》、检查和审计项以及评审内容。

任务 7.3 利用软件质量度量模型对 ECShop 软件系统进行质量分析

任务陈述

在学习软件质量度量概念的基础之上，理解软件质量度量常用模型，掌握常用的软件质量保证工具，利用软件质量度量模型对 ECShop 软件系统进行质量分析。

知识准备

1. 软件质量度量

软件质量度量是对软件开发项目、过程及其产品进行数据定义、收集以及分析的持续性定量化过程，目的在于对此加以理解、预测、评估、控制和改善。没有软件质量度量，就没有软件质量标准。软件质量度量贯穿于软件的整个生命周期，主要是测量软件开发、测试、维护等各个阶段是否实际达到预先设定的标准，并在此数据的基础上进行系统的数据分析，来改进项目的过程质量。主要是借助一些软件的工具和方法来进行，如代码扫描工具、功能统计工具等，主要包括产品度量、过程度量和项目度量。

(1) 软件质量度量内容

从需求分析度量、设计度量、代码度量、测试度量到维护阶段度量，其包含的软件度量活动主要有以下各个方面。

① 项目立项评估，属于项目度量。

② 系统规模度量，包括功能点、程序代码量等。

③ 缺陷分析，包括缺陷密度、缺陷修复率、缺陷遗留率等。

④ 系统复杂性度量。

⑤ 可靠性度量。

⑥ 软件成本度量。

软件生命周期各阶段的度量活动见表 7-11。

表 7-11 度 量 活 动

项目阶段	度量活动
计划	项目方案评估书
需求分析	可行性度量，功能点度量、缺陷分析
设计	适用性度量，可靠性度量、缺陷分析
编码	程序代码量、缺陷分析

续表

项目阶段	度量活动
测试	缺陷分析、测试覆盖率、质量评估
维护	项目度量、缺陷分析、客户满意度分析

（2）软件质量度量作用

美国卡内基·梅隆大学软件工程研究所在《软件度量指南》（*Software Measurement Guidebook*）中提出，软件质量度量在软件工程中的主要作用为：

① 通过质量软件度量增加理解。

② 通过质量软件度量管理软件项目，主要是计划和估算、跟踪和确认。

③ 通过软件质量度量指导软件过程改善，主要是理解、评估、包装。

④ 软件产品度量主要用来描述软件产品的特征，用于产品评估和决策。主要包括软件产品规模、复杂度、性能，目的是最终对产品质量做出合理的评估。

软件开发项目中，不同角色在度量活动中作用见表 7-12。

表 7-12　度 量 作 用

角　色	度量作用
高层管理者	节约成本，创造更多利润 提升产品交付质量 提高客户满意度 规范管理 便于跟踪问题、预测风险和应对风险 项目评估
项目经理	建立基线 预测风险，制订计划 分析问题，持续改进 评估项目成员工作质量 项目评估
软件开发人员	评估工作质量 明确工作参考标准 评估自身工作质量 持续跟踪最新技术，提升自身技能
软件测试人员	提供软件质量评估依据 明确工作参考标准 评估自身工作质量 持续跟踪最新技术，提升自身技能

2. 软件质量度量模型

软件质量度量模型包括产品质量度量模型和过程质量度量。软件产品质量度量需要评估用户自定义的度量层次结构的可实施性。软件质量模型说明软件质量的影响因素，这个模型研究对象是软件产品。常见的软件产品质量度量模型如下。

（1）McCall 模型

McCall 等认为，特性是软件质量的反映，软件属性可用做评价准则，定量化地度

笔记

量软件属性可知软件质量的优劣。此模型把软件质量因素分为3个维度，每个维度反映软件产品质量的一个方面，称为质量因素，每个质量因素由一系列具体的度量组成，如图7-4所示。

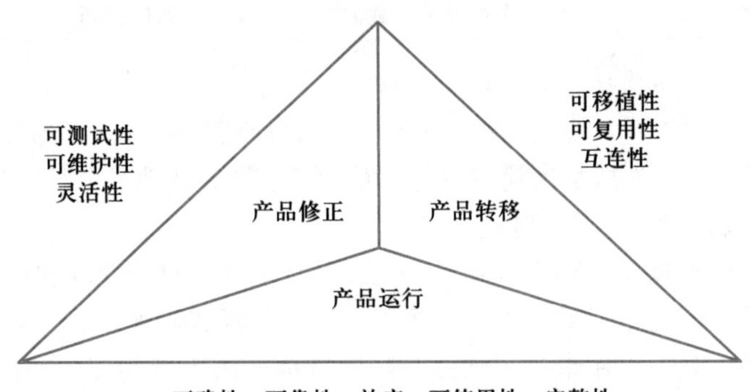

图7-4 McCall模型

(2) Boehm模型

Boehm模型是由Boehm等在1978年提出的质量模型，在表达质量特征的层次上与McCall模型非常类似。不过它是基于更广泛的质量特征，与McCall模型相比，包含了硬件性能的特征，主要从软件可使用性、软件可维护性和软件的可移植性3个方面来考虑，见表7-13。

表7-13 Boehm模型

软件产品质量	可使用性	可靠性、效率、界面交互
	可维护性	可测试性、可理解性、可修改性
	可移植性	设备独立性

(3) ISO9126软件质量模型

ISO9126软件质量模型建立在McCall模型和Boehm模型之上，将软件质量分为内部特征和外部特征，它是目前公认的评测软件质量的国际标准，共包含6大特性，每个特性又细分为相应的子特性，这个模型是软件质量标准的核心，对于大部分的软件，都可以考虑从这几个方面着手进行测评，如图7-5所示。

微课7-4
软件质量度量模型

下面对部分质量特性进行详细说明。

① 功能性：是指软件在指定条件下，软件产品运行结果满足用户明确和隐含要求功能正确的程度，功能性反映了软件的有效情况。

适合性：是指软件产品与指定的任务和用户目标提供一组合适的功能的程度。

准确性：是指软件产品具有所需精确度的正确或相符的结果及效果的程度。

互操作性：是指软件产品与一个或多个规定系统进行交互的程度，体现了软件产品是否容易与其他系统连接。

安全性：是指软件产品保护信息和数据的程度，以使未授权的人员或系统不能阅读或修改这些信息和数据，但要保证授权人员或系统对其正常的访问。

依从性：是指软件产品依附于同功能性相关的标准、约定或法规以及类似规定的

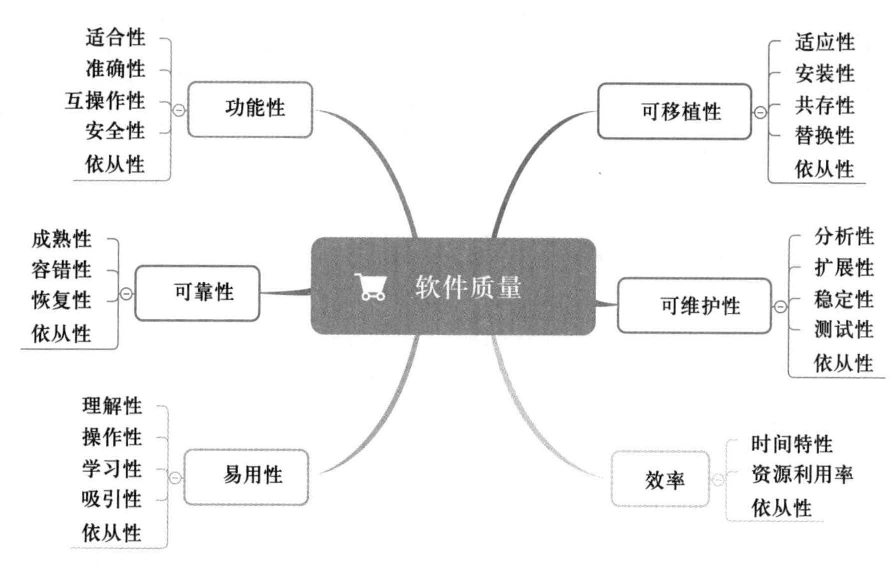

图 7-5 ISO9126 软件质量模型

程度。

② 可靠性：是指软件产品在规定运行条件下和规定时间周期内，软件产品维持规定的性能级别的程度。可靠性反映了软件中存在错误造成的失效情况，体现了软件故障发生的频率如何。

成熟性：是指软件产品避免因软件中错误发生而导致失效的程度，反映了软件故障引起软件失效的频度。

笔 记

容错性：是指在软件产品发生故障或违反指定接口的情况下，软件产品维持规定的性能水平和功能水平的程度，反映了软件产品失效防护能力。

恢复性：是指在失效发生后，软件产品重建规定的性能水平和功能水平并恢复受直接影响的数据的程度，反映了软件产品失效自救能力。

依从性：是指软件产品依附于同可靠性相关的标准、约定或法规以及类似规定的能力。

随着软件规模的不断扩大，软件过程管理的复杂性越来越高，软件过程质量管理问题尤为凸显，常用的软件过程度量质量模型有 S 曲线模型和 PTR 达累计预测模型等。

- S 曲线模型，用于度量软件测试进度情况。数据一般采用各个阶段累计的数量，如测试用例执行数量，将测试过程划分为初始阶段、中间阶段和成熟阶段 3 个阶段，前后两个阶段所执行的测试用例数量小于中间阶段，累计的曲线形状偏向 S 形，如图 7-6 所示。

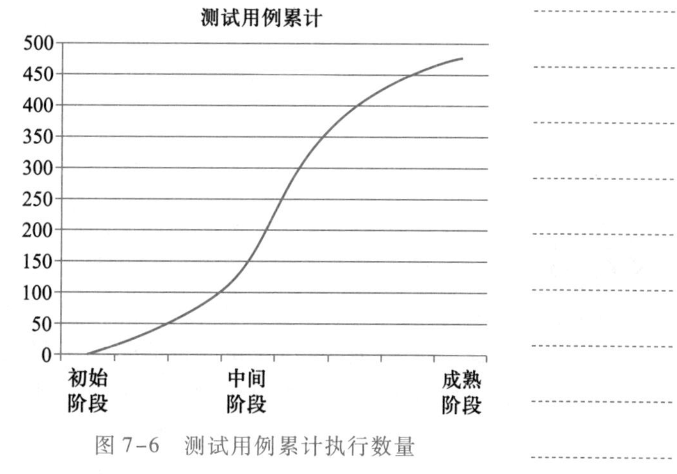

图 7-6 测试用例累计执行数量

- PTR（Problem Tracking Report）达

笔记

累计预测模型是对软件缺陷的描述，它的数量在一定程度上代表了软件的质量。主要是通过某个时间内 PTR（缺陷）出现值和某段时间 PTR（缺陷）累计值来度量测试中发现的缺陷的变化。PTR 出现值对应基于时间的缺陷到达模式，如图 7-7 所示。

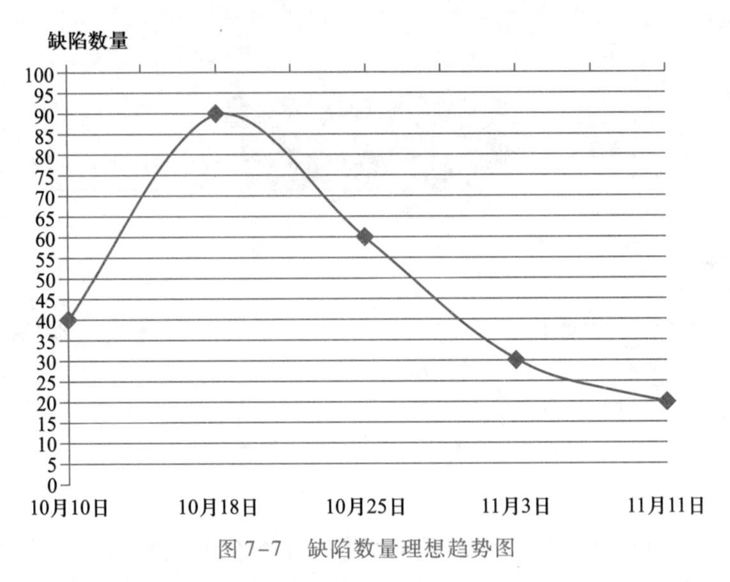

图 7-7 缺陷数量理想趋势图

PTR 累计值对应于积累的缺陷总数，如图 7-8 所示。

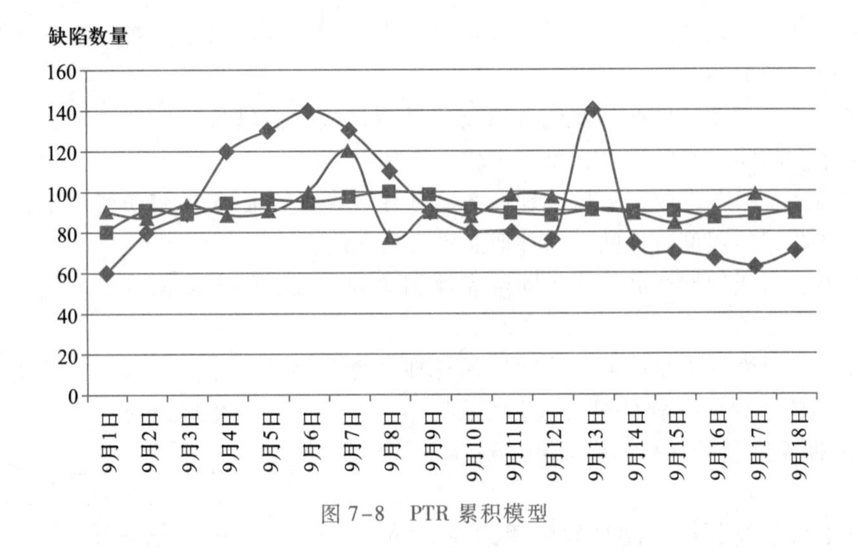

图 7-8 PTR 累积模型

3. 软件质量度量分类

微课 7-5
软件质量度量分类

软件质量度量主要包括软件产品质量度量和软件过程质量度量。

软产品质量度量主要关注软件可靠性、软件缺陷密度、软件可维护性、顾客的满意度等，为提高软件过程质量提供依据。软件过程质量度量是对软件生命周期过程中的各个质量指标进行度量，目的是预测风险，减少过程偏差，为过程控制、过程评价和后期持续改进提供量化的数据基础。主要关注软件过程中的服务质量、过程的依赖性和过程的稳定性，主要包括成熟度度量、管理度量和生命周期度量。

笔 记

（1）软件产品的质量度量

软件产品质量度量主要关注软件产品的可靠性、缺陷密度、适用性等产品的质量特性，主要工作内容是对软件产品进行评价，并根据评价结果的数据进行分析，改进和优化软件产品的过程。主要从以下几个方面进行度量。

① 软件复杂性度量。主要用来评估软件的可靠性和可维护性，经常使用的方法有圈复杂度。

② 软件缺陷度量。通过对测试阶段发现的缺陷进行评估，分析软件产品的质量。这种方式是软件产品质量评估中最常见的方式。分析的数据主要包括缺陷密度、缺陷率和缺陷的修复率。

缺陷密度：每千行代码出现的缺陷数。缺陷密度越低说明软件产品质量越高。在测试过程中经常通过分析被测软件不同版本之间的缺陷密度情况，从而对软件过程进行优化。

缺陷率：某一个时间段内的缺陷数量。对同一个被测软件，在不同阶段缺陷率也是不同的。

缺陷修复率：软件在上线发布前缺陷修复的数量占整个测试阶段发现的缺陷数量的比例。一般缺陷修复率要在 80% 以上才可以上线发布。

③ 客户满意度度量。通常通过对客户进行访问、调查来获得。主要形式有问卷调查、采访和对历史数据的调查，对数据的分析一般采用抽样方法进行，也可以使用统计分析工具。

（2）软件过程质量度量

过程管理比结果管理更重要，所以软件过程质量度量在软件度量中更为重要，通过过程发现的问题改进软件产品质量，贯穿于整个软件开发生命周期。主要从以下几个方面进行度量。

① 软件需求过程质量度量。需求阶段的主要产出物是需求规格说明书，主要关注说明书中内容的正确性、完整性、准确性、可理解性、可测试性，还有需求变更的情况。

② 软件开发阶段过程质量度量。主要关注软件开发人员的代码编写效率，代码的质量。

③ 软件测试阶段过程资料度量。测试阶段相对其他阶段来说，过程度量的内容较多，包括测试进度、测试用例质量、测试用例覆盖率、缺陷的分布度量。测试用例是测试执行的基础，直接决定了测试的覆盖率，影响测试结果。常用的方法是每千行代码测试用例的数量和每千行测试用例发现缺陷的数量来进行评估。

4. 软件质量保证工具

微课 7-6
软件质量保证工具

（1）检查表

检查表又称调查表，统计分析表。检查表是最简单也是使用最多的方法，使用检查表可以系统的收集资料、确认并对数据进行整理和分析，也就是可以检查是否有遗漏。它可以帮助开发人员进行各个阶段的任务自检，保证评审文档的完整，提升评审的效率。如测试管理章节测试准入标准检查。

（2）直方图

直方图是频数直方图的简称。它是用一系列宽度相等、高度不等的长方形表示数

笔记

据的图。长方形的宽度表示数据范围的间隔，长方形的高度表示在给定间隔内的数据数。如图 7-9 为按照缺陷严重程度分布的缺陷数量。

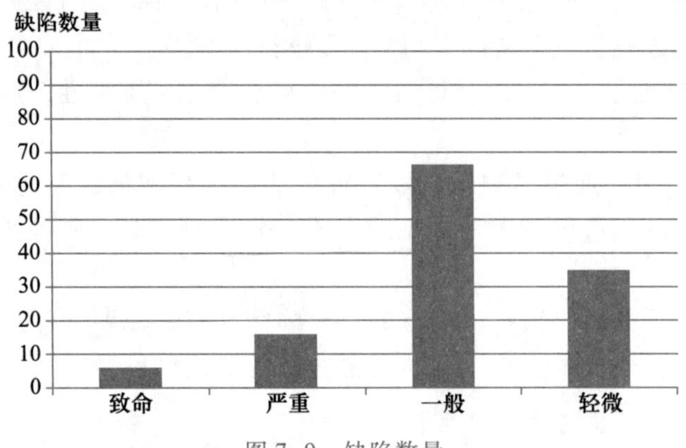

图 7-9 缺陷数量

通过直方图，可以直观显示质量波动的状态，直观的表达有关过程质量状况的信息，同时，通过分析质量数据，进行质量改进工作。

（3）柏拉图（Pareto 图）

柏拉图，按照发生原因、发生位置等不同标准，对数据寻求占最大比率的原因、状态或者位置的一种图形，又称为排列图。它是将质量改进项目按从最重要到最次要顺序排列的一种图标。这种方法在软件质量改进中适用性最高，因为缺陷的密度分布总是不相同，缺陷的出现具有集群模式。如图 7-10 所示，使用 Pareto 图进行缺陷原因分析。

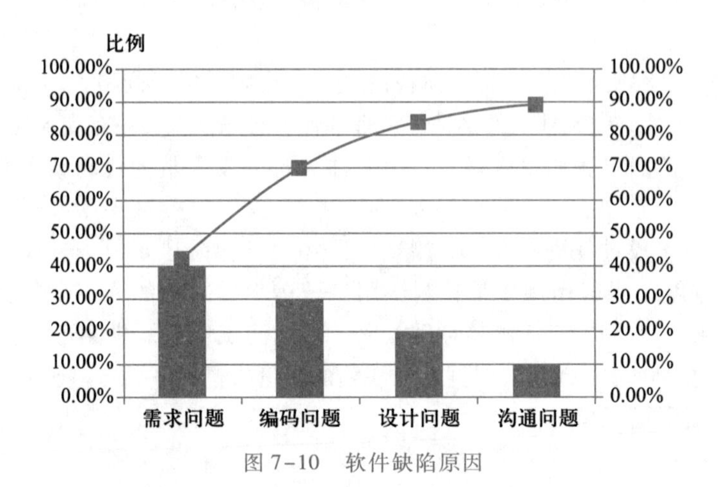

图 7-10 软件缺陷原因

（4）运行图

运行图将项目数据绘制成折线图，通过分析末段时间内系统运行数据来发现项目工作过程的规律，从而在某些方面解释所发生的情况。例如利用运行图监测每天出现的缺陷数量，如图 7-11 所示。

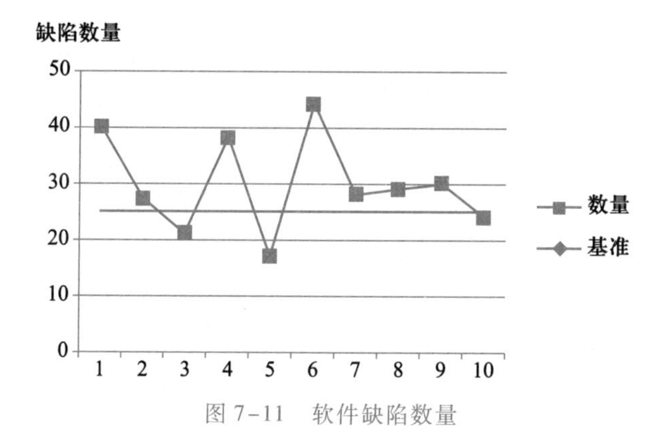

图 7-11　软件缺陷数量

任务实施

利用软件质量模型对 ECShop 在线商城的每个功能特性进行分析，从多个维度来考虑如何测试这些功能特性，见表 7-14。

表 7-14　功能特性

功能特性	质量特性	质量子特性	测试项
发布商品	功能性		测试发布商品
			测试搜索引擎优化
			测试商品简介中剩余可输入字符数计算
			测试万能属性
			测试图片上传（包含缩略图生成）
	易用性	易理解性	测试输入帮助信息显示（问号）
		易操作性	测试 Tab 键顺序（包含 Tab+Shift 键反向顺序）
	可靠性	成熟性	测试连续发布商品
	可移植性	适应性	测试不同浏览器下发布商品
商品列表	功能性		测试商品查询
			测试商品上下架
			测试货架推荐
			测试修改商品信息
			测试删除商品
			测试批量操作
			测试最新到货新实现方式
			测试翻页功能
	易用性	易理解性	测试商品库存显示
			测试商品点击数显示
	可移植性	适应性	测试不同浏览器上维护商品
商品群组	功能性		测试增加群组

续表

功能特性	质量特性	质量子特性	测试项
商品群组	功能性		测试修改群组
			测试删除群组
品牌管理	功能性		测试增加品牌（包含父品牌和子品牌）
			测试修改品牌
			测试删除品牌（包含父品牌和子品牌）
	易用性	易理解性	测试品牌图片显示
商品用途	功能性		测试增加商品用途
			测试修改商品用途
			测试删除商品用途
图片处理	功能性		测试水印位置修改
			测试水印管理
			测试批量增加水印
	效率	时间特性	测试批量增加水印时间
		资源利用性	测试批量增加水印内存消耗
批量导入	功能性		测试批量导入
	效率	时间特性	测试批量导入时间
		资源利用性	测试批量导入内存消耗
缺货管理	功能性		测试缺货记录添加
			测试批量修改库存
	易用性	易理解性	测试当前登记数显示
库存警告	功能性		测试库存警告设置
评论管理	功能性		测试敏感关键字设置
			测试查看评论
			测试回复评论
			测试删除评论
			测试审批评论

任务拓展

选择一个熟悉的项目，按照软件质量模型进行质量分析。

项目实训 7.3 利用软件质量模型对软件系统进行质量分析

【实训目的】

掌握软件质量模型分析法。

【实训内容】

利用软件质量模型对 EcShop 在线商城中模块进行质量分析。

任务 7.4　理解软件评审规范，对被测代码进行评审

任务陈述

在学习软件评审概念的基础之上，深入理解软件评审的主要内容、评审过程、评审方法和开展软件评审工作的意义，针对软件项目开展项目评审工作。理解软件测试与质量保证关系，利用评审管理方法进行项目评审。根据源代码评审检查表（CheckList），对以下代码进行评审，看看存在哪些问题。

```
1   enum_product_type {E2000=0,E3000,E4000};
2
3   typedef struct_DiskInfo {
4       int fd;//File Description
5       char szDiskName[128];//DiskName
6       int nStartBlk;//Start Block Address
7       int nEndBlk;//End Block Address
8       int nAccessLen;//Each time's access block count
9       enum_product_type cProductType;//Product Type
10  } DiskInfo;
11
12
13  int ReadFromDisk(DiskInfo * pDiskInfo)
14  {
15      int fd;
16      int nAccessCnt;
17      int nStartBlk;//Start Block Address
18      int nEndBlk;//End Block Address
19      int nAccessLen;//Each time's access block count
20      char * buffer;
21      offset_t offset;
22
23      fd=pDiskInfo->fd;
24      nStartBlk=pDiskInfo->nStartBlk;
25      nEndBlk=pDiskInfo->nEndBlk;
26
27      if(pDiskInfo==NULL)
```

笔记

笔记

```
28      {
29          printf("Error:pDiskInfo parameter is NULL for function ReadFromDisk. \n");
30          return 1;
31      }
32
33      if(nStartBlk<=nEndBlk)
34      {
35          if(nAccessLen==0)
36          {
37              printf("Error:nAccessLen should be greater than 0. \n");
38              return 1;
39          }
40
41          nAccessCnt=(nEndBlk-nStartBlk+1)/nAccessLen+1;
42          offset=0;
43
44          for(int i=0;i<nAccessCnt;i++)
45          {
46              switch(pDiskInfo->cProductType)
47              {
48                  case E2000:
49                      lseek(fd,offset,SEEK_SET);
50                      offset+=nAccessCnt*512;
51                      buffer=(char*)malloc(nAccessCnt*512);
52                      read(fd,buffer,nAccessLen*512);
53                      break;
54                  case E3000:
55                      lseek(fd,offset,SEEK_SET);
56                      offset+=nAccessCnt*516;
57                      buffer=(char*)malloc(nAccessCnt*516);
58                      read(fd,buffer,nAccessLen*516);
59                      break;
60                  default:
61                      lseek(fd,offset,SEEK_SET);
62                      offset+=nAccessCnt*528;
63                      buffer=(char*)malloc(nAccessCnt*528);
64                      read(fd,buffer,nAccessLen*528);
65                      break;
```

```
66                }
67
68                DumpToStd(buffer);
69            }
70
71        }
72        else
73        {
74            printf("Error:nStartBlk should be less than nEndBlk. \n");
75            return 1;
76        }
77
78        return 0;
79    }
```

知识准备

软件评审是 IBM 公司最先在 1974—1976 年间提出。软件评审是软件开发过程中的重要环节，是软件质量控制的一个重要和有效的方法。从类型上软件评审属于静态测试，它是对软件元素和软件状态的一种评估手段，以确保结果和预期的一致，并使其得到改进。通过软件评审可以在软件开发中尽早检查发现缺陷并进行及时修正，提高软件质量，降低缺陷发现的成本。

笔记

1. 软件评审的基本概念

软件评审是由一组评审者按照规范的步骤对软件需求、设计、代码或其他技术文档进行仔细检查，以找出其中的缺陷或改良点。国外关于软件评审的定义是“Inspection in software engineering, refers to peer review of any work product by trained individuals who look for defects using a well-defined process”。

该定义说明了评审中的几个关键点：

- 在软件工程中，评审（Inspection）指的是同行评审（Peer Review）。
- 评审的对象是软件开发过程中的所有生产物（Any Work Product）。
- 实施评审的对象是经过培训的人（Trained Individuals）。
- 评审的目的是找到缺陷（Look For Defects）。
- 评审的方法是通过定义的流程（A Well-defined Process）。

软件评审的对象是软件开发过程中的所有生产物，包含开发计划、软件需求说明书、软件设计说明书、代码、操作手册或其他技术文档。其中，软件设计说明书说明“要做什么”，代码说明“做了什么”，它们是软件评审中的最重要对象。

在软件工程的整个生命周期中，会进行不同内容、不同形式的评审活动。有些开发人员认为软件评审浪费时间，减缓了项目的进度。实际上，真正造成项目延缓的是没有在合适的时间认真地做好软件评审。

笔 记

软件开发过程中，在不同的阶段会有不同的生产物，这些阶段性产物是后续阶段工作的重要依据。产物中所传递信息的准确性和人们对其理解的一致性非常重要。本阶段产物的品质，对后续阶段的品质的影响巨大。“缺陷发现的越晚修复成本越高”是人们的共识。软件评审的目的就是在评审中尽早地发现问题和改良点，将质量成本从昂贵的后期返工转化到前期的缺陷发现。因此，软件评审的投入可以减少大量的后期返工，是“测试尽早介入”原则的最佳实践方式之一。

此外，文字、图表无法传达所有信息。相关开发人员通过软件评审可以对生产物的理解更加深入，实现信息共享。通过常见错误的共享，还可以提高团队的技术能力。同时，软件评审为新手提供软件分析、设计和实现的培训途径，后备、后续开发人员也可以通过正规软件评审熟悉他人开发的软件。

软件评审和软件测试是两个不同的概念，如图 7-12 和图 7-13 所示。

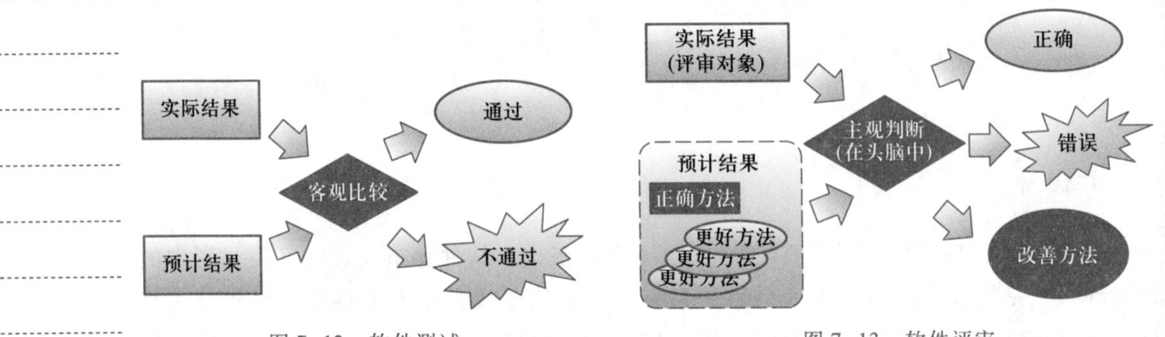

图 7-12 软件测试　　图 7-13 软件评审

软件测试将测试的实际结果和预期结果进行客观比较，得出的结论是“通过”或“不通过”。而软件评审由评审专家将评审对象和预期进行一个主观判断，每个专家的预期可能并不全一样，最终得到的结论除了“正确”和“错误”外，还有一个种可能是“改善方法”，也就是产物并没有错误，但是评审者在某一点上提出了更优的方案。

软件评审和软件测试的差异还体现在其他方面，具体见表 7-15。这里特别说明的是，软件测试中发现，如系统运行实际结果与预期不符，只是可以得出结论，对应的测试用例没有通过，系统存在 Bug。但是准确定位导致该 Bug 的代码问题点还需要进行后期分析，这个过程可能需要耗费很多时间。而在软件评审中，发现问题就可以迅速定位。

表 7-15 软件评审和软件测试区别

	软件评审	软件测试
对象	人可以阅读的所有产物	可以动作的产物
能够发现的问题	人可以注意到的所有问题	与预想结果不符合的问题
定位问题	可以快速定位问题	定位问题需要时间
确认	在人的大脑中进行确认	通过实际动作进行确认

软件评审和软件测试都是提高软件质量的基本手段，两者缺一不可。但是在产品开发的早期，能够进行的只有评审。

2. 软件开发生命周期评审的主要内容

评审是一种通过阅读、分析和讨论发现问题的活动。与动态测试即通常意义上所言的测试执行相比，评审可以帮助团队从更上游的阶段施加检测，从而高效地发现和解决问题。从这个角度来说，评审又是一种预防措施。例如，如果在需求评审阶段发现和解决了需求中的错误，那么则可以预防问题被带入到后续研发阶段，成本和投资回报上是一种非常有价值的活动。结合软件开发生命周期的工作内容，评审的主要内容见表 7-16。

表 7-16　评 审 内 容

软件阶段	评审内容	涉及文档	评审人员
需求分析	软件需求说明书是否覆盖了用户的要求 软件需求说明书内容是否明确、完整、一致、可执行、可测试、可跟踪 项目开发计划的合理性 文档是否齐全并符合有关要求	需求规格说明书 项目计划书	项目经理 开发人员 测试人员 特邀专家 质量管理人员
概要设计	概要设计是否与需求说明书一致 概要设计说明内容是否明确、完整、一致、可执行 接口定义是否正确、规范 文档是否齐全并符合有关要求	概要设计说明书	项目经理 开发人员 测试人员 质量管理人员
详细设计	详细设计是否与需求说明书一致 详细设计说明内容是否明确、完整、一致、可执行 数据库设计是否能满足概要设计要求 文档是否齐全并符合有关要求	详细设计说明书	项目经理 开发人员 测试人员 质量管理人员
代码编写	是否进行了代码审查（Code Review） 代码是否进行了单元测试 文档是否齐全并符合有关要求	代码	项目经理 开发人员 质量管理人员
测试阶段	测试计划是否合理 测试用例是否覆盖了软件需求 文档是否齐全并符合有关要求	测试计划 测试用例	开发人员 测试人员 质量管理人员
验收阶段	测试通过的产品是否达到了软件需求的各项指标 文档是否齐全并符合有关要求	成套文档	管理人员 项目经理 质量管理人员

3. 评审的过程

软件评审的基本流程包含计划、简介、准备、会议、返工、确认等环节，如图 7-14 所示。

微课 7-7
软件评审过程

(1) 计划阶段（Planning）

计划阶段的主要工作包括确定评审的品质目标；确认产品已经完成并适合评审；估算评审需要的时间；确定评审小组成员、日程、场地等。

评审时间可以采用以下方法进行估算：

评审时间 = 说明时间 + 讨论时间 + 总结时间 + 休息时间

笔记

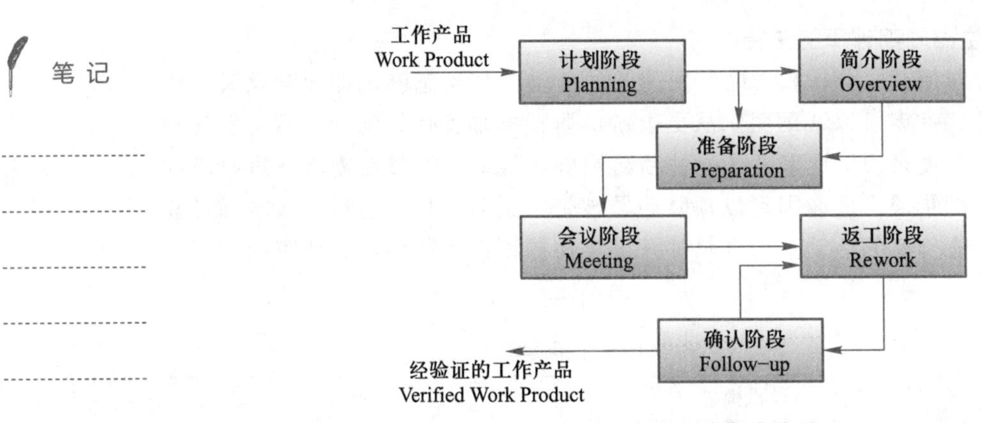

图 7-14 软件评审基本流程

其中，说明时间取决于评审成员对于产物的了解程度，讨论时间取决于问题的多少、改善余地的大小，总结时间用于对发现的问题、改善点进行总结，休息时间用于恢复体力，从而提高注意力。建议通常一次评审不要超过 2 小时。

评审小组成员的选择可以从 3 个方面考虑：

- 开发人员：评审对象产物的作者、相关程序开发人员、项目经理。
- 相关人员：客户/最终用户、相关软硬件开发人员。
- 专家：相关领域的专家、相关技术的专家。

评审小组成员角色可以兼任，在必要的前提下，尽可能少地选择评审小组成员，一般 3 ~6 人为宜，最多不要超过 10 人。

(2) 简介阶段 (Overview)

通常介绍必要的产品背景知识，这是一个可选阶段。

(3) 准备阶段 (Preparation)

准备阶段是评审活动的重要阶段，所有评审人员独自审阅产品，将发现的问题记录下来，在会议上讨论发现的问题。不重视准备阶段是很多评审效果差的重要原因。

(4) 会议阶段 (Meeting)

评审会议是大家进行集体评审的会议。在会议上发现、讨论、分类和记录缺陷。这里需要注意的是，会议上到底集中于发现问题还是解决问题？建议着重发现问题，适当讨论解决方法。对于重大问题的解决方法，建议另择时间专门讨论。

(5) 返工阶段 (Rework)

参考依据是评审会议的缺陷记录，由产物的作者修正缺陷。

(6) 确认阶段 (Follow-up)

确认缺陷是否已经被正确修正了，是否引入了新的缺陷，是否需要再次进行评审。

4. 评审的方法

(1) 评审的形态

现实中的软件评审演化为多种形态，其成本和效果也各有不同，如图 7-15 所示。

1) 会议型评审

微课 7-8
软件评审方法

评审人员集中进行的评审。可以通过集中会议的方式进行，也可以通过电视/网络会议等方式进行远距离的评审。

会议型评审主要适用于产物重要性高、内容较复杂的，或者需要参加评审的人员较多的场合。要注意的是，会议型评审成本较高，需要进行有效的组织和计划。

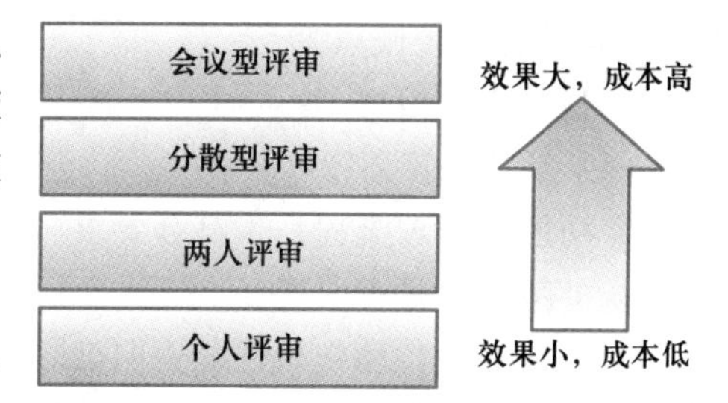

图 7-15　软件评审演化

2）分散型评审

通过传阅/电子邮件等方式进行的评审。通过电子邮件等向评审成员发送产物，每个评审成员独立进行评审，并将结果发送给全体，由产物作者将结果进行汇总。

分散型评审适用于重要的会议型评审之前，参加评审的人员较多，时间/场地无法统一的场合。要注意的是，评审结果对于产物内容造成较大改变时，需要多次评审。分散型评审后，建议进行 1 次会议型评审。

3）两人评审

由产物作者和评审人 2 个人实施的评审。产物作者对产品进行说明，评审人对其提问、指出问题或改善点。

两人评审适用于在会议型评审等方式的评审之前，产物内容量不是很多，品质重要度相对不高的场合。要注意的是，因为只有 1 名评审人，评价视野可能较狭窄。2 人之间的关系（上下级等）也能会影响评审质量。

4）个人评审

由产物作者自行评审。适用于在其他各种方式的评审之前。

要注意的是，每一个人在心理上对自己做的东西都有充满自信的倾向，所以较难进行客观的判断和评价。个人评审一般只能找到拼写错误、说明遗漏等问题。不要在制作完毕的当天，最少隔 1 天再进行评审。

（2）评审的着眼点

所有评审活动都是通过人的阅读来完成，因此评审对象是否易读直接影响评审的效果。在评审过程中，可以采用 3S 方法从功能、文体、结构 3 个方面进行考虑，如图 7-16 所示。

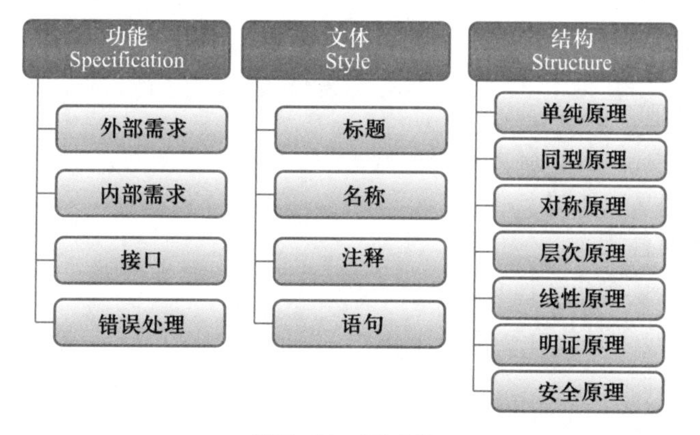

图 7-16　3S 方法

设计文档和源代码是软件评审中最常见的两种类型的评审对象，下面分别给出一

笔记

笔记

些建议性的评审着眼点。

1）设计文档对象

- 从功能角度看。

① 功能和处理流程是否符合要求。

② 外部接口是否明确。

③ 动作环境、动作条件是否明确。

④ 面向用户的操作方法、出错处理是否明确。

⑤ 是否考虑了出错处理和例外处理。

⑥ 是否考虑了与旧版本的兼容性。

此外，对于设计文档，在评审时还可以从以下方面进行检查：

① 完备性：软件设计规约是否包含了有关文件（指质量手册、质量计划以及其他有关文件）中所规定的所有内容。

② 一致性：在设计文档中，是否始终使用标准的术语和定义？文档的风格和详细程度是否始终前后一致。

③ 正确性：设计文档是否满足有关标准的要求。

④ 可行性：所设计模型、算法和数值方法对于应用领域来说是否可以接受。

⑤ 易修改性：设计是否使用了技术从而方便于修改。

⑥ 模块性：是否采用了模块化的机制。

⑦ 健壮性：设计是否覆盖了需求定义中所要求的容错和故障弱化指标。

⑧ 结构化：设计是否使用了层次式的逻辑控制结构。

⑨ 易追溯性：设计文档中是否包含设计与需求定义中的需求、设计限制等内容的对应关系。

⑩ 易理解性：设计是否避免了不必要的成分和表达形式，设计文档是否不致造成歧义性解释。

⑪ 可验证性/易测试性：设计中对每一个模块的描述是否都使用了良好的术语和符号，是否可以验证它与需求定义相一致，是否定量地说明了使用条件、限制等内容，是否可以由此产生测试数据。

2）源代码

- 从功能角度看。

① 输入/输出是否正确。

② 外部变量/内部变量/函数是否明确。

③ 接口的处理是否正确。

- 从文体角度看。

① 是否使用了复杂的处理和算法。

② 变量/函数的命名是否易懂。

③ 是否有足够的注释。

- 从结构角度看。

① 是否考虑了性能（循环方法、指针的使用方法等）。

② 条件分支是否正确。

③ 是否有多余的、无用的代码。

④ 是否符合“7 大设计原理”。

5. 评审的注意事项

拓展阅读
7 大设计原理

（1）评审的错误认识

关于软件评审，有一些说法是错误的，结合前文所述应当能够清楚地辨析：

① 评审和测试，提高品质的效果是相同的。

② 对于相同的对象，多个人和一个人评审的效果相同。

③ 评审时间越长，对于品质提高的效果越明显。

（2）评审的误区

评审中一些误区也必须加以注意，以免影响到评审质量。

误区 1：评审参与者不了解评审过程。

如果评审参与者不了解整个的评审过程，就会有一种自然的抗拒情绪，因为大家看不到做这件事情的效果，感觉到很迷茫，这样会严重影响大家参与评审的积极性。

误区 2：评审人员评论开发人员，而不是产品。

评审的主要目的是发现产品中的问题，而不是根据产品来评价开发人员的水平。但是往往会出现把产品质量和开发人员水平联系起来的事情。如果评审变了“味”，变成对人的批判，会极大地打击相关人员的自尊心，以至严重地影响了评审的效果。

误区 3：评审没有被安排进入项目计划。

参与评审需要投入大量的时间和精力，应该被安排进入项目计划中。但是现实的情况往往是，评审变成了“义务工”，参与评审的人员必须加班加点才能完成评审任务。这样，就很容易出现评审人员对评审对象不了解的情况。

笔 记

误区 4：评审会议变成了问题解决方案讨论会。

评审会议主要的目的是发现问题，而不是解决问题，问题的解决是评审会议之后需要做的事情。但是，由于开发人员对技术的追求，评审会议往往变成了问题研讨会，大量地占用了评审会议的时间，导致大量评审内容被忽略，留下无数的隐患。

误区 5：评审人员事先对评审材料没有足够了解。

任何一份评审材料都是他人智慧和心血的结晶，需要花足够的时间去了解、熟悉和思考。只有这样，才能在评审会议上发现有价值的深层次问题。在很多的评审中，评审人员因为各种的原因，在评审会议之前对评审材料没有足够的了解，于是出现了评审会议变成了技术报告的怪现象。

误区 6：评审人员关注于非实质性问题。

经常会出现这样的问题，在评审中，评审人员过多地关注于一些非实质性的问题，如文档的格式、措辞，而不是产品的设计。出现这样的情况，可能的原因有没有选择合适的人参加评审；评审人员对评审对象没有足够的了解，无法发现深层次的问题。

误区 7：忽视细节。

在组织评审的过程中，很多人不太注意细节，如会议时间的设定、会议的通知、会议场所的选择、会场环境的布置、会议设施的提供、会议上气氛的调节和控制等，而实际上这样的细节会大大影响评审会议的效果。例如，很难想象，在一个空气混浊、枲声很大的会议室里面人们能够全身心地投入。

6. 评审的度量

在评审中，建议遵循评审的原则，如引入有经验的评审人员，发现和修复所有的缺陷，使用评审检查表（CheckList）来保障评审品质。表 7-17 给出了某 IT 企业使用的源代码评审检查表，供读者参考。

表 7-17 源代码评审检查表

项目	分类	确认项目	检查
1	文体	整体结构	
		标题，声明部，常数定义部，主/子程序的配置是否恰当	□
		每个模块是否做到 Ks 以下（事前添入标准，如 0.5Ks/模块等）	□
		是否考虑到将常数在统一位置进行定义	□
		段落的划分是否恰当	□
		处理概要	
		模块/子程序开头，是否添加了标题	□
		著作权是否被表明	□
		模块标题部分，是否包含必要信息（模块的名称、功能、履历信息等）	□
		子程序（函数）的标题部分中，是否记述了必要的信息（名称、功能、输入输出、履历信息等）	□
		名称	
		变量是否采用了易于理解的命名方式	□
		变量名/过程名的略称是否使用统一的命名方法	□
		变量名/过程名是否会造成误解	□
		注释	
		注释是否和程序内容一致，是否易于理解	□
		注释的记述形式是否统一了	□
		确保在注释中没有使用中文（自主开发项目建议参照执行）	□
		作为注释的日语和英语的表述是否正确	□
		文法	
		常数定义的值是否恰当	□
		定义的变量是否全部被使用	□
		中途反复（continue）、中途退出（break）、分支（goto）、返回（return）、程序结束（exit）等是否有误操作	□
		条件判断（if）、选择（switch）、循环等是否有误操作	□
2	结构	函数/方法的功能是否单一	□
		是否为了提高效率而牺牲了易理解性	□
		在实现相同处理时，是否采用了相同的编码方法	□
		成对的操作是否在对称的位置实施了对称操作（如 open 和 close）	□
		是否使用过于复杂的否定表达式而使得逻辑变得难以理解	□
		是否忽视了局部变量的初始化	□

续表

项目	分类	确认项目	检查
3	整合性	检查和前阶段工程设计书的整合性	□
		是否对功能说明书中规定的所有功能进行了实现	□
		是否遵守结构说明书中规定的结构进行编码	□
4	其他	评审	□
		评审的时间/次数是否满足规定 【评审时间/次数不少于____】（事前添入评审的时间标准，如 3H/Ks 等） 【未满足规定时间的情况，是否写明原因】	□
		评审发现的问题有无反馈到前阶段工程 【需要对基本设计书/基本设计书/结构设计书实施反馈时，有无实施反馈】 【需要向 CT/ST 文档反馈时，有无实施】	□

此外，对评审工作本身也可以进行度量，使用数据提高评审质量。软件评审的度量可以从以下几个方面进行考虑：

- 评审对象规模（page，KLOC）：文档的页数、代码的行数。
- 评审时间。
- 发现缺陷数。
- 被遗留到后期工程的缺陷数。
- 对后期工程的缺陷进行分类。
- 确认每个缺陷应该在什么工程可以被检出。

笔记

7. 软件测试的评审工作

软件测试贯穿软件的整个生命周期，从软件初期的需求阶段测试人员就开始参与其中，软件测试阶段的主要活动包括制订测试计划、编写测试用例、执行测试用例、编写测试报告。所有测试阶段产品都要经过评审。

从被评审的对象上来说，需求评审、设计评审、用例评审等，都是测试团队应该参与评审的对象。进一步说，项目所有阶段的产出，与测试工作开展相关，并且测试团队中具备评审能力的，都应该积极参加。测试管理人员应该将评审视作测试活动的重要组成部分。在测试阶段主要的评审对象就是测试用例。

为什么要进行测试用例评审？这里从参与用例评审的几个角色来进行分析，包括测试人员、开发人员、产品经理、项目经理。

① 由于不同测试人员对需求的理解不同，为了提升测试用例的完整性、合理性、高效性，可以通过评审的方式，收集不同人以及不同专业的意见，丰富测试用例。测试是无穷尽的，没有人能保证自己的设计用例能覆盖完全。

② 测试人员和开发人员对于需求理解未达成一致，通过评审与开发人员对需求进行再次确认，保证在测试前对需求理解的一致性，以免执行测试过程中产生争议和扯支。同时，暴露出开发人员在代码实现过程中逻辑考虑不充分的地方，提前预警，避免逻辑处理考虑不充分导致的缺陷。甚至在敏捷开发模型中，测试驱动开发。

开发人员可以从实现层面评审测试用例，补充测试人员因不了解实现过程导致的测试用例缺失的情况。

③ 在测试用例设计的阶段，有些细节是无法从需求文档上得知的，需要频繁和产品经理进行沟通；有些内容没有沟通到就存在理解不一致或者考虑不充分的地方。产品经理参与用例评审，他们能帮助找出更多的问题；同时，评审的过程也能帮助产品经理发现一些他在产品设计过程中考虑不充分的地方。好的测试用例会比需求文档要更具体。

④ 通过用例评审不但可以评审测试用例是否足够覆盖所有需求逻辑，还可以通过评审手段来评估测试的工作量。如果100个用例可以用2个人1天进行，那么可以根据测试用例的数量安排测试的时间。当然不同的用例执行的时间可能不同，但是用例的多少确实在某种程度上可以衡量人力消耗的成本。

某企业制定的测试用例评审规范见表7-18。

表7-18 评审内容

序号	检查项	检查项说明	检查结果	说明
1	测试用例使用规定的模板	使用质量管理部门规定的模板或共同讨论后认可的模板	*Y*-合格	
2	测试用例编号使用规定的格式	合格：测试用例的编号唯一存在，编号规则是否遵循质量管理部门规定的格式	*N*-不合格	
3	测试用例名称包含正反向标志	正向用例在用例名称前用（+）标识，反向用例在案例名称前用（-）标识，如（+）正常注册，（-）邮箱格式错误注册失败	*NA*-不适用	
4	测试名称、场景描述和预期输出中的逻辑一致	测试用例名称、场景描述和预期输出中的逻辑一致，如不能出现预期输出中的验证点和描述与需求说明书业务逻辑不一致的情况		
5	测试用例描述包含测试条件，动作及结果	描述应包括预置条件，动作及结果。如验证使用正确的用户名和密码成功登录系统；验证使用正确的用户名和错误的密码，系统提示用户名或密码错误，结果无法登录		
6	测试用例中出现的命名、术语和缩写在上下文中一致	当命名、术语有多个别名时，测试用例应引用同一名称，对于缩写来说，第一次出现的缩写建议写全名并标注其缩写，之后引用同一缩写		
7	测试用例预置条件填写充分、准确	正确填写了可以执行本用例的所有前提条件，包括前置业务动作或其他测试用例（业务流程或逻辑上有关联的）的输出（结果）		
8	测试用例中正确填写了需要的测试数据和具体条件	测试用例包含所需要的各测试数据项及每个测试数据项的具体条件，测试步骤中只引用数据项名称，不包含具体数据值（也可以在步骤中填写参考数据值作为数据规格的描述，如参考用户名称、有效的邮箱账号等）		
9	同组测试用例中至少包含一个用于冒烟测试的用例	同组测试用例中至少包含一个最基本的正常功能点测试，不包含分支覆盖，往往用作冒烟测试		

续表

序号	检查项	检查项说明	检查结果	说明
10	测试用例的操作步骤描述清晰、易懂、具有可操作性	测试人员具体执行测试时的动作及数据项描述清晰，有系统页面时，需要细化每个页面中的具体元素		
11	测试用例单个用例步骤或验证点中不再存在分支	测试用例具有唯一确认的验证点，特别对于是/否、成功/失败的情况需要拆分为两个用例		
12	测试用例的验证点明确、充分和可操作	验证点必须依据客观事实，如页面中显示的值、执行数据库查询得到的具体值等，不应出现主观或模糊的判断条件，如正确新增数据、成功查询到数据等		
13	测试用例中的步骤和验证点符合需求业务逻辑	测试用例中步骤和验证点与需求文档定义的业务一致		
14	独立程序是否列出运行程序名称，参数配置说明	在测试步骤中如使用到独立程序，如 JOB，应列出程序名和配置		
15	测试用例的覆盖度	保证程序主要功能正常，用例覆盖功能点程度达到需求 95% 以上覆盖		
16	测试用例的冗余度和执行效率	保证程序主要功能正常，不存在可以合并的用例		

任务实施

笔记

通过代码评审，代码中存在以下问题：

```
1  enum_product_type {E2000=0,E3000,E4000};
2
3  typedef struct_DiskInfo {
4       int fd;//File Description
5       char szDiskName[128];//DiskName
6       int nStartBlk;//Start Block Address
7       int nEndBlk;//End Block Address
8       int nAccessLen;//Each time's access block count
9       enum_product_type cProductType;//Product Type
10  } DiskInfo;
11
12  int ReadFromDisk(DiskInfo * pDiskInfo)        没有函数说明
13  {
14       int fd;
15       int nAccessCnt;
```

笔记

```
16    int nStartBlk;//Start Block Address
17    int nEndBlk;//End Block Address
18    int nAccessLen;//Each time's access block count
19    char * buffer;
20    offset_t offset;
21
22    fd=pDiskInfo->fd;
23    nStartBlk=pDiskInfo->nStartBlk;
24    nEndBlk=pDiskInfo->nEndBlk;
25
26    if (pDiskInfo==NULL)
27    {
28        printf("Error:pDiskInfo parameter is NULL for function ReadFromDisk.\n");
29        return 1;
30    }
31
32    if (nStartBlk<=nEndBlk)
33    {
34        if (nAccessLen==0)
35        {
36            printf("Error:nAccessLen should be greater than 0.\n");
37            return 1;
38        }
39
40        nAccessCnt=(nEndBlk-nStartBlk+1)/nAccessLen+1;
41        offset=0;
42
43        for (int i=0;i<nAccessCnt;i++)
44        {
45            switch(pDiskInfo->cProductType)
46            {
47                case E2000:
48                    lseek(fd,offset,SEEK_SET);
49                    offset+=nAccessCnt * 512;
50                    buffer=(char * )malloc(nAccessCnt * 512);
51                    read(fd,buffer,nAccessLen * 512);
52                    break;
53                case E3000:
```

引用空指针

没有初始化

相似的逻辑可以提取出来

笔记

```
54                  lseek(fd,offset,SEEK_SET);
55                  offset+=nAccessCnt * 516;
56                  buffer=(char * )malloc(nAccessCnt * 516);
57                  read (fd,buffer,nAccessLen * 516);
58                  break;
59              default:
60                  lseek(fd,offset,SEEK_SET);
61                  offset+=nAccessCnt * 528;
62                  buffer=(char * )malloc(nAccessCnt * 528);
63                  read (fd,buffer,nAccessLen * 528);
64                  break;
65          }
66
67          DumpToStd(buffer);
68      }
69
70  }
71  else
72  {
73      printf("Error:nStartBlk should be less than nEndBlk.\n");
74      return 1;
75  }
76
77  return 0;
78 }
```

相似的逻辑可以提取出来

危险的default

建议放在前面

没有释放malloc的内存

代码评审记录表见表 7-19。

表 7-19　评审记录表

评审方式	评审对象	规模（行）	品质目标
会议评审	代码	79	10/KL
评审日期	开始时间	结束时间	评审时间
2020/11/6	16：00	17：00	60
评审地点	参加人数	参加人员	
505 室	4	张×；孙××；宋××；张×	
评审记录			
问题 ID	问题出处	问题内容	问题分类
Q20201019001	P1L12	ReadFromDisk 函数没有函数说明	C1：注释遗漏
Q20201019002	P1L22	引用空指针 fd	D2：语法错误

续表

问题 ID	问题出处	问题内容	问题分类
Q20201019003	P1L35	变量 nAccessLen 没有初始化	D1：实现遗漏
Q20201019004	P2L48-65	相似的逻辑可以提取出来成为函数	D3：改进建议
Q20201019005	P2L73-76	else 部分简短，建议放在 if 的前面	D3：改进建议
Q20201019006	P2L77	前面 Malloc 分配的内存没有释放	D1：实现遗漏

笔记

任务拓展

选择一个熟悉的项目，制订项目需求、概要设计、详细设计、测试用例评审规范。

项目实训 7.4 ECShop 测试评审

【实训目的】

掌握评审过程、规范和方法。

【实训内容】

分组讨论，根据评审规范进行 ECShop 代码和功能测试用例评审。

单元小结

软件质量保证是建立一套有计划、有系统的方法，来向管理层保证拟定出的标准、步骤、实践和方法能够正确地被所有项目所采用。软件质量保证的目的是使软件过程对于管理人员来说是可见的。它通过对软件产品和活动进行评审和审计来验证软件是合乎标准的。软件质量保证组在项目开始时就一起参与建立计划、标准的过程，这些将使软件项目满足机构方面的要求。通过对软件产品、过程的测量和质量度量，不断改进软件开发过程。通过软件质量控制模型、方法和工具实现软件质量保证体系改正性和预防性目标。

专业能力测评

专业核心能力	评价指标	自测结果
运用质量模型对软件系统进行质量分析的能力	1. 能够理解软件质量模型内容 2. 能够对软件功能按照质量模型进行分析 3. 能够将质量模型分析结果转化为测试用例	□A □B □C □A □B □C □A □B □C
制定质量手册审计项的能力	1. 能够理解质量手册内容 2. 能够根据质量手册编写过程控制文档审计项	□A □B □C □A □B □C

续表

专业核心能力	评价指标	自测结果
对软件项目过程材料评审的能力	1. 能够理解评审项概念、内容、过程和方法 2. 能够组织并开展项目评审工作 3. 能够发现测试用例存在规范问题	□A □B □C □A □B □C □A □B □C
学生签字：	教师签字：	年 月 日

注：在□中打√，A 理解，B 基本理解，C 未理解

单元练习题

一、单项选择题

1. 请评审的 3S 方法包括（　　）。

A. Specification　B. Structure　C. Sleep　D. Style

2. 评审的度量包括（　　）。

A. 评审对象规模　B. 评审时间

C. 发现缺陷数　D. 被遗留到后期工程的缺陷数

3. （2019 软件测评师）在 ISO 软件质量模型中，可靠性指在指定条件下，软件维持其性能水平有关的能力，其子特性不包括（　　）。

笔记

A. 成熟性　B. 容错性　C. 易恢复性　D. 准确性

4. 软件的 6 大质量特性包括（　　）。

A. 功能性、可靠性、可用性、效率、可维护、可移植

B. 功能性、可靠性、可用性、效率、稳定性、可移植

C. 功能性、可靠性、可扩展性、效率、稳定性、可移植

D. 功能性、可靠性、兼容性、效率、稳定性、可移植

5. （2019 软件测评师）以下关于软件质量特性的叙述中，不正确的是（　　）。

A. 功能性指软件在指定条件下满足明确和隐含要求的能力

B. 可靠性指软件在指定条件下维持规定的性能级别的能力

C. 易用性指软件在指定条件下被理解、学习使用和吸引用户的能力

D. 可维护性指软件从一种环境迁移到另一种环境的能力

6. （2018 软件测评师）以下关于软件质量保证的叙述中，不正确的是（　　）。

A. 软件质量是指软件满足规定或潜在用户需求的能力

B. 质量保证通过预防、检查与改进来保证软件质量

C. 质量保证关心的是开发过程活动本身

D. 质量保证的工作主要是通过测试找出更多问题

7. （2018 软件测评师）以下关于软件质量属性的叙述中，不正确的是（　　）。

A. 功能性是指软件满足明确和隐含要求功能的能力

B. 易用性是指软件能被理解、学习、使用和吸引用户的能力

笔 记

C. 效率是指软件维持规定容量的能力

D. 维护性是指软件可被修改的能力

8. （2018 软件测评师）以下不属于易用性测试的是（　　）。

A. 安装测试　　B. 负载测试　　C. 功能易用性测试　D. 界面测试

9. （2017 软件测评师）以下关于软件测试和软件质量保证的叙述中，不正确的是（　　）。

A. 软件测试是软件质量保证的一个环节

B. 质量保证通过预防、检查与改进来保证软件质量

C. 质量保证关心的是开发过程的产物而不是活动本身

D. 测试中所做的操作是为了找出更多问题

10. （2017 软件测评师）以下不属于软件编码规范评测内容的是（　　）。

A. 源程序文档化　B. 数据说明方法　C. 语句结构　　D. 算法逻辑

二、简答题

1. 什么是软件评审？评审的目的是什么？

2. 评审和测试有什么区别和联系？

3. 请在如图 7-17 所示的方框中填入相应的软件评审过程，并简述各个阶段的主要工作。

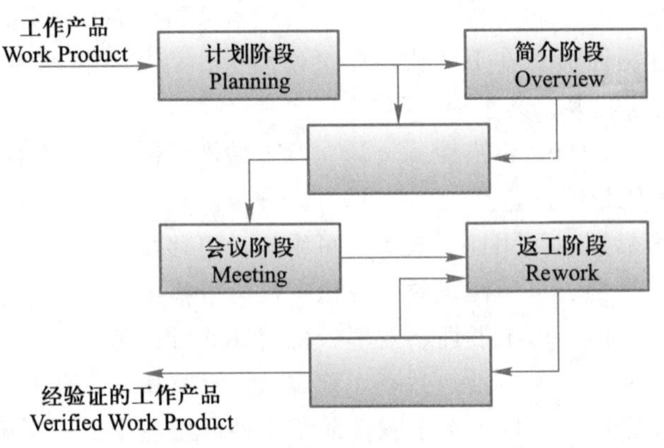

图 7-17　软件评审试题

4. 根据自己的理解对软件质量保证主要工作内容进行描述，并举例说明软件质量对软件企业有哪些影响。

5. 简述影响软件质量的因素。

6. 简述 CMM 和 CMMI 的区别和关系。

7. 简述软件质量保证的概念。

8. 简述软件质量保证人员的主要工作包括哪些。

9. 简述常见的软件质量度量模型，并说说它们的优缺点。

参 考 文 献

[1] 郭雷. 软件测试 [M]. 3版. 北京：高等教育出版社，2022.
[2] 郭雷. 基于要因组合的测试用例生成技术研究 [J]. 计算机与数字工程. 2011，39（08）. 109-111.
[3] 朱少民. 软件测试方法和技术 [M]. 北京：清华大学出版社，2005.
[4] 朱少民. 软件质量保证和管理 [M]. 北京：清华大学出版社，2007.
[5] 武剑洁，等. 软件测试技术基础 [M]. 武汉：华中科技大学出版社，2008.
[6] Patton，R. 软件测试（原书第2版）[M]. 北京：机械工业出版社，2006.

读者意见反馈

为收集对教材的意见建议，进一步完善教材编写并做好服务工作，读者可将对本教材的意见建议通过如下渠道反馈至我社。

咨询电话　400-810-0598

反馈邮箱　gjdzfwb@ pub. hep. cn

通信地址　北京市朝阳区惠新东街4号富盛大厦1座

　　　　　高等教育出版社总编辑办公室

邮政编码　100029